Waldbeschädigungen durch Thiere

und Gegenmittel.

Waldbeschädigungen durch Thiere

und Gegenmittel.

Von

Dr. Bernard Altum,

Professor der Zoologie an der Königl. Forstakademie Eberswalde und Dirigent der zoologischen
Abtheilung des forstlichen Versuchswesens in Preußen.

Mit 81 in den Text gedruckten Holzschnitten.

Springer-Verlag Berlin Heidelberg GmbH
1889

ISBN 978-3-642-50518-8   ISBN 978-3-642-50828-8 (eBook)
DOI 10.1007/978-3-642-50828-8

Softcover reprint of the hardcover 1st edition 1889

Dem Director der Königlichen Forstakademie Eberswalde

Herrn Oberforstmeister Dr. jur. Danckelmann

in dankbarer Verehrung

gewidmet

vom

Verfasser.

Vorwort.

Die vorliegende Schrift ist für den praktischen Forstmann sowie für jeden Freund und Beschützer des Waldes geschrieben. Sie soll Aufschluß über die durch die Thierwelt hervorgebrachten Beschädigungen des Waldes und über die Mittel zur Verhütung bez. Beseitigung, oder Beschränkung des Schadens bieten. Demnach schließt dieselbe alle theoretischen zoologischen Erörterungen aus. Sogar von einer Beschreibung der Schädlinge ist theils als gänzlich überflüssig, theils als nach dem Zweck des Buches unausführbar abgesehen. „überflüssig", wenn der betreffende Schädling allgemein oder wenigstens demjenigen, welcher ihn zu bekämpfen hat, hinreichend bekannt ist, oder aber, wenn es sich um zwei oder mehrere nahe verwandte Spezies handelt, welche für die Praxis in gleicher Weise leben und schaden und die Anwendung gleicher Gegenmittel erfordern. In vereinzelten Fällen jedoch, in denen beides nicht zutrifft, durften allerdings kurze Bemerkungen zum richtigen Erkennen der Art des Feindes nicht ganz fehlen. Fast stets erscheint die Darstellung der Beschädigungsart eines Thieres weitaus wichtiger, als die Beschreibung des letzteren; auf erstere ist deshalb vorwiegend Bedacht genommen. Wer eine Beschreibung z. B. vom Eichhorn, Heher, großen braunen Rüsselkäfer, Kiefernspinner u. s. w., etwa auch noch die Angaben über ihre Stellung in den zoologischen Systemen wünscht, wer den, namentlich in dem verschiedenen Zahnbau ausgeprägten Unterschied zwischen der Feld= und Ackermaus, oder die Diagnosen der Arten der wurzelbrütenden Hylesinen u. dergl. genau kennen lernen möchte, der wird in anderen Werken hinreichenden Aufschluß erhalten können. Das Alles hier zu geben, ist eben „nach dem Zwecke dieses Buches unausführbar". Es soll den praktischen Forstmann jeden Ranges in den Stand setzen, sich rasch zu informiren über eine durch Thiere verursachte Waldbeschädigung sowohl nach ihrem Ursprunge und ihrer Bedeutung, als nach den event. anzuwendenden Gegenmitteln.

Wirthschaftlich bedeutsame Waldbeschädigungen durch Thiere treten gar oft nach Zeit und Ort durchaus unerwartet auf. Fast alljährlich werden sogar neue, bisher völlig unbekannt gebliebene Thatsachen beobachtet, oder bereits bekannte, aber für unwesentlich gehaltene, treten plötzlich irgendwo als wirthschaftliche Calamität auf. Nur den von einer solchen Plage Betroffenen bietet sich die Gelegenheit, dieselbe an Ort und Stelle kennen zu lernen, entsprechende Schutz- und Vertilgungsmittel zu ersinnen und deren Werth zu erproben. — Sollte daher bei einer einschlägigen Erscheinung diese Schrift keine oder nicht genügende Auskunft geben, so erlaubt sich Verfasser im Interesse der gemeinsamen Sache um gefällige Mittheilung der neuen Erfahrungen zu ersuchen, und wird für jede Bemerkung dankbar sein.

Eberswalde, den 1. October 1888.

Altum.

Seite

10. Birken.

11. Linden.

12. Akazie.

13. Apfelbaum.

14. Kirschbäume.

15. Hasel.

16. Roßkastanie.

17. Sorbus-Arten.

Einleitung.

Die „Waldbeschädigungen durch Thiere" haben im Folgenden aus=
schließlich nach an verschiedenen, für den Forstmann als solchen werth=
vollen Holzarten, sowie bei jeder Holzart nach den verschiedenen Theilen
der Pflanzen bezw. der Altersstufen derselben die entsprechende Behand=
lung erfahren.

Hausthiere (Zug= und Weidevieh) blieben unberücksichtigt. Be=
rechtigungen zur Waldweide bestehen nur noch in sehr geringem Um=
fange. Wo sich ein Verbeißen, Zertreten oder Rindeschälen durch die=
selben, letzteres durch Pferde, zeigt, kann die Thäterschaft dieser Be=
schädigungen keinem Forstmann unbekannt sein. Um Angabe von
Schutzmitteln gegen dieselben ist gleichfalls Niemand verlegen.

Somit gelangen hier nur die durch wildlebende Thiere bewirkten
Waldbeschädigungen zur Erörterung. Es stößt jedoch eine solche auf
sehr erhebliche Schwierigkeiten.

Zunächst fällt dabei die Polyphagie, oder überhaupt die oft große,
ja unbestimmte Vielseitigkeit der Beschädigung vieler Thierspezies sehr
schwer ins Gewicht.

Es gibt viele Thierarten, welche sich je an einer langen Reihe
von Holzarten, sei es durch Verbeißen, oder Schälen, Nagen, Bohren,
Blätterfraß u. dergl. unangenehm oder gar schädlich bemerklich machen.
Wo eine solche Beschädigung von wirthschaftlicher Bedeutung aufzutreten
pflegt, muß sie selbstredend ihre Erwähnung und Behandlung finden, wo
sie weniger ernstliche Folgen hat, kann auf jene Darstellung unter Be=
rücksichtigung der event. hier sich zeigenden Modificationen verwiesen
werden. Allein, über diese Grenzen geht der Inhalt dieser Schrift im
Allgemeinen nicht hinaus. Nicht wird bei jeder Holzart jedes Thier
genannt, welches sich dort am Blätter= oder Holzfraß in wirthschaftlich
völlig indifferenter Weise betheiligt. Doch konnten einzelne, wenngleich
praktisch unerhebliche, aber sehr auffällige Erscheinungen nicht ganz aus=

geschlossen werden, sowie ernstliche Beschädigungen auch dann Aufnahme fanden, wenn sich dieselben auch nicht durch irgend welche Gegenmittel beseitigen oder vermindern lassen. Ferner blieben in der Regel Fälle unberücksichtigt, in denen ein auf eine gewisse Holzart vorzugsweise angewiesenes Thier ausnahmsweise einmal an einer anderen frißt. Bei sehr großer Polyphagie wurde das betreffende Thier nur bei denjenigen Holzarten namhaft gemacht, an denen es in irgend bemerkenswerther Weise zu finden ist. Es gibt vielleicht keine Laubholzart, in deren Stamm bez. Zweigen sich z. B. Cossus aesculi oder Bostrichus dispar nicht entwickelt; es wird schwer halten, überhaupt eine Holzart zu nennen, deren Laub bez. Nadeln die Raupe des Bombyx dispar völlig verschmäht, und dergl. m. Viele Nadelholzborkenkäfer gehen von ihrem Hauptbaume zur Zeit der Noth, ja auch ohne erkennbare Ursache auf andere Nadelhölzer über. Bostrichus typographus finden wir nicht allein in Fichte, sondern auch in Kiefer, Lärche; B. chalcographus außer Fichte in Kiefer, Weymouthskiefer, Lärche, Arve; B. curvidens außer in Tanne auch in Fichte, Weymouthskiefer, Lärche. Nur ausnahmsweise erwiesen sich solche Spezies in den Nichthauptholzarten als wirkliche Schädlinge. Dahin ist z. B. ein Fall zu rechnen, in welchem typographus, wenn die Bestimmung richtig war und es sich nicht vielleicht um amitinus handelte, „zahlreiche Kiefernstangen" zum Absterben brachte. Wohl fast alle Insecten, welche an und in der gemeinen Kiefer leben, trifft man vereinzelt auch in und an den übrigen Kiefernarten an. Es liegt keineswegs in dem Zwecke dieses Buches, alle diese mehr oder weniger indifferenten Erscheinungen aufzuführen, nur um „Unvollständigkeit" zu vermeiden. Gegen diese sämmtlichen unbedeutenden, oder seltenen Beschädigungen sind in der Regel Schutzmaßregeln nicht anzuwenden. Falls aber in einem einzelnen Falle sich ein sonst gleichgültiger Feind unversehens in Massenvermehrung einstellen sollte, so liegen in den allermeisten Fällen jene Maßregeln sehr nahe. Das ist z. B. der Fall bei den Borkenkäfern, denen durch Einschlag der bereits befallenen Hölzer und Auslegen von Fangmaterial, sowie zweckmäßige Behandlung beider wesentlicher Abbruch gethan wird. Die Erörterungen bei Hylesinus piniperda (Kiefer) oder Bostrichus typographus (Fichte) u. a. können die entsprechende Belehrung gegen ähnlich lebende Feinde bieten. Es gibt Rüsselkäfer, welche oft kaum irgendwo als bedrohlich gekannt, sich plötzlich in größter Menge zeigen. Sie leben meist polyphag von Blättern oder Nadeln. Es läßt sich da oft kaum eine einzelne Spezies für eine bestimmte Holzart hervorheben. Manche Massenvermehrung eines solchen Rüsselkäfers ist nur als ganz vereinzelt stehende Thatsache bekannt geworden. Es empfiehlt sich wohl für solche Spezies eine summarische Behandlung, zumal da ja auch über das Leben, die Entwickelung der einzelnen Arten, sowie über irgend besondere Gegenmittel gegen diese und jene Art nichts für den praktischen Forstmann Wichtiges angeführt werden kann. Ein Abklopfen auf Tücher oder Verlegen des Weges zur Krone durch rechtzeitiges Anbringen von Leimringen am unteren Theile der Stämme ist in der Regel das Einzige, was sich gegen einen unerwartet in großer Menge fressenden Laubrüßler anwenden läßt, es mag nun diese oder jene Art sein. Ein ängstliches Streben, ja keine Art, welche sich mal an irgend einem Orte in bemerkenswerther Menge gezeigt hat, oder sich möglicherweise später mal zeigen wird, unerwähnt zu lassen, wird als leitendes Motiv für die Aufzählung solcher Spezies nicht entdeckt werden können. Wem es aus Erfahrung hinreichend bekannt ist, daß z. B. die ganze biologische Gruppe dieser vorbezeichneten Rüsselkäfer nur sehr vorübergehend etwas schadet, daß solche Massenvermehrungen ebenso rasch zu verschwinden pflegen als sie entstanden sind, wird sich über eine etwaige derartige Lücke leicht beruhigen können.

Allein, der folgende Text läßt noch andere Unvollständigkeiten erkennen, deren hauptsächlichste hier vorweg ergänzt werden mögen.

Mit keinem Wort ist das

Elchwild,

die forstlich schädlichste Wildart, erwähnt. Gewiß verdient sein Verbeißen, Wipfelbrechen, Niederreiten, Schälen und Fegen die größte Beachtung des Forstmanns. Allein es wird schwer halten, unter den Holzarten, als Fichte, Werftweide, Birke, Eberesche, Kiefer u. s. w. eine bestimmte, als von ihm besonders bevorzugte, namhaft zu machen, bei welcher diese Beschädigungen zur Sprache gebracht werden könnten. Außerdem aber ist an den in unserem Vaterlande sehr beschränkten Standorten dieses Wildes jeder Forstmann über diese Elchschäden vollständig unterrichtet und ihm unbekannte Mittel zur Abhülfe vermag ihm Niemand anzugeben.

Das **Rothwild**

findet im Folgenden selbstredend seine Würdigung bei den am stärksten durch dasselbe leidenden Holzarten, bez. betreffs seiner empfindlichsten Angriffe. Jedoch erschien es als höchst überflüssig, bei jeder Holzart, welche mal verbissen, geschält, gefegt wird, die entsprechende Bemerkung zu machen. Die Thäterschaft dieser Wildart kennt in solchen Fällen jeder dort beschäftigte Holzhauer, und besondere Mittel zum Schutze gerade dieser einzelnen Holzarten gibt es nicht.

Allein ein anderer durch das Rothwild verübter sehr erheblicher Schade, nämlich das Zertreten junger Holzpflanzen, konnte im Texte wegen der gänzlichen Unbestimmtheit dieser Holzarten nicht gut zur Er=örterung gelangen. Es sei deshalb zur Ergänzung hier bemerkt, daß das Wild in hügeligem Terrain mit Vorliebe über die horizontalen, den Höhenzügen parallelen Culturstreifen fortzieht. Solche Streifensaaten oder Pflanzungen leiden alsdann bei dem mehr oder weniger strengen Innehalten der Wechsel von Seiten des Wildes durch das Zertreten der Keimlinge und sonstiger zarten Pflanzen ganz ungemein. — Zum Schutze solcher Streifen haben sich durchaus erfolgreich schräg über die=selben in gegenseitigem Abstande von etwa 20 bis 30 Schritte einge=triebene 1,5 m lange Knüppel bewährt. Das Wild muß zu zahlreichen Hindernissen ausweichen und nimmt alsbald andere Wechsel an.

In ähnlicher Weise hat es beim Durchziehen durch einen älteren Bestand oder über eine neue Culturfläche mit einer fatalen Consequenz sich wohl gerade die kleinen Pflanzstellen (für Unterbau, Nachbesserungen, Neuculturen) für seine Tritte ausersehen. — Wo diese Saatplätze oder Pflanzlöcher in (absolut oder relativ) nicht zu großer Anzahl vorhanden sind, würde sich deren Schutz auf entsprechend tiefgründigem Boden für sehr mäßige Kosten durch ebenfalls kleine, schräg über dieselben einge=triebene Pfähle herstellen lassen. Event. könnte nach dem Werthe be=stimmter Culturflächen, sowie nach den Hauptaufenthaltsstellen des Wildes eine passende Auswahl solcher Schutzflächen getroffen werden.

Gegen das arge Zertreten des Pflanzenwuchses auf den Brunft=plätzen wird sich schwerlich ein empfehlenswerthes Schutzmittel aufstellen lassen.

Aus gleichem Grunde konnte auch das

Rehwild

nicht bei jeder Holzart genannt werden, die mal von ihm verbissen oder vom Bock gefegt wird. — Das

Damwild,

welches sowohl verbeißt und fegt, als (zumeist durch Beknabbern der Rinde nach Ziegenart) schält, blieb gänzlich unberücksichtigt. Als einge=führtes fremdes Wild lebt es zumeist nur in wenigen Revieren frei und dort sind seine Beschädigungen wiederum allgemein und allseitig bekannt, und über besondere spezifische Gegenmittel scheint nichts Bestimmtes vorzuliegen.

Wegen seines Mastfraßes mußte das

Schwarzwild

wiederholt erwähnt werden; jedoch sein Ausbrechen junger Holzpflanzen des An= und Aufwuchses, konnte wiederum bei einer bestimmten Holzart nicht besonders hervorgehoben werden. Außerdem liegt in jedem gegebenen Falle die Arbeit dieser Wildart klar zu Tage. — Für die Wahl seiner „Malbäume" hat dieselbe freilich auch keine Auswahl einer einzelnen Holzart, obgleich es rauhrindige Stämme vorzieht. Aus letzterem Grunde, sowie auch zum Unterschiede von Fege= und Schäl= stämmen des Rothwildes, ist diese eigenthümliche Stammbeschädigung am Schlusse der Kiefer behandelt.

Die Verbreitung des

Bibers

in unserem Vaterlande ist noch beschränkter als die des Elches. Sein ruinöses Schneiden und Schälen zahlreicher Holzpflanzen der verschie= densten Art konnte freilich nicht gänzlich unberücksichtigt bleiben und ist unter „Weiden" kurz erwähnt, weil die in seinem Bereich häufigen Wei= den wohl am meisten durch den Angriff seiner Nagezähne leiden. Im Uebrigen sind seine Verwüstungen auf seinem eng begrenzten Gebiete daselbst Niemandem zweifelhaft und unklar, und durch kein Schutzmittel zu verhindern. — Das

Eichhörnchen,

dieser vielseitigste Schädling im Walde, mußte selbstredend sehr oft, ja von allen schädlichen Thierarten am zahlreichsten zur Sprache kommen. Allein sein Rindennagen an Laubhölzern fand aus gleichem Grunde keine spezielle Erörterung. Es tritt einerseits an den verschiedensten Holzarten, unter denen keine besonders hervorzuheben ist, anderseits aber nur sporadisch und verhältnißmäßig selten, zur Zeit der Noth, bei hoher Schneedecke, auf. Es kommt hinzu, daß seine Rindenverwundungen sich allgemein schwerlich charakterisiren lassen. Bald erscheinen sie als dicht= stehende, bald als vereinzelte, bald als größere, bald als kleine Plätzungen, bald als horizontale, bald als schräge Ringelungen. In der Regel wird an diesen Schadstellen der Splint frei gelegt, doch kommen auch kleine, zahlreiche durchaus oberflächliche Angriffe vor. Es sei deshalb hier im Allgemeinen bemerkt, daß für Schälwunden an Laubholzstämmen

in einer für das Wild unerreichbaren Höhe mit annähernder Sicherheit
stets das Eichhörnchen als Thäter anzusprechen ist. Nur sehr feine
Schnitte bez. Ringelungen (s. Buche — im Stangenholzalter) rühren
von anderen Thieren her. Da jedoch die Eiche im Stangenholzalter
durch das schälende Eichhörnchen am empfindlichsten gelitten hat, so ist
bei Behandlung derselben auch dieser Beschädigung gedacht. — Die

Mäuse

sind im Interesse des Forstschutzes bei „Eiche" und „Buche" ausführlich behandelt und außerdem noch mehrmals erwähnt. Allein von mehr
als 30 Holzarten ist kaum eine vor dem Angriffe ihrer Rinde durch die
Zähne dieser Nager sicher. Es mußte um so mehr genügen, die Behandlung dieser Beschädigung auf die wirthschaftlich bedeutenden Fälle
zu beschränken, als doch wohl jedem Forstmann diese Nagewunden bekannt sind, auch wenn dieselben an einer ungewöhnlichen Holzart auftreten, und die dort ausführlich erörterten Gegenmittel überall Geltung
haben, wo Mäuse schädlich werden.

Soviel über die Lücken im Texte und deren Ergänzung.

Schließlich möge diesen Einleitungsworten noch die Bemerkung
zugefügt werden, daß der weitaus größte Inhalt der vorliegenden
Schrift auf den eigenen Anschauungen, Beobachtungen und Untersuchungen
des Verfassers beruht, welche er vorzugsweise der Gunst seiner, jetzt
19 jährigen amtlichen Stellung, sowie der freudigen Bereitwilligkeit zahlreicher Forstbeamten jeden Grades, ihn im Aufbau der forstlichen
Zoologie nach Kräften zu unterstützen, verdankt. Kritik oder gar Polemik
fremden Angaben gegenüber blieb völlig ausgeschlossen. Es wurden
möglichst nur die unzweifelhaften Beschädigungen bestimmter Thierarten
und die betreffenden Schutz- und Vertilgungsmittel zur Sprache gebracht.

A. Laubhölzer.

1. Eichen.

Ein irgend erheblicher Unterschied in der Vorliebe eines bemerkens=
werthen Schädlings für die eine oder die andere Art unserer Eichen
hat sich bis jetzt nicht erkennen lassen; eine Trennung der Arten ist
daher für unseren Zweck nicht angezeigt.

1. Blüte.

Zwei Gallen, die der Cynips amenti Gir. und amentorum
Htg., entwickeln sich an den männlichen Kätzchen und, wenn massenhaft,
auf Kosten derselben. Allein weder diese, noch die weitaus meisten der
übrigen sehr zahlreichen Eichengallen können als wirthschaftlich nach=
theilig gelten. Es lassen sich ferner kaum wirksame Gegenmittel gegen
sie in Anwendung bringen. Deshalb mögen sie im Folgenden mit
wenigen Ausnahmen gänzlich unberücksichtigt bleiben.

Dagegen zerstört das verderbliche Eichhörnchen diese Kätzchen
oft in größter Menge. Die Untersuchung seines Magens belehrt über
den Zweck seines Aufenthaltes in den mit den männlichen Blüten dicht
behangenen Zweigen. Es ist kaum zweifelhaft, daß es auch die weib=
lichen Blüten und die in der ersten Entwickelung stehenden jungen
Eicheln in den Baumkronen zahlreich vernichtet.

Abschuß eines jeden Eichhorns, welches sich im Frühling daselbst
umhertreibt, ist dringlichst zu empfehlen.

2. Same.

a. Am Baume.

Die Hauptvertilger der Mast in den Wipfeln der Eichen sind
Eichhorn und Heher. Die Individuen beider ziehen sich bei nur
vereinzelten Sameneichen dorthin zusammen. Sie geben den gesundesten
Eicheln vor den verkümmerten den Vorzug und müssen deshalb in
Mastjahren, zumal bei mäßiger oder gar geringer Sprengmast, als sehr
erhebliche Schädlinge bezeichnet werden.

Das in den Kronen sehr heimliche Eichhörnchen macht seine Arbeit daselbst durch die in groben Brocken und Fetzen unter der Schirmfläche zerstreut umherliegenden Kotyledonen und Hüllen auffallend bemerklich. Ein kurzer Anstand genügt in der Regel, durch die herabfallenden Eichelstücke Anwesenheit und genaue Stelle des Zerstörers zu erfahren. In starken vereinzelten Masteichen hausen zumeist mehrere Individuen. Mit Entdeckung und Abschuß eines einzigen darf sich daher der Schutzbeamte nicht ohne weiteres begnügen. Häufige Revision ist geboten. Nach bereits mehrfacher Beunruhigung der Nager empfiehlt es sich, die betreffenden Wipfel aus der Ferne mit dem Glase zu durchmustern.

Auch der Heher hält sich bei seinen Diebereien recht heimlich. Ist ihm der Stand der Sameneichen nicht hinreichend sicher, so sucht er seinen Kropf zu füllen und dann nach dem ruhigen Walddunkel zu fliehen. So fliegen denn die Heher nach und von solchen einzelnen reich beladenen Mastbäumen fortwährend, zumal aber in den frühen Morgenstunden. Alsdann können sie freilich kaum unbeachtet bleiben. Außerdem aber machen sie sich durch vereinzelte, aus ihren Waldverstecken herübertönende Schreie bemerklich. Beim Abbrechen der Eicheln, welche der Heher unmittelbar unter dem Becher zu fassen pflegt, entfallen ihm manche. Dieselben tragen als Eingriff der Spitze des Oberschnabels ein dreieckiges Loch und neben demselben eine horizontale linienförmige, mehr oder weniger starke Schramme, welche die Spitze des abrutschenden Unterschnabels zurückgelassen hat (Figur 1). Fühlt er sich im Wipfel sicher, so verzehrt er dort sofort die einzelnen Eicheln, deren Hüllen am Boden leicht die charakteristischen Eingriffe des Schnabels erkennen lassen. Solche „Hehereicheln" finden sich stets in verhältnißmäßiger Menge unter den Schirmflächen der von dem Vogel besuchten Sameneichen und lassen über den Zerstörer keinen Zweifel aufkommen.

Bei zahlreichen Masteichen oder gar bei Vollmast wird die Vernichtung der Eicheln durch den Heher nur selten von wirthschaftlicher Bedeutung sein. Es möge aber darauf hingewiesen werden, daß derselbe im Herbst sich als Strichvogel zeigt und dann in zahlreichen Individuen die Richtung und Ausdehnung seines Zuges durch den Stand der Eichen, welche die reichlichsten und besten Samen tragen, bestimmen läßt. Der Abschuß, welcher sich von gedecktem Anstande aus bei vereinzelten Samenbäumen lohnt, ist in jenem Falle allerdings schwierig, allein die Heher werden durch wiederholte Schüsse verscheucht, überfliegen wenigstens bedeutende Strecken, ehe sie zur Plünderung der Wipfel wieder einzufallen wagen. — Der aus den einzelnen dem Heher entfallenen, oder von ihm unter die Bodendecke gesteckten Eicheln entstehende Aufschlag kann als Gegenleistung gegen seine Diebeterei kaum in Anschlag gebracht werden, noch weniger die schmackhafte Brühe, welche erlegte Heher liefern.

Die Verminderung der Eicheln auf dem Baume durch andere Vögel namentlich die Buntspechte (alle 3 Arten) und die Ringeltaube möchte kaum irgendwo wirthschaftliche Bedeutung erlangen.

Unter den Insecten gibt es einige, welche durch starken Licht=, bez. Kahlfraß die Entwickelung der Samen verhindern. Maikäfer, Processionsspinner und grüner Wickler (Tortrix viridana) nehmen

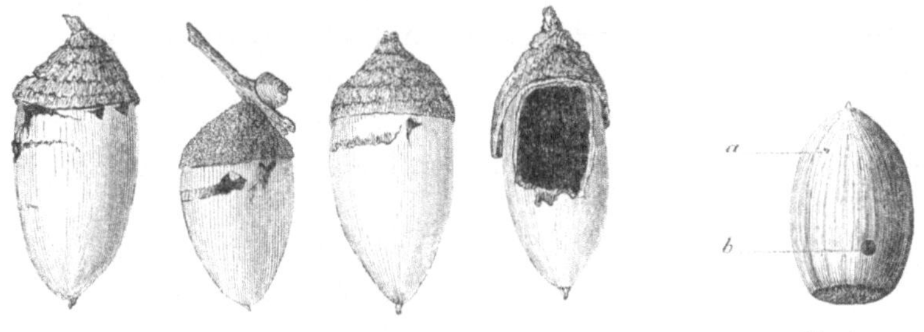

Fig. 1. Hehereicheln.   Fig. 2.

unter diesen die erste Stelle ein. Jedoch werden dieselben passender als Schädlinge beim Altholze Erwähnung finden.

Andere, besonders die Samenrüsselkäfer, die sehr langrüßligen Balaninen (Balaninus turbatus Gyll. und glandium March.), entwickeln sich in den einzelnen Eicheln. Sind die letzteren von der Larve noch bewohnt, so verräth nur eine an der Spitzenhälfte der „wurmstichigen" Eichel sich befindende punktförmige Erhöhung (Fig. 2a, die bald ver= wachsende feine Bohrstelle, welche das Rüsselkäferweibchen im Frühlinge zur Aufnahme eines Eies durch die Schale ins Innere genagt hat) den inneren Feind.

Da diese Eicheln im Herbste vor den gesunden abzufallen pflegen, so lassen sie sich alsdann unter der Schirmfläche frei stehender Samen= bäume leicht sammeln und zur Verminderung des Feindes vernichten. Hat sich die reife Larve bereits durch ein kreisrundes Loch (b) zur Verpuppung unter der Bodendecke an die Außenwelt begeben, so ist selbstredend ein Sammeln und Vernichten der Eicheln zwecklos.

Gegen andere hierher gehörende Insecten, namentlich Wickler, läßt sich ein Gegenmittel nicht vornehmen, da die noch besetzten Eicheln kein Merkzeichen davon an sich tragen.

b. Abgefallene Mast.

Die Eichelmast am Boden ist bekanntlich ein vom Schwarzwild äußerst begehrter Fraß; ebenfalls das Rothwild, weniger das Dam= wild liebt diese Aesung; auch das Rehwild nimmt gern Eicheln, obwohl nicht stets ohne Nachtheil*). Dem aufmerksamen Forstmann wird in einem vorliegenden Falle der Thäter nicht unbekannt bleiben und es ihm überlassen werden können, ob und ev. welche Schutzmaßregeln (Verscheuchen, Abschuß, Eingattern u. dgl.) anzuwenden er für ange= messen hält.

Der Dachs verzehrt Eicheln sehr gern, kann aber wohl nur in einzelnen Fällen, etwa bei sehr lokalisirter Sprengmast, wirthschaftlich schaden. Seine Losung, Spur und sein Stechen heben leicht die etwaigen Zweifel über den Urheber der Mastverminderung, bez. machen auch ohne eine solche Wahrnehmung auf die von seiner Seite drohende Gefahr aufmerksam.

Ein Abschuß (auf dem Anstande bei Mondschein) ist dann nicht zu empfehlen, wenn sich auf den Eichelmastflächen auch zahlreiche Mäuse umhertreiben, da er durch Zerstörung ihrer Nester ihrer Ver= mehrung wohlthätig entgegenwirkt.

Auch der Hase äst manche Eichel, jedoch wohl kaum in empfind= licher Menge.

Dagegen treibt sich das Eichhörnchen nach dem Mastabfall, zumal bei vereinzelter Sprengmast wohl in vielen Individuen auf den= selben Flächen am Boden umher und schadet dort sehr erheblich. Fort= gesetztes Abschießen daselbst geboten.

Gefährlich für die Mastflächen werden nicht selten auch die Mäuse, besonders die langschwänzige Wald= und die kurzschwänzige Feld= und Ackermaus (Mus silvaticus und Arvicola arvalis und agrestis). Mäuse finden sich beständig in den Beständen, besonders dort, wo die verwachsene Bodenoberfläche ihnen Schutz und Deckung bietet. Sie verzehren u. a. die verschiedensten am Boden liegenden Baumsämereien. Es ist nicht schwierig, daselbst die von ihnen zerknabberten und ent=

---

*) An der Innenwand des Pansen (Wanstes) aus unbekannter Ursache ein= gegangener Rehe wurde ziemlich fest haftend eine Menge Eichelnschalen ge= funden.

leerten Hüllen von Hainbuchennüßchen, Bucheln, Eicheln, Vogel= und Traubenkirschkernen u. v. a. aufzufinden. Bei sporadisch in größerer Menge vorhandener Nahrung ziehen sich ihre Individuen im Herbst nach Vollendung ihres etwa viermaligen jährlichen Fortpflanzungs= geschäftes nach solchen isolirten Nahrungsflächen aus weiterer Umgebung zusammen. Freilich kann in den meisten Jahren ihre Anzahl keine Veranlassung bieten, wegen Verminderung der überreichlich gebotenen Sämereien, außer denen sie doch auch manche andere Nahrung (Insecten, Graswurzeln u. s. w.) verzehren, mehr oder weniger kostspielige Ver= tilgungs= oder Schutzmittel gegen sie zu ergreifen. Allein unter Um= ständen vermehren sie sich zu einer verwüstenden Menge, so daß alsdann von solchen Maßnahmen gegen sie nicht Abstand genommen werden darf. Sogar bei noch mäßiger Anzahl kann Grund vorhanden sein, für den Forstmann besonders werthvolle Mastflächen gegen die Mäuse zu schützen.

Zur fortwährenden Niederhaltung ihrer Vermehrung ist ständige Schonung ihrer Feinde dringlichst zu empfehlen. Man schieße deshalb in den Beständen nie eine Eule oder zerstöre ihr Nest. Der Thurm= falk holt leider seine Mäuse nur von den freien landwirthschaftlichen Flächen; aber der Bussard greift auch in den Beständen manche Maus. Von den Säugethieren seien Wiesel und Hermelin, welche in älteren Wäldern nur ganz unbedeutend der Jagd Abbruch zu thun im Stande sind, der Schonung besonders empfohlen. Auch der Igel vertilgt daselbst durch Ausfressen der Nester viele Mäuse, sogar die Spitzmäuse sind in dieser Hinsicht werthvoll. Daß der Edelmarder und der Fuchs eifrige Mausefänger sind, und das Schwarzwild mit ganz besonderem Gewichte gegen diese Nager auftritt, ist allgemein bekannt. Allein bei diesen Wildarten treten die jagdlichen Interessen zu sehr in den Vor= dergrund, als daß diese durch die Rücksicht auf ihre Mausevertilgung hintan gesetzt werden könnten. Nur zur Zeit einer Massenvermehrung der Mäuse wird in manchen Fällen eine solche Rücksichtnahme sich doch sehr empfehlen. — Die größten Feinde der Mäuse sind jedoch nicht die Thiere, sondern die fast alljährlich eintretenden mörderischen Witterungs= verhältnisse. Abgesehen von heftigen anhaltenden Regengüssen im Sommer, wodurch ihre zarten Nestjungen stark leiden, steht der in den Uebergangsjahreszeiten fast stets auftretende Wechsel von Frost= und Thauwetter in erster Linie. Thaut bei gefrorenem Boden der Schnee, folgt gar wieder Frost, so sind die Mäuse bald vom Wasser, bald vom

Eise umgeben; sogar ein einziger scharfer Wechsel kann Tausende von Mäusen auf wenige Individuen vermindern. Scharfer Winterfrost allein, zumal bei nicht zu schwacher, die Mäuse schützender Schneedecke thut ihnen keinen wesentlichen, jedenfalls nur geringen Abbruch. Nach einem durchweg milden Winter, oder nach allmählichem Uebergange der Herbst= witterung in die des Winters und der letzteren in den wärmeren Frühling wird dagegen die Menge der sehr fruchtbaren Mäuse bedroh= lich. Folgen sich gar zwei solcher milden Winter unmittelbar, wie 1876/77 und 1877/78, so ist eine Mauseplage in allen Revieren und Revier= theilen, in denen überhaupt diese kleinen Nager zu leben pflegen, mit Sicherheit zu erwarten. Zudem vertreiben die Ernte= und Bestellungs= arbeiten die Mäuse von den angrenzenden landwirthschaftlichen Flächen in die Bestände. Droht eine solche Gefahr, so ist Ziehen von Isolir= gräben an den Außenrändern der Bestände um so zweckmäßiger, als es sich in diesem Falle fast ausschließlich um das Einwandern der ge= meinen Feldmaus handelt, welche beim Mangel eines besonderen Kletter= vermögens sich aus diesen Gräben bez. den Falllöchern derselben kaum zu befreien vermag. Als wichtigste Eigenschaften dieser, etwa 0,3 m breiten und ebenso tiefen Gräben müssen die Glätte und senkrechte Richtung ihrer Wände hervorgehoben werden. Die in denselben in einem gegenseitigen Abstande von 30 bis 40 Schritten anzubringenden, die ganze Grabensohle einnehmenden Falllöcher haben mit den Gräben gleiche Tiefe (0,3 m). Selbstredend sind alle Gegenstände (Wurzeln, hineingefallene Reiser, dorthin verwehte Laubmassen u. dgl.), welche den gefangenen Mäusen ein Entkommen gestatten, zu entfernen und nach solchen die Gräben wiederholt zu revidiren. Ganz besonders ist diese Schutzmaßregel dort anzuwenden, wo der Boden der betreffenden Bestände den eingewanderten Mäusen Deckung und Schlupfwinkel ge= währt, wo sich also ein Krautüberzug, wirres Gestrüpp, zahlreicher Aufschlag, zumal bei reichlicher Laub= und Nadeldecke in unmittelbarer Nähe der an die landwirthschaftlichen Flächen stoßenden Bestandsgrenzen finden. Da jedoch die Mäuse, einmal in die Bestände gelangt, recht weit nach solchen Verstecken umhersuchend in denselben umherwandern, ja in kurzer Zeit mehrere Jagen durchziehen, so ist der bezeichnete Grabenschutz gegen die Invasion der Mäuse von den anstoßenden Aeckern und Wiesen her auch dort zu empfehlen, wo in den Beständen anfänglich die genügende Bodendecke fehlt. — Ein bleibender Aufent= halt der Mäuse ist aber nur durch reichliche Anwesenheit solcher Boden=

verstecke bedingt. Nach solchen ziehen sie sich zusammen, und verlassen dieselben nur beim Eintreten von Nahrungsmangel. So finden sich stets auf Flächen mit verwachsenem dichtem Aufschlag, unter höherem Beerkrautgebüsch, an Stellen mit alten niedergebogenen Farnkräutern, an stärker mit Gras und anderen Kräutern bewachsenen, nicht nassen Einsenkungen, überhaupt an verrasten und verkrauteten Stellen u. dgl. Mäuse, selbst wenn man in der Nachbarschaft nach ihnen vergeblich sucht. Entstehen solche Stellen plötzlich in den Beständen, z. B. nach einem Raupenkahlfraß, welcher einen üppigen hohen Graswuchs in Folge der starken Insolation und Düngung des Bodens durch den Raupen= koth zur Folge zu haben pflegt, so kann dort spätestens bereits im folgenden Jahre die Anwesenheit zahlreicher Mäuse erwartet werden. — Ein zweites Anziehungsmoment für diese Nager bildet die reichlich vor= handene Nahrung. Wird diese nur an einzelnen Plätzen ihnen geboten, so sammeln sich ihre Individuen daselbst und setzen sich dort um so zahlreicher fest, je zusagendere Schlupfwinkel sie hier antreffen. — So ist denn zur Zeit einer bedeutenden Mäusevermehrung die Eichelmast am Boden, zumal die zerstreut auftretende, stark gefährdet, und der Forstschutzbeamte verpflichtet, auch wenn bei ihm daselbst und in der näheren Umgebung vor Abfall der Eicheln noch keine Bedenken über das Schicksal derselben entstanden, hier rechtzeitig Vorsorge zu treffen. Er hat zu dem Zwecke schon mehrere Wochen vor dem Abfall der Mast die Umgebung so weit und so gründlich als möglich von den vor= erwähnten Verstecken der Mäuse zu säubern. Die örtlichen Verhältnisse müssen entscheiden, ob sich diese Säuberung durch Sichel oder Sense oder durch Vieheintrieb empfiehlt. Der letztere hat auch den Vortheil, daß die Mäuse durch die Hufe des Viehes stark beunruhigt und manche ihrer Nester, sowie ihre Röhren zertreten werden. Auch die Egge (mit beweglichen eisernen Zähnen) wird an nicht zu ungünstigen Bodenstellen hinterher noch gute Dienste leisten. Wohl nur ausnahmsweise (bei verworrenem wildem Gestrüpp auf kleineren Flächen, bei höherem Kraut= wuchs in Bodensenkungen u. dergl.), aber mit durchschlagendem Erfolge wird es gestattet sein, unter den gehörigen Vorsichtsmaßregeln (Isoli= rung, günstiger Windrichtung und Witterung, genügender Arbeiterzahl) diese Einzelverstecke durch Bodenfeuer von den Mäusen zu befreien. Die Mastflächen selbst sind von dem Abfall der Mast durch Eintrieb von Schweinen zu säubern, deren Brechen außerdem den Eicheln das günstigste Keimbett bereitet. Beim Mangel an Schweinen dient Kurz=

hacken dieser Flächen als unvollkommener Ersatz. Solche Schutzvornahmen lassen sich freilich an zu zahlreichen Stellen bez. auf ausgedehnten Flächen nicht überall ausführen, jedoch auch ihre Beschränkung auf waldbaulich besonders wichtige Punkte wird von günstigem Erfolge sein. — Allein es läßt sich durch alle diese Schutzmittel die Mausegefahr nur auf kurze Zeit beseitigen. Diese lebhaften kleinen Nager werden die Mastplätze wieder aufsuchen und finden. Es ist deshalb geboten, sie in der Umgebung derselben möglichst zu vertilgen und diese Vernichtung, so lange sich eine erhebliche Menge von Mäusen zeigt, bis zum Frühling, zur Zeit ihrer ersten Fortpflanzung, wodurch sie an einem weiten Umherwandern gehindert werden, fortzusetzen. Zu diesem Zwecke empfiehlt sich die Herrichtung künstlicher Verstecke, namentlich Aufsetzen von Reiserhaufen in Meiler= oder Streifenform in der Umgebung der bedrohten Stellen. Unter und in diesen suchen sie Schutz. Buchenreisig bietet ihnen in den Knospen, Laub= wie Blüteknospen, eine beliebte Nahrung. Nichts desto weniger ist es zweckmäßig, auch sonstige Nahrung, etwa Getreidekörner, Haferrispen u. dergl. auf den zuvor gereinigten Boden der Reiserhaufen zu streuen. In letzteren verweilen sie, bis Nahrungsmangel sie zum weiteren Umhersuchen veranlaßt. Ein mehrmaliges Umsetzen der Haufen ist deshalb unerläßlich. Buchenreisighaufen bieten die Knospennahrung, welche zumeist nur von den zu unterst liegenden Zweigen genommen wird, dreimal, wenn nämlich beim zweiten Umsetzen die vorhin oberen Reiser, und beim dritten die mittlere Reiserpartie auf den Boden gelegt werden. Die beim Abtragen der Haufen entfliehenden Mäuse können leicht erschlagen werden. Auch kleinere Hunde leisten bei dieser Schlacht gute Dienste. Handelt es sich nur um einzelne leicht controlirbare Flächen, so vereinfacht Auslegen von Giftbrocken, etwa Strychninweizen (in auf dem Boden festgelegten Drainröhren) die Arbeit, da dieses ein Umsetzen der Reiserhaufen unnöthig macht. Selbstredend ist die größte Vorsicht in der Entfernung der Giftstoffe und der vergifteten Mäuse, auch der bereits stark verwesten, beim schließlichen Abräumen der Verstecke nothwendig. Die Arbeiter dürfen dabei nie ohne die schärffte Aufsicht bleiben und weder die verendeten Mäuse noch die übrig gebliebenen Giftbrocken mit den Fingern auflesen. Mit spatelartig geschnittenen Holzspänen lassen sich diese, sowie auch der Giftweizen leicht aufheben und in irgend ein werthloses hölzernes später neben dem Inhalte zu verbrennendes Gefäß bringen.

Sind die Mastflächen nicht zugleich auch die Verjüngungssamen=
flächen, sondern etwa nur Leseflächen zur Erlangung von anderweitig
zu verwerthenden Eicheln, so bedarf es auch bei Anwesenheit zahlreicher
Mäuse besonderer Schutz= und Vertilgungsmittel kaum. Das Sammeln
ist verhältnißmäßig in kurzer Zeit beendet, bevor noch die Mäuse sich
an den event. vereinzelten Maststellen zu sammeln vermögen, und die
Sammler können leicht nach denjenigen Stellen, welche die besten Saat=
eicheln liefern, gewiesen und etwa nach einem stärkeren plötzlichen durch
Wind bewirkten Abfall vermehrt werden. Die Mäuse thuen außerdem
dem Sammeln um so weniger Abbruch, als sie zunächst die ihnen an
ihren Verstecken (Krautwuchs u. dergl.) gebotenen, von den Sammlern
leicht zu übersehenden Eicheln verzehren.

c. Zur Ueberwinterung aufbewahrt in Schuppen.

Auch die zur Ueberwinterung in freien Schuppen aufbewahrten
Eicheln werden durch die Mäuse stark bedroht. Die, auch entleerten,
Schuppen bieten gar gewöhnlich den ganzen Sommer hindurch den
Mäusen beliebte Verstecke, zumal wenn sich Stroh oder Streu auf ihrem
Boden befindet und ihre etwa mit Plaggen, Moos, Stroh u. dergl. be=
deckten Dächer tief herabreichen oder gar den Boden berühren.

Es ist daher räthlich, sofort im Frühlinge nach Ausleeren der
Schuppen alles dort befindliche lockere Streu= und Schutzmaterial zu
entfernen; jedenfalls aber geboten, im Herbst vor dem Einbringen der
Eicheln jene von den etwa vorhandenen Mäusen durch wiederholte starke
Beunruhigung, Aufstellen von Fallen u. dergl. zu säubern. Alsdann
im Rechteck um die Schuppen gezogene Gräben (s. S. 12) mit Fall=
löchern an den Ecken schützen vor fernerem Einwandern. Statt der
Falllöcher können zweckmäßig weite Drainröhren oder Töpfe senkrecht
in die Grabensohle eingelassen werden. Ein Füllen der Töpfe mit
Wasser ist überflüssig, wird sogar bei eintretendem Froste zweckwidrig.
Das Eis sprengt außerdem dieselben leicht. Dagegen ist besonderes
Gewicht auf stete Reinhaltung und bei Beschädigung auf sofortige Aus=
besserung der Gräben zu legen. Kommen trotzdem, etwa bei hohem
Schnee, zumal wenn sich Kruste bildet, Mäuse hinein, so läßt sich
schwerlich eine wirksame Vertilgungsmaßregel ergreifen. Bei dem Ueber=
fluß an Nahrung werden sie kaum Giftbrocken annehmen oder in Fallen
gehen, zumal wenn es sich um Wühlmäuse handelt. Um so mehr muß
Schonung des Hermelin und Wiesels, dieser ärgsten Mausefeinde, em=
pfohlen werden. — Wenngleich noch nicht erprobt, aber höchst wahr=

scheinlich recht wirksam zur Vertreibung der vorhandenen Mäuse, wird ein starkes Ausräuchern des Aufbewahrungsraumes sein. So verbrennt z. B. Insectenpulver auf einer glühenden Eisenblechplatte mit dickem weißem Rauche, welcher Insecten sofort tödtet und sich zu dauerndem feinem Ueberzug an allen Gegenständen in dem Verbrennungsraum niederschlägt. Auch die Mäuse werden sich gegen denselben schwerlich gleichgültig verhalten. Der Niederschlag schützt vielleicht vor rascher Rückkehr. Mit einer glühenden Feuerschippe oder dergl. ließe sich diese Ausräucherung gefahrlos und bequem ausführen.

Nicht selten sind die gesunden Eicheln mit wurmstichigen vermischt. Es kommen Fälle vor, in denen viele Hunderte der letzteren in die Schuppen gelangen, welche beim Einbringen der Eicheln im Herbst das große Nageloch der Larve (Fig. 2b) noch nicht zeigten. Stehen Eichen in der Nähe, so ist es empfehlenswerth, im Frühling nach dem Entleeren der Schuppen die noch unverpuppt in der oberen Erdschicht oder auf derselben ruhenden Larven zu sammeln und zu vernichten. Ihr Vorhandensein wird durch die auffälligen Schalenlöcher bekundet. Nach Ausheben dieser Schicht und flachem Ausbreiten derselben auf fester Unterlage lassen sich diese Larven leicht zertreten oder zerstampfen. Da die Balaninen (s. S. 9), nach dem Vorkommen der von ihrer Larve besetzten Eicheln in bedeutender Höhe zu schließen, weithin zu schwärmen vermögen, so ist diese Vernichtung der Brut nicht ohne wirthschaftliche Bedeutung.

d. Saat.

Die zur Saat verwendeten, bez. schon zu keimen beginnenden Eicheln werden z. Th. durch dieselben Thiere bedroht, welche auch die gefallene Mast vermindern. Allein die Saatflächen pflegen weit beschränkter als die Mastflächen zu sein und in sonst eichelloser Umgebung den lüsternen Feinden Ueberfluß an dieser Nahrung zu bieten. Letztere ziehen sich deshalb gern nach den Saatplätzen zusammen und räumen unter der Saat um so stärker auf, je dichter sich dieselbe auf kleinen, scharf umschriebenen Stellen (Plätzen, Streifen) vorfindet. Aber eben wegen dieser geringeren Ausdehnung und scharfen Begrenzung der Saatflächen lassen sich dieselben auch leichter überwachen und vor den Feinden sicherer schützen. Wenn von dem späteren Aufschlag das verbeißende Wild durch Eingatterung fern zu halten ist, so empfiehlt es sich auch für größere Flächen schon sofort nach der Saat, bez. bereits vor Ausführung derselben dieses Schutzmittel herzurichten.

Abgesehen vom Schwarzwilde sind es unter den Säugethieren vorzugsweise Dachs, Eichhorn, Igel, Hase und Mäuse, welche die bedeckten Eicheln wittern, frei legen und verzehren. Losung, Spur und die Art ihrer Bodenverwundung lassen den betreffenden Feind unschwer erkennen.

Der Dachs „sticht" entweder durch scharfes Eingreifen seiner Grabkrallen in den Boden und Ausheben desselben, so daß seine Erdlöcher an einer Seite fast senkrecht und glattwandig erscheinen, oder durch Vorwärtsschieben der Bodendecke, seltener des leichten Bodens, mit seiner Nase. Sein feines Witterungsvermögen läßt ihn den flach unter der Decke (Laub, Nadeln, Moos) ruhenden Nahrungsgegenstand (Larve, Käfer, Samen u. dergl.) erkennen, er fährt mit der Nase nach und schiebt so diese Bodenbedeckung zurück und zusammen. Wo der Dachs sich des Nachts an entsprechenden Orten umhertreibt, verräth er sich durch dieses „Stechen mit der Nase" sofort. Auf den Eichensaatflächen wird man in der Regel seine erstgenannte Art zu stechen, das Eingreifen mit der Prante in den Boden, wahrnehmen. Uebrigens kann der längere Aufenthalt eines Dachses in einem Reviertheile keinem Forstmann unbekannt geblieben sein, so daß sich bei Zerstörung von Eichelsaaten der Verdacht sofort auf ihn lenken muß. — Eingattern der bedrohten Flächen hält den Dachs, welcher sich leicht unter der Einfriedigung durchzugraben versteht, von seinem Fraße nicht mit Sicherheit fern.

Da das auffällige Eichhörnchen auch am Tage auf seinen Nahrungsflächen umherhüpft, so bleibt es dort als Eichelräuber nicht zweifelhaft. Seine nach den Eicheln in den Boden gekratzten Löcher zeichnen sich durch eine trichterförmige Gestalt aus und diese Trichter beseitigen auch bei Abwesenheit des Thäters jeden Zweifel über die Spezies.

Weder Igel noch Hase scheinen bis jetzt gegen die Eichelsaaten wirthschaftlich schädlich aufgetreten zu sein; von dem ersteren ist allerdings ein vereinzeltes, nicht unerhebliches Ausscharren und Verzehren von eingestuften Eicheln bekannt geworden, und der Hase macht sich ebenfalls wohl auf Plätze- oder Streifensaaten durch Auskratzen einzelner Eicheln aus dem Boden bemerklich, allein auch bei schneefreiem und nicht gefrornem Boden zieht er direct zugängliche oberirdische Aesung vor.

Weit verderblicher treten die Mäuse auf.

Zur ganz besonderen Verminderung der von ihnen drohenden Gefahr ist Frühlings- statt Herbstsaat dringend zu empfehlen. Die letztere leidet, auch wenn sich keine erhebliche Menge von Mäusen in der Umgebung der Saatflächen bemerklich macht, stets. In nahrungsärmeren Wintern finden trotzdem viele Individuen diese Stellen und setzen sich dort fest, indem sie besonders bei Streifensaaten weit hinziehende Röhren graben. Im Frühlinge dagegen ist ihre Menge in der Regel stark decimirt, ihr Wandertrieb verschwunden, die Sorge für die ersten Nestjungen bindet sie an sehr beschränkte Stellen und die Eicheln werden nur etwa drei Wochen, bis zum Erscheinen der Keime, von ihnen bedroht. Handelt es sich jedoch um größere Saatflächen, etwa um Anlage eines Schäl= waldes durch Saat, woselbst eine sehr große Menge Eicheln verwendet werden, so finden sich auch im Frühlinge von den verschiedensten Seiten her Mäuse ein, welche in dem späteren Aufschlag als sehr passendem Verstecke verbleiben und abgesehen von ihrer eigenen Nachkommenschaft durch ferneren Zuzug vermehrt werden. Spätere etwa nothwendig ge= wordene Nachbesserungen durch Einstufung von Eicheln können als= dann kaum den beabsichtigten Erfolg haben. Bei solchen Anlagen ist vor dem Einbringen der Eicheln Isolirung der Flächen durch Gräben (S. 12), zumal an der am stärksten gefährdeten Seite, z. B. gegen an= grenzende mausereiche Acker= oder Wiesenflächen, und außerdem mög= lichstes Reinhalten der Culturen von Gras und Unkraut geboten. — Auf kleineren Flächen, etwa Saatkämpen, schützt eine mindestens 5 cm dicke Eichenlohedeckung gegen Eindringen der Mäuse. — Mennige haben einen vollständigen Schutz nicht erkennen lassen.

Unter den Vögeln sind vorzugsweise Heher und Ringeltaube als Feinde der Eichelsaat zu nennen. Beide nehmen die Eicheln außer den nicht oder nicht völlig bedeckten, dann, wenn sich ihre Keim= spitzen über dem Erdboden zeigen. Die sehr scheue Taube läßt sich schwieriger abschießen als der Heher, dieser aber wird besonders da= durch lästig, daß sich nach dem Erlegen der ersten Individuen wochen= lang stets neue einfinden. An Scheuchen gewöhnen sie sich allmählich.

Von Insecten sind nur die glatten, drehrunden oder abgeflachten, gelblichen bis braunen „Drahtwürmer" (Elaterenlarven verschiedener Spezies) als unterirdische Zerstörer der Eicheln bekannt geworden. Wenn die Schale zum Hervorschieben der Keime sich öffnet, begeben sie sich zum Verzehren der Cotyledonen ins Innere. Ganze Saatreihen sind schon durch diese Larven zerstört.

Da in diesen und anderen Fällen, in denen junge Pflanzen durch sie zernagt wurden, die Feinde mit dem Compost auf die Bete gebracht zu sein scheinen, so ist bei dieser Arbeit auf ihre Anwesenheit gar sehr

zu achten und von ihnen bewohntes Dungmaterial von der Verwen=
dung auszuschließen, ev. mit Reisern durchsetzt zu verbrennen.

Eine gleiche Zerstörung haben auch Tausendfüße, Julus, in
verschiedenen Altersstadien, zumeist jedoch jüngere, ja noch sehr junge
bewirkt. Bis jetzt ist ein bestimmtes Gegenmittel gegen diese unbekannt.

Zum Schutze vor künftiger Gefahr empfiehlt sich bei einem ver=
dächtigen zu lange ausbleibenden Keimen der gelegten Eicheln genaues
Forschen nach der Ursache. Wird dabei ein Feind entdeckt, gegen den
eine Abwehr noch nicht bekannt ist, wie etwa der Tausendfuß, so wird
es sich empfehlen, die nächste Saat an anderer Stelle zu machen, die
Bete zu verlegen und Alles zu vermeiden, was für seine Anwesenheit
auf den alten Saatstellen als anlockend oder sonst günstig vermuthet
werden kann.

3. Junge Pflanzen.

Der junge Eichenaufschlag hat im Allgemeinen nur wenig von
Angriffen durch Thiere zu leiden.

Daß die den Boden hebenden oder eben durchdringenden Keime
die Ringeltaube und den Heher zur Zerstörung der Pflanzen bez.
zum Ausziehen und Verzehren der Cotyledonen veranlassen, wurde vorhin
unter „d. Saat" bereits erwähnt.

Auch durch Verbeißen des Wildes, namentlich der Rehe leidet
der Aufschlag stellenweise, doch weit geringer als einige andere Holz=
arten, besonders als die Buche. — Diese allgemein bekannte Beschädi=
gung wird, vom Abschluß des Wildes abgesehen, wohl nur durch Ein=
gatterung der bedrohten Flächen verhütet.

Wiederholt, jedoch nur als sehr vereinzelte Erscheinung, ist die
sonst nur auf niedrigen Krautpflanzen am Boden lebende Raupe der
Bombyx (Gastropacha) castrensis in Menge auf Eichensaaten durch
Verzehren der Blätter schädlich aufgetreten. Noch im gegenwärtigen
(1888) Vorsommer litt etwa ein Drittel einer Eichensaat im Revier
Pechteich durch dieselbe. In jedem Stadium ähnelt diese Art sehr
dem bekannten Ringelspinner.

Ihre jungen gemeinsam lebenden Raupen machen sich durch ihre
Gespinnste am Boden leicht bemerkbar. Falls sich auf den Saatflächen
diese auffälligen Gespinnste zeigen, sind die Raupen ebenso mühelos
als gründlich zu vernichten.

Eine, wenngleich im Ganzen unwichtige, aber recht auffällige und
an einzelnen Stellen zuweilen in Menge auftretende Erscheinung,

nämlich die holzigen kegelförmigen Gallen der Eichenrindengallwespe (Cynips corticalis), möge hier noch erwähnt und durch Holzschnitt veranschaulicht werden. Die besetzten Pflanzen stehen meist in einem Alter von 3 bis 5 Jahren, und diese Gallen pflegen sich tief unten an den Stämmchen, oft z. Th. von Graswuchs umgeben, besonders zahlreich zu befinden. Daß manche dieser stark behafteten Pflanzen absterben, wird die bildliche Darstellung, zumal der Längsdurchschnitt (rechts) leicht erkärlich finden lassen.

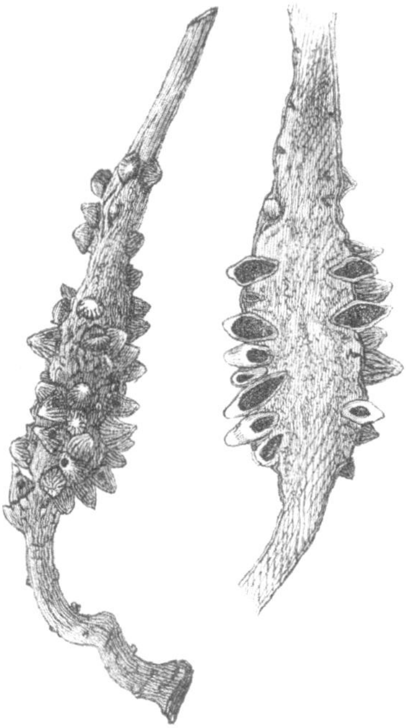

Tiefes rechtzeitiges (vor dem Auftreten der Fluglöcher vorzunehmendes) Abschneiden und Verbrennen der zahlreich besetzten Stämmchen ist zur Verminderung des Feindes freilich sehr zu empfehlen. Jedoch wird derselbe Zweck weit rationeller durch dickes Ueberstreichen der Gallen im Frühlinge mit gutem „Raupenleim" erreicht. Derselbe bewirkt bei seiner, wenigstens zwei Monate lang dauernden Klebestärke ein derartiges Verschmieren der sich an die Außenwelt nagenden jungen Wespchen, daß diese die Fähigkeit zum ferneren freien Leben, namentlich zur Fortpflanzung und folglich zur Verbreitung des Uebels verlieren. Den besten Raupenleim liefert bis jetzt die Firma Ludwig Polborn, Berlin S. W. Kohlenufer 1—3 (50 kg = 7,50 M.). Das Auftragen desselben geschieht mit einer etwas starrhaarigen gestielten Bürste. Da dieser Klebestoff im Interesse des Forstschutzes mannigfaltige Verwendung zu finden verdient (Schädlinge, wie hier, am gesunden Auskommen zu hindern, ihnen den Weg am Stamme nach dem Wipfel zu verlegen, sie in der Eischale zu tödten u. a.), und bei dieser verschiedenen Verwendung nicht stets dieselbe Consistenz desselben zweckmäßig ist, so wird bei seiner ferneren gelegentlichen Empfehlung jene angemessene Consistenz Erwähnung finden. Im vorliegenden Falle muß derselbe eine dick-

Fig. 3.   (Natürliche Größe.)

breiige Beschaffenheit zeigen. Die Firma ist im Stande, jede gewünschte Consistenz herzustellen. Da der Stoff, an einem kühlen Orte aufbewahrt, sich wenigstens zwei Jahre lang tauglich hält, so wird es sich in vielen Fällen empfehlen, einen kleinen Vorrath von demselben zu halten, da manche damit zu bekämpfenden Feinde, z. B. einige Rüsselkäfer, so unvermuthet und plötzlich auftreten, daß mit der Vornahme des Schutzmittels unverzüglich vorgegangen werden muß.

Durch unterirdisches Abschneiden der jungen Pflanzen richten nicht selten Wühlmäuse, die Feld- und die Mollmaus, zumal die letztere, arge Zerstörung an.

Die Feldmaus (Arvicola arvalis) vermag jedoch nur sehr schwache, bis höchstens 5 bis 8 mm im Durchmesser am Wurzelanlauf haltende Stämmchen abzuschneiden. Ihre Schnittfläche ist rauh und mehr oder weniger stumpfkegelförmig. Man findet von ihr abgeschnittene Pflanzen meist nur vereinzelt auf Verschulungsflächen; ihre Röhren streichen flach. Schädlicher wird sie an auf größeren Flächen dichtständigen Pflanzen, da sie sich wegen des niedrigen, blätterreichen Schutzdaches daselbst gern hier festsetzt und fortpflanzt. — Ein oberirdisches Rindennagen während des nahrungslosen Winters durch sie tritt an jungen Eichen bei weitem weniger, als etwa bei Buche und Hainbuche, auf und wird nur dort, wo sie sich im dichten Aufschlag eingenistet hat, zuweilen schädlich. Ohne Zweifel nimmt auch die nahe verwandte Ackermaus (A. agrestis) an dem Abschneiden der jungen Eichen und Benagen ihrer Rinde Theil. Dagegen schadet die Waldmaus (Mus silvaticus) nur durch Verzehren der Eicheln; Holz und Rinde greift dieselbe nie an. — Ein Sommernagen an der Rinde junger Eichen scheint bisher noch nirgends nachgewiesen zu sein.

Weitaus schädlicher und zwar nur durch das unterirdische Abschneiden der Pflanzen vom einjährigen bis zum Starkheister-Alter tritt die größte aller Wühlmausarten, die Mollmaus (Wühlratte, Erdratte, Wasserratte, Schermaus, Hamstermaus, Hamaus, Arvicola amphibius siv. terrestris cet.) auf. Sie lebt und wühlt, ähnlich dem Maulwurf, unterirdisch und scheint nur des Nachts vorübergehend sich auf der Oberfläche zu zeigen, wie wohl aus ihren häufigen Schädeln in den Gewöllen des Uhu und namentlich des Waldkauzes gefolgert werden dürfte. Außer den verschiedensten Wurzeln und Knollen von Krautpflanzen nährt sie sich von den Wurzeln der Holzgewächse und unter diesen sehr gern von denen der Eiche. Bis daumenstarke Stämme schneidet sie in einem Zuge und somit glatt ab, ja die Schnittfläche des Stammes erscheint meist concav (s. „Buche", Fig. 14). Dieses und die schärferen längeren Zahnzüge unterscheiden ihre Fraßstücke von denen der anderen unterirdisch schneidenden Arten. Sie folgt, letzteren gegenüber, ferner den Wurzeln bis weit vom Stamme und tief in den Boden hinein, so daß sich deren Reste oft nur durch Nachgraben auffinden lassen. An stärkeren Stämmen schneidet sie die einzelnen Wurzeln hart am Stamme ab. Sie erscheint nie in Massenvermehrung, eine Prognose für ihr zahlreicheres Auftreten, wie bei den übrigen Mäusen (Seite 12), existirt nicht. Ihr tieferer Aufenthalt im Erdboden scheint sie vor dem Einfluß der wechselnden Witterungsverhältnisse zu schützen. Dagegen wird sie ohne Zweifel fortwährend durch Wiesel und Hermelin, welche beide ihre Röhren zu durchschlüpfen vermögen und gewiß manche ihrer Nester zerstören, niedergehalten. Wo sich auf beschränkter Fläche mehrere Individuen bemerklich machen, sind diese wohl die Zugehörigen einzelner Familien. Doch gibt es auch Fälle, in denen passender Boden (sehr leichter Sand= und strenger Lehmboden sagen ihr nicht zu) und beliebte Nahrung allmählich eine größere Anzahl Mollmäuse angelockt und gefesselt haben. Sie lebt übrigens in den mit Sandgräsern bewachsenen Dünen trotz des Flugsandes nicht selten und nährt sich hier von den weitstreichenden Wurzeln bez. Rhizomen. — In den Eichenculturen wird auch ein einzelnes Individuum stellenweise ruinös. Zumeist sind es die Pflanzen der Rillen= und Riesen=, überhaupt der Streifensaaten, welche oft streckenweise von einem solchen abgeschnitten werden. Auch noch im Loden= und Heisteralter beginnt bald dieser bald jener Stamm zu welken, bei geringer Berührung neigt er sich zur Seite und läßt sich als wurzelloser Stumpf leicht ausheben. So auf den aus Saat wie aus Pflanzung hervorgegangenen Culturflächen.

Die auf dem verborgenen Aufenthalt dieses argen Schädlings beruhende Schwierigkeit einer erfolgreichen Bekämpfung desselben wird wesentlich vermindert durch sein mehr oder minder vereinzeltes Auftreten auf den bedrohten Flächen. Die möglichst genaue Feststellung seiner frischen Röhren ist dafür unbedingtes Erforderniß. Da er nach Maulwurfsart diese noch einige Zeit hindurch als Wege benutzt, so fängt er sich in tief eingelassenen Töpfen sowie in Maulwurfsklammerfallen. Sehr günstig wirken auch dort eingebrachte Giftbrocken, etwa vergiftete Sellerieknollen, Mohrrüben u. dgl. oder künstlich bereitete Giftpasten, welche z. B. nach folgenden Recepten hergestellt werden können: 6 g

Strychnum purum; 400 g Brei aus Wurzeln, gekochten Kartoffeln und Weizenkörnern; 800 g Roggenmehl; 300 g Wasser, bez. so viel, daß ein dicker, zu Pasten von mittlerer Kartoffelgröße knetbarer Brei entsteht. Statt des Strychnin kann weißer Arsenik (arsenige Säure) genommen werden, bei dessen Menge von 25 g die übrigen genannten Stoffe zu 65 bez. 200 und 100 g zu mischen sind. Die Stellen der einzelnen eingelegten Giftbrocken sind sicher, etwa durch numerirte Pfählchen, zu bezeichnen und später genau zu revidiren. Die größte Vorsicht ist bei dem Hantiren mit den starken Giften geboten. Die zum Zweck des Einbringens der Fangvorrichtungen und der Giftbrocken geöffneten Röhrenstellen sind wieder sorgfältig unter Vermeidung einer Verschüttung des Lumens fest zu decken, etwa durch Nadelreiser mit Erdüberschüttung oder Rasenplaggen u. dgl. Tageslicht darf nicht eindringen.

Der Schaden, welchen der Engerling durch unterirdisches Abnagen der Wurzeln bez. der Stämmchen ganz junger Eichen anstiftet, wird nur ausnahmsweise erheblich, seine Lebens- und Vertilgungsweise weiter unten bei „Kiefer" näher erörtert werden.

4. Pflanzen im Loden- und Heisteralter.

Alljährlich findet sich, stellenweise in großer Menge ein flügelloser, kleiner hellgrauer sehr gedrungener Rüsselkäfer, Curculio (Strophosomus) coryli, im Frühlinge bereits vor Aufbrechen der Knospen auf jungen Eichen ein, woselbst er, höchst unscheinbar, an den feineren Zweigen in der Nähe der Knospen verweilt. Schon anfangs Mai finden wir ihn zumeist paarweise in Begattung. Er benagt zunächst und zwar meist dann, wenn in einzelnen Jahren die Eichen spät treiben, die Rinde der vorigjährigen Triebe fleckweise. Sobald aber die Knospen aufzubrechen beginnen, frißt er sich in deren Spitze ein und lebt von den zartesten ersten Blattbildungen. So werden dann die Knospen unter Verschonung der Deckschuppen trichterförmig ausgefressen. Da die Terminalknospe sich zuerst zu entfalten pflegt, so leidet diese zunächst und zumeist durch seinen Angriff. Von dieser geht er auf die unregelmäßig gehäuft unter derselben stehenden Seitentriebknospen über. Außerdem benagt er auch gern die Rinde der neuen, sehr jungen, noch krautartigen Triebe, so daß auch diese absterben. Der zackige, sperrige Höhenwuchs der jungen Eichen, das „Fehlschlagen" ihrer Terminaltriebknospen, beruht, abgesehen von Frostzerstörungen, hauptsächlich auf seinem Fraße. Wegen seiner geringen Größe und Beweglichkeit, sowie seines hellrindenfarbigen Colorits wird er sehr leicht übersehen, ja das nach ihm aufmerksam spähende Auge entdeckt ihn trotz seines offenen Sitzes oft kaum. Doch bei der geringsten Berührung seiner Pflanze, ja nicht selten schon bei der Annäherung des Menschen an dieselbe, läßt er sich herabfallen, das Ohr vernimmt ihn. So ist es denn leicht, durch schwaches Anpochen etwa mit dem Spazierstocke an die einzelnen Stämme sich von seiner Anwesenheit und ev. von seiner Menge zu unterrichten.

Als Gegenmittel ist Abklopfen der Käfer auf unterbreitete Schirme oder Tücher zu empfehlen. Allein bei nur etwas gedrängtem Stande der jungen Eichen, bei tief stehenden zumal sperrigen Zweigen derselben, bei struppig bewachsenem Boden um diese läßt sich eine zu frühzeitige Erschütterung der Pflanzen und somit Herabfallen der Käfer vor Ausbreitung des Planes nicht vermeiden. Auch bei getrenntem Stande und schlankem Wuchs der Pflanzen hat dieses Vertilgungsmittel nur dann Erfolg, wenn es bei anhaltend wärmerer Witterung fast täglich etwa 2 Wochen, sonst gegen drei Wochen hindurch an denselben Pflanzen wiederholt wird. Weht unmittelbar vor Vornahme dieser Arbeit ein nur einiger Maßen heftiger Wind, so befinden sich die meisten Käfer bereits am Boden. — Dagegen hat ein einmaliges dickes Bestreichen der Stämme rundum auf etwa 3 cm Breite unterhalb der tiefsten Wipfelzweige mit Raupenleim (Seite 20), sobald sich die ersten Käfer zeigen, durchschlagenden Erfolg. Die etwa schon oben befindlichen werden durch die Ausführung des Streichens herabgeworfen. Niedriger Ausschlag wird zweckmäßig zur Entfernung der Käfernahrung mit der Astscheere vorher entfernt. Wo Eichenculturen erfahrungsmäßig alljährlich von diesem Feinde heimgesucht werden, kann die Anlage der Leimringe ohne erst die Anwesenheit des Feindes zu erwarten, bereits anfangs April oder schon im März vorgenommen werden. — Die Larve lebt unterirdisch; der neue Käfer entsteht gegen Ende Juli, anfangs August. Wir finden ihn im Spätsommer oft genug auf Laubhölzern, aber ohne alsdann einen durch ihn entstandenen wirthschaftlichen Schaden, von einem solchen an sehr jungen Pflanzen (Buchen) abgesehen, feststellen zu können.

In seiner Gesellschaft tritt stellen- und zeitweise, zuweilen in größerer Anzahl, sogar wohl sehr stark vorwiegend ein zweiter mäßig gestreckter, mehr oder weniger stark kupferglänzender, aber mit feiner grauer Behaarung bedeckter Rüsselkäfer, Curculio (Polydrosus) micans auf, welcher mit seinem feinen Rüssel schon die noch geschlossenen

Knospen anbohrt und ausnagt. Er sitzt fester als coryli. Trotzdem er mit Flügeln versehen ist, pflegt er doch, zumal bei nicht sehr warmem, ruhigem Wetter die Stämme zu erklettern.

Auch gegen ihn schützen Leimringe.

Als dritter Rüßler im Bunde, jedoch um einige Wochen später auf der Bildfläche erscheinend, ist in einigen nordwestlichen Revieren Curculio (Otiorhynchus) picipes zerstörend aufgetreten, zumal er nach dem starken Fraße von coryli, bez. nach Vernichtung der ersten zarten Triebe durch Frost die später sich entwickelnden Knospen und die beginnenden Johannistriebe vernichtete.

Diese flugunfähige Art wird ebenfalls durch die Leimringe von den Wipfeln abgehalten. Anfangs April dick aufgetragen bleibt die beste Leimsorte (Firma: Polborn, Seite 20) bis Ende Juni noch fängisch; event. müßte der Strich, dann allerdings nur in dünner Lage, wiederholt worden. — Das Larvenleben und die Entwicklungsweise der beiden letztgenannten Rüsselkäferarten sind bis jetzt noch nicht ermittelt.

Auf ähnliche Weise haben in verschiedenen Revieren in einzelnen Jahren noch andere Rüsselkäferspezies an jüngeren Eichen geschadet. So zerstörte Curc. (Polydrosus) iris, sowie Curc. (Omias) brunnipes die Knospen, zumal im Zustande des Ausschlagens. — Gegen alle in dieser Weise auftretenden Arten wird sich dasselbe Schutzmittel mit Erfolg anwenden lassen.

Rüsselkäferarten, welche nur die Blätter verzehren, stehen den vorgenannten an wirthschaftlicher Bedeutung weit nach, können jedoch in einzelnen Jahren in colossaler Menge erscheinen. So wird z. B. berichtet, daß Curculio (Phyllobius) argentatus sich zu Millionen gezeigt habe. — In solchen und ähnlichen Fällen würde nur ein Abklopfen auf Schirme und dergl. zur Verminderung der Fresser vorgenommen werden können. Uebrigens pflegen derartige Spezies sehr bald wieder bis auf eine geringe Individuenzahl zu verschwinden, ohne dauernden Schaden angerichtet zu haben.

Klagen über Eichenbeschädigungen durch Telephorus- (Cantaris-) Arten, zu der Familie der „Weichflügler" (Malacodermata) gehörend, stammen zumeist aus dem nordwestlichen Deutschland, aus Rheinland und Westfalen. So nagten in ganz erheblicher Menge Telephorus obscurus L., in sehr untergeordneter Anzahl (1 bis 3 p. C.) andere Spezies, im Mai an den noch krautartigen Eichentrieben kleine, etwa stecknadelknopfgroße Löcher. Die so beschädigten Triebe wurden zunächst an den Wundstellen dunkel, bald gänzlich schwarz und starben ab, auch knickten sie um. Während nach einem Berichte der Schaden durch die Johannistriebe meist ersetzt wurde, wird derselbe nach einem anderen als ernstlicher bezeichnet.

Da den am Boden unter dem Bodenüberzuge versteckt lebenden, lebhaften, wohl nur carnivoren Larven zum Zweck ihrer wirthschaftlichen Verminderung nicht beizukommen ist, so läßt sich kaum etwas anderes, als das Ablesen der Käfer von den Pflanzen als leider nur mattes Gegenmittel empfehlen.

Das ganz gleiche, das Absterben der Triebe bewirkende, zum Zweck, den Saft zu genießen, vorgenommene Benagen derselben ist auch und zwar ebenfalls in jenen Gegenden von einem Schnellkäfer, Elater (Lacon) murinus L., beobachtet. Diese häufige Art tritt jedoch wohl nie auf beschränktem Raume in solcher Menge und folglich kaum so schädlich auf, als in manchen Jahren die Telephoren. — Andere Gegenmittel, als Ablesen der Käfer dort, wo sie die Eichentriebe befressen, bez. wo die auffällig kränkelnden Triebspitzen auf den Feind aufmerksam machen, sind schwerlich aufzustellen.

Als fernere ähnlich schädliche Käferart wurde sogar die kleine (blaue, auch grünliche) Lukanide, Lucanus (Platycercus) caraboides, ertappt (im Revier Gahrenberg), woselbst sie im Juli die Johannistriebe seitlich ebenfalls so stark benagte, daß dieselben sich schwärzten und abstarben. In geringem Umkreise konnten leicht 30 bis 40 solcher todten Triebe gesammelt werden. — Auch hier wird das Ablesen der Schädlinge das einzige Schutzmittel sein können.

Unter besonderen Verhältnissen ist auch der sehr berüchtigte „große braune Rüsselkäfer", Hylobius abietis (bei Ratzeburg Curculio pini), jüngeren Eichenculturen außerordentlich verderblich aufgetreten. Mit seinem Larvenleben und seiner Entwickelung gehört er ausschließlich dem Nadelholze an und wird in dieser Hinsicht unter „Kiefer" näher erörtert; allein der Käfer als solcher benagt sehr gern auch die Rinde von Laubhölzern und namentlich von Eichen. Die vorliegenden Thatsachen beziehen sich auf Fälle, in denen junge Eichen dort entstanden, bez. gepflanzt wurden, woselbst sich im Boden an Nadelholzwurzeln dieser Rüsselkäfer in größter Menge entwickelte. Es sind die folgenden: 1) Bei der Anlage eines Eichenschälwaldes durch Saat ließ man zum Schutze der jungen Eichen sowie zur Bodenbeschirmung zwei Eichensaatreihen mit einer Reihe einjähriger Kiefernpflanzen abwechseln. Nach 18 Jahren wurde der ganze Bestand abgetrieben. Im nächsten Jahre zeigte sich ein voller kräftiger Eichenausschlag, welcher im zweiten und dritten zum größten Theil welkte und abstarb. Die Untersuchung ergab als Feind unsern Rüßler. Derselbe war unmittelbar nach dem Abtriebe im Frühling als Brutkäfer durch die im Boden verbliebenen Kiefernwurzeln angelockt und hatte darauf sowohl selbst als auch durch seine Nachkommenschaft das Unheil angerichtet.

Da unter solchen Umständen zur Verhütung der Eierablage, bez. zur Vernichtung der Brut ein gründliches Roden der Kiefernwurzeln unmöglich ist, auch künstliche Brutknüppel sich daselbst in der erforderlichen Menge nicht eingraben lassen, jedenfalls aber die Besetzung der frisch vom Stamme getrennten Kiefernwurzeln mit Brut nicht verhindern, sondern höchstens etwas vermindern würden, so kann als wirksamer Schutz in einem solchen Falle nur der zwei, oder besser drei Jahre vor dem Abtrieb der Eichen vorgenommene Einschlag der Kiefern empfohlen werden. Den bereits zu Starkheistern erwachsenen Eichen können die inzwischen dorthin angeflogenen und entstandenen Rüsselkäfer nicht mehr schaden, wenigstens die Rindenernte nicht wesentlich vermindern, und dem neuen Eichenausschlag droht durch die im Boden verbliebenen, jedoch längst abgestorbenen Kiefernwurzeln als „Brutmaterial" dieser Spezies keine Gefahr mehr. — 2) Ein anderer Eichenschälwald wurde auf der frischen Schlagfläche eines älteren Fichtenbestandes angelegt. Hier die gleiche Erscheinung. Die frischen Stöcke und Wurzeln der Fichten lockten die Brutkäfer an und boten den Larven sehr passendes Fraßmaterial, an dem sich später die zahlreichen neuen Käfer entwickelten. Der Eichenaufschlag erlitt fleckweise zumal im zweiten Jahre eine starke Zerstörung, an welcher sich übrigens auch Mäuse betheiligten. — Ein Wurzel- bez. Stockroden ist auch hier unausführbar; es wäre deshalb als einziger Schutz eine wenigstens dreijährige Schlagruhe geboten gewesen. — 3) Der letzte Fall betrifft eine Eichenheisterpflanzung auf ebenfalls frisch eingeschlagener Fichtenbestandsfläche. Die Pflanzen berechtigten zu der besten Hoffnung, trieben namentlich im zweiten Jahre kräftig. Plötzlich erscheinen die oberen Theile der Stämme und die Zweige schon aus der Ferne ganz auffällig roth und bei näherem Nachsehen stellt sich eine colossale Entrindung derselben durch den Rüsselkäfer heraus; die ganze Pflanzung war vernichtet. — In einem solchen Falle wären zunächst die Nadelholzwurzeln bez. die unteren Theile der Stöcke am Wurzelanlauf etwa im Herbst nach dem Wintereinschlage, sowie im Laufe des zweiten Sommers vor Anfang Juli an verschiedenen Stellen nach der Brut der Rüsselkäfer zu untersuchen und, falls sich diese irgendwo findet, die Stämme der gepflanzten Loden oder Heister tief mit einem dicken Leimringe (Seite 20) von etwa 5 cm Breite zu umgeben und diese Ringe im laufenden und nächstfolgenden Sommer sowie noch im dritten Frühling stets fängisch zu halten. Da bei der ungeheuren Menge des auf solchen Schlagflächen befindlichen Brutmaterials ein verhältnißmäßig nur winziger Theil auf die Anwesenheit von Rüsselkäferbrut untersucht werden kann, so ist auch dann, wenn sich die revidirten Stöcke und Wurzeln frei zeigen, eine wiederholte Besichtigung der gepflanzten Eichen, zumal im Sommer des zweiten Jahres nach dem Käfer bez. seinen Fraßstellen vorzunehmen und ev. mit dem Anlegen der Ringe sofort zu beginnen.

Von Borkenkäfern hat sich in Heisterpflanzungen wiederholt Bostrichus dispar zahlreich angesiedelt und dann eine sehr erhebliche Menge Pflanzen getödtet. Leider sind die Verhältnisse, unter denen der Feind in solchen Fällen sich so rasch und stark vermehrt hat, sowie die Ursachen, welche diese sehr polyphage Laubholzart veranlaßt hat, in gewissem Umkreise die Eichenpflanzungen zu befallen, gänzlich unbekannt geblieben; eine Prognose für seinen tückischen Angriff wird sich überhaupt wohl kaum ermitteln und aufstellen lassen. Um so mehr ist bei auffälligem Kränkeln der jungen Eichen eine genaue Untersuchung, welche hier wegen der kreisrunden Einbohr, bez. Fluglöcher, sowie auch des aus den Gängen herausgeschafften sehr feinen weißen, am Fuße der befallenen Pflanzen liegenden Bohrmehls unschwer zum Ziele führt, geboten. Ein nach Abschneiden derselben (der untere Stammtheil pflegt bis zur Höhe von 0,3 m nicht besetzt zu werden) vorgenommenes Aufspalten wird die geschwärzten Ring und Gabelgänge sofort erkennen, und die oft recht zahlreichen Käfer (die ungeflügelten Männchen trennen sich überhaupt von ihrer Entstehungspflanze nicht) auffinden lassen. Sobald auch nur die eine oder andere tadellose Pflanze in verdächtiger Weise zu kränkeln beginnt, ist eine genaue Untersuchung geboten. Es läßt sich nämlich mit Grund vermuthen, daß eine solche gar arge Zerstörung in der Pflanzung selbst, vielleicht nur durch ein einziges dorthin angeflogenes Weibchen, ihren unbeachtet gebliebenen Anfang genommen hat.

Abschneiden und Verbrennen der mit den Bohrlöchern behafteten Pflanzen dient zur Vertilgung des Feindes. Zum Schutz der noch nicht kränkelnden wird ein dickes Belegen der einzelnen Bohrlöcher mit consistentem Raupenleim (Seite 20) von günstigster Wirkung sein. Von den neu entwickelten Käfern dieser Spezies bleiben nämlich, wie bereits bemerkt, die Männchen stets im Holze und die Weibchen daselbst eine längere Zeit. Auch von letzteren wird kein besonderes Flugloch genagt, sondern das erste Einbohrloch des Mutterkäfers dient ihnen als Ausgang. Bei dem vorhin erwähnten Aufspalten eines solchen Stammes trifft man zumeist die ganze Familie, oft 10 bis 20 Stück und mehr, dicht gedrängt neben einander zusammensitzend an. Der Leim wird den Weibchen den Weg zur Außenwelt nicht verlegen können, aber auf alle Fälle durch Verkleben und Beschmieren ihres Körpers zur freien Bewegung und namentlich zur Fortpflanzung unfähig machen. Ob sich zum Schutze der noch freien Stämme ein Anstrich derselben bis zum Beginn des Wipfels, welcher nach den bisherigen Erfahrungen unbesetzt bleibt, mit einem Gemisch von Lehm, Kalk und Kuhdünger (Verhältniß wie 2:1:1) erfolgreich erweist, kann zweifelhaft sein, denn dieser Brei wird selten auf die ganze zu schützende Rindenfläche so solide aufgestrichen werden, bez. daselbst unter dem Einfluß der verschiedenen Witterung haften bleiben, daß die kräftig nagenden Brutkäfer nicht doch zahlreiche Angriffsstellen finden sollten.

Eine zweite Borkenkäferart B. Saxesenii, deren Fraß beim Aufspalten der Stämme außer kurzen Gängen horizontale Plätze zeigt, ist in derselben Weise zu bekämpfen. Sie tritt jedoch nur selten verderblich auf.

Ebenso sporadisch, unerwartet, plötzlich und nicht minder ruinös, als Bostr. dispar, erscheinen ferner in Eichenheisterpflanzungen einige der kleinen Prachtkäfer aus der Gattung Agrilus, namentlich die Art tenuis Rtz., auch angustulus Ill., weniger coryli Redt. Da dieselben, wie alle Buprestiden, zum Unterbringen ihrer Eier kein Loch in das Brutmaterial nagen, sondern dieselben mit ihrer Legeröhre in feine Rindenritzen einsenken, so ist auch an stark besetzten und erheblich kränkelnden Pflanzen vor dem Ausbohren der neuen Käfer äußerlich keine Verletzung wahrzunehmen. Diese Fluglöcher unterscheiden sich von den kreisrunden des Bostr. dispar durch eine unregelmäßige, nach unten hin gewölbtere Rundung als oben. Die Larven nagen geschlängelte, jedoch sehr gestreckte, in der Hauptrichtung entweder nach oben oder

nach unten verlaufende Baſtgänge; ihre Verpuppung erfolgt in einer
kurzen, im jüngſten Jahresringe auf= oder abſteigenden, faſt 1 cm langen
Splintwiege, deren Eingang mit feinem Nagemehl feſt verſtopft wird
(Fig. 6 b); der neue Käfer begibt ſich an dem anderen Ende (a) an die
Oberfläche. Generation zweijährig. Da die Weibchen an einer und
derſelben Stelle, oder in unmittelbarer Nähe derſelben mehrere Eier ab=

Fig. 4. Entrindeter Stamm=
abſchnitt (nat. Gr.) Anfang
des Larvenfraßes.

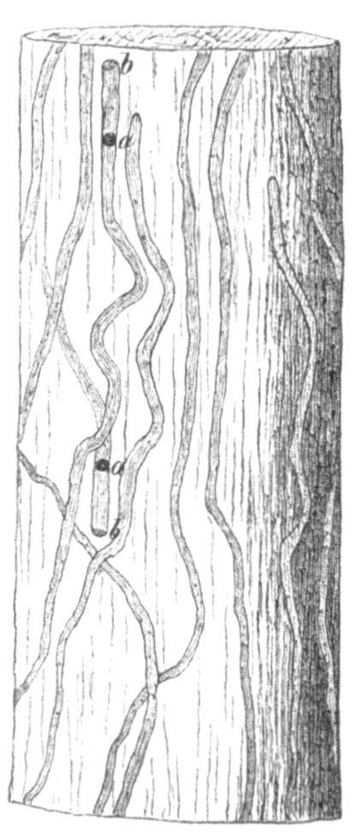

Fig. 5. Entrindeter Stamm=
abſchnitt (nat. Gr.) Ende des
Larvenfraßes. b, b Eingang,
a, a Ausgang der Puppen=
wiege.

zulegen pflegen, folglich ſich die Larven und ihre weitſtreichenden Gänge
gruppenweiſe zuſammen befinden, ſo kommt die Wirkung des Fraßes
auf den Zuſtand der befallenen Pflanzen durch Welken und Kränkeln
derſelben ſchon im erſten Sommer, jedenfalls ſchon vor dem Auftreten
der Fluglöcher äußerlich zur Erſcheinung. Ein Abſchälen der Rinde
läßt den Feind, bez. ſeine Gänge leicht erkennen.

Auch hier iſt gegen 0,3 m tiefes Abhauen und darauf Verbrennen
der kranken Pflanzen geboten. Mit Raupenleim läßt ſich gegen dieſe
Bupreſtiden erfolgreich nicht vorgehen, da die einzelnen von ihnen be=

wohnten Stellen rechtzeitig nicht zu ermitteln sind. Jener Brei (f. vor=
hergehende Arten, Seite 29) aber hat sich gegen ihren ferneren Anflug
bereits als erfolgreich erwiesen; gerade in Rindenritzen und feinen
Rindenspalten, welche einzig zur Aufnahme der Eier dienen, haftet er
stärker und wird daselbst durch Regen u. f. w. kaum sobald wieder ent=
fernt werden.

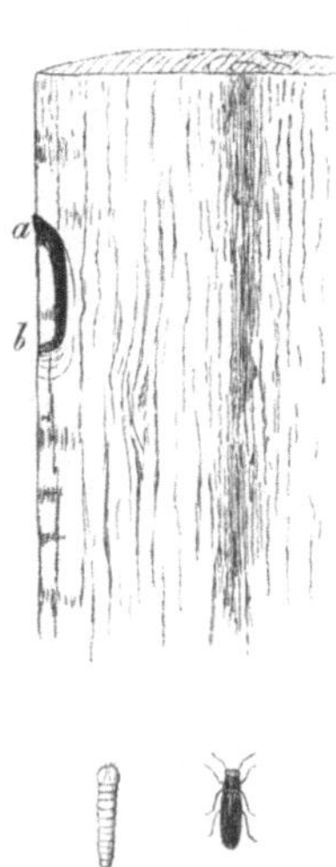 

Fig. 6. Gespaltenes Stammstück. Links die geöffnete Puppenwiege. Unten Larve und Käfer (A. tenuis). (Alle Fig. nat. Gr.)

Fig. 7. Oben durch Spaltung des Abschnit=tes frei gelegte Puppen=höhle, unten Flugloch von Buprestis affinis. (nat. Gr.)

Als Feind von Starkheistern verdient noch eine fernere Pracht=
käferspezies, der Gattung Chrysobothris (Goldgrube) angehörend, Chr.
affinis Fab., von etwa 1,5 cm Länge, breiter Gestalt und dunkelgrauer
Färbung mit 3 in Längsreihe gestellten goldigen Grubenpunkten auf jeder
Flügeldecke, noch besonders hervorgehoben zu werden. (Fig. 8) In zwei
Revieren erlitten viele Heister durch sie tödtliche Verwundungen. Der
Fraß der Larve, geschlängelte, breite, flach in den Splint eingreifende

Gänge, befindet sich tief am Stamme, zumeist nahe über dem Wurzelknoten. Die Puppenwiege (Fig. 7) liegt flach im Holze; die Larve dreht sich in derselben um und somit nagt der neue Käfer sich durch den Larveneingang wieder hinaus. Die Fluglöcher gegen 7 mm lang, elliptisch.

Gegenmittel, wie vorher; doch sind die befallenen (nur am Kränkeln zu erkennenden, bez. als befallen zu errathenden) Heister sehr tief abzuhauen.

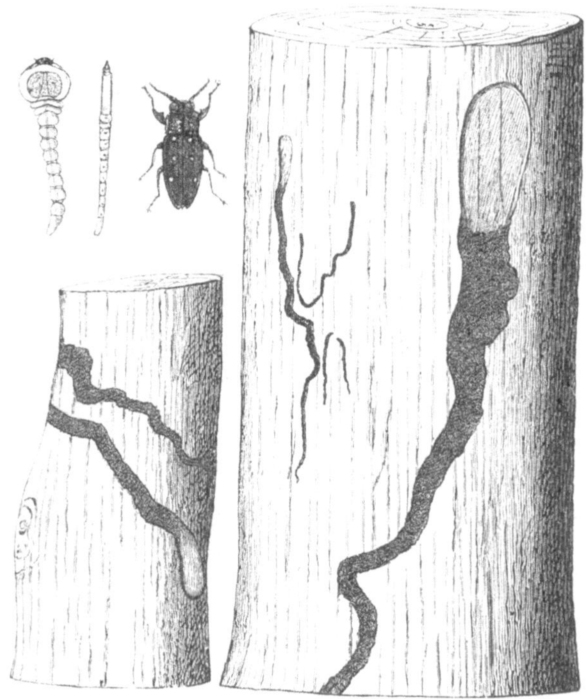

Fig. 8.   Fraßgänge in verschiedenem Alter.   Larve (von oben u. seitlich) und Käfer (natürl. Größe).

In den südwesteuropäischen Ländern lebt noch eine eichenschädliche erzgrüne, an dem blauglänzenden Decken=Spitzendrittel zwei messing= farben glänzende Binden zeigende Buprestide, Coraebus bifasciatus, welche nordwärts sich noch bis in den Elsaß erstreckt, und in den Eichen= schälwaldungen bei Colmar sehr schädlich aufgetreten ist. Der Käfer belegt die Spitzen der Eichen mit je einem Ei; die Larve steigt in dem Holze bis gegen 2 m abwärts und erreicht, wenn sie auch in einem Seitenzweige entstand, mehr oder weniger rasch den oberen Stammtheil, in welchem sie den absteigenden Fraß bis kurz vor ihrer Reife fortsetzt. Alsdann ringelt sie in sehr scharfem Schleifenschnitt den Stamm und legt mit geknickt gekrümmtem, tief ins Holz greifendem Bogengange die Puppenhöhle an. Der gleichstark in Holz wie Bast greifende Ringelgang schneidet der Spitze der Eiche den Lebensfaden ab. — Ein entsprechend tiefes Absägen und Verbrennen der welkenden Spitzen ist das einzige, aber völlig ausreichende Gegenmittel. — Im südlichen Frankreich hat der Käfer die Zweige der Stein- und Korkeiche befallen. Keineswegs ist derselbe auf Eichenschälwaldbestände beschränkt.

Daß übrigens bisher froh wachsende Eichheister plötzlich kränkeln können, ohne daß eine Pracht- oder andere Käferart dieselben bewohnt, folgt aus dem (Seite 21) über die Mollmaus Gesagten (Fig. 9). Möglicher Weise werden sich an den Wurzeln auch nagende Engerlinge befinden. Sichere Feststellung des bestimmten Thäters ist selbstredend die erste Vorbedingung für jede folgende Gegenmaßnahme.

Häufiger und allgemeiner tritt sowohl an einzelnen jüngeren Eichen als in Eichheisterpflanzungen eine Schildlaus, Lecanium quercus L., zerstörend auf. Die befallenen Pflanzen zeigen stellenweise eine große Menge auf der Rinde gedrängt sitzender, runder, glatter, grünlicher oder grünlich gelber, flach gewölbter Schilder, die Reste der Oberseite der abgestorbenen Schildlausweibchen. Die entwickelten Weibchen bohren ihren Saugschnabel durch die äußere Rinde in den Bast, welch letzterer um die einzelnen Stichwunden sich bräunt und abstirbt, so daß durch Zusammentreten dieser einzelnen todten Stellen der Bast in größerer Ausdehnung abstirbt, event. der Stamm mit einem todten Bastringe umgeben wird. Ihre Eier, welche den Körper unnatürlich aufgetrieben und entstellt haben, legen sie unter sich ab und bedecken sie mit ihrem zu einem Schilde (bei verschiedenen Arten von verschiedener Gestalt) entstellten Oberkörper; von der Unterseite ist gar bald nichts mehr zu entdecken. Die Larven suchen lebhaft umherkriechend in der Umgebung ihrer Entstehungsstelle nach passenden Punkten, an denen auch sie ihren Saugschnabel einzubohren im Stande sind. Die kleineren männlichen Larven bereiten sich nach erlangter Geschlechtsreife einen Cocon und werden Puppe, aus der sich später das winzige geflügelte Männchen entwickelt. Die reifen weiblichen dagegen verpuppen sich nicht; sie schwellen nach der Befruchtung stark, zu jenen unförmlichen Schildern, andere zur Gallen- oder Beerenform an. Häufig wird auf der Unterseite noch ein weißflockiges Sekret (Wachsstoff), bisweilen nur ein staubiger Puder,

bisweilen eine stärkere zusammenhängende Masse zum Schutz der Eier
und eben ausgekrochenen Larven abgesondert. — Auch noch im Stangen=
holzalter leidet die Eiche zuweilen durch Schildläuse, welche in Haufen
gedrängt oder zu engen Reihen vereinigt, in größter Menge als erhabene
braune Schilder oder Capseln den Boden der tieferen Rindenritzen be=

Fig. 9. Wollmausfraß an Eichheister.
(Natürl. Größe.)

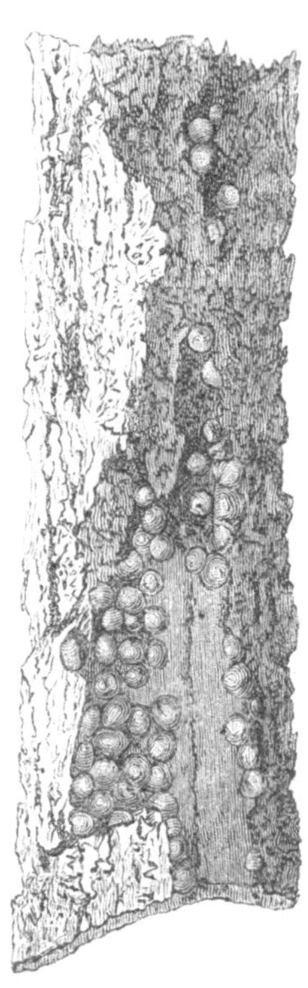

Fig. 10. Cocciden an
der Rinde der Stämme
älterer Eichen vom
Stangenholz aufwärts
(nat. Gr.).

decken. Sogar am Altholze kommt noch dieselbe Erscheinung vor; jedoch
werden die noch lebenden Sauger sich in größerer Höhe an den Stämmen
befinden, während die längst abgestorbenen Schilder zahlreich noch unten
an denselben haften; Fig. 10. In allen diesen und an vielen anderen
Holzarten ähnlich auftretenden Fällen sind die Schildläuse (Cocciden)
stets die primäre Ursache des Kränkelns oder gar Absterbens der be=
fallenen Pflanzen. Das Vorkommen und die Entwicklung keiner ein=

zigen Spezies hat einen krankhaften Zustand der Pflanze zur Voraussetzung.

Zur Vertilgung dieser Feinde ist das Abbürsten der alten Schilder
natürlich ohne jede Wirkung; die lebenden Stadien müssen getroffen
werden. Die äußerst winzige Größe der Eier und der jungen Larven
schützt dieselben, zumal bei erheblicher Unebenheit der Rinde, vor der
bezweckten Wirkung des Bürstens oder Abreibens; auch ein Abwaschen
der besetzten Stellen, etwa mit Tabacks- oder Wermuthabsud oder
ähnlichen Stoffen tödtet sie nicht, sobald sie durch jenen wolligen,
flockigen Wachsstoff geschützt sind. Es kann, ähnlich wie bei den Wollläusen (Blutlaus u. v. a.), nur eine Flüssigkeit Erfolg haben, welche
den Wachsstoff auflösenden Weingeist enthält. Eine solche ist z. B. die
Neßler'sche, welche besteht aus 50 Gewichtstheilen grüner (brauner,
Schmier-)Seife, 100 Th. Amylalkohol (Fuselöl), 200 Th. Weingeist und
650 Th. Regenwasser. Auch gegen alle sonstigen Pflanzen- (Blatt-,
Baum-, Rinden- u. s. w.) Läuse leistet diese Mischung gute Dienste,
jedoch ist sie für die zarten, noch krautartigen neuen Triebe der meisten
Laubholzarten zu scharf. Zur Reinigung dieser (Gartenrosen, Obst-
bäumchen u. dergl.) von Blattläusen muß das Regenwasser auf 1000 Th.
vermehrt, besser bis zum Winter das Bepinseln verschoben werden.

Durchaus vereinzelt, aber keineswegs selten lebt die äußerst polyphage Laubholz-Raupe des Blausiebs, Cossus aesculi L., meist niedrig,
in den Stämmen junger Eichen. Der weibliche Falter bringt im Juni
oder Juli seine Eier einzeln mit langer Legeröhre in feine Rindenrisse
an die Stämme, weniger an die Aeste der verschiedenartigsten Laubhölzer.
Der Fraß im ersten Sommer beschränkt sich auf ein breites platzförmiges
Aushöhlen der jüngsten oder der beiden jüngsten Splintschichten; später
dringt er tiefer ins Holz und steigt in einem kreisrunden, gegen 8 bis
12 cm langen Gange daselbst aufwärts. In schwachem Material find
diese beiden Theile der Holzverletzung weniger scharf getrennt, jedoch
der erste stets breiter, unregelmäßiger und mehr zur Seite gerückt, als
der glatte, alsdann der Markröhre aufwärts folgende Gang des zweiten.
In manchen Fällen ringelt der Jugendfraß der Raupe das schwache
Stämmchen in den jüngsten Splintlagen; ein Abbrechen des Stammes
an dieser Stelle, z. B. bei Schneedruck, ist dann zuweilen die Folge der
Verletzung. Äußerlich läßt die besetzte Pflanze die Verwundung nur in
Ausnahmefällen (vereinter Angriff mehrerer Raupen, sehr schwaches
Fraßmaterial) erkennen. Allein der aus einer kleinen Rindenöffnung

3*

nach außen geschaffte Koth verräth als Bällchen, welche beim Zerreiben sich als aus sehr feinen Holzspänchen zusammengesetzt erweisen und in einem Haufen am Boden an der Fraßseite des Stammes liegen, leicht den verborgenen Feind.

Da der Fraß stets eine unangenehme Fehlstelle im Holze zurück= läßt, so sind die mit der Raupe behafteten noch schwachen Stämme, sowie stets die besetzten Aeste abzuschneiden und zu verbrennen. Ist, wie etwa bei Obstbäumen, Holzerziehung nicht beabsichtigt, oder steht der besetzte Stamm bereits in dem Alter des jungen Stangenholzes, oder handelt es sich um eine anderweitig werthvolle Pflanze, so läßt sich die Raupe durch Einführen eines spitzen Drahtes durch die Aus= tritt=Rindenöffnung des Kothes in die glatte aufsteigende Fraßröhre leicht tödtlich verwunden.

An den Blättern der Eichen in dem hier in Rede stehenden Alter lebt eine sehr große Anzahl von Raupen, auch Larven von Käfern, besonders von Gallwespen, von denen jedoch viele auch auf die höheren Altersklassen der Eichen übergehen. Die weitaus größte Anzahl dieser Spezies erlangt nie eine wirthschaftliche Bedeutung, auch lassen sich wirksame Gegenmittel nicht anwenden. Sie verdienen deshalb hier keiner speziellen Erwähnung; jedoch sollen diejenigen, welche zeit= und stellenweise auffallende Erscheinungen hervorgerufen haben, kurz ange= deutet werden und nur die wenigen wirklich schädlichen eine etwas ein= gehendere Erörterung finden.

Die Spezies der Raupen nehmen durch ihre Menge, in welcher sie an Eichen auftreten, hier die erste Stelle ein. Sie gehören den verschiedensten Schmetterlingsfamilien, vorzugsweise den Spinnern, Eulen, Spannern, weniger den Zünslern, Wicklern, Motten an. Viele sind nicht monophag auf diese Laubholzart beschränkt, sondern leben, z. Th. häufiger, auch auf anderen. In manchen, besonders raupen= reichen Jahren entblättern zumeist Spanner= und Eulenraupen in etwa 10 Arten gemeinsam die jungen Eichen, in anderen tritt vorwiegend eine einzelne Art in solcher Menge auf. Es seien hier nur genannt Bombyx detrita, selenitica, auriflua, bucephala, Noctua trapezina, aceris, diffusa, orion, aprilina, Geometra erosaria, quercaria, hastata, brumata, Pyralis tumidella, Tortrix ferrugana, viridana, Tinea luti-pennella u. v. a. Allein, wie sie fast plötzlich erschienen sind, so ver= schwinden sie auch bald wieder, ohne daß außer einem geringen Zuwachs= verluste der Eichen ein anderer nachhaltiger Schade aus ihrem Fraße erwachsen wäre. Sie zeigen sich in erheblicher Menge an denselben Orten in der Regel in einer längeren Reihe von Jahren nicht wieder. Sind sie auf das jugendliche Alter der Eichen beschränkt, so ist bei der Wiederkehr eines raupenreichen Jahres der Bestand ihrem Angriffe wohl bereits gänzlich entwachsen. Wenige der genannten Spezies werden beim Altholze oder bei einer anderen Holzart, auf welcher sie ständiger leben, zur Sprache gebracht werden. — Hier aber sind besonders hervorzuheben nur zwei Spinner.

Der erste derselben, der **Eichengoldafterspinner**, Bombyx (Porthesia) chrysorrhoea, bewohnt freilich auch noch andere Holzarten (Obstbaum, Weißdorn u. a.), ist jedoch nur auf Eichen von forstlicher Bedeutung. Der reinweiße Falter unterscheidet sich von seinem nächsten Verwandten, auriflua, durch die, bei den Weibchen verdickte, okerbraune (bei jenem okergelbe) Behaarung der Hinterleibsspitze. Flugzeit Juli. Die Eier werden in einem länglichen Schwamm auf der Unterseite eines nahe der Spitze eines Triebes stehenden Blattes angebracht. Sie fallen etwa anfangs August aus. Die fast schwarzen Räupchen benagen in enger Gemeinschaft einseitig die Fläche ihres Entstehungsblattes und gehen von diesem auf wenige andere Blätter dieser Triebspitze über. Die auf diese Weise unvollständig skelettirten Blätter werden durch ein dichtes Gespinnst zusammengezogen und mit dem Triebe fest versponnen. In diesem, durch seine Festigkeit jeder Witterungserscheinung, sowie den Angriffen von Vögeln (Meisen) trotzenden Neste ("große Nesterraupe" bei Ratzeburg) überwintern dieselben und setzen im Frühlinge mit Beginn des Knospenausbruchs ihren Fraß bis gegen Ende des Juni fort. Die einzelne Raupenfamilie entblättert freilich nur einen Zweig; aber bei nicht seltenem Auftreten dieser Art in Massenvermehrung dehnt sich die Entlaubung oft über den größten Theil des Wipfels aus, ja kann sich bis zum völligen Kahlfraß steigern und mehrere Jahre hindurch fortsetzen.

An jüngeren Eichen läßt sich der Feind sehr leicht niederhalten und zwar durch Abschneiden und Verbrennen der mit den sehr auffälligen Nestern besetzten Triebe vom Ende des October bis anfangs April. Allein diese Spezies geht auch auf das Altholz über und ihre, wohl zu Tausenden zählenden Nester geben alsdann zur laublosen Winterszeit den hohen Wipfeln ein höchst sonderbares Aussehen. Anwendung eines Vertilgungsmittels ist hier unmöglich.

Die zweite Art, der mehr polyphage **Ringelspinner**, Bombyx

(Gastropacha) neustria L., schadet den Obstbäumen stärker als den Eichen, wird jedoch gar oft auch den letzteren bei anhaltendem Raupenfraße schädlich. Die Eier werden gegen Ende Juli als fester geschlossener Ring nackt um den letzten, ausnahmsweise vorigjährigen Trieb geleimt. Die im nächsten Frühling entstehenden, alsdann noch fast schwarzen Räupchen begeben sich an die zarten Blättchen der nächsten aufbrechenden Knospen, bezeichnen ihren Weg, der sich nach Verzehren derselben allmählich vergrößert, durch feine Gespinnstfäden und kehren nach ihrem nächtlichen Fraße zur Tagesruhe nach der Ausgangstelle zurück, woselbst sie sich zum Schutze nach jeder Rückkehr mit Fäden überspinnen. Die Beunruhigung jedoch, welcher sie durch den Wind an dem schwankenden Zweige ausgesetzt sind, veranlaßt sie gar bald zum Aufsuchen einer anderen, mehr geschützten Stelle, mit welcher sie indeß beim Umschlagen des Windes auch später noch wohl wechseln. Solche Stellen bieten ihnen die Astgabeln, hier setzen sie sich fest, von hier aus machen sie ihren Weg zum Fraße und von dort zur Schutzstelle zurück. Dieser Weg ist ebenfalls durch der Rinde aufliegende Gespinnstfäden bezeichnet. Die letzteren führen sie sicher stets zu demselben Zweige bis zu seinem Kahlfraß. Darauf kriechen sie, stets unter Aufheften der wegweisenden Kletterfäden, einen zweiten Ast bis zu seinen belaubten Zweigen entlang und nehmen noch wohl einen dritten an, wenn auch jener kahl gefressen wird. Da sie fortwährend zu demselben Ausgangspunkte zurückkehren, so entsteht hier allmählich ein bedeutendes Nest, in welchem sie auch ihre Häutungen bestehen und eine Menge Koth absetzen. Am Tage erscheinen bei großer Hitze manche auch auf der Oberfläche des geräumigen Nestgespinnstes. Nach der letzten Häutung verlassen sie die gemeinsame Wohnung und vereinzeln sich zu nur noch kurzem Fraße auf der Baumkrone.

Zu ihrer Vertilgung bietet ihr enges Zusammensein in den sehr leicht auffindbaren Nestern die beste Gelegenheit. Man kann sie daselbst zerreiben oder mit scharfen Reiserbesen entfernen und die noch unverletzten am Boden zertreten. Ausschießen mit losem Pulver leistet wegen des schützenden, durch Koth und abgestreifte Häute oft stark verdichteten Nestes weniger; mehr Erfolg hat ein Ausbrennen mit schwachen Fackeln. Von den Vögeln leisten die Meisen zur Zeit der Verpuppung die wesentlichsten Dienste, indem sie die Cocons zerreißen, die Puppen aufhacken und den Inhalt verzehren.

Von Käfern sei hier Haltica erucae Ol., ein 4 mm langer grünlichblauer, mit Springbeinen versehener, zu den Chrysomeliden gehörender Käfer erwähnt, welcher nach seiner Ueberwinterung die Unterseite der Eichenblätter mit Eiern belegt. Die Larven, sowie auch die später entstehenden neuen Käfer befressen einseitig die Blattflächen. Die auf diese Weise halb skelettirten Blätter bräunen sich bald, und so erscheint dann ein stark besetztes Eichengebüsch aus der Ferne wie verbrannt. — Vertilgungsmittel nicht bekannt aber auch nicht dringlich, da einem starken Fraße unmittelbar kaum ein zweiter folgt.

Daß die Maikäfer Eichen den meisten anderen Laubhölzern vorziehen und diese zur allgemeinen Flugzeit stark entlauben, ist allbekannt.

Schließlich wäre noch eine Menge Gallwespen zu nennen, welche in einzelnen Jahren in Massenvermehrung auftreten, jedoch kaum je die Bezeichnung als wirthschaftliche Schädlinge verdienen. Allenfalls könnte Cynips terminalis Htg., deren Wintergeneration als . C. aptera Fab. sich unterirdisch an feinen Eichenwurzeln entwickelt, mit einigem Rechte zu diesen gezählt werden, da durch die großen schwammigen, vielkammerigen Gallen in solchen Jahren eine Menge von Triebspitzen stark verkümmern. Auch ist Cynips inflator Htg., deren einzelne Gallen aus einem deformirten Triebe bestehen, wenn sie sehr zahlreich auftritt, nicht gänzlich gleichgültig. Die erste Art läßt sich durch Sammeln im Herbst am Boden, die andere durch Abschneiden vermindern und in ihrer ferneren Vermehrung beschränken.

5. Im Stangenholzalter.

Ältere Angaben über die große Schädlichkeit des Eccoptogaster intricatus beruhen vielleicht auf einer Verwechselung. Gesunde Eichen scheint der Käfer nicht zu befallen. In berindeten zu Pfählen, Einfriedigungen u. dergl. verwendeten Stangen entwickelt er sich sehr zahlreich. Es ist deshalb eine Entrindung solchen Materials jedenfalls räthlich.

Die meisten der im Eichengebüsch, an Loden und Heistern schädlich auftretenden Insecten finden sich entweder gar nicht oder in wirthschaftlicher Bedeutung nicht mehr im Eichenstangenholze vor. Dahin gehören die erwähnten Curculioniden und Buprestiden, Bostrichus dispar, Chrysom. erucae, Lecanium quercus, Gastropacha neustria; dagegen bleiben Bomb. chrysorrhoea und die Maikäfer, sowie ein Heer von zumeist jedoch gänzlich indifferenten Gallwespen. Als neue Arten treten auf Bombyx (Liparis) dispar, (Cnethocampa) processionea und Tortrix viridana, die beiden letzten haben jedoch regelmäßiger im Altholze ihre Heimath und werden deshalb bei diesem zur Besprechung gelangen.

Der **Schwammspinner,** Bombyx (Liparis) dispar L., übertrifft wohl sämmtliche auf Holzpflanzen angewiesene Insecten an Polyphagie, siedelt sich aber nur dort dauernd an bez. vermehrt sich vorzugsweise dort zu verwüstender Menge, woselbst die Pflanzen ihm eine borkige Rinde zur Aufnahme seiner großen Eierschwämme bieten. Jungwüchse und sehr glattrindige Holzarten werden deshalb verhältnißmäßig nur wenig mit Eiern belegt. Daß er gewisse Baumspezies anderen vorzieht, hat er mit den übrigen polyphagen Insecten gemein. Zu den bevorzugten gehört die Eiche, zu den am wenigsten beliebten die Erle; und doch hat er auch schon in Erlenbeständen (Spreewald) Kahlfraß bewirkt. Die Eiche bewohnt er vom Stangen- bis ins hohe Altholzalter hinein. Allein auch an seinen Lieblingshölzern erscheint er nur periodisch in starker Massenvermehrung, nach deren Erlöschen 10, ja 20 und mehr Jahre vergehen können, ehe sich daselbst wieder eine Spur von ihm bemerklich macht. Die sehr trägen Weibchen heften anfangs August ihre großen, hell graubräunlichen Eierschwämme auf die Rinde, die Eier fallen im ersten warmen Frühlinge aus, die anfänglich gänzlich schwarzen Räupchen sitzen bei dem leeren Schwamme noch 1 bis 2 Wochen und länger im „Spiegel" und ersteigen dann den Stamm, um an den jungen Blättern ihren verschwenderischen Fraß zu beginnen. Bei der ersten Häutung erlangen sie ihre bekannte charakteristische Farbe und Zeichnung. Im Juli tritt die Verpuppung ein. Die am Tage lebhaft umherschwärmenden, jedoch nach Größe und Färbung wenig auffälligen Männchen, mehr deshalb die großen hellen und, wie die Schwämme, sich von der Rinde farbig in der Regel stark abhebenden Weibchen machen auf eine bevorstehende Plage frühzeitig aufmerksam.

Zur wirksamen Vertilgung des gefräßigen Insects bieten einzig die besetzten Schwämme vom Anfang October bis zum April die beste Gelegenheit. Abkratzen und Auffangen derselben auf ausgebreitete Pläne kann nur zum Schutze von Obstbaumpflanzungen, wo es sich meist um niedrige, vereinzelt stehende und nicht allzu zahlreiche Bäume handelt, empfohlen werden. Im forstlichen Betriebe ist bei dieser Arbeit ein mangelhaftes Entfernen der oft unhandlich hoch sitzenden Schwämme und Verwehen oder Zerstreuen der herabfallenden Stücke derselben kaum zu vermeiden. Bei der großen Polyphagie der Raupen, welche im Nothfalle auch Bodenkräuter und Nadelholz angreifen, würden die meisten der aus den zerstreuten Eiern entstehenden Raupen, auch wenn sie nicht im Stande gewesen wären, den Gipfel eines Baumes aufzufinden, doch zur vollen Entwickelung gelangen. Ein weit zweckmäßigeres Vertilgungsmittel besteht in dem Betupfen der Eierschwämme mit mäßig dünnflüssigem Raupenleim (Seite 20) oder mit einem Gemisch von Holztheer und Petroleum. Eine leichte lange, an der Spitze mit einem Pinsel oder einem Flausch versehene Stange läßt die meisten Schwämme, ev. unter Verwendung von Leitern erreichen. Aus einem mit solchen Stoffen bestrichenen Schwamm entwickelt sich keine Raupe.

Es ist in der Einleitung (Seite 5) bemerkt, daß, namentlich zur Zeit der Noth das Eichhörnchen die verschiedensten Laubholzarten im Stangenholzalter fleckweise entrinde. Diese Verschiedenheit, sowie auch die Mannigfaltigkeit der Wundstellen ließen eine allgemeine Charakteristik der Beschädigung nicht geben, auch sei es nicht angezeigt, bei jeder Holzart, welche eine solche Entrindung durch dieses Nagethier erfahren, die gleiche Bemerkung zu machen; es möge genügen, im Allgemeinen darauf aufmerksam zu machen, wenn sich in größerer Höhe dergleichen Angriffe zeigten, als Frevler ohne Weiteres das Eichhörnchen anzusprechen. Für die Eiche, die zuerst hier behandelte Holzart, wird eine Ausnahme gestattet sein. Es greift an derselben nur die Spiegelrinde an, sowie es überhaupt, auch an den Nadelhölzern, die borkigen Theile verschont. Der für Eiche vorliegende Fall war sehr ernst. Bei hoher Schneedecke wurden auffallend viele Eichhörnchen in einem frohwüchsigen Eichenstangenorte bemerkt, ohne daß der Verdacht eines möglicher Weise durch dieselben verübten Forstfrevels entstanden wäre. Nach Abgang des Schnees zeigte sich der Schaden in seiner ganzen Ausdehnung. Der Fall sei hier zur Warnung besonders hervorgehoben.

6. Im Altholzalter.

Diejenigen Raupen, welche zeitweise die Wipfel der alten Eichen entlauben, treten auch bereits im Stangenholze auf. Es sind namentlich die des grünen Eichenwicklers und des Processionsspinners.

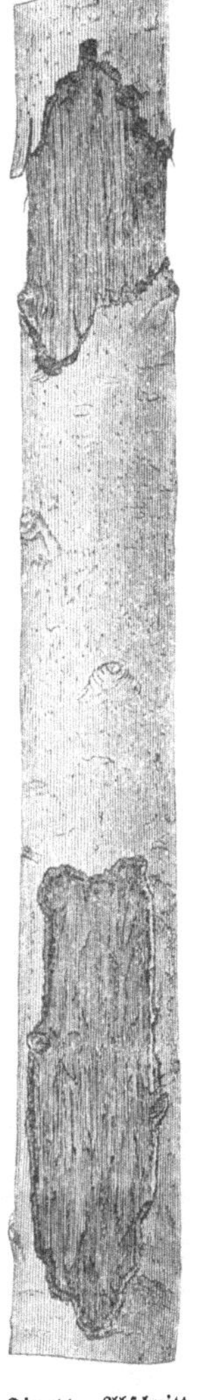

Fig. 11. Abschnitt einer vom Eichhorn oben geringelten, unten geplätzten Eichenstange.

Den Frühlingsfraß der ersteren verstärkt gar oft noch der Maikäfer, sowie die Raupe des Goldafterspinners (f. 3, Loden= und Heisteralter) und des Schwammspinners (f. 4, Stangenholzalter). Die des Processionsspinners setzt den Fraß bis zum Juli fort, so daß auch noch die Johannistriebe stark leiden.

Der grüne Eichenwickler, Tortrix viridana, fliegt gegen Ende Juni und legt die Eier einzeln in der Nähe der Knospen, vielleicht an dieselben ab. Die Räupchen entstehen im Frühlinge und beginnen zur Zeit des Laubausbruchs ihren Fraß, der bis zur Mitte Juni an= dauert. Bei der Zartheit und noch geringen Größe der sich entwickeln= den Blätter macht sich der Fraß der winzigen, oft in zahlloser Menge vorhandenen Räupchen doch sehr bald bemerklich. Die kaum ergrünten Wipfel der Eichen verlieren bald wieder den grünen Schein. Die hauptsächlichste Fraßregion bilden die höchsten Partieen. Da sich aber die vom Winde beunruhigten Raupen durch einen Gespinnstfaden herab= lassen, so senkt sich gar oft der Fraß abwärts und ergreift schließlich auch die niedrigen Wasserreiser. Zur Verpuppung ziehen die Räupchen

Fig. 12.   (Natürl. Größe.)

mit wenigen Gespinnstfäden einen Blattrest zusammen oder vereinigen lose ein oder anderes Blattstielstück, Knospendeckschuppen u. dergl. Aus dieser unvollkommenen Hülle schiebt sich die schwarze Puppe zum Aus= kriechen des Wicklers etwas hervor. Beim Zweifel über die in den hohen Wipfeln hausende Spezies kann der wie feines Schießpulver den Boden bedeckende Koth Sicherheit verschaffen. Dieser Wicklerkahlfraß kann sich in denselben Altbeständen mehrere Jahre lang fortsetzen und vereitelt alsdann jede Hoffnung auf Mast.

Irgend erfolgreiche Gegenmittel lassen sich gegen diesen unnahbaren Feind leider nicht anwenden.

Die sowohl durch ihren Fraß als durch ihre Gifthaare schädliche Raupe des Eichenprocessionsspinners, Bombyx (Cnethocampa) processionea L., entsteht im Frühlinge aus den im Anfang August des vorhergehenden Jahres abgelegten Eiern. Der Falter klebt seine 60—100 Eier neben einander an die Rinde. Zu den belaubten Zweigen wandern die Raupen mit anbrechender Dunkelheit, bezeichnen den Weg durch Gespinnstfäden auf der Rinde, kehren zur Morgenzeit diesen Fäden folgend nach ihrem Ausgangspunkte zurück, überspinnen sich dort und wiederholen diese Wanderung hin und her bis zum Kahlfraß des erst gewählten Zweiges, worauf sie eine neue Aststraße einschlagen. Die Ausgangstelle aber verlegen sie, ähnlich wie der Ringelspinner (Seite 38), sobald sie daselbst durch Wind, Regen u. dergl. beunruhigt werden, an einen möglichst geschützten Punkt, folglich unter einen starken Ast am Stamme, oder ohne einen solchen an die von der Windrichtung abgewendete Seite eines starken Stammes und geben der unteren Region der exponirteren Höhe den Vorzug. Es liegt in dieser Schutz= bedürftigkeit begründet, daß diese Art zumeist auf das starke Altholz angewiesen ist und die schwankenden Stangen vermeidet. Ausnahms= weise kann sie sich jedoch auch in Eichenstangenorten stark vermehren; alsdann aber befinden sich diese Ausgangsstellen, welche täglich durch neues Gespinnst und Koth, sowie durch das fortschreitende Wachsthum der Raupen und zeitweise durch die abgestreiften alten Häute zu einem schließlich sehr ansehnlichen Neste vergrößert werden, tief unten an den Stämmen. Schlagen die wandernden einzelnen Raupenfamilien nach Kahlfraß der einem Aste angehörenden Zweige zum Auffinden noch un= befressener Zweige einen zweiten, dritten Weg vergebens ein, weil sie daselbst nur bereits kahl gefressene Zweige antreffen, so steigen sie schließlich den Stamm herab und wandern am Boden bis zum Fuße einer anderen Eiche, um in deren Wipfel ihr Glück zu versuchen. Ihr Wandern in Bandform, in welcher sich zuerst einzelne Raupen im Gänsemarsch folgen, sich bald aber zu zweien, dreien, vieren seitlich an einander schließen und zwar jede einzelne mit den nächsten Nachbar= raupen durch Verschränkung ihrer langen Haare so enge, daß alle unter einander Fühlung halten, ist bekannt. Verpuppungsreif stellen sie die Wanderungen ein, verdichten ihr gemeinsames Nest und spinnen in demselben jede für sich einen besonderen Cocon, in welchem sie bald in das Puppenstadium treten. Die Falter entschlüpfen im Anfang August.

Wo die Eiche größere Bestände bildet, zumal in den Flußthälern, ist dieser Spinner eine stets drohende Gefahr, welche jedoch gar oft durch dessen natürliche Feinde im Keime erstickt wird. Als ein solcher

Retter steht der Kukuk oben an. Seine Arbeit ist von durchschlagendem Erfolge, weil seine mehr oder weniger zahlreichen Individuen bei ihrem Frühlingsheimzuge durch diese Bestände an den bedrohten Stellen verweilen und sich ansammeln, weil ferner zur Zeit seiner Ankunft die Raupen erst eine geringe Größe erreicht haben (von etwa drittelwüchsigen Raupen vermag er 100 auf einmal zu verzehren), weil die, wenngleich noch kleineren Nester auffällig genug sind, um seinem scharfen Auge nicht zu entgehen, und endlich, weil an diesen Neststellen die Raupen so gedrängt sitzen, daß von den einzelnen individuenreichen Familien kaum ein Stück seinem Schicksale entgeht. Die an solchen Bestandesorten zusammengezogenen Kukuke trennen sich erst und vertheilen sich über eine größere Waldfläche, wenn diese Raupennahrung daselbst für sie nicht mehr ausreicht, bez. wenn der ganze Calamitätsherd gründlich gesäubert ist. — Von den Insecten sei nur der Raupentödter, Calosoma sycophanta, genannt, welcher als Käfer, wie ganz besonders als Larve unter den Raupen der niedrig stehenden Nester stark aufräumt. Es ist jedoch zu bemerken, daß seine Anzahl nur nach bereits begonnener Massenvermehrung des Spinners sich zu einem bemerkenswerthen Gegengewicht steigert. Ähnliches wird auch von den parasitischen Insecten gelten. Der Kukuk ist jedenfalls von allen seinen thierischen Feinden der weitaus wichtigste; deshalb gänzliche Schonung diesem, auch gegen andere haarige Raupen äußerst nützlichen Vogel! Er nutzt außerdem dem Forstmann auch indirect, indem er ihm die in einzelnen Eichenbeständen entstehende Processionsspinnergefahr anzeigt. Wo im Frühlinge sich anhaltend, wohl mehrere Wochen hindurch, auffallend viele Kukuke umhertreiben, dort, von woher der Kukuksruf von mehreren Vögeln tagtäglich aus den Eichenwipfeln ertönt, wird er nicht lange vergebens nach Processionsspinnernestern spähen. Ist jedoch der Spinner bereits allgemeiner verbreitet, so tritt auch der Kukuk vereinzelt auf. In manchen Jahren erscheint überhaupt dieser Vogel in viel geringerer Anzahl als in anderen, so daß von den spärlichen, durch die von diesem Spinner gefährdeten Bestände ziehenden Individuen kaum das eine oder andere die besonders bedrohten Stellen passirt und entdeckt. Fortwährende Aufmerksamkeit des Forstmannes ist daher geboten. Wird er durch ein oder anderes Raupennest über die Anwesenheit des Spinners belehrt, so sei zum Auffinden möglichst vieler Nester desselben daran erinnert, daß 1) zunächst Rand-, einzeln bez. gruppenweise stehende, Allee-, überhaupt exponirte, einem freien Anflug am meisten offene Eichen mit Eiern belegt werden; 2) die Raupenfamilien einzelne Zweige ausschließlich befressen, so daß die vorragenden Laubbüschel gegen den freien Himmel betrachtet die Anwesenheit derselben auf dem betreffenden Baume mit Sicherheit feststellen lassen; ein Blick von der Seite her in die allgemeine Laubmasse hinein entdeckt den noch beschränkten Fraß kaum; 3) die wandernden Raupen ihren Weg auf der Rinde durch Fäden bezeichnen. Diese Kriechfäden sind an den Stämmen leicht zu sehen beim senkrechten Emporschauen unter festem Anlegen des Kopfes an den Stamm. Ist so der einzelne eine oder mehrere Raupenfamilien beherbergende Stamm aufgefunden, so lassen sich auch die Nester, auch die durch einen oder andern Ast, besonders durch Stammreiser erheblich verdeckten an denselben leichter auffinden. Zur Vertilgung der sehr niedrig an den Stämmen, wie stets in den Stangenholzbeständen, sich befindenden Nester dient Abkratzen bez. Bürsten mit scharfen Reiserbesen und, wenn es sich nur um vereinzelte handelt, Uebererden derselben. Ein mit wenigen Spatenstichen ausgeworfenes Loch nimmt das einzelne auf, und die ausgehobene Erde dient zur Bedeckung, worauf festes Antreten derselben folgen muß. Bei einer größeren Menge dagegen werden die abgebürsteten Nester zu mehreren auf eine breite Blechschaufel mit aufgebogenen Seitenrändern aufgenommen und in ein nahes Feuer gebracht. Bei starker Massenvermehrung aber sind sie zu vielen in größere Tragekörbe und diese gefüllt zum Feuer zu bringen. Des gefährlichen Giftstaubes wegen müssen alle Arbeiten über Wind vorgenommen und die Arbeiter durch zweckmäßige Kleidung (Kapuzen aus leichtem dichtem Stoff, am Halse vorsichtig geschlossen, ev. mit Gaceschleier, Beinkleider unten zugebunden oder dort von den Stiefelschäften bedeckt) geschützt werden. Die höher befindlichen Nester sind dagegen zur Verhütung größerer Verbreitung des Giftstaubes zu verbrennen, auch wenn sie sich noch mit handlichen Geräthen zum Abkratzen erreichen lassen. Eine schwächliche Flamme genügt gegen das Ende der Raupenzeit, etwa schon Mitte Juni, Anfangs Juli, für die beabsichtigte Vernichtung der einzelnen Raupenfamilien keineswegs. Letztere ruhen nicht allein unter einem aus vielen Schichten bestehenden Gespinnste, welches freilich von der Flamme versengt wird, aber nur an den unmittelbar von der Flamme berührten Stellen, also nur senkrecht über letzterer flammen die äußeren lockeren Fäden auf. Ein helles Nachbrennen, wie bei angezündeten Pflanzenfasern, oder auch nur ein weiteres Nachglühen findet nicht statt. Es kommt aber noch hinzu, daß um die bezeichnete Zeit bereits eine Menge Koth und abgestreifter Häute sich in dem unteren Theile der Nester angehäuft hat, von denen letztere beschwert gar oft beutelförmig herabhängen. Die Flamme er= reicht somit zunächst nur die schützend vorliegende Masse dieser Stoffe, nicht die Raupen, welche eigentlich nicht einmal im Neste, sondern auf der Rinde unterhalb des Nestes, bez. über dieser Koth= und Häute= anhäufung sich befinden. Eine stark brennende Flamme (Spiritus, Pechfackel) ist jedenfalls zur Vernichtung der größeren Nester durchaus erforderlich. Dagegen kann man sich im Mai und Anfang Juni mit einer schwächeren Fackel (1 m langem, mit Werg umwickeltem und in Steinkohlentheer getauchtem schmalem Kiefernspan) begnügen. Diese Brennvorrichtungen, an die Spitze langer leichter Stangen befestigt, lassen die weitaus meisten Nester erreichen. Die Raupen werden schon unschädlich gemacht, wenn sie auch nur an einer Stelle leicht angesengt oder von dem abtropfenden Pech, Theer u. dergl. berührt sind. Bei ungenügender Flamme aber, welche fast nur den unteren Theil der Nester zerstört, fällt leicht der ganze Inhalt auseinander, die Raupen, durch Hitze und Qualm unruhig geworden, schlagen heftig hin und her und viele derselben gelangen nach allen Seiten aus dem Bereiche der Gefahr und fallen herab, ohne tödtlich verletzt zu sein. Die wenigen mit den Fackeln nicht zu erreichenden Nester lassen sich mit sehr feinem Schrot (Vogeldunst) ausschießen.

Einige Insectenspezies zerstören, bez. durchlöchern das Holz alter Eichen, entziehen sich jedoch jeder wirksamen Gegenmaßnahme, können folglich hier nur kurze Erwähnung finden.

Dahin gehören zunächst die beiden holzbohrenden Borkenkäfer Bostrichus monographus und dryographus (der „kleine schwarze Wurm" der Holzhändler). Ihre feinen geschwärzten Bohrlöcher machen das Eichenholz für manche Verwendung (Faßdauben u. dergl.) gänzlich werthlos. Der letztgenannte übertrifft wegen der größeren Länge seiner in gerader Richtung ins Holz sich erstreckenden Hauptgänge die erste Art an Schädlichkeit.

Mit äußerst starken windungsreichen Gängen durchsetzt die mächtige Larve des großen Eichenbockkäfers, Cerambyx heros, (der „große Wurm") die Stämme der stärksten Eichen. Im Anfange ihres etwa 4jährigen Lebens unterplätzt sie die Rinde und begibt sich darauf in den Splint und schließlich ins Kernholz. Stark befallene Eichen werden, abgesehen von der technischen Entwerthung des Holzes, zopftrocken und sterben allmählich ab. Der südlichen Zerreiche schadet die Larve ebenso stark, wie unseren beiden einheimischen Eichenarten.

Auffällige Käferlarven bewohnen faules Eichenholz oder gar Eichenmulm. Wir treffen diese deshalb in stark anbrüchigen, hohlen Stämmen und starken Aesten an. Die größten derselben seien hier nur eben dieser Auffälligkeit wegen genannt: Lucanus cervus und (Dorcus) parallelepipedus, Cetonia speciosissima und marmorata, Trichius (Osmoderma) eremita. Eine wirthschaftliche Bedeutung kommt keiner zu.

Schließlich sei noch auf einige Käfer hingewiesen, welche nebst ihren Larven, zumeist außerhalb des Waldes auftretend, das Eichenholz mit ihren Gängen durchsetzen und so technisch entwerthen. Dahin gehören Lymexylon navale L., Anobium tesselatum F., Lyctus canaliculatus F. — Ob sich durch Imprägnirung oder einen Anstrich z. B. mit Carbolineum, Steinkohlentheer u. dergl. die Gefahr von dem Holze abwenden läßt, scheint noch nicht erprobt zu sein.

2. Buche.

1. Same.

a. Am Baume.

In den Wipfeln der Samenbuchen ist das Eichhörnchen der größte und am regelmäßigsten auftretende Zerstörer der Bucheln, dessen Fraß sich bei nur vereinzelten, reichliche Mast tragenden Bäumen besonders empfindlich macht. Auch ein einziges, Tag auf Tag sich in der Krone eines solchen aufhaltendes Individuum kann daselbst die ganze Mast vernichten. Schon bei kaum halber Reife des Samens ist der Boden unter der Schirmfläche bedeckt mit den zerrissenen Cupulä und Schalen der Bucheln. — Sofortiger Abschuß geboten.

Heher, Ringeltaube und Kernbeißer besuchen in diebischer Absicht die Samenbäume erst nach Oeffnen der Cupulä. Da aber bei nicht stark bewegter Luft die reifen Bucheln oft lange in den Hüllen verbleiben, ehe sie abfallen, so können auch diese Vögel die Mast merklich vermindern. Auch hier ist Abschuß, namentlich des Hehers, angezeigt.

Von den Insecten schadet der Buchenspringrüsselkäfer, Orchestes fagi L., zuweilen bis zur annähernden Vernichtung einer reichen Vollmast. In manchen Revieren tritt er zeitweise in zahlloser Menge auf. Wohin sich das Auge im Frühlinge richtet, erblickt es fast nichts, als von der Larve befallene und vom Käfer sein durchlöcherte Blätter. Der winzige Käfer überwintert am Boden in der Laubstreu und sonstigen Verstecken, namentlich unter der aufgesprungenen Rinde von morschen Reisern u. dergl. Nach Ausbruch des jungen Laubes benagt er dasselbe in kleinen runden Löchern auf der Blattfläche, bei zahlreichem Vorkommen oft siebartig, und belegt darauf die einzelnen Blätter mit je einem Ei an der Mittelrippe im Spitzendrittel des Blattes. Die erst in einem feinen Gange und darauf an der Spitze des Blattes in einem großen Platze minirende Larve verpuppt sich dort in einem kugeligen Cocon; der neue Käfer erscheint bereits gegen Ende Juni und ernährt sich den ganzen Sommer hindurch von Pflanzensäften. Zu dem Ende nagt er halbfeste, krautartige Pflanzentheile, auch weichere Früchte an. So bohrt er denn auch in die noch jungen geschlossenen Cupulä der Buche von außen seine Löcher. Die so verletzten Klappen springen vorzeitig auf und der Same kommt nicht zur Ausbildung. Da sich in den Buchenbeständen andere passende Nahrungsgegenstände (krautartige Stengel, fleischige Triebe, Kirschen, Beeren u. dergl.) nur wenig oder gar nicht finden, so ist der Käfer auf diese unreifen Buchelnhüllen angewiesen und bedingt ein, zuweilen weit ausgedehntes Mißrathen der Mast. Wenn zahllose Blätter sich durch ihre bereits gegen Ende Mai braunen Spitzen als von dieser Larve bewohnt erweisen, ist trotz der größten Menge Bucheln die Hoffnung auf sehr reichliche Mast nur gering. Die weitaus meisten Bucheln, in einem vorliegenden bestimmten Falle schätzungsweise 90 bis 95 Procent, bleiben taub.

Leider bietet die Lebensweise dieses Insects keine Seite, welche ein erfolgreiches Schutz- oder Vertilgungsmittel anwenden läßt.

In den Bucheln selbst lebt einzeln die Raupe eines kleinen Wicklers, Tortrix grossana. In manchen Jahren zeigen sehr zahlreiche am Boden liegende Bucheln durch ein kleines Loch an, daß sie wurmstichig waren. — Aber auch gegen diesen winzigen Feind läßt sich nicht vorgehen.

b. Abgefallene Mast.

Auf den Buchen-Mastflächen finden sich zum Verzehren der Bucheln dieselben Thiere ein, wie auf den Eichen-Mastflächen: Wild, Eichhörnchen, Dachs, Hase, Mäuse, Heher, Ringeltaube. Die Mäuse schleppen gern Wintervorrath zusammen, und so finden sich denn häufig in irgend einem Verstecke, etwa in einer Maulwurfsröhre, oder am Fuße einer alten Buche u. dergl., die Bucheln händevoll ange-

häuft. Die Erscheinung, daß im Frühlinge an einer Stelle dicht ge=
drängt 10 bis 20 junge Buchen, gleichsam als ein Bündel, aufschlagen,
ist Folge dieser Mausearbeit. — Gegenmittel gegen alle diese Feinde,
wie bei Eiche (S. 10 ff.).

Sie werden jedoch noch vermehrt durch Finken, Meisen und einige
andere kleine Vögel.

Der Buchfink, Fringilla coelebs L., tritt im Walde zu vereinzelt
auf, als daß er auf den Mastflächen wirklich schädlich würde. Allein
sein nächster stärkerer Verwandte

der Bergfink, F. montifringilla L., ein Bewohner des höheren
Nordens, zieht in wolkenähnlichen Schaaren durch unsere Gegenden
und fällt dann hungrig auf diese Mastflächen ein. In sehr kurzer Zeit
vernichtet er alsdann die Bucheln daselbst in größter Menge. Nament=
lich waren es die Vogesen*) und der Harz, woselbst er sehr empfindlich
unter der Buchenmast aufräumte. In den meisten Jahren begegnen
wir nur kleineren Flügen oder nur schwachen Trupps von kaum 20 bis
30 Individuen, welche keinen wirthschaftlichen Schaden anzurichten im
Stande sind.

In erfahrungsmäßig gefährdeten Revieren ist daher bei Buchen=
mast zur schneefreien Winterszeit auf diese Finkenspezies zu achten.
Scharfe Schüsse in eine von einer Mastfläche aufgescheuchte Schaar ver=
anlassen sie zum Weiterwandern; jedoch kehrt dieselbe in einer nahrungs=
armen Umgegend wohl nach einem oder anderem Tage zurück, auch können
sich neue Ankömmlinge einfinden. Wiederholter Besuch der gefährdeten
Flächen ist deshalb nicht zu unterlassen.

Die verschiedenen Meisenarten, die Baumklette, der Kern=
beißer werden im Walde durch Verzehren der abgefallenen Bucheln
ebensowenig schädlich als der Buchfink. Ihr Nutzen, den sie, abgesehen
vom Kernbeißer, dem Walde leisten, überwiegt weitaus den geringen
Schaden, welchen sie etwa bei längerem Verweilen auf denselben Flächen
bei Sprengmast, daselbst anstiften.

c. Zur Ueberwinterung in Schuppen aufbewahrt.

In freien Schuppen zur Ueberwinterung aufbewahrt sind die Bucheln
noch stärker als die Eicheln von den Mäusen bedroht. Das dort

*) In den Vogesen werden diese „Böhämmer" (viell. böhmische Ämmer,
Ammern) des Nachts bei Laternenschein einzeln mit dem Blasrohre von den nie=
drigen Zweigen der Nadelhölzer, welche sie zur Nachtruhe besonders lieben, herab=
geholt; eine ergiebige Jagd!

(S. 15) zum Schutze der Eicheln Gesagte findet auch hier allseitige Geltung.

Sehr erheblich schädlich werden diesen lagernden Bucheln jedoch die sonst sehr nützlichen Meisen (Parus maior, ater, palustris, cristatus, und coeruleus). Da die Schuppen zum freien Durchzuge der Luft an den schmalen gegenüberliegenden Seiten offen bleiben, so finden die Alles durchsuchenden Meisen, denen sich auch noch die eine oder andere Baumklette, Sitta caesia, oder ein Kernbeißer zugesellt, diese beliebte Nahrung sehr bald und holen die einzelnen Bucheln heraus, um dieselben auf einem nahen Zweige in sehr charakteristischer Weise (s. Fig. 13) aufzuschlagen. Die leeren Hüllen häufen sich um diese Aufbewahrungsstellen bald zu vielen Hunderten. Da der Ankauf der Bucheln nach dem Verwendungsbedürfniß im Frühlinge genau berechnet ist, so kann diese Zerstörung einen empfindlichen Mangel zur Folge haben.

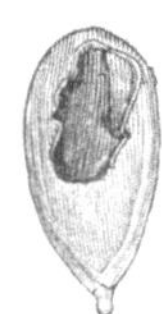

Fig. 13.   Meisenbucheln.

Durch dichtmaschige Netze oder Drahtgace sind die diebischen Vögel abzuhalten. Ist ein solcher Schutz, etwa bei einer abgelegenen Försterei sobald nicht zu erlangen, zumal, wenn zur Anschaffung der Schutzvorrichtungen erst die Genehmigung dazu eingeholt werden muß, oder aber, werden die Bucheln auf einer freistehenden Tenne oder in einem ähnlichen Gebäude mit großen, nicht völlig schließenden Flügelthüren, deren breite Ritzen sich nicht verhängen lassen, aufbewahrt, so kann leider nur die Flinte Abhülfe schaffen. Jenem sonst eintretenden Mangel an Saatgut muß dann die Berücksichtigung des allgemeinen Nutzens dieser Vögel weichen.

d. Saat.

Im Allgemeinen gilt das oben (S. 16) von der Eichelsaat betreffs ihrer Feinde und des Schutzes gegen dieselben Gesagte auch für die Buchelsaaten. Die im Verhältniß zu den Mastflächen kleinere Ausdehnung der nahrungsreichen Saaten bewirken eine stärkere Concentrirung der Feinde und ihr längeres Verweilen an denselben beschränkten Stellen, folglich ein schärferes Aufräumen der Bucheln. Zu den dort genannten Thierarten, Wild, besonders Schwarzwild, Eichhörnchen, Dachs, auch Hase und Igel, nebst Mäusen, gegen welche eine, auch zur Verminderung der Frostgefahr empfehlenswerthe, Spätsaat am besten schützt, kommen noch die Meisen (Parus maior), welche in Gemeinschaft mit dem Heher schon ganze Saatkämpe ruinirt haben. Der Eichelsaat gegenüber leidet die Buchelsaat weit stärker, da sich die Bucheln mit den Cotyledonen aus dem Boden heben. Zu dieser Zeit sind Eichhörnchen, welche sich nach solchen Saatstellen zusammenziehen und trotz Abschusses durch neue Ankömmlinge ergänzen, und auch die noch kaum oder nicht gekeimten Bucheln aus dem Boden hervorkratzen, äußerst schädlich. Auch Heher und Ringeltaube lassen sich daselbst dauernd kaum verscheuchen; sogar Finken (Buch=, Grünfink, Kernbeißer) nehmen die Cotyledonen, solange sie die Samenhülle tragen.

In Saatkämpen können Schutz= und Scheuchvorrichtungen (Deckreisig, Deckschirme, gespannte Fäden mit eingeschlungenen Federn, Netze u. dergl.), wenigstens anfänglich und für scheue Vögel (Ringeltaube Heher) von Erfolg sein; auf ausgedehnten Freisaatflächen ist täglich versuchter Abschuß geboten.

2. Junge Pflanzen.

a. Aufschlag.

Der Buchenaufschlag leidet stark durch thierische Angriffe.

Das Reh verbeißt denselben schon, wenn er noch nicht die Plumulablätter zeigt, äußerst heftig und hartnäckig. — Nur fortgesetztes, ja fast ununterbrochenes Verscheuchen der verbeißenden Rehe kann einen Theil desselben retten. Weit zweckmäßiger ist Eingatterung, welche jedoch gar oft der zu bedeutenden Ausdehnung der Aufschlagflächen (es läßt sich doch in freien Revieren der ganze Wald in allen seinen samentragenden Buchenbeständen nicht durch Eingatterung abschließen) und der zu erheblichen Kosten wegen unausführbar erscheinen muß. Zu genügendem Abschuß wird sich nicht leicht der Jagdberechtigte verstehen; zudem fällt die Entwickelung des Aufschlags in die Schonzeit der Ricken.

Der Aufschlag jedoch auf durch Saat= (wie Kleinpflanzung=)Plätze cultivirten Flächen wird mit durchschlagendem Erfolge durch Deckreisig vor dem Verbeißen der Rehe geschützt, welches durch Betupfen mit folgender Mischung: 5 l Ochsenblut, 5 l Theer und 1 kg calcinirter Soda verwittert ist. Auf 1 ha wurden 10 l verwendet. — Selbstredend empfiehlt sich die Anwendung dieses Schutzmittels für alle kleineren

Aufschlagflächen und Stellen, und sollte für die besonders werthvollen nicht unberücksichtigt bleiben.

Die großen fleischigen Cotyledonenblätter bilden ferner eine sehr beliebte Nahrung der Schnecken, besonders der nackten Ackerschnecken. Man findet stellenweise kaum unbeschädigte Cotyledonen, weitaus die meisten sind von den Rändern her bogig, manche bis auf einen spär= lichen Rest ausgenagt. Da die Schnecken mit ihrer „Zunge" (radola, Reibeplatte) die Blattfläche unterseits Stück für Stück abreißen, wobei die Oberhaut als feiner sich bald bräunender Saum den Rand der bogigen Ausschnitte überragt, so läßt sich Schnecken= von Insectenfraß leicht unterscheiden. Außerdem wird vertrockneter Schleim, sowie der gewundene Koth an oder bei den betreffenden Pflanzen die Thäterschaft der Zerstörer bekunden.

Finden sich auf der Fläche dieser Cotyledonenblätter feine runde Löcher, so war der oben (S. 47) besprochene Orchestes fagi der Thäter.

Ein Heer von kleinen Insecten, namentlich Käfern und Raupen, zerfrißt die Blätter des Aufschlags. Bald war diese, bald jene Art der Hauptfeind.

Nur auf die Plumulablätter ist eine kleine Motte, Tinea paren- thesella L., beschränkt, deren Raupenfraß sich dadurch auszeichnet, daß außer den gröberen auch manche feine Blattrippen unberührt bleiben, so daß ein von diesem Räupchen befressenes Blatt gegen die Spitze un= regelmäßig grobmaschig durchbrochen erscheint.

Auf und von den späteren Blättern leben manche kleine Rüssel= käfer, z. B. Polydrosus sericeus, Phyllobius argentatus u. a.

Von Raupen erscheinen daselbst u. a. Noctua satellitia (trat schon als Hauptfeind auf), die beiden Winterspanner Geometra defoliaria und boreata (nicht brumata), von denen bald die eine, bald die andere als Hauptzerstörer bezeichnet wurde. Ueberall häufig ist Tortrix podana Scop., deren Raupe sowohl die Plumulablätter, als, und zwar zumeist, die auf dieselben zunächst folgenden verzehrt. — Leider sind wir gänz- lich außer Stande, diesen kleinen blätterfressenden Insecten wirksam ent= gegenzutreten.

Dem Buchenaufschlag bez. dem

b. Aufwuchs

schadet durch Benagen der Rinde, sowie Befressen der Knospen Curculio (Strophosomus) coryli (S. 23). Derselbe hat sich sowohl auf freien Culturflächen, namentlich an unterbauten jungen Buchen, als in Saat=

kämpen, und zwar sowohl im Sommer (neue Käfergeneration) als im Frühling (überwinterte Käfer) verderblich erwiesen, und außer ihm Curc. (Omias) forticornis ganze Saaten zerstört.

Leider läßt sich gegen diese winzigen Feinde hier nicht, wie bei der Eiche, einschreiten.

Bei einer starken Nonnenvermehrung, etwa in Kiefern, leiden die jungen Buchenpflanzen, welche sich in den befallenen Beständen, etwa als Unterbau, oder in deren Nähe, zumal in Saat= und Pflanzkämpen befinden, von den jungen aufgewehten, anfänglich schwarzen Nonnen= räupchen (das Nähere über Nonne beim „Kiefernstangenholz") oft bis zur Vernichtung. Handelt es sich um kleinere Flächen, so ist ein Ab= sammeln, so lange geboten, als sich noch neue Nonnenraupen einfinden. In dichten Saatreihen gehen die einzelnen Raupen leicht von einer Pflanze auf die andere, so daß letztere bei nur mäßiger Raupenanzahl nicht bis zum Eingehen befressen werden; dagegen bleiben sie bei isolirtem Stande der Pflanzen, wie auf Pflanz= bez. Verschulungsflächen, auf der einmal angenommenen Pflanze bis zu deren völligem, verhängnisvollem Kahlfraß. Auch die auf vereinzelten Plätzen (Plätzensaaten) in schwachen Gruppen stehenden jungen Pflanzen erliegen alsdann dem Nonnenraupen= fraß. — Bei drohender Nonnencalamität (bereits begonnener Nonnen= vermehrung) ist daher in den betreffenden Beständen, wie in deren näheren Umgebung jede Buchelsaat und Kleinpflanzung zu unterlassen, bez. von vornherein scharf zu überwachen.

Der Buchenaufschlag wie junger Aufwuchs ist in einigen Fällen em= pfindlich von der Raupe der Saatackereule, Noctua (Agrotis) sege= tum, unterirdisch abgenagt. Namentlich waren es Saatrillen, in denen diese Zerstörung auftrat. Alle Arten der Ackereulenraupen scheuen das helle Tageslicht. Sie leben am Tage verborgen, entweder zusammen= gerollt unter auf dem Boden liegenden Wurzelblättern oder gar im Boden selbst; nur des Nachts, ausnahmsweise auch am Tage bei trüber Witterung oder in den späten Nachmittagsstunden, erscheinen sie über der Oberfläche des Bodens. Viele verzehren nebst den Blattorganen, welche sie gar oft abbeißen und dann zum unterirdischen Fraß in den Boden ziehen, auch die Wurzeln der Pflanzen. Alle sind auf Kraut= pflanzen angewiesen; einige nehmen jedoch nebenbei auch Holzpflanzen, so lange deren Theile noch krautartig, noch nicht verholzt sind. Zwei= jährige Holzpflanzen sind daher bereits ihren Angriffen entwachsen. Die nackten, 16 beinigen Raupen der wenigen forstlich schädlichen Arten

(außer segetum noch vestigialis und tritici f. bei „einjährige Kiefern")
find erdgrau, bald schwach ins schmutzig Grünliche bald Röthliche ziehend.
Diese Nüancen des unschönen grauen Haupttones finden sich wohl bei
den Individuen derselben Art. Auf jedem Ringel stehen zwei Paar
kleiner, tief brauner, glänzender, je eine feine kurze Borste tragender
Chitinplättchen. Sonstige Zeichnungen fehlen; jedoch scheinen Rücken=
gefäß und Darmkanal wohl als breitere dunkle verloschene Längsstreifen
durch die Haut. Die Fraßflächen der durchnagten Wurzeln zeigen eine
rauhe zaserige Beschaffenheit und sind dadurch von einem Mauseschnitt
an so schwachem Pflanzenmaterial zu unterscheiden. Die jungen Enger=
linge schneiden ähnlich, doch in der Regel in einer tieferen Bodenschicht.

Da der Fraß unserer Art nach den bisherigen Erfahrungen sich
durch das Kränkeln bez. Absterben der angegriffenen Pflanzen erst gegen
Ende des Raupenlebens oberirdisch zu erkennen gibt, so läßt sich der
Feind zum Schutze der Cultur leider nicht frühzeitig genug und zwar
nur durch Ausheben der Pflanzen und Durchsuchen der mitausgehobenen
Erde vernichten.

c. Anwuchs und beginnende Dickung.

In dieser Altersklasse der Buche schneidet sehr gern der Hase und
verbeißt das Reh.

Der Hasenschnitt erscheint glatt und schräg, ähnlich einem Messer=
schnitt. Er hält die vereinzelten Buchen oft jahrelang so stark unter
der Schere, daß sich dieselben nur zu einem niedrigen struppigen Busche
auszugestalten vermögen. Auf Buchenbesamungs= und überhaupt
größeren jüngeren Buchencultur=Flächen verzettelt sich jedoch sein Schnitt
zumeist zur wirthschaftlichen Bedeutungslosigkeit. Da er viele abge=
schnittene Zweige ungeäst an der Stelle seiner Thätigkeit zurückläßt, so=
wie durch seine Losung daselbst seine Anwesenheit bestätigt, so kann ein
Zweifel über den Thäter nie auftreten.

Werthvolle kleinere Flächen sind gegen sein Eindringen durch ent=
sprechende hasendichte Eingatterung zu schützen.

Das Reh verbeißt die Zweigspitzen mit rauher zaseriger Abbruch=
stelle, wird übrigens im älteren Anwuchs nur ausnahmsweise wirth=
schaftlich schädlich.

Dagegen treten die beiden Wühlmäuse, Arvicola arvalis und
agrestis, in mausereichen Wintern im Buchenanwuchs, zumal bei dichtem
Stand desselben und grasreichem Boden, wahrhaft ruinös auf. Eine
dritte Art, A. glareolus, schadet kaum, die ächte Waldmaus, Mus sil-

vaticus, daselbst nie.   Jene beiden Arten benagen die Rinde stark und greifen stets auch noch in den Splint; gar oft schneiden sie die Stämmchen über dem Wurzelknoten durch, indem sie dieselben rundum in Kegel- oder schiefer Federposen-Form durchnagen.   A. arvalis bleibt dabei als schlechter Kletterer nur tief am Boden, namentlich, soweit der Gras- und Krautwuchs den einzelnen Stamm umgibt.   Nur bei sperrigem, struppigem Wuchs bedient sie sich der einzelnen Zweige wohl als Leiter- sprossen und steigt alsdann auch etwas höher hinauf.   Mausefraß an glatten, geraden, nur wenige Zweige tragenden Stämmchen rührt von agrestis her, welche im Allgemeinen auch schärfer nagt als arvalis, je- doch übertrifft in dieser Hinsicht ein altes Individuum der schwächeren Art ein jüngeres der kräftigeren.

Da die Lebensweise derselben, die Bedingungen ihres Auftretens auf den forstlichen Culturflächen, die Prognose ihrer Massenvermehrung, die anzuwendenden Schutz- und Vertilgungsmaßregeln u. s. w. bereits bei „Eiche“ (S. 10 ff.) zur Sprache gebracht sind, so erübrigt hier nur die Angabe betreffs Behandlung der von den Mäusen benagten Pflanzen. Die Ansicht, daß ein solcher Mausefraß nicht sonderlich schade, daß sich die anfänglich so bedeutsam erscheinenden Fehlstellen allmählich wieder verlieren und nach wenigen Jahren kaum noch zu entdecken sind, beruht schwerlich auf genauer Untersuchung der durch den Fraß beschädigten Pflanzen.   Ein Theil derselben ist freilich nur unbedeutend verwundet und heilt durch Ueberwallung die Verletzung rasch ohne bleibenden Nach- theil aus.   Andere jedoch treiben freilich im Frühling aus und bleiben auch in dem laufenden Sommer grün; allein ihre Blätter zeigen durch geringere Größe und gelblichen Ton, ihre Knospen durch auffällige Schwäche den bald bevorstehenden Tod dieser Pflanzen an.   Auch im nächsten Jahre vegetiren sie vielleicht noch, jedoch weit kümmerlicher; darauf folgt das völlige Absterben.   Von den zahllosen Zwischengraden der durch das Mausenagen bewirkten Verwundungen bleiben manche jahre- lang ohne völlige Ueberwallung; die betreffenden Pflanzen erholen sich freilich wieder, sind jedoch dieser offenen Wunde wegen der Fäulniß- gefahr stark ausgesetzt.   Andere führen nicht gerade zum Tode; trotz längeren Kränkelns bleiben die Pflanzen am Leben.   Allein letztere haben unterhalb der Hauptnagestelle Ausschläge getrieben, wodurch die von den Wurzeln zugeführte Nahrung getheilt wird.   Die Hauptpflanze bleibt somit gegen die unverletzten stark zurück, die Ausschläge bind- fadendünn und gehen nach einiger Zeit, weil außerdem noch überschirmt, ein. Diese schwächlichen, meist auch noch zu zahlreichen und nach den Stellen der Stammverletzungen in verschiedener Höhe entstandenen Aus= schläge treten auch bei den rasch absterbenden Pflanzen auf. Auch bei gänzlichem Durchnagen der Stämme bildet diese letzte Erscheinung die Regel. Zudem ist die Schnittfläche unregelmäßig rauh und uneben und somit dem Eindringen der fäulnißerregenden Pilzsporen leicht ausgesetzt. Kurz, bei späterer genauer Besichtigung der mausefräßigen Pflanzen lassen sich kaum einzelne entdecken, welche gesund bis in das nutzungs= fähige Alter des Bestandes fortzuwachsen geeignet sind. Hier ist des= halb sofort nach dem Auftreten des Winterfraßes im ersten Frühling vor dem Schwellen der Knospen ein tiefes glattes schräges Abschneiden der irgend erheblich benagten Pflanzen geboten. Diese durchaus nicht leichte Arbeit kann selbstredend nicht an allen Hunderten dieser Pflanzen vorgenommen werden; eine Beschränkung derselben auf eine Anzahl der kräftigsten bestgewachsenen in einer Vertheilung, daß dieselben zum Schluß des späteren Stangenortes ausreichen, genügt. — Da nach der fast mit völliger Sicherheit für eine solche Mausecalamität zu stellenden Prognose (S. 12) sich die Gefahr bereits im Spätherbst er= kennen läßt, so kann auf Anwendung von Schutzmitteln Bedacht ge= nommen werden. Es wurden zu diesem Zwecke die Stämme einer An= zahl von Pflanzen tief unten mit einem etwa 15 bis 20 cm hinauf= reichenden Anstrich mit Steinkohlentheer, jedoch vergeblich, versehen. Die Mäuse hatten freilich die getheerten Stellen nicht benagt, jedoch die= selben überklettert und oberhalb derselben ihr Zerstörungswerk vollführt. Es muß allerdings der Steinkohlentheer, weil sehr rasch trocknend, als ein recht ungeeignetes Schutzmaterial bezeichnet werden. Dagegen kann, auch ohne daß bis jetzt darüber Erfahrungen vorliegen, ein dicker An= strich mit gutem „Raupenleim“ (S. 20) von sehr dickflüssiger Consistenz als erfolgreiches Schutzmittel empfohlen werden. Derselbe bleibt weit über drei Monate klebig, wenigstens so feucht, daß keine Maus die bestrichene Stelle übersteigen wird. Striche im November angelegt, werden bis zum Eintritt des Frühlings vorhalten. Auch für diese Arbeit werden nur einzelne, nach Beschaffenheit und Stand besonders werthvolle Stämme ausgewählt und dieselben vorher von dem dicht sie umgebenden Graswuchs u. dergl. durch Rupfen oder Sicheln gesäubert, welche Bodenreinigung unmittelbar um die Stämme gleichfalls für Fernhaltung der Mäuse nicht ohne günstigen Einfluß bleibt. — Be= währt hat sich als Schutzmittel der Asphalttheer. Nicht allein ein mit demselben tief ausgeführter Anstrich junger Obst=, Zier= und anderer Bäume und Sträucher, sowie eine spiralige Umbindung derselben mit einem 10 cm breiten Streifen Asphalttheer=Papier, sondern auch bestrichene 10 cm breite Dachpappestreifen, welche um eine bedrohte Baumschulenfläche auf dem Boden mit Stäbchen festgeheftet waren, hielten die Mäuse von den Stämmen ab, bez. verlegten denselben den Weg zu dieser Fläche.   Nicht geschützte Pflanzen wurden stark benagt.

d. Loden= und Heisterpflanzungen.

Außer dem Verbeißen durch Wild leiden die Loden= bez. Heisterpflanzungen, wenngleich seltener und nie so stark als ähnliche Eichenpflanzungen, durch unterirdisches Abschneiden der Stämme durch die Mollmaus (S. 21).   Die Schärfe der unterirdischen, für diese „Wühlratte" so charakteristischen Schnittfläche bringt Fig. 14 zur Anschauung.   Ein sehr schnelles Welken der so ganz oder z. Th. abgeschnittenen Pflanzen muß zur Untersuchung derselben zum Zweck, den heimtückischen Feind unschädlich zu machen (S. 22), veranlassen.

Der freie sonnige Stand solcher Pflanzen lockt, ebenfalls zwar nicht häufig, aber in solchem Falle für eine Menge derselben sehr verhängnißvoll, einen Prachtkäfer, Buprestis (Agrilus) viridis (von Ratzeburg als fagi und nociva erwähnt) an.   Ob diese Buprestide plötzlich in größerer Anzahl daselbst anfliegt, oder in wenigen Exemplaren durch die Eier eines einzigen Weibchens in der Pflanzung entstanden ist und sich alsdann in der Anlage so verderblich weiter verbreitet, muß bis jetzt dahin gestellt bleiben.   Jedenfalls ermahnt diese zweite Möglichkeit zur sofortigen Untersuchung der anscheinend unmotivirt zu kränkeln beginnenden Pflanzen.

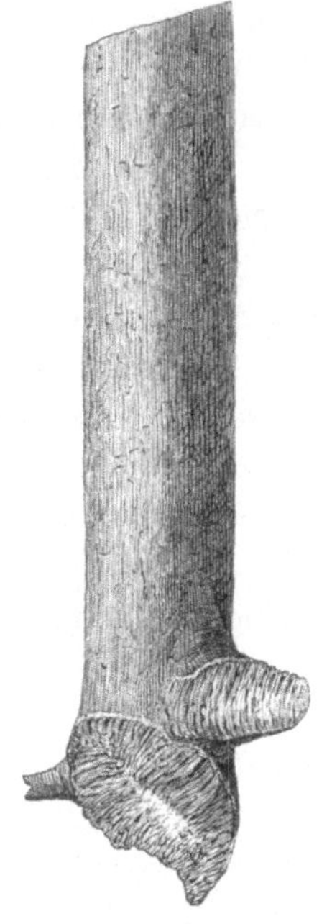

Fig. 14.   Mollmausschnitt. (Natürl. Größe.)

Der in der äußersten Splintschicht sich in geschlängelten Längsgängen weithin erstreckende Larvenfraß bewirkt an schwächerem Material (Loden, Schwachheistern) ein Aufspringen der Rinde über diesen Gängen, an stärkerem eine als Längsbeulen auftretende Aufbuchtung derselben, welche sich mit dem Daumennagel eindrücken läßt.   Durch Aufschneiden dieser Beulen mit dem Messer wird der entsprechende, mit Wurmmehl angefüllte Gang sofort deutlich frei gelegt. Diese Art legt, wie alle Agrilen (S. 30), an derselben Stelle mehrere, vielleicht viele Eier ab. Der Fraß der aus denselben entstehenden Larven ist deshalb weit gefährlicher, als bei durchaus vereinzelt auftretenden Feinden, zumal, da ihre Anwesenheit vor bereits stark vorgeschrittener Zerstörung, welche erst jenes Aufspringen bez. Aufbeulen der Rinde zur Folge hat, nicht erkannt, höchstens durch ein Welken des Wipfels vermuthet werden kann. Bei solcher Vermuthung ist für eine etwaige Untersuchung der Stämme vorzugsweise die Sonnen- (südliche und südwestliche) Seite derselben zu berücksichtigen, da die Buprestiden überhaupt diese Seite stets zunächst, an stärkeren Stämmen wohl einzig, mit Eiern zu belegen pflegen. Zeigen sich in der Rinde Löcher (die Fluglöcher der neuen Käfer), so ist der Feind, wenigstens an diesen Stellen, bereits verschwunden.

Tiefes Abschneiden der besetzten Pflanzen und Verbrennen derselben ist das einzige, zum Schutze der übrigen, auszuführende Gegenmittel und deshalb möglichst frühzeitiges Erkennen der Anwesenheit des heimtückischen Feindes hier besonders wichtig.

Vereinzelt, im Allgemeinen seltener als in den jungen Eichen gleicher Altersstufe, findet sich auch die Raupe des Blausiebs, Cossus aesculi, in den Loden und Heistern ein (Seite 35).

3. Im Stangenholzalter.

An Buchen von schwacher Stangenstärke, zumeist an niedrigen, sperrig gewachsenen, schwach beschatteten, findet sich stellenweise in großer Menge eine schwärzliche, ev. schwarzbunte Flügel tragende Baumlaus, Lachnus exsiccator m. Der Rindenstich des einzelnen Individuums bewirkt eine Wucherung des Bastes um die Stichstelle und in Folge dessen ein Platzen der äußeren Rinde. Da in der Regel mehrere Individuen kettenförmig neben einander sitzend saugen, so fließen diese Wundstellen als mehr oder weniger lange Risse in einander, welche gar bald bis auf den Splint klaffen. Das von hieraus eingeleitete Eintrocknen des Holzes führt schließlich zum Absterben der betreffenden Zweige, sogar der Stammspitze. Die auf- und ablaufenden Waldameisen verrathen den Feind leicht.

Bepinseln der besetzten Theile mit der Neßler'schen Flüssigkeit (Seite 35) tödtet den Feind, sowie seine Eier.

Allgemeiner bekannt ist der zeitweise in den Buchenstangenorten jeden Alters, jedoch auch in den älteren Beständen großartig auftretende

Fraß der **Rothschwanzraupe**, Bombyx (Orgyia, Dasychira) pudibunda L. Der gegen Ende Mai entstehende Falter leimt seine nackten
Eier in einer Scheibe an die Rinde. Die etwa nach zwei Wochen
entstehenden, bis zur ersten Häutung einfarbig gelblichgrauen, sehr lang-
haarigen Räupchen erklettern nach dem Verzehren der Schale ihrer
Eier den Stamm, um sich am zuerst erreichten Zweige entlang an die
Blätter zu begeben, welche sie von der Unterseite her unvollständig
(ohne Durchnagen der oberen Epidermis) skelettiren. Bei Beunruhigung
lassen sie sich schnell an einem Gespinnstfaden bis 0,5 m herab und
steigen beruhigt an demselben wieder zu ihrem Fraße empor. Durch
die erste Häutung, nach welcher ihr Fraß die Blattfläche in unregelmäßigen Löchern, grobmaschig durchbricht, erhalten sie ihre allbekannte,
von da ab bleibende Farbe und Behaarung, verlieren aber ihr Spinn-
vermögen, so daß sie bei fernerer Erschütterung ihres Zweiges sich zu-
sammenrollen und zu Boden fallen lassen. Auch zeigen sie in ihrem
definitiven Gewande keine Gemeinsamkeit mehr. Sie fressen zerstreut.
Der Fraß selbst muß als Spätfraß bezeichnet werden, da er auch bei
Massenvermehrung des Insects sich erst im Juli erheblich bemerkbar
macht und sich kaum vor Mitte August zum starken Lichtfraß oder gar
zum Kahlfraß steigert. Diese Abschwächung seiner Bedeutung für das
Befinden des Bestandes macht es erklärlich, daß ein mehrere Jahre
hindurch an denselben Orten sehr stark auftretender Fraß (Rügen) den
Beständen kaum merklich schadet. Um so unangenehmer wird dagegen
die ungeheure Menge der überall am Boden umherliegenden stellenweise
Alles bedeckenden, stark haarigen abgestreiften Häute der Raupen für
Menschen, Wild, Zug- und ev. Weidevieh. Wenngleich diese Raupe
nicht zu den „Giftraupen" gezählt wird, so verzieht sich doch das Wild
aus solchen inficirten Beständen. Laublose, wildleere Bestände, in
denen Tausende von hungernden Raupen stammaufwärts, stammabwärts
kriechen, und der Boden bedeckt ist mit fast verhungerten Raupen und
abgestreiften Häuten, das ist das Bild, worin sich gegen Anfang September der im Frühlinge so herrliche munter belebte Buchenwald verwandelt hat. — Die Verpuppung geschieht niedrig am Boden, zwischen
Beerkraut und sonstigen niedrigen Pflanzen, allein sehr gern, und wo,
wie in geschlossenen Buchenständen, jener Bodenüberzug fehlt, fast ausschließlich zwischen dem abgefallenen Laube.

Zur Vertilgung der Raupe ist deshalb empfohlen, die obere Laub-
schicht auszuharken, abzufahren und so zu behandeln (Einbringen in Com-

posthaufen u. bergl.), daß eine Entwickelung der Falter ausgeschlossen ist. Allein, die äußeren Coconfäden des Gespinnstes für eine Puppe heften sich an so viele Blätter, daß der Erfolg dem Aufwand an Zeit und Kosten kaum entsprechen kann. Nur sehr beschränkte Stellen, in denen man etwa die Ausgangspunkte für eine demnächstige allgemeinere Plage erkannte, würden sich für eine solche Säuberung empfehlen. — Es ist ferner versucht, die Eierscheiben auf den Stämmen zu zerquetschen und zwar durch Ueberwalzen mit einem Spatenstiel oder ähnlichen festen glatten Knüppel. Allein diese Scheiben, welche durch den die Eier verbindenden Kittstoff, je eine zusammenhängende solide Fläche bilden, werden von der Walze nur an einer Stelle scharf gefaßt, der übrige Theil hebt sich von der Rinde ab und fällt ohne Verletzung seiner Eier zu Boden. — Weit erfolgreicher hat sich ein Betupfen derselben mit flüssigem Fett (Oel, Thran) bewährt; Theer, Petroleum u. dgl. m. würden die gleichen Dienste leisten. Allein die Eierscheiben, sowie die noch im „Spiegel" zusammensitzenden Räupchen, welche durch ein solches Betupfen ebenfalls getödtet würden, können sehr leicht übersehen werden. Auch ist es unzweifelhaft sicher, daß viele Eier nicht am Stamme, sondern am Boden abgelegt werden. — Noch zweckmäßiger ist daher das Anlegen von etwa 3 cm breiten Kleberingen (Leim s. S. 20) in 1,5 m Höhe um die einzelnen Stämme. Diese Ringe schützen nach hiesigen Versuchen vollständig. Sie haben auch erkennen lassen, daß an den einzelnen Stämmen weit mehr Raupen (3, 4 bis 500) emporsteigen als daselbst unterhalb der Ringe Eier vorhanden gewesen waren. Ringe in 2 bis 5 m Höhe fingen nicht mehr Raupen als jene 1,5 m hoch angebrachten. Höhere Controlringe bewiesen, daß die Eier nur niedrig abgelegt werden. Einzelne Ausnahmen sind nicht von wirthschaftlicher Bedeutung.

Außer dieser übrigens polyphagen Raupe, welche von anderen Holzarten am meisten Hasel und Linde zu lieben scheint, beherbergt die Buche noch eine Menge anderer Raupenspezies, von denen aber nur die der wicklerähnlichen grünen Eule Halias prasinana, freilich nur in älterem Holze in äußerst großer Menge erschienen ist. Jedoch steht ein solcher Fall vereinzelt da; Schutz= und Vertilgungsmittel sind nicht bekannt, und so möge denn die bloße Erwähnung dieser Art hier genügen.

Gleichfalls sei nur erwähnt, daß die Blätter jüngerer Buchen, bez. der niedrigeren Zweige älterer in einzelnen Jahren sehr stark mit

den harten glatten kegelförmigen Gallen einer Buchenblatt=Gall=
mücke, Cecidomyia fagi, besetzt sind, so daß die Blattflächen zusammen=
gezogen werden und die Zweige unter der Last dieser Wuche=
rungsbildungen sich mit ihren Spitzen tief herabsenken. Diese Erscheinung pflegt sich jedoch sehr bald zur Bedeutungs=
losigkeit wieder zu vermindern. Schon im folgenden Jahre ge=
wahrt man an denselben Stellen zuweilen nur vereinzelte Kegel=
gallen auf den Blättern.

Schließlich sei daran er=
innert, daß in einzelnen Re=
vieren das Rothwild an jungen Buchenstangen stark geschält hat.

Nicht ihrer wirthschaftlichen Wichtigkeit, sondern lediglich ihrer auffallenden Erscheinung wegen mögen hier noch die Buchenringelungen eine kurze Erwähnung finden. Dieselben fallen namentlich in manchen Buchenstangenorten auf, in denen oft zahlreiche Stämme bald mit einem oder anderem Ringe oder mit wenigen, bald mit einer großen Anzahl (20 bis 30 und 40) von Ringen versehen sind. Weder in jenen Beständen noch an den behafteten Stämmen konnte lange Zeit irgend ein sicherer Anhalt für die Erklä=
rung der Ursache dieses merk=
würdigen Auftretens aufgefunden werden. Doch weil in den be=
treffenden Gegenden Sieben=

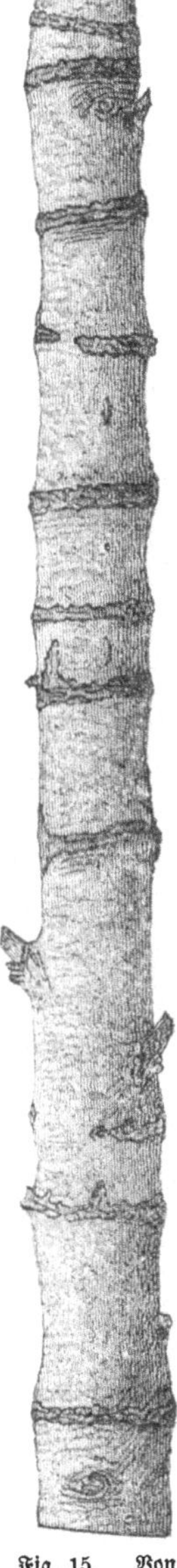

Fig. 15. Von Cimbex variabilis geringelte Buchenstange.

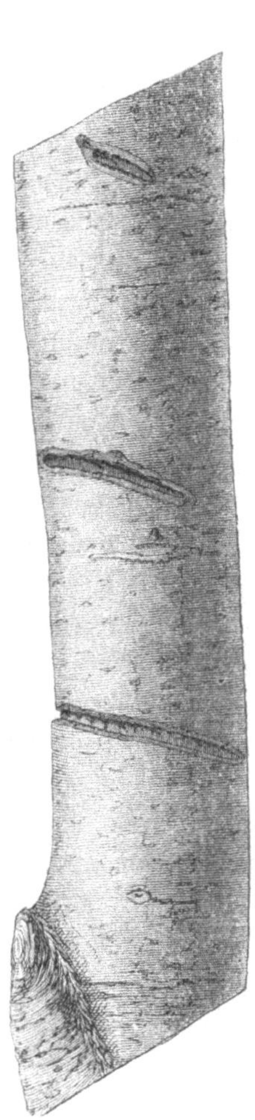

Fig. 16. Von der Haselmaus angeschnitten.

schläfer oder auch Haselmäuse lebten, hielt man sie für den Fraß dieser. Als Siebenschläferfraß gelten sie auch heute noch an manchen Orten. Auf dem Längsschnitt eines solchen Stammtheiles ließ sich jedoch nichts erkennen, was auf eine frühere Verletzung durch die Zähne der Nager schließen ließ, und so wurde denn diese Erscheinung als in ihren Ursachen unerklärbare „Buchenringelkrankheit" bezeichnet. Erst seit wenigen Jahren ist es (Beling) gelungen, den Thäter bei der Arbeit zu beobachten. Derselbe ist unsere größte Blattwespenart, Cimbex variabilis, welche mit ihren in eine feine Spitze endenden Mandibeln die Rinde der Stämme jüngerer Buchen an ihrem drittletzten Triebe in ringförmiger Weise einschneidet. Ein solcher frischer Schnitt gleicht dem Ritzen mit einer Stecknadelspitze. Diese höchst unscheinbare Verwundung gibt sich schon im nächsten Jahre als ein feiner scharfer Ringwulst zu erkennen und wächst nun von Jahr zu Jahr weiter aus, so daß sie auf stärkeren Stämmen sich als verhältnißmäßig breiter undeutlicher Ring kaum mehr von der übrigen Rinde abhebt. Im Stangenholzalter erscheint sie am auffälligsten. Fig. 14. — Eine forstliche Bedeutung kommt diesen Ringelungen wie gesagt nicht zu; allein es sei bemerkt, daß eine geringelte schlanke Stange vom Schnee niedergedrückt wohl an einer solchen Ringelstelle bricht.

Allerdings „ringelt" auch die Haselmaus (Myoxus avellanarius) die jüngeren Buchen. Allein sie nagt fast nur kurze, schräge Schnitte (Figur 16), vielleicht wohl nie einen horizontalen Ringschnitt. Außerdem nehmen ihre Nagezähne stets eine bis auf den Splint reichende Rindenbahn fort. Diese ursprüngliche Rindenentfernung läßt sich auch nach völliger Ueberwallung auf dem Längsschnitt in späteren Jahren noch stets erkennen. — Dieser Haselmausfraß findet sich nur sehr vereinzelt, im Allgemeinen fast selten. Irgend eine forstwirthschaftliche Bedeutung kann demselben nicht beigelegt werden. Vom Siebenschläfer sind ähnliche Ringelungen bisher nicht bekannt geworden.

4. Im Altholz.

Das Buchenaltholz leidet kaum mehr durch thierische Feinde. Jedoch wird es von der vorhin behandelten Bombyx pudibunda noch in Menge bewohnt. Andere Raupen daselbst verdienen hier keine Erwähnung.

Daß sich eine große Anzahl von Insecten im kernfaulen oder bereits zu Mulm verfallenden Holze alter Buchen entwickelt, ist bekannt. Dahin gehören z. B. Dorcus parallelepipedus, Lucanus cervus (nicht

oft), Sinodendron, cylindricum, Trichius eremita, Buprestis beroli-
nensis, Cerambyx alpinus, Leptura scutellata, Mordellen, Kteno-
phoren u. v. a. Von wirthschaftlicher Bedeutung ist selbstredend keine
von diesen Arten. Die Spechte hacken mit Vorliebe gerade auf diese
fetten Bissen ein; daß diese ihre Arbeit ebenfalls forstlich gänzlich indifferent ist, beruht auf der Bedeutungslosigkeit jener Larven.

Bemerkt jedoch möge hier werden, daß der Schwarzspecht außer
starken Kiefern nur noch alte Buchen als Brutbäume annimmt. Jedenfalls gehört eine andere von ihm als Brutvogel bewohnte Holzart zu
den Seltenheiten. Zum Eingang zu seiner Nesthöhle mag, was jedoch
durchaus nicht immer der Fall ist, die Stelle eines eingefaulten Astes
genommen sein, die Höhle selbst im bereits der Fäulniß anheim gefallenen Holze liegen. Die kurzen harten festen Späne, welche im
Frühlinge in Menge um den Fuß des betreffenden Stammes liegen,
beweisen, daß er zur Herrichtung der Höhle stets in noch festem, durchaus
nicht im schon zerfallenen Holze arbeitet. Die begonnene Fäulniß schreitet
unter dem vermehrten Zutritt von atmosphärischem Wasser weit rascher
als bei unverletzter Rinde fort. Der Specht sieht sich deshalb veranlaßt, von Zeit zu Zeit seine Höhle, bez. den Eingang zu derselben zu
verlegen. Eine muffige Umgebung seiner Eier, bez. Jungen in stark
verfaultem Holze ist ihm ohne Zweifel zuwider. So entstehen denn in
einer Reihe von Jahren an demselben Stamme mehrere „Spechtlöcher"
in verschiedener Höhe, häufig fast über einander. Nach dem Fällen
eines solchen Stammes zeigt sich derselbe in dieser ganzen vom Specht
benutzten Ausdehnung völlig hohl. — In solchem Falle möchte es,
wenn die forstlichen Interessen damit vereinbar sind, gerathen sein, den
alten Spechtbaum nicht zu fällen, damit das betreffende Paar keine
Veranlassung findet, sich einen andern zu gleichem Zwecke zu wählen
und zu entwerthen. Der höchst interessante prächtige Schwarzspecht
vermehrt sich in den meisten unserer Reviere so spärlich (vielleicht
wegen Vernichtung seiner Bruten durch Eichhörnchen und Marder), daß
vom Abschuß eines solchen Paares Abstand zu nehmen ist.

Als wirthschaftlich schädlich ist dem Altholze nur ein Insect, die
Buchenwolllaus, Chermes fagi, eigenthümlich. In den Buchenalt-
beständen tritt im Allgemeinen nicht gerade häufig, jedoch in einzelnen
Jahren in höchst auffälliger Menge auf der Rinde älterer Stämme ein
schimmelartiger flockiger weißer Ueberzug auf. Auch werden vereinzelt
in Parks und ähnlichen Anlagen stehende Bäume davon befallen.

Selten erscheint ein einzelner Stamm, in der Regel eine Gruppe nicht weit von einander stehender Stämme mehr oder weniger mit solchen weißen Stellen behaftet. Diese Flocken, die „wollige" Ausscheidung der winzigen Wolllaus, dient den Thierchen selbst, sowie ihren Eiern und jungen Larven zum Schutz. Sie haftet noch jahrelang auf der Rinde, wenn die Insecten daselbst schon längst verschwunden sind. Eine auch noch so genaue Untersuchung dieser Flocken etwa in bequem erreichbarer Höhe nach den Thieren oder ihrer Brut ist meist vergebens, da sie sich inzwischen höher hinaufgezogen haben. Die Vermehrung steigt in rascher Progression; jedes Weibchen legt etwa 40 bis 60 Eier und so wird der Stamm in wenigen Jahren mit einer unzählbaren Menge dieser kleinen saftsaugenden Parasiten bevölkert. Die Annahme, als wenn eine bereits eingetretene Kränklichkeit der Bäume für den Angriff disponire, ist irrig. Scheinbar spricht für dieselbe allerdings der Umstand, daß einzelne bestimmte Stämme besetzt, andere dagegen frei sind und bleiben. Allein sie erklärt sich leicht aus der passiven Wanderung dieser flugunfähigen Thiere. Nur zufällig werden vom Sturme oder von kletternden Vögeln (Spechten, Baumkletten, Baum= läufern, ev. auch Meisen) oder aus irgend einem anderen Grunde Flocken mit ihrem Eierinhalte (die Eierhaufen sind von der Wolle eng umgeben) oder auch frei lebende Thiere abgerissen und bleiben durch die Luft getragen an der Rinde eines anderen starken Buchenstammes haften, woselbst sie sich dann weiter vermehren. Daß für letzteres alle Bedingungen nur selten zusammentreffen, kann nicht auffallen, stimmt aber aufs beste zu dem thatsächlichen Auftreten der Parasiten. Jahre= lang z. B. trägt nur eine einzelne Parkbuche diesen Flockenüberzug, bis sich endlich auch ein zweiter Stamm inficirt zeigt. Die Wirkung der unzähligen Stiche äußert sich in der Regel erst nach mehreren Jahren, und zwar durch sehr allmähliches Ablösen und Aufspringen der Rinde. In einem der Eberswalder Forstgärten trat diese Erscheinung an einem Stamm erst 8 Jahre nach der ersten Ansiedelung der Wollläuse auf. Sie hat mit dem Sonnenbrande, dem plötzlich frei gestellte Buchen bekanntlich leicht verfallen, die größte Aehnlichkeit.

Als erfolgreiches Gegenmittel kann das Bepinseln der besetzten Stellen mit der Neßlerschen Flüssigkeit (Seite 35) empfohlen werden. Da die „Wollflocken" aus Wachsstoff bestehen, so ist jede zu einem solchen Bepinseln gewählte Flüssigkeit, welche keine, das Wachs auf= lösende Beimischung, folglich keinen Weingeist enthält, wirkungslos.

Wenn auch die frei lebenden Thiere durch Tabacksabsud u. dergl. zum Theil getödtet werden, so bleiben doch die eingewickelten Eier unbehelligt. Das Bepinseln muß an den höchsten Stellen beginnen, wenigstens an diesen weitaus zumeist, wenn nicht gar einzig bewohnten möglichst gründlich vorgenommen werden. Man vernichte sofort beim ersten Anzeichen die Feinde!

3. Hainbuche.

1. Same.

a. Am Baume.

Kaum sind die Hainbuchennüßchen ausgewachsen, so werden sie vom Kernbeißer zum Verzehren des Kernes glatt gespalten. Die Thätigkeit dieses Vogels macht sich namentlich bei nur vereinzelten Samenbäumen stark bemerklich. Der Boden innerhalb ihrer Schirmflächen ist oft förmlich bedeckt mit diesen Schalenhälften nebst den Cupulä und besonders ganzen Fruchtständen. Die Cupulä sind nur zum Theil der Nüßchen beraubt, manche liegen auch als Fetzen umher. Die glatten Ränder jener Schalenhälften lassen über den Thäter keinen Zweifel aufkommen, denn nur der Kernbeißer vermag es, die Nüßchen in dieser Weise zu spalten. Er hält sich in den Kronen sehr heimlich, und gar gewöhnlich entdeckt man ihn nur durch die herabfallenden Reste der Nahrung.

Empfindlich vermindert auch das Eichhörnchen den Hainbuchensamen. Es treibt sich noch bis tief in den Winter in den Kronen der Samenbäume umher, solange die Früchte noch nicht abgeweht sind. Die am Boden liegenden unregelmäßig zernagten Schalenreste der von ihm angegriffenen Nüßchen zeigen grobzackige Ränder.

Selten steigt die Waldmaus, Mus silvaticus, nach dieser Nahrung einen alten, krüppeligen, jedoch noch Samen tragenden Baum hinauf. — Dagegen finden sich am Boden von Mäusen ausgefressene Nüßchen recht zahlreich. Die feine Zackung der Ränder der Schalenstücke läßt mit Sicherheit auf Mäuse als Thäter schließen.

Gegen Kernbeißer und Eichhorn dient Abschuß, gegen ersteren bei niedrigeren Samenbäumen schon das Blasrohr, sonst schwache Vogelflinte u. dergl. Die Samen am Boden lassen sich gegen die Mäuse nicht schützen.

b. Auf Saatbeten.

Die Hainbuchensamen pflegen vor der Aussaat zum rascheren Keimen angequollen zu werden. Diese Keimung geht dann auf den

Saatflächen bald von Statten. Aber kaum zeigen sich die Cotyledonen, so werden dieselben von den Finken, namentlich vom Buchfinken erfaßt, aufgezogen und verzehrt. Wie unter dem Schirme der vom Kernbeißer heimgesuchten Kronen liegen alsdann die glatt gespaltenen (durch die Keimung geöffneten) Schalenhälften auf den Beten. Die Aussaat wird gar oft zum großen Theil zerstört, ja sie kann völlig vernichtet werden. Die geringe Anzahl der betheiligten Finken wird für den sehr empfindlichen Effect durch ihr hartnäckiges Verweilen auf solchen Beten ausgeglichen. — Auch hier hilft nur die Flinte.

2. Aelterer Aufschlag.

Dieser leidet in derselben Weise und unter denselben Verhältnissen, wie in gleichem Alter die Buche durch das Rindennagen der Mäuse zur Winterszeit. Bald wird behauptet, daß die Hainbuche von diesen Nagern der Buche vorgezogen würde, bald ihr in dieser Hinsicht die zweite Stelle eingeräumt. Alles, was bei „Buche“ (Seite 55) mitgetheilt wurde, gilt auch für die Hainbuche.

Auch Hasenschnitt und Rehverbiß ist bei beiden Holzarten im Ganzen gleich.

Auf Hainbuchen verwehte Nonnenraupen fressen hier ebenso stark als auf Buchen (Seite 53).

Sehr bemerkenswerth ist der in manchen Jahren in ganz großartiger Ausdehnung auftretende Fraß der Raupe von Geometra brumata, welche Art dagegen die Rothbuche meidet. Ein wirthschaftlicher Schaden entsteht jedoch durch einen solchen Fraß eben so wenig, als sich der Wald gegen denselben schützen läßt.

Im höheren Alter hat diese Holzart keinen nennenswerthen Feind unter den Thieren mehr aufzuweisen. — In alten morschen Stämmen leben ungefähr dieselben Insectenlarven als in solchen der Buche, auch hacken die Spechte fleißig nach denselben; aber weder der Anwesenheit jener, noch der Arbeit dieser kommt eine forstwirthschaftliche Bedeutung zu.

4. Weiden.

Die verschiedenen anbauungswürdigen Weidenarten leiden nicht gleichmäßig durch Angriffe derselben Thierspezies. Allein die Vorliebe der letzteren für eine einzelne Weidenart steigert sich nie zur strengen Monophagie. Oft läßt sich ein erheblicher Unterschied in der Bevorzugung einer bestimmten Art kaum erkennen. Nicht selten wird in den betreffenden fremden Mittheilungen eine einzelne Weidenart überhaupt nicht genannt, sondern nur von Weidenhegern im Allgemeinen gesprochen. Unter der Ueberschrift „Weiden" seien deshalb unsere gesammten Culturweiden-Spezies unter Einbegriff der Bastarde verstanden. Bei Erörterung des Lebens der einzelnen Schädlinge werden ev. auch die einzelnen Weidenspezies namhaft gemacht werden. Es wird sich dagegen für den vorliegenden Zweck empfehlen, die Weiden getrennt als Baum- und Hegerweiden zu behandeln.

A. Baumweiden.

Im Holze der Stämme der Baumweiden leben die Larven von Cerambyx (Aromia) moschatus, (Lamia) textor, (Saperda) carcharias (siehe „Pappel") und die Raupe von Cossus ligniperda, und durchsetzen dasselbe in verschiedener Stammeshöhe mit ihren mächtigen Gängen. Der Nutzwerth desselben wird durch sie völlig vernichtet, allein die befallenen Weiden vegetiren trotz der starken Holzzerstörung noch lange Jahre weiter ohne merkliches Zurückgehen ihrer oft werthvollen Ruthen. Eine Weidenkopfholz-Anlage wird somit nur wenig, oft kaum bemerklich durch die bezeichneten Angriffe geschädigt.

Das im Innern solcher alten Stämme mehr oder weniger, oft bis zum Mulm zerfallene Holz beherbergt oft mächtige, auffallende, aber selbstredend gänzlich indifferente Larven, z. B. die von Cetoniiden, als Trichius eremita, nobilis u. a. — Schutz- oder Vertilgungsmittel gegen jene ersteren Insecten lassen sich nicht aufstellen und somit kann hier von der Erörterung der Lebensweise der einzelnen Spezies abgesehen werden.

Sehr verderblich ist dagegen die Larve einer winzigen Gallmücke, der Weidenknüppel-Gallmücke, Cecidomyia saliciperda, im Baste schwacher Stämme bez. in den Zweigen von starker Reiser- bis schwacher Knüppelstärke aufgetreten. Sie setzt für ihren Angriff stets noch schwache Rinde voraus und befällt vorzugsweise Salix alba, zumal die Varietät vitellina. Die Eier werden in großer Menge einzeln auf beschränkter Fläche mit dem Legestachel in die feinsten Ritzen und scharfen Unebenheiten der Rinde gebracht. Die Thätigkeit der röthlich gelben Maden bewirkt eine Gallenwucherung und ein Absterben des Bastes. Sogar die äußerste Splintschicht nimmt an dieser Wucherung in so fern Theil, als um jede einzelne Larve eine wulstige Erhöhung derselben entsteht. Siedelt sich, wie in der Regel, diese Mücke an den

einzelnen Stellen in größerer Menge an, welche in meist kurzer Zeit
den Stamm bez. Zweig in seinem ganzen Umfange umgibt, so ist Ab=
sterben des oberen Theiles die unvermeidliche Folge. Auf der glatten
gelben Rinde der Dotterweide sind die frisch besetzten Stellen gar bald
an der Mißfarbe oder mißfarbenen (mehr grauen) Flecken zu erkennen.
Nach einiger Zeit springt dieselbe in den äußersten Schichten schwach auf.
Schon vor dem Ausfliegen der Mücken wird die ganze bewohnte Partie
rauh und dunkel. Auf weniger glatter, bez. in gesundem Zustande
grauer Rinde fällt dieser Anfang der Zerstörung äußerlich kaum auf.
Später aber vergrößert sich die Bastwucherung zu mächtiger, schon aus
der Ferne auffälliger Auftreibung mit zahlreichen Aufsprüngen und
Rissen. Die Fälle, in denen diese Gallmücke an Weidenstämmen (an
Zweigen ist sie wirthschaftlich indifferent) als Schädling auftrat, zer=
fallen in zwei Gruppen. Die eine betrifft das Zerstören, bez. die Ent=
werthung derjenigen Weiden, welche zu Schaufelstielen und Bandstöcken
heranzuwachsen bestimmt waren; die andere die Vernichtung von Setz=
stangen, deren Ruthen alljährlich als werthvolle Bindeweiden großen
Absatz fanden. Namentlich waren es Weinbaugegenden, deren Be=
wohner aus dem Verkauf dieser Ruthen (zum Anbinden der Reben an
die Rebpfähle) ihre Haupteinnahme an Geld erzielt hatten.

Die höchst empfindliche Plage wurde leider erst einige Jahre nach
ihrem Beginn, nachdem bereits der weitaus größte Theil der befallenen
Stämme auf polizeiliche Anordnung abgehauen und verbrannt war,
künstlich beseitigt durch Bestreichen der Rinde über den besetzten Stellen
mit Raupenleim von dickflüssiger Consistenz (Seite 20) im zeitigen
Frühling. Die zarten Puppen schoben sich allerdings durch die schwache
Leimschicht, die Mücken fielen aus, aber sie blieben sämmtlich, zu Hun=
derten auf einer Stange auf dem Leime kleben.

Frische Setzstangen von Salix alba var. vitellina werden in den
beiden ersten Jahren (ob noch später?) auch gern von dem weißbunten
Rüsselkäfer, Curculio (Cryptorhynchus) lapathi L. befallen. Die Gänge
der Larve unter der Rinde und im Holze sind, abweichend von denen
in den Erlen, eigenthümlich geschlängelt. Austretendes Bohrmehl,
zaserige Spänchen, zeigen äußerlich den verborgenen Fraß an. Ob sich
letzterer zur wirklichen Schädlichkeit steigern kann, bleibt bis jetzt noch
zweifelhaft.

Als äußerst starker Zerstörer der Weiden, Baum= wie Hegerweiden,
würde der Biber hier an erster Stelle aufgeführt zu werden verdienen.

Allein seine nur noch spärlichen und trotz des gesetzlichen Schutzes fort=
schreitend bedrohten Reste in Deutschland können kaum mehr als wirk=
lich wirthschaftliche Feinde betrachtet werden, und gewiß wird der ge=
ringe durch ihn bewirkte Bestandesschaden als erhebender Beweis, daß
dieses hoch= und altberühmte Wild daselbst noch sein Dasein friste, willig
hingenommen. — Uebrigens nimmt der Biber zur Aesung wie zum

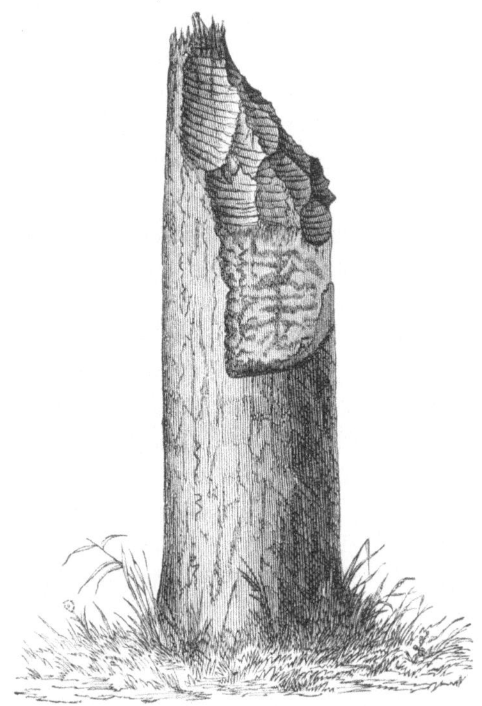

Fig. 17.   15 cm starker, vom Biber abgeschnittener
Weidenstamm.

Bau bekanntlich nicht allein Weiden und andere Weichhölzer (Aspen
besonders), sondern gern auch Eichen, sogar Kiefern, überhaupt wohl
alle Holzarten, welche im Bereiche seiner Thätigkeit sich finden. Den
Weichhölzern und namentlich den Weiden, wohl als der häufigsten
Holzart an seinen Aufenthaltsstellen, gibt er jedoch im Allgemeinen vor
den andern den Vorzug. Junge Biber scheinen in ihrem ersten Sommer
sich nur von schwachen Weidenruthen, deren Spitze und einzelne feinere
Zweige sie abschneiden, zu ernähren.

B. Hegerweiden.

1. Blätter.

Von den Blättern der niedrigen Weiden nähren sich zunächst sehr viele Raupenarten. Die meisten derselben treten stets nur in vereinzelten Individuen auf; von andern finden sich ab und zu ebenso vereinzelt die dichtgedrängten Mitglieder einer Familie z. B. Bombyx (Pygaera) bucephala. Von Bedeutung ist deren Fraß nie. Auch die wohl mal zahlreicher sich einstellende Raupe des Bombyx (Liparis) salicis (siehe „Pappel") ist in den Hegern wirthschaftlich indifferent. Befürchtung hat schon die plötzlich aufgetretene große Menge der daselbst aufgewehten Nonnenraupen (s. „Kiefernstangenholz"), auch die Alles zu zerfressen drohende Masse von Schwammspinnerraupen (S. 40) hervorgerufen. Solche Erscheinungen waren jedoch zumeist nur auf ein einzelnes Jahr beschränkt. Bei kurzer, etwa 1= oder 2jähriger Umtriebszeit ist nicht zu befürchten, daß sich diese Insecten in den Weidenbeständen einnisten.

Bei längerer Umtriebszeit kann ein sofort nach der Entdeckung der Fresser vorgenommenes Ablesen, bez. Zerquetschen derselben empfohlen werden, was namentlich gegen den Schwammspinner nicht zu unterlassen ist. Denn es steht zu befürchten, daß die äußerst trägen Weibchen desselben das Gewirr der Ruthen nicht verlassen und bei der Schwäche dieser ihre großen Eierschwämme am Boden, namentlich zwischen den alten Ruthenstummeln ablegen. Alsdann würde die Plage im nächsten Jahre mit gesteigerter Heftigkeit wieder zu erwarten sein.

Als monophage, auch als einzelnes Individuum schädliche Weidenraupe, vorzugsweise auf Salix viminalis angewiesen, verdient die der kleinen grünen Weidenkahneule, Noctua (Halias) chlorana besondere Erwähnung. Die Flugzeit des Falters ist unregelmäßig. Er belegt die Spitze einzelner Ruthen mit je einem Ei. Die ausschlüpfende Raupe nährt sich von den Neubildungen der Vegetationsspitze und zieht, da sie nicht alle um dieselbe entstehenden Blättchen zu verzehren im Stande ist, mit wenigen Fäden letztere zu einem, sich durch Wachsthum derselben allmählich vergrößernden Bündel, „Wickel", zusammen, welches in der Regel nicht in der Richtung der Ruthe aufrecht steht, sondern seitlich gebogen von der Ruthenspitze abspringt. Beim Auseinanderziehen dieser Wickelblätter zu Anfang Juli wird die nackte, weißliche, unregelmäßig dunkel violettbraun gestreifte Raupe und ihre Hauptfraßstelle an der Spitze der Ruthe selbst leicht freigelegt. Die einzelnen Raupen aber lassen alsdann sowohl an ihrer sehr ungleichen Größe, wie Vertheilung der beiden Farben (die jungen sind mehr braun als weiß, bei den alten überwiegt das Weiß) ihr sehr verschiedenes Alter erkennen. Sie verpuppen sich außerhalb des Wickels in einem festen, kahnförmigen weißen Cocon und zwar, die um die genannte Zeit erwachsenen gegen Ende Juli oder Anfang August und ihre Falter erscheinen im August, die jüngeren erst im Herbst ev. Spätherbst. Die Falter dieser sind wohl erst im nächsten Frühling beim Beginne der Vegetationszeit zu erwarten. Jedes Räupchen entwerthet eine Ruthe als Flechtmaterial; dieselbe bleibt nicht allein verkürzt, sondern wächst gegen die Spitze sehr sperrig.

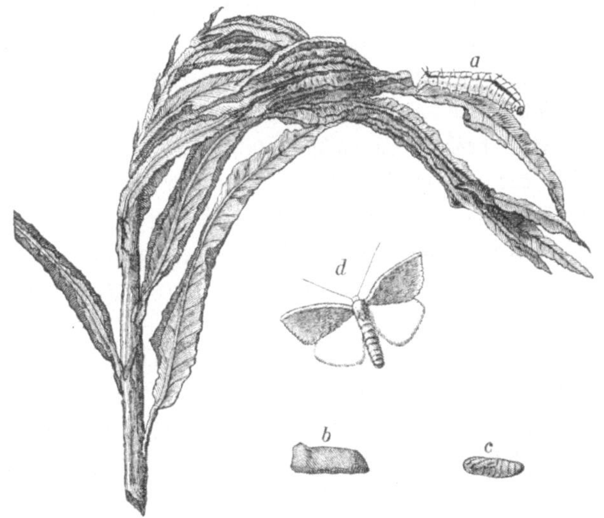

Fig. 18.   Weiden=Kahneule.   a. Raupe, b. Cocon, c. Puppe, d. Falter.   (Natürl. Größe.)

Da das Insect stets häufig, in einzelnen Jahren sogar sehr zahlreich auftritt, so muß in den Korbweidenhegern bez. =Quartieren auf seine Vernichtung Bedacht genommen werden, welche bei der Auffälligkeit der Wickel durch Abschneiden und Verbrennen derselben vom Ende Juni bis Juli ebenso leicht als gründlich vorgenommen werden kann.

Außer den Raupen erscheinen in manchen Jahren Blattwespenlarven, „Afterraupen" einiger Arten in großer Menge, jedoch in der Regel örtlich wenig ausgedehnt, auf den Hegerweiden. Im Allgemeinen kann diesen Larven eine nur untergeordnete Bedeutung zugeschrieben werden, zumal denen, welche auf Laubhölzer angewiesen sind.

Da sie den ganzen Winter über unverpuppt im Cocon ruhen und sich erst bei Frühlingswärme zu Puppen verwandeln, aus denen gegen Ende Mai, anfangs Juni, auch noch später die bald eierlegende Wespe entsteht, so fällt der Hauptfraß der aus diesen Eiern hervorgehenden Larven in den Spätsommer, in eine Jahreszeit, in welcher die Vegetation sich fast ihrem Ende nähert. Zu dieser Abschwächung ihres Fraßes, als „Spätfraß", kommt noch der Umstand hinzu, daß viele Larven „überliegen", d. h. im Cocon unverpuppt noch bis zum zweiten Frühling ruhen. Ja es ist für einzelne Arten ein zwei=, drei=, vier=, sogar fünfjähriges Ueberliegen beobachtet. In dieser mehr oder weniger langen Fraßpause erholen sich einerseits die Pflanzen vollständig, während anderseits die überliegenden Larven zahlreich vernichtet werden. Besonders haben hier Meisen und gegen die am Boden versponnen ruhenden Larven Mäuse und das Eichhörnchen gewirkt. Auf einen erschreckend starken Fraß folgt deshalb im nächsten Jahre durchaus nicht ein ähnlich starkes, oder gar ein gesteigertes Erscheinen der Larven. Im Gegentheil ist daselbst alsdann gewöhnlich Alles bis auf kleine, unbedeutende Reste verschwunden. Von Anwendung von Vertilgungsmaßregeln kann deshalb in den meisten Fällen, zumal bei Laubhölzern, Abstand genommen werden.

Für Weidenheger seien hier nur erwähnt zunächst die große grüne Larve der Cimbex amerinae, welche besonders auf Salix viminalis, purpurea und acutifolia bis zum Kahlfraße dieser Weiden auftrat. Die netzartigen Cocons lassen sich wegen ihrer Größe und sehr langen Sammelzeit zum allergrößten Theil leicht von den Ruthen ablesen, oder an denselben zerquetschen. Sehr zweckmäßig ist der empfohlene Vorschlag, die möglichst vollständig abgelesenen Cocons an Ort und Stelle in oben offene und hier mit einem maschigen Drahtgeflecht überspannte Kasten zu bringen. Bei einer Maschenweite von 3 mm im Quadrat werden die auskommenden Wespen zurückgehalten, dagegen vermögen die aus den angestochenen Larven entstehenden Parasiten sich leicht ins Freie begeben, woselbst sie der Larvennachkommenschaft der aus den übersehenen Cocons schlüpfenden Wespen den Tod bringen.

Als zweite Art sei die mittelgroße rostbraune Nematus salicis hier genannt. Die Larve zeichnet sich durch schwarzen Kopf und unregelmäßig schwarz längsgestreiften Körper, der Thorax= und die vier letzten Körperringel durch eine röthlich ockerbraune, die Körpermitte dagegen durch grüne Färbung aus. Obgleich wirthschaftlich unwichtig, erregt sie doch durch die Menge und diese auffallende Zeichnung und Färbung der Larven die Aufmerksamkeit. Zumeist werden nur einzelne Ruthen, höchstens beschränkte Hegerstellen von den familienweise dicht zusammensitzenden Larven kahl gefressen. Nur ausnahmsweise frißt diese Art zwei Jahre nach einander an denselben Bestandtheilen in irgend erheblicher Menge.

Die Blätter der Hegerweiden werden schließlich, abgesehen von mehreren Melolonthiden, Melolontha vulgaris und hippocastani, Anomala Frischii, Phyllopertha horticola u. a., auch von manchen Blattkäfern (Chrysomeliden) und ihren Larven zerfressen. Einige derselben, z. B. die beiden gestreckten trüb-lederbraunen Arten Chrysomela (Galleruca), capreae L. und lineola F., erscheinen freilich zeit- und stellenweise in erstaunlicher Menge. Ein bemerkenswerthes Zurückgehen der befressenen Weiden ist jedoch wohl nur ausnahmsweise beobachtet, da sie ebenso plötzlich als sie in Masse auftraten, auch gar bald wiederum zu verschwinden pflegen. Außerdem verbreiten sie sich in der Regel in bedrohlicher Menge kaum über größere Flächen. Es ist sogar sehr oft nur indifferentes Weidengestrüpp, welches sie (lineola z. B. das von Salix viminalis) dicht besetzt halten.

Durch Zerquetschen der einzelnen in gedrängter Gemeinschaft fressenden Larvenfamilien, würde leicht ein großer Theil dieser Blattfeinde zu vertilgen sein.

Andere Chrysomeliden-Arten, z. B. Chrysomela (Gonioctena) viminalis L., (Lina) XX punctata F., longicollis Suff., sowie auch die durch Größe und rothe Flügeldecken auffällige populi L. u. m. a. können nicht als Schädlinge bezeichnet werden, da sie, wenngleich häufig, doch wohl nie in nachtheiliger Menge in den Hegern auftreten.

Dahingegen sind als solche zwei andere Arten namhaft zu machen. Zunächst: Chr. (Lina) tremulae L., von der nahe verwandten populi durch geringere Größe, braunere Flügeldeckenfarbe und Fehlen der schwarzen Fleckchen an der äußersten Spitze der Decken neben der Naht leicht unterscheidbar. Dieser Käfer, nicht populi, erscheint und zwar namentlich auf Salix purpurea, in einzelnen Jahren in verwüstender Massenvermehrung. Alles, was früher in dieser Hinsicht von populi behauptet wurde, wird, nach sicheren neueren Erfahrungen zu schließen, auf tremulae zu beziehen sein.

Leider sind bis jetzt keine anderen gegen diese Spezies anzuwendenden Mittel, als Abklopfen der Käfer, bez. Larven in Gefäße mit weiter

Oeffnung und Zerdrücken der fressenden Larven zu empfehlen. Das erstere ist durch den dichten Stand der Weiden, das zweite durch das getrennte Leben der Larven (nicht einmal die ganz jungen Larvenfamilien leben auf einzelnen Blättern enge vereint) erheblich erschwert.

Die zweite Art ist Chr. (Phratora) vulgatissima L., bisher gewöhnlich in den praktischen Zwecken dienenden Schriften von der nahe verwandten vitellinae L. nicht unterschieden und mit letzterer unter deren Speziesnamen zusammengefaßt. Allein vulgatissima (gestreckt, glänzend, trüb dunkelblau) befällt als wirthschaftlicher Schädling Salix viminalis, dagegen vitellinae (gedrungener, glänzend, tief trübgrün) die purpurea und hat sich noch nie in empfindlicher Menge auf derselben eingestellt. Eine Trennung der beiden ist somit geboten. — Nach der Ueberwinterung in den verschiedensten engen Schlupfwinkeln (unter sich ablösender Rinde absterbender Stämme oder todten Holzes, in Fugen von Gattern, zwischen Bindewieden oder Bindestroh und den Pfählen, in zerbrochenen hohlen Pflanzenstengeln, in verlassenen Borkenkäfergängen mit hinreichend großen Fluglöchern, z. B. denen des Hylesinus crenatus, ja sogar in den durch Hagelschlag entstandenen zaserigen Rindenwunden der stärkeren Weidenruthen u. dergl. m., vielleicht auch am Boden zwischen den mit abgefallenem Laube gefüllten alten Ruthenstumpfen bei zu hohem Schnitt) schwärmt der Käfer beim Laubausbruche der Weiden und überfällt diese in zuweilen erstaunlicher Menge, um zunächst selbst diese zarten Neubildungen zu befressen und dann je ein einzelnes Blatt mit einer Menge Eier zu belegen. Auf den sehr intensiven Larvenfraß folgt gegen Ende Juli der Fraß der neuen Käfer, welche sich dann nach etwa 2 bis 3 Wochen in ihre Winterschlupfwinkel zurückziehen. Ein solcher Fraß kann mehrere Jahre anhalten und die Ernte bereits im dritten Jahre auf ein Drittel herabmindern.

Als Schutz- bez. Vertilgungsmittel ist zunächst das Darbieten künstlich hergerichteter Winterverstecke, vertheilt über die ganze bedrohte Hegerfläche, empfohlen. Ueber die Weidenruthen etwa 0,5 m hervorragende, an ihrem oberen Theile mit Rindenstücken umbundene Pfähle bieten diese Schlupfwinkel. Im Spätherbst an kalten Tagen, bez. in kühlen Morgen- oder Abendstunden werden die Rindenplatten durch Lösung des Bindedrahtes abgenommen und die verklommenen Käfer gesammelt. Eine schon im Laufe des Sommers bis Anfang August vorzunehmende Zerstörung anderer, als solche im Jahre vorher festgestellter, zur Vernichtung der Käfer untauglicher Winterverstecke, wird die

Wirkung der neu errichteten sehr erhöhen. Die hauptsächlichsten, durch Beschaffung, Bearbeitung, Transport und Einsetzen der Pfähle entstandenen Kosten belasten nur die Ausgaben des ersten Jahres. — Es sind ferner mit Erfolg die Käfer wie die Larven durch Abklopfen in Gefäße mit weiter Mündung gesammelt. Trichterförmige, oben weite, unten abgestumpfte, zur Verhinderung des Emporkriechens bez. Entfliegens der Käfer einige cm hoch mit Holzasche gefüllte und mit bequemer Handhabe versehene Blechgefäße haben sich sehr bewährt. Bei der Ausführung der Arbeit sind die stark besetzten Ruthen über die Mündung der Gefäße zu biegen und deshalb zwei Personen dazu erforderlich. — Ein ferneres Schutzmittel besteht in dem Abstreifen der Ruthen im Frühlinge bald nach dem Anfluge der Käfer vermittelst eines event. durch eingeschlungene Steine beschwerten Seiles, welches durch zwei Arbeiter in der Weise über die Weiden bahnenweise geschleift wird, daß etwa alle 15 bis 20 Minuten dieselben Stellen wiederum abgeschleift werden. Die Käfer fallen durch diese Beunruhigung zu Boden und legen nach wiederholt vergeblichen Versuchen, an den Ruthen zu verweilen, schließlich ihre Eier an Gegenstände am Boden, an Unkräuter, Ruthenstummel u. dergl. ab, woselbst die bald entstehenden jungen Larven verkommen. Zur Beschränkung der Arbeit empfiehlt sich eine genaue Bestimmung des Beginnes der Eierablage, bei dem sofort mit dem zuvor völlig vorbereiteten Abstreifen der Ruthen zu beginnen ist. — Ganz besonders sei hier noch auf eine Art Schiebkarrenvorrichtung aufmerksam gemacht, von welcher der Erfinder (Krahe) die Patentirung in Aussicht stellt. Beim Durchschieben des dem Zwischenraum zwischen den Weidenreihen entsprechend schmalen Apparates werden Käfer wie Larven von den zur Seite befindlichen Ruthen abgestreift, bez. abgebürstet und in dem Schiebekarrenkasten aufgefangen. Die genauere Construction desselben, dessen durchschlagender Erfolg vom Erfinder versichert wird, läßt sich aus den betreffenden Angaben nicht erkennen.

Auch ein winzig kleiner Springrüsselkäfer, Orchestes populi, tritt in manchen Jahren, wie auf Pappeln, so auch auf Hegerweiden, zumal auf Salix amygdalina var. canescens, in größter Menge auf. Seine Minirlarve verzehrt zwischen den beiden Oberhäuten das Blattparenchym. Erst gelbliche, später mißfarbene braune Flecke auf der Blattfläche sind die Folgen dieses Fraßes. Ob eine solche Blattbeschädigung das Wachsthum der Pflanzen merklich beeinträchtigt, möge dahin gestellt bleiben. Jedenfalls befinden wir uns nicht

in der Lage, diesen unscheinbaren Feind mit Erfolg bekämpfen zu
können.

Auf der Grenze der Blatt- und Ruthenschädlinge stehen die Blatt-
läuse, welche oft in sehr starken Colonien an den krautartigen Spitzen
der Salix viminalis und anderer Arten die Triebe wie die Blätter aus-
saugen. Der hierdurch entstehende Nachtheil beschränkt sich jedoch nur
auf ein mäßiges Zurückbleiben der stark befallenen Ruthen, so daß sich
der Aufwand von den zu ihrer Vertilgung aufzuwendenden Opfern an
Zeit und Kosten kaum lohnen würde.

2. Ruthen.

In neuen Hegeranlagen hat in mehreren Fällen eine Ackereulenraupe (sp.?) die im Entstehen begriffenen Ruthentriebe oberirdisch, nur
ausnahmsweise 1 bis 2 cm unter der Bodenoberfläche so stark benagt
bez. abgebissen und diesen Angriff ausnahmsweise noch bis zur beginnenden Verholzung fortgesetzt, daß erhebliche Nachbesserungen, sogar
Neuculturen nothwendig wurden.

Als Schutz hat sich eine 2 bis 3 cm tiefe Entfernung der Erde
um die Stecklinge bis Juni, wo dieselben wieder angehäufelt wurden,
bewährt. (Ueber Ackereulenraupen s. S. 53.)

Aehnlich wie diese Ackereulenraupe hat auch die 2—2,5 cm lange,
walzliche, graue Larve der Wiesenschnacke, Tipula pratensis, die
jungen Schößlinge durch Benagen bez. Durchnagen an ihrer Unterseite
dort, wo sie aus dem Steckling entspringen, stark geschädigt. Bei der
kolossalen Massenvermehrung dieser Mücke erreichte der Schaden eine
bedeutende Höhe.

Da die Larven am frühen Morgen auf der Erde neben den Stecklingen liegen, so können sie durch Sammeln vermindert werden, zumal
da ihre leicht kenntlichen Fraßbeschädigungen die Stellen genauer an-
zeigen. Ohne Zweifel läßt sich gegen Mitte August die dann schwärmende auffällig große langbeinige Mücke bis zur wesentlichen Verminderung mit Schmetterlingsnetzen fangen*).

Von den Gallmücken müssen als Ruthenverderber zwei Arten
erwähnt werden. Die eine Cecidomyia salicis schwärmt im März und
belegt einjährige Ruthen etwa in der Mitte mit je einer größeren Menge
Eier. Der Fraß der bald entstehenden röthlichgelben Maden bewirkt
eine starke, unregelmäßig knotige Galle, über der sich die Richtung der

---

*) S. „Krahe, Lehrbuch der rationellen Korbweidenkultur" 4. Aufl. 1886
S. 197ff.

Ruthe zu ändern pflegt. Der Flechtwerth der mit solchen Gallen be=
setzten Ruthen ist dadurch völlig vernichtet. Fig. 19. Bisher ist diese
Zerstörung nur an Salix purpurea beobachtet, an welcher sie schon in
äußerst schädlicher Menge, glücklicher Weise aber nur in
ganz vereinzelten, fast selten zu nennenden Fällen auftrat.

Abschneiden und Verbrennen dieser auffälligen Knoten
sofort bei ihrer Entdeckung ist das einzige Gegenmittel;
große Aufmerksamkeit stets geboten.

Die zweite Art, Cecidomyia apiciperda m.*),
belegt die Spitze einer diesjährigen Ruthe etwa gegen
Ende Juni (im Anfang des Frühlings sind die vorig=
jährigen Larven noch unverpuppt) mit einem Ei. Die
Ruthe setzt zunächst ihren Höhentrieb unbehindert fort,
später aber verkümmern die (etwa 4 bis 6) Internodien,
so daß die gleichfalls sehr kümmerhaften Blätter als
kleines aufrecht stehendes Büschel die querrunzlige Galle
an der Ruthenspitze umgeben. Außerdem bilden daselbst
weißliche Haare eine oft über der Galle sich schopfartig
zusammenlegende lockere Umhüllung. Im Sommer hat
dieses Blattbüschel einige Aehnlichkeit mit der bekannten
„Weidenrose“, (durch Cec. rosaria entstanden), allein bei
genauerem Vergleich trennen in jeder Hinsicht wesent=
liche Unterschiede diese beiden Arten. (Die Originale der Fig. 20 waren
Winterstücke.) In wirthschaftlich sehr bemerkenswerther Menge trat
1884 und 85 diese Mücke in Steiermark, in den Anlagen des Ritter=
gutsbesitzers Heinrich Ritter von Manner (Frohnleiten) in Salix
amygdalina und zwar bei gänzlicher Verschonung der benachbarten var.
latifolia in den var. viridis und vitellina auf. Die kurze geschwärzte
Höhlung der einkammerigen Galle senkt sich wohl noch etwas tiefer in
das Mark hinein. In ihr liegt die 1,5 mm lange, zweifarbige Made.
Die im Holzschnitt hell gehaltenen Theile derselben sind hell röthlich
gelb, die dunklen gesättigt rothgelb. Zwei Höckerchen an dem hinteren
Körperende sind die einzigen äußerlich sichtbaren Organe. Fig. 20.

Fig. 19. (Natür=
liche Größe.)

*) Es war mir nicht möglich, diese Art in der Literatur nach ihrer Biologie
als bereits bekannt und beschrieben aufzufinden. Nur Kratze l. c. S. 196 f. be=
schrieb die Fraßerscheinung und bildete dieselbe auch ab, ohne aber die Art zu be=
nennen. So möge denn der neue Name bis zur Auffindung eines älteren diese
Spezies bezeichnen.

Etwas anderes, als Abschneiden und Verbrennen der mit der Galle versehenen Ruthenspitzen wird sich gegen dieses Insect nicht vornehmen lassen.

An der Spitze der Weidenruthen schadet auch der als Erlenkäfer allgemein bekannte Curculio (Cryptorhynchus) lapathi. Er siedelt sich häufig (vergl. Nr. 3) auch in Weidenanlagen auf mehr trockenem Boden an und beschädigt durch seinen Fraß die Rinde der Ruthen dort, wo sie am weichsten ist, folglich in der Nähe der Spitze, nämlich durch oft recht zahlreiche feine Stiche, welche durch den Bast bis auf den

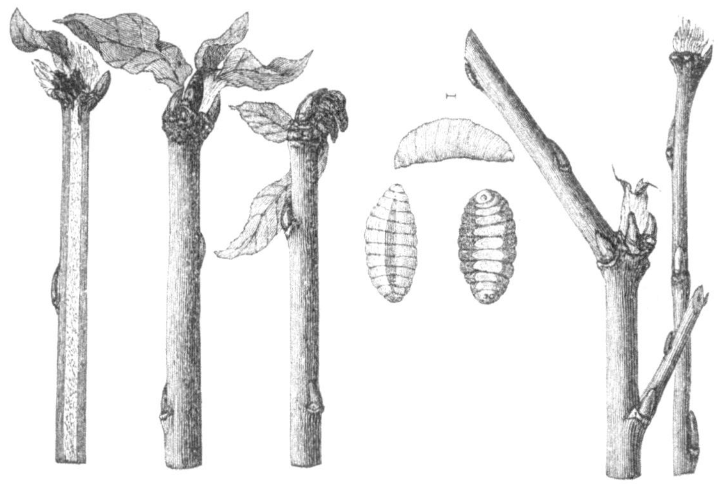

Fig. 20.   Cecidomyia apiciperda.   Weiden (natürl. Gr.); Larven stark vergrößert.

Splint führen. Dieselben haben leicht ein Absterben der Spitze und Bildung von sperrigen Zweigen unterhalb derselben zur Folge. (Fig. 21 rechts.) Gar oft werden nun z. Th. auch diese Zweige in gleicher Weise abgestochen. Bleiben diese kleinen Nageplätzchen, weil zu vereinzelt oder zu entfernt von der Spitze angebracht, ohne jene Folge, befinden sie sich überhaupt später auf noch wüchsigen Theilen der Ruthen, so ähneln sie durch Auswachsen bez. Verwallen ihrer Ränder unnatürlich kleinen Hagelschlagbeschädigungen. — Gegenmittel unter Nr. 4.

In stärkeren mehrjährigen Weidenruthen, zumal dort, wo bei schlechtem, zu hohem Schnitt ansehnliche Stummel stehen geblieben, entwickelt sich in den tieferen Theilen ein Glasflügelbohrer, Sesia formicaeformis Lasp., dessen Fraß, Raupe, Puppenhülsen und Falter (kleines Männchen) Fig. 22 in natürlicher Größe darstellt. An dem stahlschwarzen Falter hebt sich der leuchtend rothe Hinterleibsgürtel, weniger die tief trübrothe Binde an der Spitze der Vorderflügel ab. Hieran wird diese Art, insofern es sich um ihre Unterscheidung von

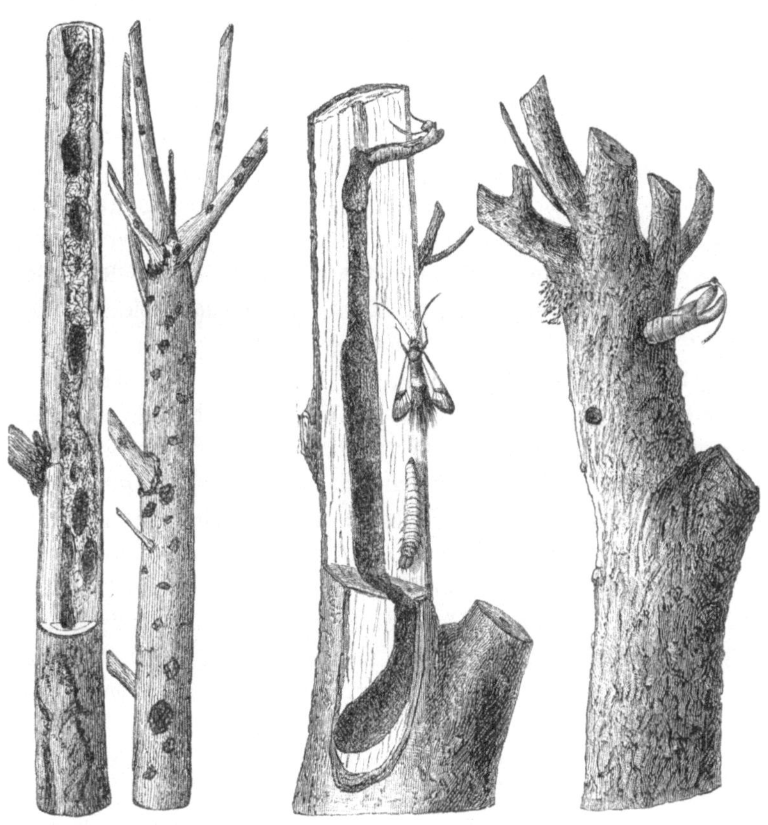

Fig. 21.   Links ein von Larven dicht bewohntes Stammstück. Rechts ein vom Käfer stark befressenes Ruthenstück (natürl. Gr.).

Fig. 22.   (Natürl. Größe.)

anderen ähnlichen forstlich wichtigen Spezies, etwa von culiciformis und spheciformis handelt, leicht zu bestimmen sein. — Da Sesien=raupen auch in anderen anbauungswürdigen Holzarten (nur eine einzige im Nadelholze, nämlich in Auswüchsen an den Stämmen der Tanne) und zwar außer Pappeln auch in jüngeren Birken und Erlen schädlich vorkommen und sehr häufig für Käferlarven angesprochen werden, so möge hier unter Verweisung auf Fig. 23 (Sesia spheciformis, stark vergrößert) im Allgemeinen zum Erkennen einer solchen Raupe als Sesie das Folgende bemerkt werden. Die Sesienraupen erinnern freilich durch ihre weißliche Körperfarbe und bräunlichen Kopf nebst den tief braunen Mundwerkzeugen an sehr viele Käferlarven; allein die letzteren besitzen keine oder höchstens 6 Beine (an den drei ersten Körperringeln). Die Sesienraupen dagegen tragen außer jenen (ächten) noch 10 Bauchfüße, von denen das letzte Paar freilich nur mangelhaft entwickelt ist. Diese Bauchfüße zeigen ferner einen, ihre querovale Sohle vollständig um= gebenden Kranz kurzer brauner starrer abstehender Borsten, es sind „pedes coronati“, welche außer den meisten Raupen der Mikrolepidop= teren nur noch denen der „Holzbohrer“ (Xylotropha), also der Gattung Cossus, Sesia u. e. a., zukommen und vorzugsweise zum Vorwärts= wie Rückwärtskriechen in engen Röhren und Gängen dienen. Die Fig. 23 zeigt links eine solche Raupe zur Darstellung jener pedes co= ronati vergrößert von der Bauchseite, sowie stärker vergrößert einen solchen Borstenkranz in der Mitte unten. Auch wird der sehr stark ver= größerte, rechts dargestellte Kopf mit den zwei ersten Thoraxringeln, sowie die Hinterleibsspitze leicht eine Raupe, im Gegensatz zu einer Käferlarve, erkennen lassen. Ferner sei hier auf die nach dem Aus= schlüpfen der Falter noch lange aus der Rinde hervorschauenden, weit klaffenden aufgesprungenen Puppenhülsen, wie Fig. 22 zwei darstellt, zum richtigen Ansprechen des Feindes aufmerksam gemacht. Käferpuppen besitzen nie eine so starke Hülle, und nach der Entwickelung eines Käfers bleibt dieselbe in der Puppenhöhle nur als ein dünnes zusammenge= knittertes, in Fetzen zerrissenes Häutchen zurück. Schließlich kann das beim Spalten eines besetzten Holz= oder Zweigstückes freigelegte völlig reine Lumen der Gänge in den meisten Fällen als Diagnose für Raupen= arbeit betrachtet werden, da die Käferlarven ihre Gänge mit „Wurm= mehl“ fest auszufüllen pflegen. Auch der Eingang zur allerdings reinen Puppenhöhle ist bei den Käfern ebenfalls fest mit zaserigen Spänchen verstopft, welche der spätere Käfer durchbricht, wenn er sich nicht einen besonderen Ausweg durch Holz und Rinde nagt. Ein Schmetterling kann selbstredend nicht nagen und deshalb wird von den Holzraupen die Puppenhöhle stets nur durch eine sehr feine Rindenschicht oder durch nur locker verbundene Abnagespäne, durch welche sich die Puppe mit ihrem stumpfkeilförmigen Kopfende an die Außenwelt hervordrängt, ge= schützt.

Obschon von Weidenzüchtern Sesien als Weidenschädlinge genannt werden, so erfährt man von denselben doch darüber nichts Sicheres, dahingegen wohl irrige Angaben. Unsere formicaeformis ist die einzige in Hegerweiden auftretende Art; allein bei gehöriger Pflege der Anlagen und tiefem Schnitt der Ruthen wird sie sich nur bei wenigstens drei=jährigem Umtriebe daselbst einfinden, kaum jedoch bis zur wirthschaft=lichen Schädlichkeit vermehren können. Es ist, wie auch Fig. 22 er=kennen läßt, meist nur verschnittenes Weidengebüsch (Salix triandra, viminalis u. a.), wie es z. B. häufig die Böschungen von Eisenbahn=

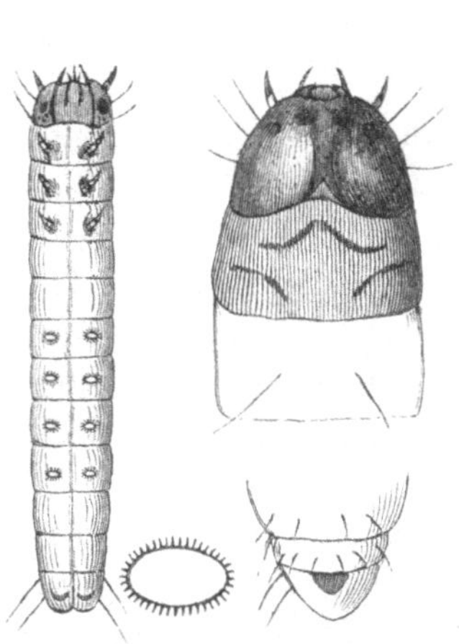

Fig. 23.   Sesia spheciformis.

Fig. 24.   (Natürliche Größe.)

dämmen, Fluß= und Canalufern besetzt, woselbst sich diese Sesie in er=heblicher Menge einnistet.

Unter den Säugethieren wird Roth= und, weil es vollkommene Deckung in den Hegern findet, besonders Rehwild den Ruthen durch Verbeißen schädlich. Zusammenhängende Stellen lassen durch den sperrigen Wuchs der verbissenen niedrigeren Ruthen, deren neu gebildete Spitzen namentlich gegen Ende des Frühlings gern vom Reh geäst werden, die Größe des Schadens nur zu oft erkennen. — Eine zweite Beschädigungsart, räthselhaft in ihrem Zwecke, nämlich ein scharfes Brechen der Ruthen in Kopfhöhe verübt das Reh in einzelnen Bestän=den und unter Bevorzugung der Sal. purpurea. Die Bruchstelle zeugt für ein scharf fassendes Organ (Fig. 24). Die Ansicht, daß der Bock die einzelnen Ruthen zwischen die Basis der beiden Stangen nähme und durch seitliche Wendung des Kopfes jenes Knicken verursache, ist durch die Thatsache widerlegt, daß sich der Schaden auch zu der Zeit einstellt, wann der Bock kein oder für eine solche Beschädigung noch kein tauglich ausgebildetes Gehörn trägt. Somit müssen es die Zähne sein, womit das Reh die Ruthen faßt und bricht. Da die Spitzen der Ruthen oberhalb der Bruchstelle stark niedergelegt sind, so erscheint diese arge Beschädigung, welcher oft eine große Menge Ruthen zum Opfer fällt, höchst auffallend und erinnert an ein verhageltes Kornfeld. Geäset ist von diesen umgebrochenen Spitzen nie etwas. — Daß der Bock einzelne starke frei (an den Rändern) stehende Ruthen zum Fegen annimmt, sei hier der Vollständigkeit wegen erwähnt. — Zweckmäßiges Eingattern bietet völligen Schutz.

Gern hält sich auch der Hase in den Hegern auf und schneidet 5 bis 10 cm vom Boden mit glatter schräger Fläche eine Menge Ruthen ab. Die Spitzen liegen gleichfalls ungeäst neben den Stümpfen am Boden. Für die Annahme, daß er sich seine Wechsel in dieser Weise frei schnitte, spricht die fast stets sehr unregelmäßige Vertheilung der Schadstellen nicht. — Eine erhebliche wirthschaftliche Bedeutung, welche eine entsprechend dichte Einfriedigung der Culturflächen räthlich oder gar nothwendig erscheinen lassen könnte, kommt diesem Schneiden wohl nur in Ausnahmefällen (werthvolle Weidenarten bez. Bastarde auf kleineren Quartieren, neue Arten auf Versuchsflächen u. dergl.) zu.

Auch dem Kaninchen gebührt unter den Weidenschädlingen eine Stelle. Es ist mir freilich aus unmittelbarer Kenntnißnahme nur ein einziger bemerkenswerther Fall, das erhebliche Abschneiden (das Kaninchen schneidet junge Holzpflanzen im Allgemeinen nur selten ab) von Ruthen der Salix caspica auf einer Culturfläche an der Elbe im Revier Löbderitz bekannt geworden. Allein Krahe theilt l. c. Seite 191 mit, daß es in den Weidenhegern viel schädlicher ist, als der Hase, „jedoch nur im ersten Anlagejahre. Es macht sich innerhalb der Weidenheger Spielplätze, wo es bisweilen den Aufwuchs von mehreren Quadratruthen an den Triebspitzen und zwar in der Höhe von einem Fuß abbeißt. In den folgenden Aufwuchsjahren habe ich niemals durch Kaninchen verübten Schaden wahrgenommen."

Frettiren, Abschuß, Schonung von Wiesel und Hermelin sind bekannte Gegenmittel.

Bei längerer, etwa 5 bis 8 jähriger Umtriebszeit stellen sich all=

mählich auch die Insecten des Weidenbaumholzes ein. Abgesehen von Cecidomyia saliciperda (Seite 67) sind mir „Bockkäfer", freilich ohne nähere Angaben, genannt. Es wird sich hier zumeist um den großen, matt schwarzen, plumpen Weberbock, Lamia textor, handeln, von dem man schon auf den zweijährigen Ruthen ganz vereinzelte Individuen antrifft. So schwache Ruthen bieten für ihn noch keine Brutstellen und so behilft er sich zur Unterbringung seiner Eier sogar mit den Stecklingen (f. Seite 85). Sein regelmäßiges Brutmaterial findet er in den noch glattrindigen Stämmen und Zweigen von Starkheister- und Knüppel-stärke.

Er wird nie in großer Menge auftreten; da jedoch eine einzelne seiner Larven den Gebrauchswerth des bewohnten Stammes stark ver-mindert, so ist immerhin auf seine Vernichtung Bedacht zu nehmen, folglich jedes Käferindividuum, welches sich zeigt, zu tödten. Der Käfer macht sich durch Größe und Farbe so auffällig, daß er dem suchenden Auge kaum entgehen kann. Er erscheint im Anfang Juni.

3. Stecklinge und Ruthen.

Zwei Insecten belegen die freien Spitzen der Stecklinge, ihre Larven zernagen die letzteren und steigen ev. von hier aus in die Ruthen:

Zumeist kommt der bereits (Seite 78) als Zerstörer der Ruthen-spitzen erwähnte Cryptorhynchus lapathi hierfür in Betracht und zwar in nicht regelmäßig überstauten und überhaupt nicht nassen Weiden-anlagen. Bei ein- oder zweijährigem Ruthenschnitt legt er seine Eier nur an die erreichbaren Theile der Stecklinge, welche sich oft vollge-pfropft mit Larven und Nagespänchen finden (Fig. 21, links). Bei schlechtem Ruthenschnitt stecken auch bald die stehen gebliebenen, wahr-scheinlich auch direct mit Eiern belegten Stutzen voll von ihnen; bei nicht jährlichem Ruthenschnitt steigen manche Larven von unten her in den Ruthen auf, welche alsdann durch Vergilbung, schwaches Auf-springen der Rinde und einzelne mißfarbene Flecke den inneren Feind verrathen. Durch diesen lapathi-Fraß sind Weidenanlagen in größerer Ausdehnung (Meßdunk) stark zurück-, manche Stellen völlig eingegangen. Das Uebel schreitet stetig weiter.

Da sich weder der Käfer sammeln, noch sein Anfliegen verhindern läßt, so ist rechtzeitige Entfernung dieser besetzten Brutstätten von größter Wichtigkeit. Als Anzeichen eines verhältnißmäßig noch schwachen Fraßes (junge oder wenige Larven) diene das auffällige Gelbwerden einzelner Blätter an mehreren zusammenstehenden (von einem Stecklinge ausgehenden) Ruthen. Bei starkem Fraße welken alle Blätter der betreffenden Ruthen und beginnen sich allmählich zu bräunen. In beiden Fällen sind sofort die verdächtigen Stecklinge an ihren Ruthen ev. mit Hülfe des Spatens aus dem Boden zu ziehen. Ein Spalten derselben legt die Zerstörer und ihre Arbeit frei. Zur Verhütung einer raschen Vermehrung des Insectes ist möglichst tiefes Abschneiden der Ruthen sehr zu empfehlen. Ob irgend eine bestimmte Weidenart von ihm nicht befallen wird, muß als unwahrscheinlich bezeichnet werden, da er bei beginnendem Mangel an Weiden von diesen sogar auf Pappelzweige übergeht; ob er gewisse Arten bevorzugt, ist bisher nicht festgestellt.

Die zweite Spezies ist ein kleiner, sehr lang gestreckter Bockkäfer, Cerambyx (Oberea) oculatus, welcher sich freilich vereinzelt, aber überall häufig im Sommer auf Weidengebüsch findet. Auch er belegt bei ein= oder zweijähriger Umtriebszeit auf den Hegerflächen die Steck= lingsspitzen, doch auch die vorjährigen Ruthenschnittflächen mit ein= zelnen Eiern. Die Larve lebt im ersten Sommer im Steckling und steigt in kräftigen Ruthen bereits im nächsten Frühling empor. Die gleich dem Käfer gestreckt cylindrische Larve höhlt, der Markröhre folgend, eine solche Ruthe auf etwa 0,3 m aus und erweitert am Schluß ihres Lebens die Spitze des Ganges zur Puppenwiege, aus welcher sich der neue Käfer durch ein seitliches Loch an die Außenwelt begibt. Diese starke Aushöhlung bringt die Ruthenspitze zum Absterben; sehr oft bricht der Wind die Ruthe an der Verpuppungsstelle. Diese Ruthen sind nicht allein für Flechtarbeit untauglich, sondern liefern in ihrem unteren ausgehöhlten Theile auch minderwerthiges Stecklings= material.

Ein für Entfernung des Feindes frühzeitiges Erkennen des inneren Schadens ist hier in der Regel unmöglich, da die Ruthenspitzen durch Welken und Absterben sich erst nach Anlage der Puppenwiege oder vielmehr erst durch den bald folgenden Fraß des Käfers und zwar nur allmählich unter den gesunden auffallend bemerklich machen. In einer hiesigen Anlage (Stadtbruch), in welcher der Feind bereits in bemer= kenswerther Anzahl auftrat, wurde er durch zeitiges Schneiden der Ruthen (Salix viminalis) und Zerschneiden der unteren Theile derselben zu Stecklingen fast gänzlich ausgerottet. Ein erfolgreiches Absammeln der Käfer von den Ruthen läßt sich wegen ihrer Unscheinbarkeit und

auf wenigstens 4 Wochen ausgedehnten Erscheinungszeit nicht aus=
führen.

Außer diesen Käfern findet sich zuweilen die Mollmaus (Seite 21)
in den Hegern ein. Der heftige Fraß eines einzelnen Individuums
macht sich durch starkes plötzliches Welken der Ruthen sofort sehr be=
merklich. Der Wühler verzehrt nebst den Stecklingen und deren Wur=
zeln auch die unterirdischen Theile der Ruthen, welche sich alsdann
umlegen oder, wenn auch noch aufrecht stehend, so lose im Boden
stecken, daß sie beim ersten Winde fallen. — Diese Zerstörung beschränkt
sich zuweilen auf die dem Rande eines die Culturfläche durchziehenden
Grabens zunächst stehenden Pflanzen. In solchen Fällen könnten
Giftbrocken (Seite 22) Abhülfe gewähren. Im Uebrigen wird man
dem Feinde ziemlich ohnmächtig gegenüber stehen.

4. Stecklinge.

Unter Nr. 2 wurde am Schluß bemerkt, daß der Weberbock,
Lamia textor, bei noch schwachen Ruthen, sich unterirdisch in den
Stecklingen zu entwickeln im Stande ist. Der betreffende Fall zeigte
sich auf einer, vor mehreren Jahren im schlesischen Revier Grüssau be=
findlichen, etwa dreijährigen Anlage von Salix caspica auf einer sandigen
Fläche. Die einzelnen Stecklingen zugehörigen Ruthen begannen trocken
zu werden. Die trockne heiße Sommerwitterung wurde zunächst als Ursache
für dieses Kränkeln angesehen. Ein Ausziehen der Ruthen mit den Steck=
lingen jedoch legte je die fast erwachsene Larve an ihrer Fraßstelle frei.

Bei gleichen oder ähnlichen Erscheinungen ist ein Ausheben der
Stecklinge zur Untersuchung geboten, und ev. dieses als das beste
Mittel, den Feind zu beschränken, zu empfehlen, doch darf auch die
Nachsuche nach dem auffälligen Käfer auf den Ruthen im nächsten
Spätfrühling nicht unterlassen werden.

5. Pappeln.

Wie die Weiden können für den vorliegenden Zweck auch die
Pappeln in der Ueberschrift nicht artlich getrennt werden. Von den zu
erwähnenden Schädlingen ist keiner auf eine bestimmte Pappelspezies
monophagisch beschränkt; die Bevorzugung einer solchen wird die ge=
bührende Berücksichtigung finden.

1. Junger Auf= und Ausschlag.

In der Regel bietet junger Pappel=Auf= und Ausschlag, namentlich
Wurzelbrut kein besonderes forstliches Interesse. Jedoch ist es dem

Weidmann erwünscht, wenn seine Rehe im Winter in dem Aspen=
gestrüpp willkommene Aesung finden. Zu gleichem Zwecke läßt er zu
dieser Zeit Aspen fällen. Auch dient solches Gestrüpp Hasen und Reb=
hühnern oftmals vorübergehend als Remisen. — Pappelstämme bieten
aber für manche technische Verwendung sehr geschätztes Holz, so daß
die Zerstörung junger Kernpflanzen durchaus nicht immer als forstlich
bedeutungslos bezeichnet werden darf.

Diese jungen Pappeln bez. der Ausschlag werden von einer großen
Menge Raupen bewohnt, als Harpyia vinula, bifida, Notodonta pal-
pina, dromedarius u. a., Pygaera anastomosis, reclusa u. a., Sphinx
populi und ocellata, Liparis salicis u. dergl. Allein fast alle Raupen=
spezies leben an denselben in vereinzelten Individuen, welche auf das
Wachsthum ihrer Pflanzen kaum einwirken. Doch eine Raupe, die der
Sesia tabaniformis (asiliformis) (Seite 89) höhlt schon die oft kaum
1 cm im Durchmesser starken Schößlinge namentlich der Aspen aus,
welche von dem Fraße etwas anschwellen, schwach platzen, aus einer
kleinen seitlichen Oeffnung einige Nagespäne treten lassen und gewöhn=
lich in ihrem Spitzentheil absterben.

Unvergleichlich häufiger und beständiger werden in ähnlicher Weise die
Aspenstämmchen von der Larve eines Käfers, des kleinen Pappelbock=
käfers, Cerambyx (Saperda) populnea, bewohnt. Der Käfer belegt
dieselben gegen Ende Juni mit einzelnen Eiern. Der anfängliche Fraß
der Larve, welche nach sehr kurzem Bastaufenthalt ins Holz etwa bis
auf den vorletzten Jahresring dringt, bleibt auf diesen Ring beschränkt
und höhlt denselben mit einem verhältnißmäßig breiten Platze, welcher
die Peripherie dieser Stammesstelle wenigstens zu $^3/_4$ umgibt, aus.
Nach ihrer Ueberwinterung steigt die Larve im nächsten Sommer der
Markröhre folgend etwa 2,5 bis 3 cm im Stamme aufwärts. Aeußer=
lich gibt sich diese innere Beschädigung durch knotenförmige Auftreibung
der Fraßstelle auffällig kund. Solche Knoten stehen sowohl an den
Stämmchen wie Zweigen oft dicht über einander. Beim Längsspalten
solcher Stellen wird sowohl der senkrechte Mittelgang freigelegt, als
auch jener plätzende Mantelfraß getroffen, so daß alsdann die Fraßform
als ein Haken mit ungleich langen Schenkeln erscheint. Andere Pappel=
arten bewohnt die Larve ausnahmsweise, die Aspe jedoch so stark, daß
in wenigen Jahren die Aspenbrut auf größeren Flächen vernichtet
werden kann. Wo dieses Aspengestrüpp als verdämmendes Unkraut
forstschädlich wirkt, gehört der Käfer sicher nicht zu den Schädlingen.

Allein er trägt auch zur erheblichen Verminderung derjenigen jungen Aspen bei, welche später als einzelne eingesprengte Stämme in anderen Beständen von jedem Forstmann gern gesehen werden.

Abschneiden und Verbrennen der mit noch frischen Knoten besetzten Stämmchen bietet das sicherste Mittel zur Niederhaltung dieses kleinen Bockkäfers.

Von Käferarten, welche sich, bez. nebst ihren Larven auf jungen Pappeln und niedrigem Ausschlag fressend aufhalten, seien außer den bei „Weiden" (Nr. 1) genannten Melolonthiden nur noch erwähnt Chrysomela (Lina) populi und tremulae. Der letztere erscheint in größerer Individuenanzahl nur lokal sehr beschränkt und zieht die Aspen= brut den anderen Pappelarten vor. — Eine forstliche Bedeutung kommt hier keiner dieser Arten zu.

2. Heifterftärke.

Von den unter Nr. 1 aufgeführten Insecten, namentlich von den blattfressenden Raupen, gehen viele auch auf die folgenden Stärkeklassen über, ja die Raupenspezies vermehren sich in diesen nicht unerheblich, allein, mit Ausnahme der Liparis salicis und dispar, steigern sich ihre Individuen nie zu einer beachtungswerthen Menge. Ihre fernere Er= wähnung muß deshalb unterbleiben.

Für junge Pappeln von Heifterftärke ist nur ein einziges Insect, der große Pappelbockkäfer, Cerambyx (Saperda) carcharias L., verderblich. Er belegt im Juni bez. Juli deren Stämme unmittelbar über dem Erdboden mit je einem Ei, die etwas stärkeren Stämme mit 2 bis 5 Eiern. Man findet wenigstens im Holze derselben sehr oft diese Anzahl gleichalteriger, in naher Gemeinschaft fressender Larven, welche eine solche Annahme als berechtigt erscheinen lassen. Ihr Fraß bekundet sich durch an dieser Stelle austretende und z. Th. auf dem Boden liegende grobzaserige Holzspäne, außerdem bei fortgesetzter Arbeit im Innern durch Anschwellen der Stämme (Stämme mit dickem Fuße). Bei Anwesenheit mehrerer Larven bricht der Wind oft gar leicht die kopfschweren Stämme. Andere, welche anhaltend von den Feinden, je= doch in so geringer Zahl bewohnt werden, daß sie dem Winde wider= stehen, bekommen trockne Spitzen und sterben allmählich ab. Da der Anfangsfraß der Larven in der äußersten Splintschicht liegt, so steigen die aus den in den folgenden Jahren gelegten Eiern hervorgehenden gern über die bereits zerfressene äußere Schicht hinaus und gelangen so etwa 0,5 m hoch erst zum Fraße. Im Baumholzalter werden die

Pappeln, welche den Fraß anscheinend gesund überdauern, durch ihre starke borkige Rinde vor erneuerten Angriffen seitens des Käfers geschützt. Die alten, längst überwallten, starken, aufsteigenden Holzgänge der 3 Jahre lebenden Larven aus früheren Jahren entwerthen die unteren Stammabschnitte starker gutgewachsener Pappeln ganz erheblich. In einem Falle (an gefällten alten Wegepappeln) trugen in etwa 20 m Höhe Stämme und starke Aeste die, jedoch nicht tief ins Holz eingedrungenen Larvengänge unserer Art. Die Brutkäfer hatten wohl in der sonst pappelleeren Umgebung aus Mangel an dünner nicht-borkiger Rinde in niedrigen Regionen jene Höhe zum Ablegen ihrer Eier aufgesucht.

Als Gegenmittel kann zunächst das Abschütteln der zumeist nur sehr vereinzelt sitzenden Käfer im Juni und Juli vom Pappelgebüsch und jüngeren Pappeln empfohlen werden. — Dieselben fallen bei plötzlichem Erschüttern der Stämme sofort, aber so schnell und unscheinbar herab, daß sie trotz ihrer Größe leicht übersehen werden. — Ferner ist zum Schutze der Pappeln ein bis etwa 1,5 m hoch reichender dicker Anstrich des unteren Stammendes mit einem Brei von Lehm, Kuhmist und Blut empfohlen. — Für Anlage von Pappelbaumschulen müssen möglichst entfernt von larvenfräßigen Pappeln (jüngeren Chausseebäumen u. dergl.) liegende Plätze ausgewählt werden.

3. Stangenholzstärke.

Pappeln von Stangenholzstärke bewohnt noch zahlreich die Larve des vorstehend behandelten Saperda carcharias. Das stark austretende grobzaserige Bohrmehl und der dicke Fuß der besetzten Stämme zeigen den inneren Angriff an. Von einem nicht orkanartigen Winde werden Stämme dieser Stärke nicht mehr über dem Boden gebrochen, wenigstens nicht die von mittlerer Stangenstärke (15 cm Durchmesser in Brusthöhe) und aufwärts. Gegenmittel, wie vorhin.

Auch befällt die älteren Stämme dieser Stärkeklasse bereits die Sesia apiformis L., jedoch wird das Pappelbaumholz regelmäßiger und zahlreicher von diesem Glasflügelbohrer tief am Stamme, zumeist unmittelbar über dem Wurzelanlauf, sogar an der Basis starker Wurzeln mit Eiern belegt. Das von den Raupen ausgeworfene „Wurmmehl", gleichfalls derbe zaserige Späne, ähnelt dem der Larve des Sap. carcharias, ist jedoch nicht so grob als dieses, allein von älteren Sesien-raupen und von jüngeren Bockkäferlarven wohl nicht zu unterscheiden. Diese Raupen dringen mit ihrem Fraße nicht über die jüngsten Splint-

schichten hinaus, sind deshalb weniger schädlich. Da, wie bereits an=
gedeutet, jüngere Pappeln von dieser Sesie noch nicht angegriffen werden,
so kann überhaupt von einem durch sie angerichteten Schaden im wirth=
schaftlichen Sinne und deshalb von Anwendung von Vertilgungs= oder
Schutzmitteln nicht die Rede sein.

Ihre eigentlichen Brutstätten findet in diesem Pappelholzalter da=
gegen die Sesia tabaniformis (asiliformis), deren Falter sich durch die

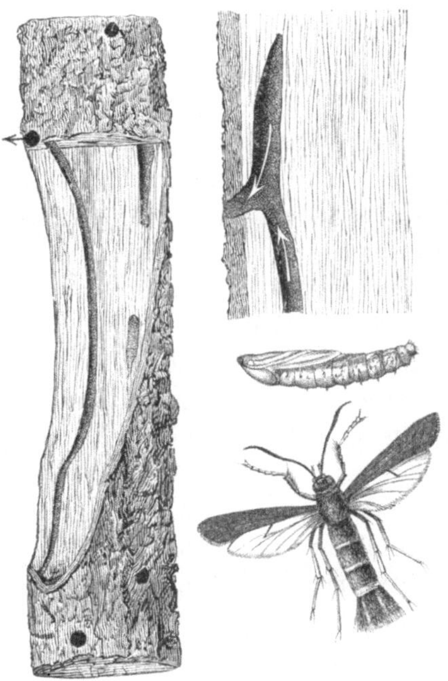

Fig. 25. Puppe und Falter (nat. Gr.). Das gespaltene Holzstück oben rechts zeigt die Puppenhöhle.

braunschwarz vollbeschuppten Vorderflügel von allen anderen Sesienarten,
welche überhaupt im forstlichen Interesse in Frage kommen können,
unterscheidet. Sie belegt vorwiegend die Stämme in einer Höhe von
1 bis 3 m wohl wegen der tiefer unten zu starken und zu borkigen
Rinde, geht auch an Aeste, wählt aber mit besonderer Vorliebe alte,
etwa durch Bindewieden entstandene Wundstellen und deren Ueber=
wallungsränder. Der Fraß der Larve verweilt zunächst im Baste und
plätzt auch die äußerste Splintschicht, steigt aber dann im Holze auf=
wärts. In Folge anhaltenden Fraßes zahlreicher Larven wird die

Pappel allmählich zopftrocken und stirbt ab. Auf der Schnittfläche der Stöcke starker, ja gar oft der stärksten Pappeln siedelt sich diese Sesie ebenfalls an, indem der Falter die Peripherie des Splintes, bez. den Ueberwallungskallus zuweilen mit zahlreichen Eiern belegt. Die Puppenhülsen treten daselbst später zwischen Splint und Bast zum Entlassen der Falter hervor. Solche Stöcke müssen als Brutherde angesehen werden, von denen aus die neu gesetzten bez. gepflanzten Pappeln bevölkert werden. Die Anwesenheit der Larven gibt sich schon zeitig durch das in jener Peripherie hervortretende Wurmmehl zu erkennen.

Zum Schutze der gefährdeten jungen Stämme ist durch das Bestreichen dieser Zone z. B. mit Lehm oder dergl. auf der Schnittfläche der Stöcke das Auskriechen der Falter zu verhindern, oder durch Entrinden der sich durch austretendes Bohrmehl als besetzt verrathenden Stöcke der Aufenthaltsort der Raupen zu zerstören. Hat sich diese Sesie jedoch bereits in Pappeln angesiedelt, so läßt sich kein anderes Schutz- oder Vertilgungsmittel, als Fällen und Entfernen der stark besetzten Stämme, mehr anwenden.

An etwa 30- bis 50jährigen, folglich auf der Grenze von Stangen- und Baumholz stehenden Aspen lebt in sonniger Lage tief unten an den Stämmen unmittelbar über dem Wurzelanlauf und nur ausnahmsweise bis 0,5 m aufsteigend die Larve eines mittelgroßen Prachtkäfers, Buprestis (Poecilonota) conspersus Gyll. Da sich an diesen bewohnten Stellen stets mehrere gleichalterige Larven zusammen befinden, so wird das Weibchen seine Eier nicht vereinzelt, sondern gruppenweise ablegen. Der Fraß bleibt im Baste und in den letzten Splintholzjahrringen, bewirkt ein Vertrocknen und Abfallen von handgroßen Rindenplatten und dadurch Fäulnißgefahr für den Stamm. Durch die etwas schräg gestellten elliptischen Fluglöcher des Käfers verrathen sich die bewohnten Stellen leicht.

Ein sehr dickes und wenigstens drei Jahre (an zahlreich besetzten Stellen finden sich drei Altersstufen bez. Stadien des Insects) im Frühling vorzunehmendes Bestreichen bez. Belegen solcher Stellen mit einem Gemisch von Lehm, Blut und Kuhdung wird dem Fraße Einhalt gebieten. Jedoch tritt der Käfer im Allgemeinen nicht häufig auf und scheint sich nur dort in der geschilderten Weise anzusiedeln und zu vermehren, wo stärkere Aspen gruppenweise zusammenstehen.

Daß die Maikäfer zum Verzehren des Laubes gern, zumal in laubholzarmen Gegenden, die Pappeln anfliegen, ist allbekannt (s. „Kiefer" Nr. 4).

Von Raupen muß hier die des **Weidenspinners**, Bombyx (Liparis) salicis L., hervorgehoben werden, welche weitaus mehr auf Pappeln, wie ihrem Namen entsprechend auf Weiden anzutreffen ist. Ihr Fraß auf jenen steigert sich gar gewöhnlich zum starken Licht= ja Kahlfraß. Der atlasweiße Falter belegt im Juli die Rinde der Stämme mit einer Scheibe hellgrüner mit weißem schnell erhärtendem Schleim überzogener Eier. Diese, aus der Ferne gesehen, Schaum= oder Speichelflecken ähnlichen Eierhaufen, vom Umfange eines 10 Pfennig=Stückes, heben sich von der grauen Rinde sehr stark ab. Im Anfang August kriechen die jungen (schwarzen, auf dem Rücken in Längsreihe gelb punktirten) Räupchen aus und der glatte weiße gemeinsame Ueberzug der Eier erscheint alsdann wie mit Stecknadeln durchstochen. Die Räupchen steigen am Stamme und dem ersten besten Zweige empor und benagen die Fläche der Blätter fleckweise auf der Unterseite. Diese Stellen bräunen sich bald, so daß bei Anwesenheit vieler Raupen der Fraß stark in die Augen fällt, zumal, wenn nach annäherndem Kahlfraß die Pappeln neue, alsdann noch zartgrüne und in ihrem Wachsthum zurückgebliebene Blätter getrieben haben. Zur Ueberwinterung begeben sie sich in die Ritzen der Borke. Im nächsten Frühling setzen sie ihren Fraß fort und bestehen nun gar bald ihre erste Häutung, wodurch sie ihre definitive allbekannte Farbe und Zeichnung erhalten. Die neuen Räupchen des vorhergehenden Spätsommers blieben zumeist an den unteren Zweigen. An diese gelangen sie auch jetzt zum Frühlingsfraß zuerst. Nach Kahlfraß derselben steigen sie höher empor. So sind denn gar oft die unteren Partieen der Krone kahl, die mittleren nach oben hin abnehmend licht gefressen und die der Spitze noch voll belaubt. Nicht selten grenzt sich die Fraßzone gegen die höhere Belaubung scharf ab. Im Anfang Juli pflegt die Verpuppung an den Zweigen zu erfolgen. Wie alle Lipariden frißt auch diese Art verschwenderisch. Eine Menge von Blattstücken und Fetzen liegt zerstreut am Boden umher. Die Pappeln auf nicht zu ungünstigem Standorte ertragen den Fraß jahrelang ohne bedeutenden Nachtheil, zumal wenn die Kronenspitzen belaubt geblieben sind. Allein diese Bedingungen sind nicht überall vorhanden und was den Raupen an Menge zum Kahlfraß fehlt, ersetzt in manchen Jahren die Schaar der Maikäfer. Wegepappeln verlieren auf alle Fälle ihre Bestimmung, dem Wanderer im Sommer angenehmen Schatten zu spenden.

Kaum bietet sich zur Vertilgung eines Insects, welches in so starker

Massenvermehrung aufzutreten pflegt, als der Weidenspinner, ein so einfaches und durchschlagendes Mittel als hier. Es besteht in dem Betupfen der so leicht auffindbaren und nur ausnahmsweise mit einer handlichen Stange nicht zu erreichenden Eierscheiben mit Raupenleim oder einem Gemisch von Holztheer und Petroleum (s. „Eiche“ Nr. 5 S. 41). Nur muß schon gegen Ende des Fluges der Falter mit der Arbeit begonnen werden, weil die Räupchen bei warmer Witterung bereits nach 3 Wochen den Eiern entschlüpft sind.

Manche andere Raupenspezies, welche ebenfalls auf den Pappeln leben, erscheinen nie in irgend einer beachtenswerthen Menge.

4. Baumholz.

Eigenthümliche Schädlinge treten im Pappelbaumholze nicht auf. Es erleidet durch die Raupe des Weidenspinners bez. durch die Maikäfer mit den Pappeln jüngeren Alters gleichen Fraß.

Die häufig am Wurzelanlaufe in den Stämmen lebende Raupe der Sesia apiformis ist indifferent.

Zuweilen vermehrt sich der Schwammspinner, Liparis dispar, (s. „Eiche“ S. 40) an starken Chausseepappeln (Populus canadensis) zu großen Massen. Die Weibchen, bez. deren Eierschwämme bilden alsdann auf der Unterseite vieler Seitenäste mehrfache lange Reihen; die Menge der Raupen kriecht im nächsten Jahre nach Kahlfraß der Wipfel noch unerwachsen lebhaft nach Nahrung suchend an den Stämmen auf und ab. — Gegenmittel s. S. 41.

6. Esche.

1. Blätter.

Die Blätter der Esche werden in erheblicher Weise von zwei Käfern bez. ihren Larven und einer Raupe zerfressen:

Der polyphage Pflasterkäfer, Lytta vesicatoria L. („Spanische Fliege“) stellt sich in einzelnen Jahren an beschränkten, oft sehr beschränkten Stellen mit Beginn des Sommers in großer Menge ein und findet sich dann sowohl auf jungen Pflanzen im Loden- und Heisteralter, als älteren Bäumen, auf letzteren jedoch nur oder vorwiegend an den niedrigen Zweigen. Wirthschaftlich schädlich wird er nur den Loden, welche durch den scharfen Fraß an der fast krautartigen Spitze unterhalb der am Vegetationspunkt noch unentfaltet stehenden jüngsten, von ihm verschonten Blätter erheblich kränkeln. Der Spitzetheil stirbt häufig ab.

Ein sofort bei seinem Auftreten vorzunehmendes Absammeln in den

kühlen Morgenstunden ist ein ebenso leichtes als erfolgreiches Gegen=
mittel.

Die andere Art, Cionus fraxini, ein kleiner, kugeliger, brauner
Rüsselkäfer, zerfrißt die Eschenblätter sowohl als Larve wie als Käfer.
Die etwas glänzende, wie mit schwachem Schleim überzogene Larve
erinnert fast an eine winzige gedrungene Schnecke. Sie verpuppt sich
in einem runden durchscheinenden Cocon an den Blättern. Das Insect
zeigt sich jedoch nur sporadisch in größter Menge. Auch der stärkste,
recht ausgedehnte Fraß, der sich erst vom Hochsommer an auffällig
macht, läßt für die angegriffenen Pflanzen wohl kaum eine nachtheilige
Folge zurück. Nur dieser auffälligen und gar oft räthselhaften Er=
scheinung wegen wird der Käfer hier genannt.

Die Raupe ist die des allbekannten Frostspanners, Geometra
(Chimatobia) brumata. Ihr örtlich wie zeitlich weit allgemeineres
Auftreten ist in nicht seltenen Jahren so außerordentlich massenhaft, daß,
wohin das Auge blickt, die Eschenblätter zernagt erscheinen.

Leider läßt sich in den Beständen schwerlich Abhülfe schaffen.
Parasiten und Vögel müssen hier allein die Gegenarbeit vornehmen.

2. Knospen.

Die so häufig auftretende, sehr unliebsame Zwieselbildung der Esche
ist neuerdings (durch Oberförster Borgmann, Oberaula) als die, wenigstens
häufige, Folge des Fraßes einer winzigen gelben Mottenraupe, Tinea
(Prays) curtisella Don., nachgewiesen. Die kleine weiße, auf den Vorder=
flügeln mit großem, gestrecktem tiefbraunem Dreiecksfleck gezierte Motte
erscheint, nach dem frischen Fraße des Räupchens zu schließen, in
doppelter Generation. Vom Herbst bis zum Frühling (Ende Mai) sind
zunächst die Terminalknospen von demselben bewohnt. Gegen Mitte
October läßt sich auf denselben ein kleines Häufchen gelben Bohrmehls
deutlich erkennen (Fig. 26 a). Nach ihrer Ueberwinterung setzt die Raupe
ihren Fraß in der Knospe nur noch kurze Zeit fort (Obf. Borgmann).
Dann aber tritt im Sommer (Ende Juni, Juli) ein zweiter Fraß und
zwar in den noch nicht verholzten diesjährigen Trieben auf, welcher
gegen Ende Juli, Anfang August beendet ist. Figur 26 stellt in nat.
Größe die Stellen und die Ausdehnung dieses Sommerfraßes an
3 Triebabschnitten dar. Das völlige Absterben dieser Neubildungen
oberhalb der einzelnen Fraßräume ist stets die Folge dieser starken Ver=
letzung; die „Zwieselbildung" dagegen entsteht durch jene Zerstörung
der Terminalknospen.

Es ist daher zunächst wichtig, schon im Spätherbst eine genaue Untersuchung dieser Knospen nach Vorhandensein des Bohrmehls (a) vorzunehmen. Ein schräger glatter Schnitt durch die Spitze des Stammes, welcher nebst der auf jeden Fall verlorenen Endknospe auch eine der beiden Seitenknospen fortnimmt, wird die stehen gebliebene Seitenknospe zur kräftigeren Entwickelung und Führung des Höhenwachsthums des Stammes veranlassen (Borgmann). Dann aber sind genaue Revisionen im Laufe des Sommers nach ferneren Fraßstellen, welche sich (s. Fig. links) äußerlich an dem Austreten des Kothes durch seitliche Oeffnung an der Stelle der Fraßplätze, sowie auch gegen Ende des Raupenlebens durch Abwelken der Spitzen oberhalb dieser Plätze leicht erkennen lassen, vorzunehmen und diese besetzten Theile zur Verminderung des Feindes abzuschneiden und zu verbrennen.

3. In Saat= und Pflanzkämpen.

Nicht das bekannte, oft sehr starke Verbeißen der jungen Eschen auf diesen nicht geschützten Erziehungsflächen durch das Rehwild u. a., sondern der vollkommene Schutz, welcher denselben in Au= und Mittelwaldrevieren gegen den

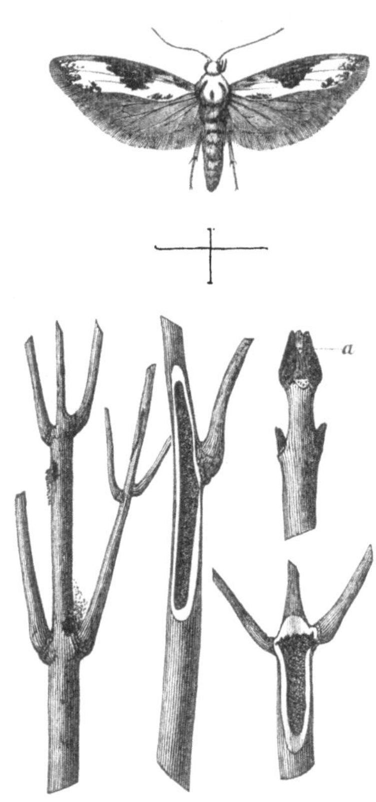

Fig. 26.   Zweige (natürl. Größe).

verheerenden Engerlingsfraß durch Verlegen der Kämpe in das Innere dieser Bestände zu Theil wird, ließ die besondere Erwähnung dieser Kämpe angezeigt erscheinen. Vorzugsweise hindert die dichte und hohe Bedeckung des Bodens mit Kräutern, Auf= und Ausschlägen die schwärmenden Maikäfer am Eindringen in diese Bestände.

4. Jüngere Stämme.

Die Stämme jüngerer Eschen werden gern vom Rothwilde ge=
schält, und mit Vorliebe vom Rehbock zum Fegen angenommen.
Letzteres zumal nach dem Auspflanzen lückiger Bestände mit einzelnen
Loden und Heistern.

Außer dem Umbinden ihrer Stämme mit sperrigem
Reisig und dem Schutz durch 3 oder 4 um die einzelnen
Eschen eingetriebene und unter sich mit Latten u. dergl.
verbundene Pfähle, welche dem Bock den Zutritt zu den
Stämmen verlegen, hat sich ein Anstrich derselben mit
einem dicken Brei von Lehm, Blut und Kuhdung be=
währt. Ein etwa 0,5 m tiefes Umbinden der einzelnen
Stämme mit einem Papier= oder Leinwandstreifen war
ebenfalls von durchschlagendem Erfolge.

Die Rinde wird sehr oft von der Hornisse bis
auf den Splint zum Bau ihres Nestes abgenagt. Diese
Entrindungen bilden große zusammenhängende, zumeist
längsgestreckte, nicht oft ringelnde Stellen. In letzterem
Falle werden solche Wunden trotz der der Esche zukom=
menden leichten Ueberwallung äußerer Verletzungen für die
betreffenden jungen Stämme verhängnißvoll. An schlank
gewachsenen, in die untere Grenze des Stangenholzes
kaum eingetretenen Stämmen geschieht ein solcher An=
griff gewöhnlich in unerreichbarer Höhe. Eine Hornissen=
colonie (Stock, Nest) begründet im Frühlinge ein ein=
ziges im Herbst vorher befruchtetes Weibchen; ganz
allmählich bevölkert sich dieselbe progressiv und erst gegen
Ende Juli, anfangs August wird die Menge der „Arbeiter"
so zahlreich, daß ihr Rindenfraß eine forstliche Bedeutung
anzunehmen beginnt, welche sich bis zum Eintritt des

Fig. 27.   (Natürl.
Größe.)

kühleren Herbstes (October) fortsetzt. Diese Bedeutung steigert sich be=
sonders dadurch, daß die zur Colonie gehörenden Arbeiter nach Auffinden
einer nach Alter und Holzart (Esche, Erle, Birke, auch Weide, Linde u. a.)
ihrem Zweck entsprechenden Fundgrube fort und fort nach dieser zu und
abfliegen, und sich so ihre Angriffe concentrieren.

Zur Abhülfe empfiehlt sich deshalb zunächst die Entdeckung des
Nestes. Die von der Fraßstelle abfliegenden Individuen zeigen die
Richtung an und führen schließlich zur Ausgangsstelle. Durch einzeln

aufgestellte und ev. weiter zu rückende Posten (Lehrlinge, Arbeiter) wird sich dieser Zweck erreichen lassen. Das etwa in einer Baumhöhle befind= liche Nest läßt sich in manchen Fällen durch Lehm vermauern, in an= deren der lebende Inhalt durch siedendes Wasser, angezündete Schwefel= fäden oder durch Chloroform u. a. tödten. Bei Anwendung des letzteren ist das Flugloch möglichst rasch zu schließen (durch Lehm, Lumpen u. dergl.). Sämmtliche Arbeiten sind zum Schutze der Arbeiter gegen die Stiche der erregten Hornissen in der kühlen Morgenzeit möglichst früh und rasch, folglich völlig vorbereitet vorzunehmen. Andere der Tödtung der an den Fraßstellen befindlichen Individuen dienende Mittel, als Abschütteln und Zertreten der über Nacht daselbst verbliebenen in früher Morgenzeit, Fangen der sich am Tage einstellenden mit Schmetterlings= netzen, oder Niederschlagen derselben mit sperrigen Ruthen bieten aus nahe liegenden Gründen keine durchschlagende Abhülfe.

Das **Blausieb,** Cossus aesculi L. (s. „Eiche" Nr. 4, Seite 35) wählt zum Ablegen seiner einzelnen Eier die Esche verhältnißmäßig häufiger als irgend eine andere Holzart. Wo an passenden Stellen Gruppen von jüngeren Eschen stehen, wird man kaum vergebens nach seinen Fraßstellen suchen. Sind solche Eschen in der näheren Umgebung die einzigen Bäume, so vermehrt sich dieser Holzbohrer in derselben wohl so stark, daß eine Menge von Zweigen absterben und das Stamm= holz seinen Nutzwerth stark einbüßt. Es tragen die Eschen, welche zu beiden Seiten des Weges von Berlin nach Stralau gepflanzt waren, jetzt, nach fast 20 Jahren noch deutlich die Spuren der damaligen Zer= störung. Solche Fälle gehören freilich zu den Ausnahmen; allein auch ein einzelner Larvengang im Stamme vermindert dessen Nutzwerth.

Loden von 1 bis 1,5 m sind zahlreich in mehreren Fällen durch eine Coccide, Aspidiotus fraxini m. getödtet. Ihre alten, längst ab= gestorbenen schmalelliptischen, nach unten schief ausgezogenen hellgrauen Schildchen bedecken den unteren Theil der Stämme dichter, als die Spitze. Jedoch nur an dieser finden sich die lebenden Thiere, welche auch auf die Zweige und Blätter übergehen. Die Pflanzen kümmern ein oder anderes Jahr und gehen schließlich ein (s. „Eiche", No. 4, Seite 33).

Das daselbst angegebene Mittel, Bepinseln der besetzten Stellen mit der Neßlerschen Flüssigkeit, ist im Winter bis zum Frühling vor dem Aufbrechen der Knospen anzuwenden.

Die Wurzeln junger Eschen werden gern von der Mollmaus

(f. „Eiche" No. 3 Seite 21) abgenagt. Die Nageflächen erscheinen
zaserig rauh und nie so stumpf durchschnitten als bei Eiche, Buche u. a.
Laubholzarten.

5. Angehendes und älteres Baumholz.

Zwei der Esche eigenthümliche Borkenkäfer treten im Baum=
holz auf:

Der kleinere, Hylesinus fraxini, nimmt allerdings schon Stangen
an und befällt namentlich frisch eingeschlagene, sowie auch erheblich be=
schädigte stehende in Menge. Der Splint ist oft bedeckt mit den
doppelarmigen Brut= und den kurzen dichtstehenden Larvengängen.
Allein er befällt auch, anscheinend primär, die Zopfspitzen älterer, ja
sehr alter Bäume, steigt nach dem Absterben dieser allmählich tiefer
und gelangt so schließlich in die untere Region der Stämme. Die so
befallenen alten zopftrocken werdenden Eschen können noch ein oder
anderes Decennium vegetiren, ehe sie wirklich absterben.

Im Frühling lassen sich durch frisch gefällte an verschiedenen
Stellen als Fangmaterial ausgelegte Stangen zahlreiche Brutkäfer an=
locken und deren Brut durch Entrindung im Juni vernichten. — Die
gegen Mitte bis Ende August schwärmende neue Generation bezieht ihre
Winterverstecke: die rauh, oft blätterig („Eschenrosen") aufgesprungenen
schwarzen Stellen der sonst hellen und noch glatten Rinde, indem sich
diese jungen Käfer alsdann daselbst hineinnagen. Braunes Bohrmehl
auf diesen schwärzlichen rauhen Unebenheiten zeigt die Stellen der
Schlupfwinkel genau an. Ein dickes Bestreichen derselben mit consistentem
Raupenleim (f. „Eiche" No. 3, Seite 20) früh im Frühling (März,
April) verhindert, daß auch nur ein einziger Käfer im fortpflanzungs=
fähigen Zustande an die Außenwelt gelangt.

Der zweite, der große Eschenbastkäfer, Hylesinus crenatus, pflanzt
sich nur unter grobrissiger Borke fort, und setzt für das Unterbringen
seiner Brut stets einen Kränklichkeitszustand der Bäume voraus. Er
findet sich deshalb regelmäßig an alten kernfaulen, an durch den vorhin
genannten Vetter zopftrocken gewordenen, an Kopf= oder anderweitig
stark verstümmelten Eschen.

Es wird schwer halten, durch irgend ein anderes Mittel, als rasches
Fällen und Abfahren bez. Entrinden der befallenen und als solche an
den großen Fluglöchern leicht zu erkennenden Stämme, deren Werth
sich von Jahr zu Jahr verringert, eine bemerkenswerthe Verminderung
des Käfers zu erzielen.

7. Rüstern.

Eine Monophagie der wenigen Rüsternfeinde für bestimmte Rüstern=
arten ist kaum bekannt geworden.

1. Blätter.

Die Belaubung leidet nur selten durch irgend ein Insect. So
erlitten die schwachen Kronen junger Chausseeulmen auf eine erhebliche
Strecke schon durch die Melolonthide Anomala Frischii annähernden
bis völligen Kahlfraß.

Ein ernsterer, wenngleich vielleicht ganz vereinzelt dastehender Fall
verdient jedenfalls allgemeiner bekannt zu werden. In einer mit
Ulmus campestris und effusa im Rodacherbrunner Revier ausgeführten
Lodenpflanzung wurden gar bald und zwar von dem einen zum anderen
Jahre stärker die Feldulmenpflanzen auf den Blättern von einer keulen=
förmige Taschen auf der Oberseite derselben erzeugenden Wolllaus,
Chermes (Schizoneura) ulmi, befallen. Die Flatterrüstern daselbst
blieben völlig verschont. Die Blätter jener verkümmerten und in Folge
dessen kümmerten auch die Pflanzen allmählich derart, daß von den
letzteren bereits nach 4 Jahren manche abgestorben waren und der Tod
der übrigen nahe bevorstand.

Selbstredend muß für die Nachbesserung sowie bei einer Neuanlage
in einer durch diesen Parasiten bedrohten Gegend die ungefährdete
Holzart (effusa) gewählt werden. Allein auch die campestris=Pflanzen
hätten beim Auftauchen der Calamität durch Abpflücken und Vernichten
der besetzten Blätter gegen Ende Juli, jedenfalls zu einer Zeit, wo
der Stiel der Keulentasche noch nicht geöffnet, der Feind folglich noch
in derselben eingeschlossen war, gerettet werden können. Die Pflanzen
würden diesen theilweise nothwendigen Blätterverlust zu so später Jahres=
zeit, auch wenn er sich noch auf ein oder anderes Jahr hätte erstrecken
müssen, leicht überdauern, und der ferneren Verbreitung und Steigerung
des Uebels wäre vorgebeugt. Im vorliegenden Falle konnte Niemand
wissen, daß sich aus einem solchen schwachen unscheinbaren Anfange ein
wirklicher Schaden herausbilden würde.

2. Heister.

Rüstern=Heisterpflanzungen sind in sehr verschiedenen Gegenden
von einer kleinen länglichen Schildlaus, Lecanium vagabundum
Foerst., welche sich durch einen scharfen weißen Wollsaum um das
dunkelbraune Schild leicht charakterisirt und von der dunkelgrauen Rinde

auffällig abhebt, mehr oder weniger stark befallen und viele Pflanzen derselben getödtet. Um die einzelnen Stiche der Thierchen bräunt sich der Bast (Fig. 28 oben links, a) und stirbt ab. Bei zahlreichen, z. Th. dicht die Rinde bedeckenden Saugern treten die einzelnen braunen Bastflecken zu größeren todten Stellen zusammen. Auch die Saftent=

Fig. 28. Stamm=
abschnitt (nat. Gr.)
Insect (links Ober=,
rechts Unterseite)
stark vergrößert.

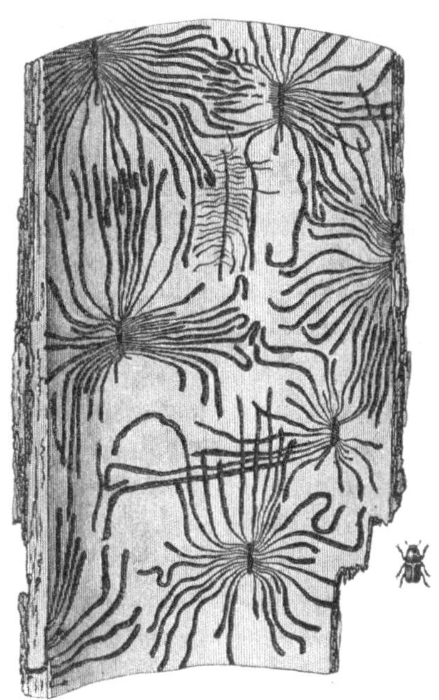

Fig. 29. Bastseite eines stark besetzten
Borkestückes (¹/₄ nat. Größe).

ziehung wird für das allmähliche Zurückgehen und schließliche gänzliche Verkümmern und Eingehen der besetzten Pflanzen nicht ohne Ein= fluß sein.

Ein zeitiges Bepinseln mit der früher (Seite 35) angegebenen Flüssigkeit tödtet die Pflanzenläuse, sowie ihre Eier.

Nicht gerade häufig siedelt sich auch das Blausieb (Cossus aesculi) in jungen Rüstern an (s. „Eiche" Seite 35).

Bei Wien hat 1859 Bostrichus vittatus 1200 Rüsternstämme

(**Ulmus suberosa**) getödtet. — Event. würde frühzeitiger Aushieb der zu kränkeln beginnenden Stämme, sowie Auslegen von Fangmaterial zur Schwärmzeit des Käfers und nach dem Anfluge Entrinden oder Verbrennen desselben sich als Gegenmittel empfehlen lassen.

3. Baumholz.

An älteren, ja sehr starken Rüftern wird der große Rüftern=splintkäfer, **Eccoptogaster scolytus** verderblich (Fig. 29). Er befällt primär die höchsten Zweige derselben und steigt allmählich abwärts, so daß der betreffende Baum von oben nach unten abstirbt. An gefällten

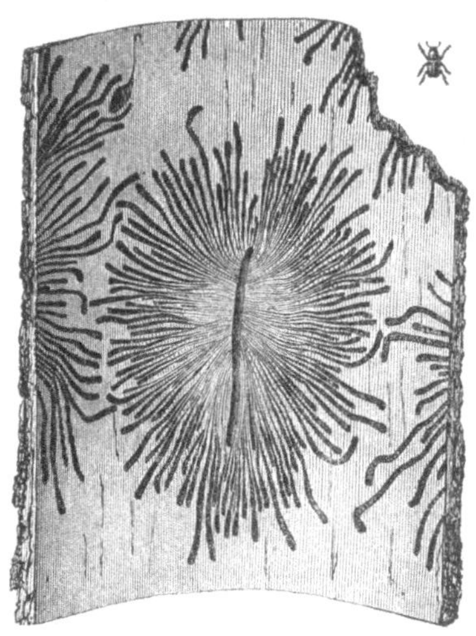

Fig. 30. Baftseite eines Rindenstückes.
($^1/_2$ nat. Gr.)

Stämmen läßt sich leicht nachweisen, daß die thätige Larvengeneration sich stets auf der Grenze des noch gesunden und des bereits todten Theiles befindet, oder vielmehr, daß sie in dem noch lebenden an den todten grenzenden Theil haust. Spißewärts finden sich nur alte ver=lassene Gänge, abwärts ist Alles unbesetzt und die von hier abgehenden Zweige tragen volle Belaubung. Der Käfer belegt folglich die stärkeren Theile (des Stammes) alsdann, wenn denselben durch die höheren Zweige kein Saft mehr zugeführt wird und genau dort, wo diese Zu=führung zuletzt aufhörte, bez. sich erheblich verminderte.

Demnach kann es nicht auffallen, daß der Käfer frisches darge=botenes Fangmaterial, die stärksten Stämme, wie Aftabschnitte bis zur

Knüppelstärke zahlreich, und zwar die neu entstandene Käfergeneration um die Mitte August, anfliegt. Abfuhr, bez. Entrindung und Verbrennen des besetzten Materials dient alsdann zur allmählichen Beseitigung des Schädlings. Es ist ferner der Versuch zu empfehlen, durch Aussägen der todten Wipfelspitze die noch frohwüchsigen Stämme vor weiterem Absterben zu schützen. Der Sägeschnitt ist alsdann durch den noch durchaus gesunden Theil des Stammes, etwa unmittelbar unter den höchsten noch vollbelaubten, nicht kränkelnden Zweigen zu führen, und die Schnittfläche zu theeren. Es kann von wirthschaftlicher Wichtigkeit sein, bestimmte Stämme noch längere Jahre im Bestande zu erhalten; jene Behandlung wird solches ermöglichen.

Noch ein zweiter, der kleine Rüsternsplintkäfer, Eccopt. multistriatus bewohnt diese Holzart. Er befällt zahlreich frisch eingeschlagene und etwa als Pfähle verwendete Stangen, auf deren Splint sich später die langen senkrechten Brutgänge mit den äußerst zahlreichen, weit verlaufenden Larvengängen befinden (Fig. 30). Ob er gesunden, frohwüchsigen Rüstern erheblich schaden kann, ist noch zweifelhaft. Event. wäre er durch ausgelegtes Fangmaterial anzulocken und an und mit diesem zu vernichten.

8. Ahorne.

Auch die Ahorne können hier zusammengefaßt werden, da schwerlich eins der als Feinde anzuführenden Thiere auf eine bestimmte Art ausschließlich angewiesen ist. Durchaus vorwiegend kommt freilich der Bergahorn in Betracht, aber vielleicht nur wegen seiner allgemeineren Verbreitung bez. häufigeren Cultur. Uebrigens leiden die Ahorne durch thierische Angriffe im Allgemeinen nur unbedeutend.

1. Blätter.

Die mit gelben (von schwefelgelb bis röthlich, ja braunröthlich variirenden) Haaren und Haarbüscheln dicht besetzte Raupe der unscheinbaren hellgrauen Ahorneule, Noctua (Acronycta) aceris, ist außer dem Maikäfer das einzige Insect, welches die Krone der Ahorne häufig stark, ja bis zum Kahlfraß entlaubt. Ihr Fraß aber beginnt erst gegen Mitte des Sommers sich auffallender bemerklich zu machen und erstreckt sich bis in den Herbst hinein, ist folglich, weil „Spätfraß", als weniger schädlich zu bezeichnen. In den Beständen tritt er kaum auf, sondern beschränkt sich auf vereinzelt und frei stehende, zumeist auf Park=, Wege=, Chausseebäume. In gleicher Weise entblättert die Raupe auch die

Roßkastanien; auf anderen Holzarten, z. B. Eiche, finden wir dieselbe
nur vereinzelt. — Sie sei hier nur ihrer auffallenden Erscheinung wegen
aufgeführt. Schutz= oder Vertilgungsmittel gegen sie lassen sich nicht
aufstellen. Trotzdem jüngere, oder niedrige Bäume von ihr am stärksten
befallen werden, läßt sie sich nur ungenügend herabschütteln; selbst ein

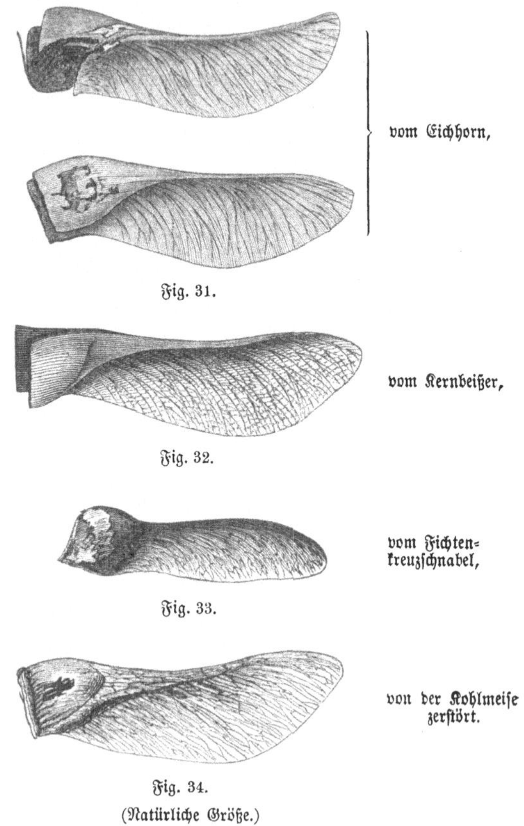

Fig. 31.

vom Eichhorn,

Fig. 32.

vom Kernbeißer,

Fig. 33.

vom Fichten=
kreuzschnabel,

Fig. 34.

von der Kohlmeise
zerstört.

(Natürliche Größe.)

starkes Erschüttern der Zweige bringt nur eine geringe Anzahl zum
Fallen. Doch kann das Sammeln und Vernichten der gegen Ende
ihres Lebens (im Herbst kurz vor ihrer Verpuppung) oft in Menge an
den Stämmen und am Boden umherkriechenden Raupen empfohlen werden.

2. Same.

Außer äußerst winzigen Mottenraupen, z. B. der Tinea (Nepticula)
sericopezella Zell., welche im Innern der Samenhülle die Cotyledonen
zerfressen, sich jedoch jeder künstlichen Vertilgungsmaßnahme entziehen,

zerstören Eichhörnchen, Kernbeißer, Kreuzschnäbel und Meisen den Ahornsamen.

Die Art und Weise, wie diese die Hülle öffnen, ist für die einzelne Spezies so charakteristisch, daß sich an der Art der Verletzung mit Sicherheit die betreffende Thierart erkennen läßt. Das Eichhorn zer= nagt die eine Seite der Hülle zu zaserigen Fetzen (Fig. 31); der Kern= beißer schneidet den Flügel von der Hülle scharf ab und spaltet darauf letztere, so daß isolirte Flügel und wie Muscheln klaffende Hüllen den Boden der Schirmfläche bedecken (Fig. 32); die Kreuzschnäbel (Fichten= kreuzschnabel) biegen die eine Seite der Hülle auf, während die andere in ihrer natürlichen Lage verbleibt (Fig. 33); die Meisen (Kohlmeise) hämmern in der Mitte der Hülle auf einer Seite ein kleines längliches Loch (Fig. 34). — Von wirthschaftlicher Bedeutung sind nur Eichhorn und Kernbeißer, doch können auch kleine Flüge der Kreuzschnäbel tage= lang auf den Samenbäumen sich mit der Vernichtung der Samen in größter Menge beschäftigen. Die Meisen sind ihres für den Wald überwiegenden Nutzens wegen jedenfalls zu schonen.

3. Keimlinge.

Es sei hier nur erwähnt, daß auf den Erziehungsflächen junge Ahornpflanzen schon stark durch den unterirdischen Fraß der Elateren= larven gelitten haben. — Siehe „Eiche", Seite 18.

4. Im Loden= und Heisteralter.

Die Mollmaus (s. „Eiche" No. 3, Seite 21) schneidet häufig jüngere Ahorne unterirdisch ab.

Der Engerling soll die Ahorne in Kämpen und Pflanzungen weit weniger, als die meisten anderen Holzarten benagen. Thatsache ist, daß jene sich durch rasche Bildung von Faserwurzeln von einer Engerlingsbeschädigung leichter als die übrigen erholen; so wenigstens bei Acer dasycarpum.

Das Blausieb, Cossus aesculi, belegt die Stämme jüngerer Ahorne sehr gern. In Pflanzenreihen ist in einigen Fällen eine größere Anzahl von Stämmen durch seine Holzraupe stark beschädigt (s. „Eiche" No. 4, S. 35).

5. Aelteres Holz.

Als Schädling an und in älteren Bergahornen sei hier eine Ceram= bycide, Callidium insubricum, erwähnt. Der breite, 2 cm lange schwarze mit grüngoldigen Flügeldecken versehene Käfer legt seine Eier vereinzelt in die Risse der Stämme. Die Larve lebt zunächst unter

der Rinde und begiebt sich später zur Verpuppung in einem erst schwach
aufsteigenden, dann scharfbogig absteigenden Gange ins Holz. Die
Folge des Einzelfraßes ist eine Verminderung des Holznutzwerthes,
zumal da diese Schadstellen (Holzhakengang) stets im Innern bleiben.
Zahlreiche Larven (10 bis 20 und mehr Fraßstellen sind schon an einem
Stamme gefunden) bewirken außerdem Zopftrockniß, Entstehen von
Wasserreisern und schließliches Absterben der befallenen Stämme. Leider
lassen sich besondere Schutzmittel kaum aufstellen.

9. Erlen.

Obschon für unsere beiden Erlenarten vielleicht Monophagie ein=
zelner Insecten auftritt, so beruht diese Annahme doch möglicher Weise
nur auf ungenügender Beobachtung. Es wird sich deshalb empfehlen,
auch hier diese beiden Spezies in der Ueberschrift nicht zu trennen,
dagegen in den folgenden Angaben ev. die eine und andere besonders
hervorzuheben.

1. Blätter.

Der Blätterfraß einiger Raupen muß als gänzlich unwesentlich be=
zeichnet werden; doch vermögen Wicklerraupen (Tortrix crataegana u. a.)
in einzelnen Jahren wohl fast Kahlfraß zu bewirken. Desgleichen hat
die Entlaubung einzelner Zweigspitzen durch Blattwespenlarven durch=
aus keine wirthschaftliche Bedeutung.

Dagegen mag die oft starke und jahrelang anhaltende Blätterzer=
störung durch zwei Blattkäfer und deren Larven hier eine spezielle
kurze Erwähnung finden.

Chrysomela (Agelastica) alni L., der bekannte blaue Erlenkäfer,
zieht von unseren beiden Erlenarten die Schwarzerle vor, findet sich
übrigens auch auf allen übrigen (fremdländischen) Spezies.

Chr. (Lina) aenea L. glänzend grün, oft ins Goldige ziehend,
selten in Blau verdunkelt, bevorzugt durchaus die Weißerle. Der Fraß
ihrer nicht, wie bei alni schwarzen, sondern mehr grünlich grauen
Larven durchbricht die Blattfläche in scharf umschriebenen größeren und
kleineren Stellen, welche fast wie ausgestampt erscheinen. Dem gegen=
über tragen die Blattlöcher des alni=Fraßes unbestimmtere, oft gebräunte
Ränder; das Fraßbild kann als unbestimmt, unrein bezeichnet werden.

Durch sofort nach ihrem Anfluge im Frühlinge vorzunehmendes
und im Spätsommer zu wiederholendes Abklopfen der Käfer auf unter=

gehaltene Tücher u. dergl. lassen sie sich bedeutend vermindern. Es wird jedoch nur ausnahmsweise (bei werthvollen Einzelpflanzen in Forstgärten u. dergl.) dazu hinreichende Veranlassung sein.

Noch weniger bietet ein dritter blattzerstörender Käfer, ein grüner oder grünlich grauer rothbeiniger Rüsselkäfer, Phyllobius alneti Fab. Veranlassung, Vertilgungsmaßregeln zu ergreifen. Er erscheint nur in vereinzelten Jahren und örtlicher Beschränkung in größerer Menge auf den Erlen. Sein Fraß weicht von dem der genannten Blattkäfer sehr erheblich dadurch ab, daß er die Blätter vom Rande aus befällt und den Zwischenraum zwischen zwei Hauptblattrippen mehr oder weniger tief in die Blattfläche hinein ausfrißt. Bei starkem Fraße fließen die Nachbarstellen in einander und schließlich bleibt nur die Blattmittelrippe mit seitlichen, die Basen der stärkeren Seitenrippen umgebenden Resten der Blattfläche übrig. — Uebrigens lebt diese Art auch auf verschiedenen anderen Laubhölzern, wird daselbst aber wohl kaum je schädlich.

Ein Verbeißen der Erlen durch Rothwild wird als seltene Erscheinung nur an Stockausschlägen bemerkt.

2. Same.

Für den Fall, daß bei nur wenigen vereinzelten Samenbäumen auf das Sammeln des (Wasser-) Erlensamens Gewicht zu legen ist, sei auf die beiden Zeisigarten, Fringilla spinus und die nordische linaria, welche in oft starken engen Flügen im Spätherbst unsere Gegenden durchziehen, aufmerksam gemacht. Mit außerordentlicher Beharrlichkeit besuchen sie Tag für Tag solche einzelnen Bäume. Die Menge ihres Kothes am Boden unter diesen Bäumen erlaubt einen Schluß auf die Menge des durch sie vernichteten Samens. — Man versuche, sie durch wiederholtes Verscheuchen zu vertreiben und greife ev. zur Flinte.

3. Im Loden- und Heisteralter.

Der bekannteste Schädling der jungen Erlen ist der „weißbunte Erlenrüsselkäfer", Curculio (Cryptorhynchus) lapathi L., (s. „Weiden" No. 3, S. 78). Gar oft hat er ganze Anpflanzungen schwer geschädigt, sogar ruinirt.

Die Schwarzerle befällt er vorzugsweise in diesem bezeichneten, jedoch auch noch im Starkheisteralter; ihre Rinde wird für seinen Angriff später zu borkig. Ueber dem anfänglichen im Baste und der jüngsten Splintschicht liegenden platzartigen Fraße der Larve, welche später im Holze mit geradem Gange aufsteigt, bleibt die äußere Rinde auffallend glatt, fällt aber in der Mitte als schmale oft quer verlaufende Wund-

stelle ein. So wenigstens an nicht zu jungen Stämmen in vielen
Fällen, so daß sich dort, wo der Schädling in diesem Material auftritt,
noch nach Jahren die charakteristischen Schadstellen als sichere Diagnose
für die bezeichnete Käferart leicht auffinden lassen. Die Weißerle dagegen bietet ihm wegen ihrer dünneren Rinde noch bis in das Stan-

Fig. 35. Schwarzerle. (Natürliche Größe.)

genholzalter hinein Brutmaterial und wird weit höher hinauf, bis 3
und 4 m hoch noch von ihm mit Eiern belegt. Die Oberfläche der
Rinde über den anfänglichen Fraßplätzen unterscheidet sich von der nicht
unterhöhlten Umgebung nicht, fällt bei jüngeren (Heister-) Pflanzen ebenfalls als schmale und quere Wunde ein, erhält dagegen an älteren unregelmäßige, gruppenweise (über jedem einzelnen Platze) zusammen lie-

gende Löcher. Auf sehr günstigem Boden überdauert sie schon im Lodenalter den Fraß einer oder anderer Larve weit leichter als die Schwarzerle. Bei stärkeren Angriffe äußert sich im Starkheister- und Stangenholzalter die innere Beschädigung durch allmähliche Zopftrockniß und Austreiben von Wasserreisern in verschiedener Stammhöhe. Die dem Angriffe rascher entwachsende Schwarzerle stirbt entweder weit früher, in dem bezeichneten Alter, ab, oder überwindet eine schwächere, vereinzelte Verletzung. Nach Zeit und Stärke des Angriffes, sowie nach der Güte des Standortes treten freilich in diesen Fraßäußerungen bei beiden Erlen manche Modificationen und Ausnahmen auf; jedoch bietet eine erheblich befallene Erlenculturfläche oder zahlreiche etwa an dem Rande eines fremden Bestandes an einem Graben stehende Erlen oder im Innern eines solchen an feuchten oder nassen lückigen, von der Erle eingenommenen Stellen, nach der vorstehenden Charakterisirung ein verschiedenes Bild, je nachdem die eine oder die andere Art daselbst auftritt. Der lapathi-Fraß in jungen Erlen ist den Forstbeamten derart allbekannt, daß ein innerer Larvenfraß an solchen unbesehens für jenen angesprochen zu werden pflegt. Die genauere Betrachtung der fressenden Larve gibt, da auch zwei gleich zu nennende Sesienraupen in ähnlicher Weise in jungen Erlen fressen, leichte und sichere Auskunft. Die kleine, gedrungene lapathi-Larve wird allein schon durch ihren Beinmangel hinreichend charakterisirt. Ueber Sesienraupe s. „Weiden" No. 2 Seite 21, und namentlich Fig. 23. — Zum Schutze der noch nicht befallenen Pflanzen läßt sich nur ein tiefes Abschneiden und Verbrennen der be- setzten empfehlen, zumal da die Entwickelungszeit des Käfers nicht unerheblichen Schwankungen unterworfen ist. Es ist dabei von großer Wichtigkeit, sofort beim ersten Entdecken des Feindes scharf vorzugehen, damit eine gänzliche Zerstörung einer bedeutenden Erlenculturfläche, wie z. B. „von 36 ha, nachdem seit mehr als 8 Jahren der sich fort- während steigernde Fraß bemerkt war", sich nicht wieder ereigne.

Als fernere Feinde der jungen Erlen, nach den bis jetzt vorliegen- den Erfahrungen vielleicht nur der Schwarzerle, muß ein Sesienpaar namhaft gemacht werden: Sesia spheciformis und culiciformis. Bald trat die eine, bald die andere Art sehr schädlich, ja bis zur Zerstörung des größten Theils der Pflanzen in den jungen Beständen auf. Von letzterer gibt unter „Birke" der Holzschnitt Fig. 37 die Darstellung des Insectes als Raupe, Puppe und Falter, sowie des Fraßes. Die langen zaserigen (die Puppe umgebenden) Bündel der abgenagten Holzfasern, in Fig. 37 zweimal gezeichnet und je durch einen Pfeil (↓), welcher die Richtung der sich zum Ausfallen vorschiebenden Puppe andeutet, kenntlich gemacht, sind auch für diese Art in Erle charakteristisch. Der stahlschwarze Falter trägt als grelle Farbe nur den hochrothen Hinterleibsgürtel. Die erstere Spezies (spheciformis), welche für Erle als die gewöhnlichere bezeichnet werden muß, wird nur durch wenige feine hellgelbe Zeichnungen (Fig. 36) geziert. Ihre Raupe ist bereits (von unten vergrößert) und deren Kopf sowie erstes und letztes Körpersegment (von oben stark vergrößert Fig. 23 S. 22) abgebildet. — Für beide ist die Thatsache wichtig, daß sie sich außer in schwachem Material auch in der Bast= bez. Splintperipherie starker, frischer Stöcke und zwar hier stellenweise recht zahlreich entwickeln (vergl. „Pappeln" No. 3, Seite 90). Beim Einschlag stärkerer Erlen (wie Birken) ist deshalb in den beiden ersten Sommern die genaue Untersuchung der Oberfläche der Stöcke nicht zu unterlassen und ev. dieselbe, wie Seite 90 angegeben, zum Schutze der zur Bildung des neuen Bestandes dienenden Ausschläge, sowie der zur Füllung zwischengepflanzten Kernloden zu be-

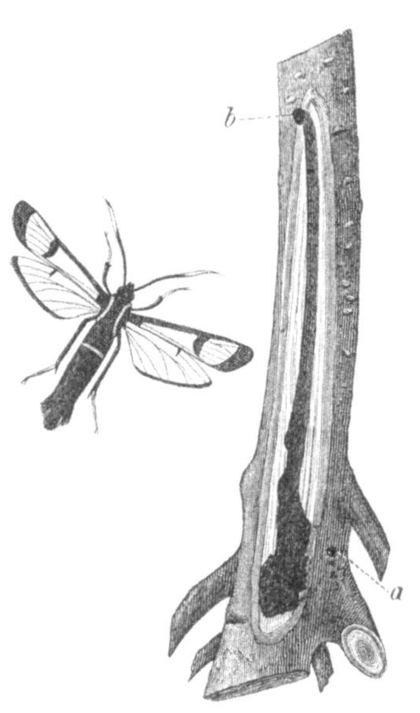

Fig. 36. Sesia spheciformis.
(Falter $^1/_1$, Stamm $^1/_2$ nat. Gr.)

handeln. Zeigen sich einzelne nach Stand und Wuchs besonders werthvolle Pflanzen durch mäßiges Austreten von Wurmmehl an einer Stelle schwach besetzt, so verhindert ein im Mai angelegter Anstrich derselben mit Raupenleim (Seite 20) auf alle Fälle das Auskommen des Falters. Andere sind zeitig abzuschneiden und zu verbrennen.

Wie an Eschen, so benagt auch an Erlen die Hornisse sehr oft die noch dünnrindigen Stämme und Aeste (s. „Esche" No. 3, Seite 95).

Gleichfalls kann für den Angriff des Blausiebs, Cossus aesculi L., auf früher Berichtetes (s. „Eiche" No. 4, Seite 35) hier verwiesen werden.

Auch Buprestiden, Dicerca alni, (ob primär?) und Agrilus viridis (s. „Eiche" A. tenuis S. 25) treten in Erlen auf.

Die starken Quergänge der Melasis flabellicornis F. im Holze
entwerthen letzteres. Möglichst rasches Aufarbeiten und Fortschaffen
solchen besetzten Materials ist dringlich zu empfehlen.

4. Aeltere Stämme.

In solchen lebt nicht selten die sehr polyphage Raupe des Wei=
denbohrers, Cossus ligniperda. — Stämme, in denen durch geringes
Nachschneiden an den äußerlichen Schadstellen die mächtigen Gänge
dieser Art festgestellt werden können, sind zur Verhütung größerer Ent=
werthung des Holzes möglichst rasch zu fällen und, da die Raupe
auch nach der Fällung noch bis zum Austrocknen des Holzes in dem=
selben weiter lebt und frißt, in zweckmäßiger Weise aufzuarbeiten.

10. Birken.

Unsere beiden anbauungswürdigen Birkenarten haben bis jetzt noch
keinen Unterschied ihres Angriffes durch Thiere erkennen lassen.

1. Blätter.

Unter den zahlreichen die Birken bewohnenden Raupenspezies
treten nur wenige und auch diese nur in einzelnen Jahren in bedeutsamer
Menge auf.

Bei einer Massenvermehrung des äußerst polyphagen Schwamm=
spinners, Bombyx (Liparis) dispar L. (s. „Eiche", No. 4, Seite 40)
belegen die Weibchen sehr oft auch die Birkenstämme mit ihren großen
Eierschwämmen. Der Fraß der jungen Raupen, welche nach langem
Verweilen im Spiegel zu den Zweigen emporkriechen, macht sich sofort
durch eine Menge am Boden liegender stielloser Blätter bemerklich,
welche sich an der Insertionsstelle des Blattstieles in die Blattfläche
bogenförmig durchnagt zeigen und eben hierdurch den noch winzigen
Feind in den Kronen verrathen. Der fortgesetzte Fraß zeigt zwar eine
allmähliche Abnahme einer solchen Verschwendung, jedoch lichtet sich die
an sich schon schwache Belaubung der Birken, auch wenn deren Stamm
nur mit einem einzigen, etwa gegen 200 Eier enthaltenden Schwamm
belegt war, merklich. Völliger oder doch annähernder Kahlfraß ist bei
stärkerer Behaftung der Stämme oder beim Auftreten noch eines an=
deren gefräßigen Insectes (Maikäfer u. a.) nicht selten.

Auf Anwesenheit der auf der weißen Birkenrinde leicht bemerk=
baren Schwämme ist zur Zeit einer starken Vermehrung dieses Spinners
sorgfältig zu achten. Vernichtung der Brut s. Seite 41.

Auch die Nonnenraupe B. (Liparis) monacha L., erscheint auf den Birken, welche in oder bei anderen, von derselben stark befallenen Beständen, z. B. Kiefern, stehen, sehr bald in größter Menge. Ihre jungen Raupen entstanden freilich an den Birkenstämmen nicht oder nur ausnahmsweise, wurden vielmehr von den Kiefern auf die Birken verweht (s. „Kiefer"). Der sehr verschwenderische Fraß macht sich hier genau so, wie bei dispar, bemerklich. Die Kronenlichtung schreitet jedoch umgekehrt, wie beim Fraße des Schwammspinners, von oben nach unten weiter.

Leider fehlen uns hier gegen diese Raupe sowohl Schutz- als Vertilgungsmittel.

Auffallender und im Allgemeinen häufiger erscheint die Nesterraupe des Birkenspinners, Bombyx lanestris, auf den Birken vom Heister- bis Baumholzalter. Der deutsche Name dieser auch auf Linde, Schwarzdorn u. a. Holzarten lebenden Art hat für den Forstmann volle Berechtigung, da sie auf der Birke zeitweise in größerer Menge, auf anderen Laubholzarten dagegen fast nur ausnahmsweise lebt. Der weibliche Falter belegt im Frühlinge (April) einen vorjährigen Trieb 3 bis 4 cm lang rundum mit einem tiefgrauen weißlich gemischten Eierschwamm. Die beim Laubausbruche ausschlüpfenden schwärzlichen Räupchen kriechen fadenziehend nach ihrem nahen Fraße, welchen sie in der Weise mit ihrem Gespinnste überdachen, daß sie sich an demselben unter einer weißen seidenen Schutzhülle befinden. Beim Wachsthume des Zweiges nehmen sie auch die Neubildungen und schließlich die biegsamen benachbarten Nebenruthen mit in ihr Nest auf. Da die Blätter der von demselben umgebenen Ruthenspitzen sehr bald für die Nahrung der sehr zahlreichen Raupenfamilie nicht mehr ausreichen, so begeben sie sich für ihren nächtlichen Fraß auf die einzelnen Nachbarzweige und kehren gegen Morgen zu ihrem festen Neste zurück, welches schließlich die Größe eines Kinderkopfes erreichen kann und von Raupen, abgestreiften Raupenhäuten und Koth angefüllt schwer herabhängt. Diese Größe und die weiße Farbe („lanestris", wie Wolle) machen dasselbe sehr auffällig und außerdem die einzelnen kahl gefressenen, frei vorragenden Zweige auf dasselbe schon aus der Ferne aufmerksam. Nach der letzten Häutung, durch welche die sammet schieferschwarzen mit rosafarbenem Kopf und dergleichen Bauchfüßen versehenen Raupen seitlich auf jedem Körperringel einen großen gelbröthlichen, gleichfalls sammetartigen Fleck erhalten, verlassen sie das Nest, um zerstreut noch einige Tage Nahrung

zu sich zu nehmen und sich dann eben so vereinzelt in einem hellbräun=
lichen, festen, gedrungenen Cocon, zumeist versteckt am Boden zu ver=
puppen.

Wenngleich stellen= und zeitweise diese Nester in bedeutender Menge
auftreten, so wird doch wohl nie ein wirthschaftlicher Schade durch
diesen Raupenfraß entstehen. Es lassen sich freilich die weitaus meisten
Nester zum Abschneiden mit einer Baumscheere vom Boden aus leicht
erreichen. Allein diese bequeme Vornahme zur Entfernung derselben
kann zumal auch deshalb unterbleiben, da nach den bisherigen Er=
fahrungen zur Zeit einer so starken Vermehrung fast sämmtliche Raupen
mit Parasiten besetzt sind. Im folgenden Jahre lassen sich kaum noch
einzelne frische Nester an den vorhin so zahlreich bewohnten Stellen
auffinden.

Einzelne Zweige werden an jüngeren Birken (Heister und Stangen=
holz) von Raupenfamilien des Mondvogels, Bombyx (Pygaera)
bucephala L., (s. „Linde") kahl gefressen, allein ohne irgend wirth=
schaftliche Bedeutung.

Auch treten zuweilen Spanner, Geometra (Amphidasys) betularia,
hastata u. a. zahlreich auf; doch auch sie sind gänzlich indifferent.

Es verdient jedoch der Fall einer, vielleicht einzig dastehenden sehr
bedeutenden Massenvermehrung des prachtvollen Scheckflügels, En-
dromis versicolora, in einem posenschen Reviere hier, wenn auch nur
als Curiosum, eine Erwähnung. Bereits 1884 wurden die (klein=
köpfigen, hellgrünen, nackten, gegen 5 bis 6 cm langen) Raupen dieser
Art an den Birken einer abwechselnd aus Kiefern= und Birkenpflanz=
reihen bestehenden Schonung bemerkt, und 1885 12 870, 1886
22 240 Raupen daselbst gesammelt. Im laufenden Jahre (1888)
konnten nur noch wenige Stücke daselbst aufgefunden werden. Eine
große Zahl der durch diese, wenn auch nicht gerade für selten, so doch
auch keineswegs für häufig geltende Raupe kahl gefressenen Birken starb
in Folge des Fraßes ab (Oberf. Freytag). Der der Familie der Sa=
turninen (Nachtpfauenaugen) angehörende Falter fliegt in den allerersten
Tagen des wärmeren Frühlings, oft schon vor Ausbruch der Birken=
blätter und leimt an die Birken= auch Erlenreiser haufenweise seine
Eier. In der ersten Jugend leben die Raupen in naher Gemeinschaft
zusammen und verbreiten sich allmählich über den betreffenden Zweig
und die Nachbarzweige. Gegen Mitte August erfolgt die Verpuppung
in einem Cocon am Boden. (Bei Wiederholung einer solchen Massen=

vermehrung könnte unbemittelten Forstbeamten der Rath ertheilt werden,
einige Hundert Paar Falter zum Verkauf an Naturalienhandlungen zu
erziehen.)

An niedrigem Birkengestrüpp, an Loden und Heistern finden sich
mehrere Rüsselkäfer und zwar in einzelnen Jahren im Frühlinge bis
zum starken Licht= oder fast Kahlfraß zahlreich ein. Dahin gehören
vespertinus, faber, sericeus, argentatus u. m. a. — Man kann die=
selben durch Abklopfen und Auffangen vermindern; allein diese Massen=
vermehrung verschwindet eben so rasch wieder als sie plötzlich auftauchte.
Nachtheilige Folgen läßt sie nicht zurück.

Noch mag hier der Trichterwickler, Curculio (Rhynchites) be=
tulae L., Erwähnung finden, von dessen Kunstbau zuweilen kaum 10 Pro=
cent der Blätter verschont bleiben. Vorzüglich sind es warme, mit jungen
Birken bestockte Abhänge, woselbst er sich zu einer solchen Menge in
einzelnen Jahren vermehrt.

Daß auch der Maikäfer in den Flugjahren zahlreich die Birken
entlaubt, ist allbekannt. Es möge aber hier schon (s. „Kiefer") darauf
hingewiesen werden, daß sich in Nadelholzrevieren auf den vereinzelten
Laubhölzern, z. B. auf Birken, welche sich am Rande von Kiefernbe=
ständen, oder in der Nähe von Culturflächen u. dergl. befinden, die
schwärmenden Käfer concentriren. Diese Laubhölzer sind als „Fang=
bäume" zur sehr erheblichen Verminderung des schädlichen Maikäfers
durch Abschütteln u. s. w. zu benutzen.

Auch die raupenähnlichen Larven einiger Blattwespen haben
mehrfach Kahlfraß an jüngeren Birken bewirkt. Namentlich waren es
die große Cimbex lucorum und die mittelgroße Hylotoma enodis,
welche durch ihr massenhaftes Auftreten bei den Forstbeamten Besorgniß
erregten. — Allein auch diese zeigten sich im nächsten Jahre nicht oder
nur in vereinzelten Exemplaren wieder. — Außer Abklopfen und Auf=
fangen dieser Larven empfiehlt sich gegen C. lucorum auch Sammeln und
Zerstampfen der Cocons, bez. Aufbewahren derselben unter einem Draht=
maschennetze am Fraßorte (s. „Hegerweiden" No. 1 S. 72 „C. americae").

2. Same.

Der Birkensame wird ebenfalls von den beiden unter „Erle" er=
wähnten Zeisigarten, namentlich von linaria, den ganzen Winter hin=
durch verzehrt; allein die Birken tragen im Allgemeinen so reichlichen
Samen, daß die lieblichen kleinen Vögel wohl kaum je Schaden an=
stiften werden.

3. Stockausschlag.

Die Birke treibt äußerst zahlreichen Ausschlag aus den frischen Stöcken. Dieser wird besonders im ersten Jahre vom Reh sehr stark verbissen. Allein dieser Verbiß kann schwerlich als waldbauliche Beschädigung bezeichnet werden, da der Ausschlag, wohl wegen seiner Ueberfülle, sehr bald zu vertrocknen pflegt.

4. Im Loden= und Heisteralter.

Wie die Eiche im Loden= und Heisteralter von den beiden kleinen Buprestiden Agrilus tenuis und angustulus (s. S. 29) und die Buche von A. viridis (s. S. 57) bewohnt wird, so entwickelt sich in ähnlicher Weise in der Birke A. betuleti. Auch diese (5 mm lange, bronzbraune bis bronzgrüne) Spezies erscheint nur in sehr vereinzelten Jahren in wirthschaftlich bedeutsamer oder gar sehr schädlicher Menge. Die zahlreichen geschlängelten Larvengänge greifen flach in den Splint; vor Anlage der Puppenwiege durchsetzen sie in verschiedenen Windungen das Holz, eine Eigenthümlichkeit, durch welche sich dieser Fraß von dem der anderen nahe verwandten Arten scharf unterscheidet. Die kurz und schief elliptischen Fluglöcher beseitigen sofort ohne weitere Untersuchung den etwaigen Zweifel, ob es sich vielleicht nicht um einen Bostrichiden, vielleicht B. dispar, handle.

Sobald an stark kränkelnden oder gar absterbenden jungen Birken sich diese Fluglöcher zeigen, sind die Zerstörer leider bereits entwischt. Eine durch Abschälen der Rinde an derartigen Pflanzen vorzunehmende Untersuchung empfiehlt sich daher in jedem Falle, auch wenn in der ganzen Pflanzung sich jener Beweis für die Anwesenheit nicht, bez. noch nicht zeigt. Ist jedoch dieser Feind daselbst erkannt, so darf im nächsten Jahre ein Abhauen und Verbrennen aller tief kranken Birken etwa bis Mitte oder Ende Mai nicht unterbleiben.

An den jungen Birken ist die bereits unter „Erle" aufgeführte Sesia culiciformis auf ausgedehnter Fläche verderblich aufgetreten. Eine solche ernste Gefährdung der Birkenheister tritt unter der doppelten Bedingung ein, wenn zunächst dieser Sesie durch frische Aestung stärkerer Birken oder durch frische Stöcke Gelegenheit zu einer starken Vermehrung in den auf den Schnitt= bez. Hiebflächen frei gelegten äußersten Splint= und inneren Bastschichten (s. Pappel No. 3, S. 90) und zweitens den dort entstandenen Faltern an den Schneidelwunden der Heister in der Nachbarschaft eine gleiche Gelegenheit zum Ablegen ihrer Eier gegeben wird. Jene größeren Wundflächen der geästeten Stämme und der Stöcke werden nur einmal (im ersten oder zweiten Frühlinge) mit Eiern an derselben Stelle belegt. Wo Sesienraupen im Jahre vorher gefressen haben, ist nämlich die Angriffszone als fernerer Fraßplatz für eine neue Raupengeneration zerstört. Werden nun den neuen Faltern zum Ab=legen ihrer Eier frische Wundstellen, z. B. die Schneidelstellen der zu Bandstöcken u. s. w. bestimmten jungen Birken, geboten, so erweisen sich

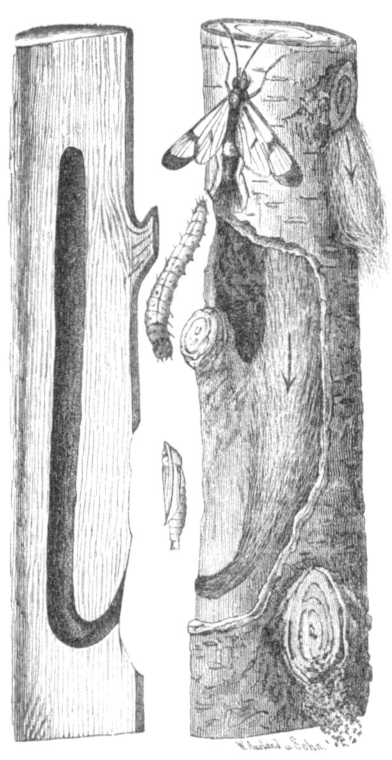

Fig. 37.　　(Natürliche Größe.)

diese sehr bald durch austretenden Koth von der Raupe bewohnt, deren starker Fraß alsdann den Pflanzen verhängnißvoll wird. Unverletzte junge Birken bleiben verschont. Fig. 37 zeigt den Kothaustritt an der Schneidelstelle, rechts unten, den anfänglichen Fraß der Raupe unter der Rinde, den späteren Holzfraß, sowie das Insect als Raupe, Puppe, Falter und die für diese Art charakteristische Anhäufung der langen zaserigen Spanmassen, aus denen sich die davon umgebene Puppe zum Ausschlüpfen des Falters hindurchschiebt (die Pfeile).

Als Schutz gegen diese Gefahr sind entweder die Aestungs= und die Stockflächen vor Eintritt des warmen Frühlings zu theeren (bei stärkeren Stöcken genügt ein die letzten Holz= und die ältesten Bastjahresringe bedeckender Ringanstrich), oder die Schneidelstellen der jungen Bandstockstämme durch Theer den Sesien unzugänglich zu machen. Können die Verwundungsarbeiten einerseits das Aesten bez. Fällen, anderseits das Schneideln durch einen Zeitraum von mindestens drei Jahren getrennt werden, so ist keine Gefahr mehr vorhanden. Bei einem zuerst, d. h. vor dem Aesten oder Fällen vorgenommenen Schneideln genügen zwei Jahre Zwischenzeit vollkommen. Die Gefahr steigert sich am stärksten, wenn im Jahre nach der Aestung oder Fällung geschneidelt oder gar, wenn vor und nach dem Schneideln in der näheren Umgebung fortwährend gefällt oder geästet wird. Das vor Beginn des Frühlings zu vollendende Antheeren der Schneidelwunden ist alsdann um so mehr geboten.

Aehnlich wie an der Buche (S. 61), treten auch an den Stämmen jüngerer Birken Ringelungen auf. Dieselben entstehen zumeist durch ein ähnliches ringförmiges Einscheiden von einer etwas kleineren Cimbex-Art, C. lucorum. Allein auch die Haselmaus ringelt in derselben Weise, nur daß die Zähne dieser einen Rinden= und Baststreifen ringförmig abschälen, während sie bei Buche nur verhältnißmäßig kurze schräge Schnitte (Fig. 16) nagt. Weder jene noch diese Ringelung ist von praktischer Bedeutung, und so möge denn die bloße Erwähnung dieser allerdings interessanten Stammverletzungen hier genügen.

Wichtiger dagegen ist der schälende Fraß der Horniffe an den Aesten und Zweigen jüngerer Birken. Wo er beharrlich fortgesetzt ein erhebliches Absterben der so entrindeten Theile bewirkt, sind die unter „Esche" S. 108 erörterten Gegenmittel in Anwendung zu bringen.

5. Im Stangenholzalter.

Außer den blätterfressenden Insecten (Schwamm=, Nonnenspinner, Maikäfer) (s. No. 1) stellt sich, jedoch nur sehr vereinzelt, in diesem Alter die Raupe des Blausiebs, Cossus aesculi L., ein (s. „Eiche" No. 4 S. 35).

Stehen einzelne Birken im Kiefernstangenholz, so tragen ihre Stämme nicht selten Verwundungen durch den (Schwarz=)Spechtschnabel. Diese leichten Rindenverletzungen beeinträchtigen die Gesundheit der Bäume nicht, noch auch deuten sie auf Anwesenheit von verborgenen, unter der Rinde arbeitenden Insecten hin.

6. Im Baumholzalter.

Stärkere Stämme werden von dem Birkensplintkäfer, Eccoptogaster destructor, mit Eiern belegt. Von dem langen senkrechten Brutkäfergange gehen sehr zahlreiche und dichtständige, weitschweifende Larvengänge ab. Die Dichtigkeit der Birkenrinde bedingt die Anlage zahlreicher, der erheblichen Größe des Käfers entsprechender starker Luftlöcher durch die Brutkäfer, und diese heben sich, theils in Längsreihen stehend, theils auch bogig geordnet, auf der leuchtend weißen Fläche so stark ab, wie bei keinem anderen Bostrichiden. An den einmal befallenen Stämmen vermehrt sich der Feind rasch. In Gruppen von 50 bis 60jährigen Birken zeigen sich und bleiben oft nur einige wenige Stämme auf diese Weise befallen, die übrigen frei.

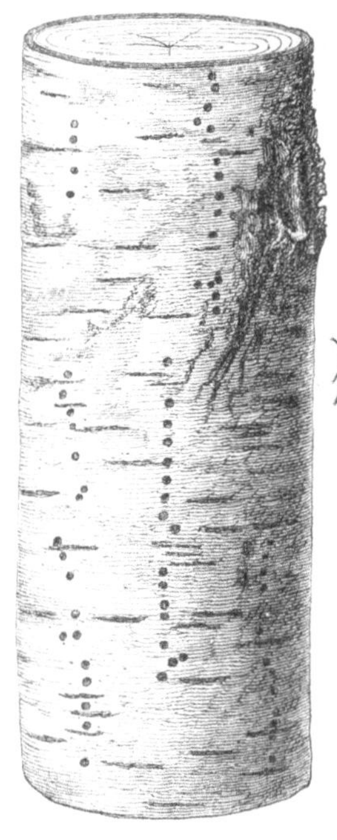

Fig. 38.

Diese Stämme sind zu fällen und stark zu bereppeln, oder weithin abzufahren. Denn ins Klobenholz gesetzt lassen sie die gesund entwickelte Brut auch als Käfer ausfliegen. Der Schwarzspecht hämmert sehr kräftig auf die Brut ein und macht den Forstmann auf die baldigst einzuschlagenden Stämme noch besonders aufmerksam.

Tief an starken Stämmen treibt auch die mächtige Raupe des Weidenbohrers, Cossus ligniperda, ihr Unwesen, jedoch nicht gerade häufig. Eine, wenn auch schwache Schadstelle scheint Bedingung für ein erfolgreiches Belegen mit Eiern zu sein.

Fällen und Abtrennen des besetzten unteren Stammendes, sowie Aufarbeiten des letzteren ist wohl das einzige Schutzmittel gegen weitere Verbreitung des Holzzerstörers, dessen Anwesenheit im Innern durch austretendes Bohrmehl, besonders auch durch Ausfließen des Baumsaftes, welcher oft Hornissen, Cetonien, Falter, Fliegen herbeilockt, angezeigt wird. Da jedoch die Raupen bei ihrem mehrjährigen Leben gar oft sehr tief abwärts, sogar in die Basis der Wurzeln gelangen (die aufgesprungene Puppenhülse steht gar nicht selten aus dem Erdboden hervor), so muß bei verdächtigen Anzeichen (Gänge, zerfressene Stellen im Stocke) auch Stockrodung vorgenommen werden.

Bostrichus quercus, welcher verschiedene Laubhölzer bewohnt, besetzt ältere Birken mit Vorliebe. Käfer wie die Holzgänge (Leitergänge) ähneln denen des lineatus sehr. Die Gänge jedoch verzweigen sich gern, die „Leitersprossen" übertreffen die des lineatus an Größe. — Schutzmittel werden schwerlich angewendet werden können.

11. Linden.

Auch unsere Linden können mit Rücksicht auf ihre Feinde aus der Thierwelt nicht getrennt werden. Sie beherbergen und ernähren von denselben jedoch nur wenige, und unter diesen sind nur zwei ihnen eigenthümlich.

1. Same.

Den noch am Baume befindlichen Lindensamen verzehrt das Eichhörnchen und die Waldmaus, jedoch ist diese Verminderung unerheblich. Ebenso kann auf das Verschwinden so manchen Samens am Boden durch Mäuse kein Gewicht gelegt werden. Die Linden tragen reichlich Samen in den meisten Jahren. Daß sich nach mit Samenlinden bestandenen Waldflächen diese Nager zusammenziehen, ist noch nicht beobachtet.

2. Jüngere Bäume.

Auf jüngeren Linden, namentlich auf dergleichen Chaussee- und sonstigen Wegelinden lebt die polyphage Laubholzraupe des Mondvogels, Bombyx (Pygaera) bucephala, häufiger und in größerer Menge als auf anderen Laubhölzern. Der Falter belegt im Frühlinge, jedoch einzelne Nachzügler bis in den Sommer hinein, je ein einzelnes Blatt auf der Unterseite mit den sämmtlichen Eiern. Er wählt dazu in geringer Höhe (4 bis 10 m) einen frei vorragenden Zweig. Die Raupenfamilie frißt anfangs in enger Gemeinschaft, vertheilt sich aber später auch auf den einen oder andern Nachbarzweig. So ist dann der Fraß schließlich schon aus der Ferne an den entblätterten, frei aus der Krone vorragenden Zweigen auffällig. Da das Flügelblatt des Blütenstieles stets unversehrt bleibt, so hebt sich bei starker Blüte der Linde (zumal der Tilia grandifolia) ein solcher laubloser Zweig von der dunkelgrünen Krone als hell grünlich gelbe Partie stark ab.

Wegen ihres gedrängten Zusammenlebens lassen sich diese gelben,

schwarzköpfigen, mit schwarzer Gitterzeichnung versehenen, schwach be=
haarten Raupen leicht durch Abklopfen entfernen. Einen Schaden
richten sie jedoch nie an.

In gleichem Alter findet sich und zwar mehr in den Aesten und
wenigstens fingerdicken Zweigen als im Stamme die Raupe des Blau=
siebs, Cossus aesculi L. (s. „Eiche" No. 4, S. 35).

Fig. 39.   Käfer und Fraßstück rechts (Bastseite
eines Rindenstückes) (natürl. Gr.)

3. Im Baumholzalter.

Es möge hier vorweg einer mehr auffälligen als wichtigen Er=
scheinung an stärkeren Linden gedacht werden. Die Stämme erscheinen
aus der Ferne wie mit Schneckenschleim überzogen; in der Nähe er=
kennt man ein feines Gespinnst, welches kaum 2 mm große, gelbliche,
seitlich mit einem rostfarbenen Fleck versehene Milben, die Spinnmilbe,
Acarus (Tetranychus) telarius, bedeckt. Auch an den Zweigen und
Blättern entdeckt man leicht gleiche Gespinnste. Vorzeitiges Vergilben
und Abfallen der Blätter ist die Folge des Milbenfraßes. — Reinigen
der Stämme durch Abbürsten mit scharfen Bürsten, bez. Sammeln der

abgefallenen besetzten Blätter empfiehlt sich gegen weitere Verbreitung der Parasiten.

Im jüngeren wie älteren Lindenbaumholz lebt die Larve des Lindenprachtkäfers, Buprestis (Lampra) rutilans, jedoch im Allgemeinen zu selten und vereinzelt, als daß sie als wirthschaftlicher Schädling bezeichnet werden könnte. Jedoch verdient sie diese Bezeichnung mit vollem Rechte, wenn sie sich an größeren Stammwunden in Menge vorfindet. Zumal waren es gegen 50 Alleelinden, deren Stämme lange (6 bis 9 m) alte Frostrisse trugen. Diese waren von dem prachtvollen goldglänzenden Käfer zum Ablegen seiner Eier angenommen und die neue Käfergeneration setzte diese Sorge für ihre Brut fort. So waren denn diese Risse sämmtlicher Linden zu beiden Seiten von den Larven unterhöhlt, die Rinde z. Th. aufgeplatzt und abgefallen, der Splint frei gelegt. (Fig. 39 links.) Die schwächsten Stämme erlagen den Folgen des Fraßes schon in wenigen Jahren. — Wo der Käfer überhaupt lebt, ist bei Stammbeschädigungen Aufmerksamkeit geboten. Die ovalen starken Fluglöcher dienen, wenngleich spät, als sicherster Anhalt. Starkes Antheeren der Wundränder im Frühling ist sowohl für die bereits besetzten als die gefährdeten der Umgebung das einzige, übrigens in den nächsten Jahren zu wiederholende Schutzmittel gegen eine weitere Verbreitung des Uebels.

Auch die Raupe des Schwammspinners, Bombyx (Liparis) dispar hat wiederholt die Linden im Baumholzalter stark, sogar bis zur Entlaubung, befressen. Es waren das freilich auch nicht Bestands- sondern Alleebäume. Allein, wenn in einem mit Linden gemischten Bestande diese Art auftritt, geht sie sicher auch auf diese über. In viel besuchten Alleen, namentlich in der Nähe der Städte, auf volkreichen Plätzen u. dergl. bietet nicht die Entlaubung der Kronen allein den dringlichen Grund zur Vernichtung der Eierschwämme (s. „Eiche" No. 5, Seite 40), auch die massenhaft umherkriechenden Raupen werden daselbst sehr unangenehm.

Wie im Holz stärkerer Birken (s. Seite 117) finden sich auch im Lindenholz, zuweilen in Menge, die Leitergänge des Bostrichus quercus.

12. Akazie.

Die aus Nord = Amerika eingeführte Akazie (Robinie), Robinia
pseudacacia, hat unter unseren Thieren nur sehr wenige Feinde, deren
Zerstörung sich auch nur auf jüngere Pflanzen, Kernpflanzen wie Aus=
schlag, erstreckt.

Beide leiden, wie die meisten holzartigen Leguminosen, Goldregen,
Besenpfriem u. s. w., bei noch zarter, nicht borkiger Rinde ungemein
stark durch den Hasen, welcher die Stämmchen beknabbert, entrindet
und abschneidet. Die abgetrennten Spitzen liegen ungeäst am Boden.
Stellenweise sind Akazien des Hasen wegen kaum aufzubringen.

Weidmännischer Abschuß steuert dem Uebel nicht; auch ein einzelnes
Individuum kann in der Akazienzerstörung sehr viel leisten. Zur Aus=
rottung des Hasen zum Schutze der Akazienanlagen wird sich Niemand
verstehen können. — Außer hasensicherer Umfriedigung der zu schützenden
Flächen hält ein Fett=, bez. Speckanstrich der Stämme (Anreiben mit
einer Speckschwarte) den Hasen vom Angriffe ab. Jedoch wird es
unmöglich sein, bei gar oft sehr schnell entstehender, mächtiger fester
Schneelage, welche ihn zu den 1 m hohen und höheren Theilen der
Stämme gelangen läßt, dieses Schutzmittel rechtzeitig auszuführen.

An schwächeren dicht stehenden Schößlingen zeigt sich, wiewohl
nicht oft, auch Mausefraß, der sich durch die weit feineren Zahn=
spuren dem Hasenfraß gegenüber charakterisirt. Ein Fall, in welchem
ein Jagdbesitzer wegen offenbaren Mausefraß zum Schadenersatz ver=
pflichtet werden sollte, möge diese Erwähnung rechtfertigen.

Aus der Umgegend von Saarlouis sind zwei Fälle über starke
Gefährdung und Beschädigung ausgedehnter Akazienanlagen durch eine
Schildlaus, welche nach den bisherigen Beobachtungen ausschließlich
auf die Akazie angewiesen ist und daher unter dem ihr bereits beige=
legten Speziesnamen Aspidiotus robiniae auch hier aufgeführt wird,
mir durch die Herren Diederichs (directe Mittheilung) und Suden
(Zeitschr. f. Forst= und Jagdwesen 1887) bekannt geworden. Der erste
betrifft einen zumeist zur Gewinnung von Rebpfählen angelegten Be=
stand von einigen hundert ha, worin sich nach etwa 25 jährigem Be=
stehen diese Schildlaus ansiedelte und bald bis zur starken Gefährdung
der Anlage vermehrte. Im zweiten trat dieselbe zuerst gegen Ende der
70er Jahre in einer Ausdehnung von zwei Stunden im Umkreise von

Saarlouis auf in den zur Aufforstung der Buntsandsteinhänge zur Er-
ziehung von Rebpfählen, Werk- und Grubenholz für den Lokalbedarf,
sowie in stärkeren Sortimenten zum Export nach Frankreich als Holz
für Luxuswaaren angelegten Beständen. Im Jahre 1886 zeigte sich
der Parasit überall, wo sich Akazien befanden, in solcher Menge, daß
seine Individuen nicht bloß gedrängt neben-, sondern auch übereinander

saßen und die Zweige schon auf
50 Schritt Entfernung durch ein
an die Korkbildung der Ulmenrinde
erinnerndes Aussehen auffallend erschienen (Suden). Nur die dünnrindigen, nicht die bereits borkigen
Theile der Pflanzen werden befallen.
Gegen Ende April läßt sich noch
die Segmentirung der weiblichen
1—3 mm langen und 1—2 mm
breiten Thiere erkennen, um die
Mitte Juni sind sie bereits auf der
Rückenseite zu unförmlichen Schildern aufgetrieben, welche zu Anfang Juni die zahlreichen, sehr
beweglichen Larven bedecken, neben
denen die leeren Eihüllen, vielleicht
auch schon die ersten abgestreiften
Häute als weißer Staub den hohlen
Raum der Chitinschilder unvollständig ausfüllen. Gegen Ende
Juli verlassen die Larven ihre
Entstehungsstelle, um sich aufwärts nach der zarteren Spitze

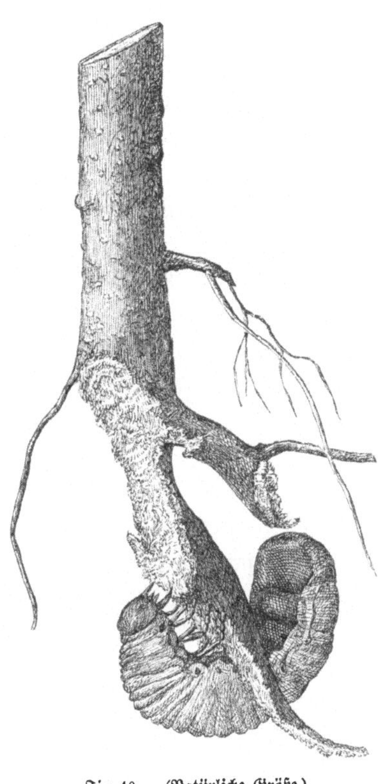

Fig. 40. (Natürliche Größe.)

der Zweige zu begeben und sich hier zur ferneren Unbeweglichkeit festzusaugen.

Durch ein Bepinseln der besetzten Zweigspitzen mit der unter
„Eiche" Nr. 4, Seite 35 angegebenen Flüssigkeit zur Zeit der Vegetationsruhe sind die Feinde zu vernichten. Man umfaßt am zweckmäßigsten die besetzten Zweige mit zwei, je nach Bedürfniß langgestielten, mit
der Flüssigkeit benetzten Bürsten und zieht mit denselben diese Zweige
von den obersten leeren Schildern an aufwärts zur Spitze hin. Da

die noch nicht verholzten Neubildungen der Akazie ohne Zweifel durch die Flüssigkeit leiden werden, so ist mit dieser Arbeit nicht vor der Vegetationsruhe dieser Holzart zu beginnen.

Schließlich sei noch auf die sehr polyphagen unterirdisch fressenden Larven zweier Käfer, die des Walkers (Julikäfer), Melolontha (Polyphylla) fullo L. und der Schnellkäfer, Elater, hingewiesen. Die erstere, auf sehr leichten Sandboden angewiesene Spezies hat bereits eine an einem Abhange angelegte Akaziencultur vernichtet (Figur 40).

Sobald Pflanzen einer solchen Anlage in merklicher Weise zu kränkeln beginnen, sind an denselben sofort die Wurzeln zu untersuchen, woselbst sich die Schädlinge leicht entdecken lassen. In jenem Falle war zuerst versucht, den Abhang durch Kiefern=, dann durch Birken= und schließlich durch Akazienpflanzung in Bestand zu bringen. Vor den Akazien waren schon die Birken und Kiefern völlig zerstört, ohne Zweifel durch die 3 Jahre im Boden lebende bei der Entdeckung an den Akazien bereits fast erwachsene fullo=Larve. Die Nothwendigkeit einer solchen sofortigen genauen Untersuchung ergibt sich aus dieser vorliegenden Thatsache. Leichter Sandboden wird von P. fullo bevorzugt.

13. Apfelbaum.

Der Holzapfelbaum wie der wilde Birnbaum, tritt von Natur in manchen Beständen mit sehr guter Bodenbeschaffenheit, besonders im Mittel= und Plänterwald, vereinzelt in weiter Verbreitung auf. Aber auch der Culturapfelbaum wird auf solchen bevorzugten Standorten, namentlich in Auwäldern, nicht selten an den Bestandes= und Gestell= rändern künstlich angepflanzt und bildet somit einen Theil des forst= lichen Bestandes.

1. Früchte.

Die Fruchtnutzung ist bei der Anpflanzung des Culturapfelbaumes in den Beständen, wenn nicht der einzige, so doch der Hauptzweck. Denselben tritt am stärksten der allbekannte Frostspanner, Geometra (Chimatobia) brumata L. entgegen.

Ebenso bekannt ist als durchaus erfolgreiches Schutzmittel, das Anlegen von Kleberingen um die Stämme gegen Mitte des October. Als Klebestoff ist nicht der theure, schwächliche, sog. „Brumataleim", sondern guter Raupenleim (s. „Eiche", No. 3, Seite 20) bestens zu empfehlen, von dem ein einmaliger, etwa anfangs October angelegter

Strich vollkommen hinreicht, um auch die vielleicht noch zu Anfang December entstehenden Weibchen vom Ersteigen der Stämme abzuhalten. Zu unterlassen ist das überhaupt nutzlose Umbinden der zu bestreichenden Stammstellen mit Papier. Die ästhetische Rücksicht, welche bei Gartenbäumen dazu veranlassen kann, fällt hier fort, oder würde sich sogar in das Gegentheil verkehren. Außerdem ist es wenig angezeigt, auf diese Weise Wildscheuchen herzurichten. Dagegen sind die Stämme von den Unebenheiten der Rinde, Moos und Flechten zu säubern, wozu Stahldrahtbürsten (Firma: Ernst Petzold jun. Chemnitz) sich sehr eignen. Da jedoch die Frostspannerraupe auch auf manchen Waldbäumen, namentlich Hainbuche und Esche, stark frißt, so ist um so mehr auf Beseitigung aller, leicht als Brücken dienender Schößlinge und Zweige, welche über die Kleberinge hinaus den Weibchen das Erreichen der Stämme oder Zweige vermitteln können, zu achten.

Als zweiter Schädling ist der Apfelwickler, Tortrix (Carpocapsa) pomonana, hervorzuheben, dessen Raupe der „Wurm im Apfel" genannt zu werden pflegt.

Die Frühreife der wurmstichigen Aepfel bietet die Möglichkeit, durch Sammeln und entsprechende Behandlung (als Viehfutter u. dergl.) des Fallobstes, den Feind zu vermindern. Ein sofortiges Aufsammeln der vor der natürlichen Reife etwa durch einen Sturm in großer Menge herabgeworfenen Aepfel ist nicht zu unterlassen, leichtes, vor der Reife mehrfach vorgenommenes Erschüttern der Stämme bei andauernd ruhiger Luft sehr zu empfehlen.

Der Apfelstichler, Curculio (Anthonomus) pomorum, dessen auf dem Blütenboden der Knospen fressende Larve sich durch Bräunung und Nichtentfalten derselben zur Zeit der Entfaltung der gesunden Blüten leicht verräth, läßt sich durch Abpflücken solcher besetzten Knospen wohl in Gärten, dagegen kaum in den Beständen, deren Bodenunebenheit die Aufrichtung einer Doppelleiter oft nicht erlaubt, vermindern.

Es mag übrigens hier bemerkt werden, daß der in Rindenverstecken u. ä. überwinternde Käfer gar oft die Krone kletternd (nicht fliegend) zu erreichen sucht und dann auf den, bei dickem Aufstrich alsdann noch fängischen Leimringen haften bleibt. Mit Rücksicht auf diese, in Gärten mehrfach beobachtete Thatsache sind diese Ringe möglichst hoch an den Stämmen anzulegen.

Außer diesen drei Insecten leben noch manche andere, zumeist kleine (Wickler=, Spanner=) Raupen auf dem Apfelbaume, gegen welche sich in keiner Weise einschreiten läßt.

Betreffs des Ringelspinners, welcher in einzelnen Jahren in den Gärten in sehr schädlicher Menge auf den Apfelbäumen auftritt und durch die Entlaubung der Zweige die Ausbildung der Früchte verhindert, ist bei der großen Polyphagie der Raupe für diese Bäume in den Beständen weniger zu fürchten. Uebrigens sei auf „Eiche" No. 4, Seite 37 verwiesen.

2. Junge Stämme.

Als größter Feind der jungen Stämme ist der zur Winterszeit an denselben stark schälende Hase zu bezeichnen. Ohne Zweifel sind die Obstbäume der Bestände von demselben weit weniger bedroht, als die etwa in offenen Gärten, Baumschulen, an Chausseen u. dergl. in oft weithin, zumal bei höherer Schneedecke, nahrungsarmer Umgebung. Die Bestände bieten stets auch manche andere Aesung. Die Schnee=wehen häufen den Schnee daselbst nicht stellenweise so hoch an, wie das z. B. auf den Chausseen gar gewöhnlich geschieht, woselbst der Hase alsdann die noch nicht borkige Rinde der Stämme in einer ihm sonst unzugänglichen Höhe von 1 bis 1,5 m und höher zu erreichen im Stande ist. — Allein bei jungen Anpflanzungen in den Beständen hat der Forstmann doch mit dieser Gefahr zu rechnen. Umbinden der Stämme mit sperrigem Reisig, Einreiben derselben mit Speck oder ein im Spätherbst vorzunehmender Anstrich mit gutem Raupenleim bieten Schutz.

Auch das Kaninchen schält die jungen Apfelbäume mit Vorliebe. Seine weit größere, auf verhältnißmäßig engem Raume zusammen ge=drängte Anzahl steigert die von ihm drohende Gefahr. — Ob sich gegen dasselbe ebenfalls eine Speckeinreibung mit Erfolg vornehmen läßt, ist nicht erprobt. Ein dicker Anstrich mit gegen 3 bis 4 Monate klebrig bleibendem Raupenleim wird die Stämme ohne Zweifel schützen (s. „Eiche" No. 3, Seite 20).

14. Kirschbäume.

Einzeln eingesprengt in den Beständen findet sich wohl nur der Baum der Vogelkirsche (Prunus avium), nicht der der sauren Kirsche (Pr. cerasus). Manche Vögel (Heher, Krähen, Drosseln, Pirol) ver=zehren das Fleisch der reifen Früchte; die Steine (Kerne) jedoch werden durch sie als Aussaat verbreitet. Sie nutzen somit durch die Verbreitung des Baumes, dessen Holz ein hoher Gebrauchswerth zukommt.

Als einziger schädlicher Vogel muß der Kernbeißer bezeichnet werden, welcher das Kirschfleisch verschmäht und die Steine zur Erlangung des Inhaltes glatt zu spalten versteht. Staunenswerth ist oft die Menge der unter der Schirmfläche angehäuften Schalenhälften.

Mit einer seltenen Hartnäckigkeit zerstört derselbe in gleicher Weise die sehr dünnschaligen Kerne der Weichselkirsche (Pr. Mahaleb). In Gärten ist von einem Verstecke aus in kurzer Zeit durch Erlegen von 30 bis 50, meist jungen Kernbeißern aus einem Weichselkirschbaume mit einem Teschin eine ergiebige Jagd gemacht. Wo dieser Baum, wie in Süd- und Südwestdeuschland, sein natürliches Vorkommen findet, wird die genannte Vogelart durch diese Samenzerstörung auch als Waldbeschädiger bezeichnet werden müssen.

15. Hasel.

Außer den Zerstörern der Nüsse (Eichhorn, Siebenschläfer, Haselmaus, Nußheher, großem Buntspecht, den Rüsselkäfern: Balaninus nucum und venosus u. a), von denen nur gegen das Eichhörnchen (durch Abschuß) einzuschreiten ist, hat die Hasel aus der Thierwelt kaum Feinde.

Doch die Mollmaus schneidet mitunter ganze Ausschlaggruppen unterirdisch ab (s. „Eiche", No. 3, Seite 31).

Auch mag auf die Larve eines kleinen sehr gestreckten schwarzen, gelbbeinigen Bockkäfers, Cerambyx (Oberea) linearis, hingewiesen werden, welche die Ruthenspitzen der Hasel durch ihren der Markröhre folgenden Fraß tödtet. Die 3 bis 6 Blätter einer solchen Spitze beginnen bereits gegen Ende Juli zu welken und zeigen so den inneren Feind an. Nur in Gärten kann das Insect bei großer Vermehrung durch zu starkes Beschneiden der Ruthen werthvoller Haselsträuche schaden; in den Haseln der Bestände ist sein Auftreten indifferent.

Durch Abschneiden der kränkelnden Spitzen läßt es sich auch in Gärten sehr leicht zur Unschädlichkeit vermindern.

16. Roßkastanie.

Die aus dem Himalaya stammende Roßkastanie ist bei uns bereits seit 200 Jahren eingeführt, und so mag sie, wie vorhin die Akazie, zu den einheimischen Bäumen gezählt werden. Freilich gehört sie auch kaum in die Reihe der Waldbäume; sie findet so recht eigentlich ihre Stelle als Zierbaum in Parks und sonstigen Anlagen. Sie ziert jedoch auch manche Waldpartie und bietet dem Weidmann in ihren Früchten eine willkommene Wildäsung. So möge sie denn auch hier eine Stelle finden.

Das Blausieb, Cossus aesculi, (s. „Eiche", Seite 35) ist nach ihr benannt. Die äußerst polyphage Raupe dieses Holzbohrers wird jedoch gerade in dieser Holzart keineswegs häufig angetroffen.

Triebspitzen lagen unter Kastanienbäumen in auffälliger Menge umher und täglich erschienen daselbst neu abgetrennte Spitzen. In einem anderen Falle hingen vereinzelte Spitzen abgebrochen an Rindenfasern herab. — Als Thäter wurde das Eichhörnchen festgestellt und nach Abschuß des einzelnen in den Wipfeln sich umhertreibenden in früher Morgenstunde entdeckten Stückes hörte die Beschädigung auf.

Die Ahorneule, Noctua (Acronycta) aceris, bewohnt eben so stark die Kastanie, als den Ahorn. An mittelgroßen, freiständigen Bäumen verzehrt die Raupe die Blätter nicht selten bis zum starken Licht bez. fast Kahlfraß. Wenngleich diese Entlaubung als „Spätfraß" auf die Gesundheit der Bäume von kaum merklichem Einflusse sein kann, so büßen dieselben doch bereits gegen Ende Juli sehr viel von der Schönheit ihres Blätterschmuckes ein, welcher im August allmählich gänzlich verloren geht. Die nicht verzehrten Reste der arg zerfressenen Blattflächen beginnen rasch sich zu bräunen. — Leider läßt sich (s. „Ahorne", Seite 101) kaum etwas gegen dieses Insect zur Ausführung bringen.

Das Verzehren der Blätter durch den Maikäfer muß als ziemlich gleichgültig bezeichnet werden.

17. Sorbus-Arten.

Vier Arten der Gattung Sorbus finden sich eingesprengt in unseren Wäldern. Zu starken Stämmen wächst der bereits in Mittel= und Süddeutschland auftretende Speierling, Sorbus domestica, dessen Früchte als Obst einen Handelsartikel bilden, heran. Die Elsbeere, S. tormi- nalis, ebenfalls zu stattlichen, wenngleich minder starken und hohen Stämmen als die vorhergehende, heranwachsend, beschränkt ihr Vor- kommen auf Gebirgsgegenden mit Kalkboden; die Mehlbeere, S. aria, in Mittel= und Süddeutschland, bildet fast nur strauchartiges Unterholz. Die bekannteste und am weitesten verbreitete Art ist unsere gemeine Eberesche oder Vogelbeere, S. aucuparia.

Die letztere wird nicht gerade selten bewohnt von der holzbohren- den Raupe des Blausiebs, Cossus aesculi; auch benutzen zwei Splint= käfer, Eccoptogaster pruni und rugulosus, Stamm und besonders stärkere Aeste zum Unterbringen ihrer Brut; die von diesen Aesten ab- gehenden Zweige beginnen allmählich abzusterben. — Seine reifen Früchte werden, abgesehen von einigen Säugethieren (Haselmaus u. a.) von vielen Vögeln mit Vorliebe verzehrt.

Ob auch die anderen Sorbusarten dieselben Feinde oder vielleicht andere aufzuweisen haben, möchte kaum bekannt sein. Jedenfalls leidet die Eberesche wegen ihres so häufigen freien Standes, als Wegebaum, Parkbaum u. dergl., am meisten.

Die Eberesche leitet jedoch zu den zahlreichen beerentragenden, zu- meist sich kaum oder nicht zur Stangenholzstärke entwickelnden Holzarten über, denen als schützendem, den Boden deckendem Unterwuchs ein prak- tischer und als Ziersträuchern eine hoher ästhetischer, weniger ein tech- nischer Werth zukommt. Auch ihre Früchte werden im Allgemeinen von manchen Vögeln gern verzehrt. Zur gemeinsamen Darstellung des Werthes dieses „Beerenfraßes" durch Vögel mögen diese Holzarten, wenngleich für die Früchte einiger die Benennung „Beeren" botanisch ungenau, sogar unrichtig ist, unter der Bezeichnung:

18. Beerentragende Sträucher

hier zusammengefaßt und außer der Eberesche noch Traubenkirsche, Schneeball (Viburnum opulus und lantana), Hollunder (Sambucus nigra und racemosa), Faulbaum (Pulverholz), Kreuzdorn, Geis= blatt, Heckenkirsche (Lonicera xylosteum, nigra, coerulea u. a.), Epheu, Seekreuzdorn, Weiß= und Schwarzdorn, Stachel= und Johannisbeere (Ribes alpinum, rubrum, nigrum), Stechpalme, Rosen, Cornelkirsche (Cornus sanguinea, mas), Brom= und Him= beere namentlich aufgeführt werden.

Die finkenartigen Vögel (Ammern, Finken, Kreuzschnäbel, Gimpel) vernichten für die Vegetation, was sie an Sämereien verzehren. Nicht so die Drosseln, Sylvien, der Seidenschwanz, Pirol, auch unter Um= ständen rabenartige Vögel. Drosseln und Sylvien, welche sowohl wegen ihrer verschiedenen Arten, als erheblichen Individuenmenge unter diesen als die wichtigsten bezeichnet werden müssen, gehen von ihrer Thier= nahrung im Frühling und Sommer zur Beerennahrung im Herbste über. Diese Beeren werden womöglich unverletzt verschlungen. Nur die win= zigen Samenkörner der Beeren durchwandern den Darmkanal und zwar in völlig unverletztem keimfähigem Zustande. Die Keimfähigkeit zeigt sich sogar oft noch gehoben, so daß sonst überliegende Samen bereits im nächsten Frühlinge ihre Weiterentwicklung beginnen. Die größeren dagegen werden mit der in der Regel festen, oder gar lederartigen Haut der Beeren im Magen als „Gewölle" zusammengeballt und durch den Schnabel ausgeworfen und auf diese Art die betreffenden Holzarten, wie bereits unter „Kirsche" angedeutet, in den Beständen verbreitet. Das Verzehren der Beeren durch Vögel kann deshalb vorwiegend nur als eine willkommene Leistung für den Wald angesehen werden. Sie schaffen und vermehren Unterholz und Ziersträucher und nebenbei auch Remisen für das Wild und Schutzstellen für brütende Fasanen, Waldhühner und Schnepfen. Wohl nicht sehr oft wird dem Forstmann durch die auf diese Weise entstandenen Holzpflanzen die Cultur der Bestandesflächen wesentlich erschwert oder vertheuert. Doch leiden mitunter die aus dem abgefallenen Samen entstehenden jungen Pflanzen der anbauungswür= digen Holzarten durch jene (Brom=, Himbeere) an Verdämmung. Als eigentlich schädliche durch Vögel verbreitete Pflanze kann für das nörd= liche Deutschland nur die Mistel aufgeführt werden. Die Drosseln, welche von den übrigen Vögeln am meisten die Mistelbeeren verzehren, vermögen die schleimig umhüllten Kerne nicht als abgerundetes Gewölle, sondern nur vereinzelt, aber in unmittelbarer Folge auszuwerfen oder vielmehr an einem festen Körper (Ast, Zweig) mit dem Schnabel abzustreichen. An solchen Stellen haften dann, wie aufgereihte Perlen, etwa 4 bis 6 Beerenreste neben einander. Die südliche Riemenblume, Loranthus, findet ihre Verbreitung wohl in derselben Weise.

Von anderen Feinden einiger der genannten meist strauchartig bleibenden Laubhölzer müssen für **Traubenkirsche, Spindelbaum, Faulbaum, Schwarz-** und **Weißdorn** noch einige Arten der „Gespinnstmotten", Hyponomeuta, Erwähnung finden. Die durch kreideweiße, ausnahmsweise bleigraue, fein schwarz punktirte Vorderflügel ausgezeichneten Falter belegen die Blätter ihrer Nährpflanze mit Eierhaufen, aus denen bereits im Spätsommer die gelblichen oder gelbgrünlichen bis grüngrauen mit Längsreihen schwarzer Punkte besetzten Räupchen hervorgehen. Beim Aufbrechen der Knospen im nächsten Frühjahr beginnen sie sofort mit ihrem Gespinnst sich selbst und ihren Fraß zu überziehen. Sie erweitern dasselbe bis zu ihrer Verpuppung, welche in getrennten, gestreckt spindelförmigen, dichten weißen Cocons innerhalb der gemeinsamen Gespinnsthülle, vor sich geht. So sind dann schließlich die befressenen, entlaubten Zweige wie mit einem weißen durchsichtigen Schleier umhüllt.

An der Traubenkirsche gestaltet sich dieser Fraß und die Verschleierung bei Massenvermehrung der Tinea (Hyponomeuta) padella wohl zu einer großartigen Erscheinung. Vom Erdboden an bis über die etwa 10 und mehr m hohen Spitzen der obersten Zweige ist dieser Schleier ausgebreitet, im Innern kein Blattrest mehr zu entdecken, die zahlreichen Raupenfamilien haben sich bei eingetretenem Kahlfraß vereinigt und befinden sich in dicht gedrängten Cocons als kopfgroße feste, kaum zu trennende Ballen in den unteren Zweiggabeln. — Eine Vertilgung derselben ist in einem solchen Falle äußerst einfach; auch bei mäßiger Anzahl der Gespinnste lassen sich dieselben leicht entfernen.

Der Spindelbaum leidet durch den oft mehrere Jahre fortgesetzten Fraß der H. evonymella eben so stark; allein seines stets niedrigen strauchartigen Wuchses wegen bleibt derselbe unscheinbarer.

In etwas anderer Weise als bei der Traubenkirsche, aber kaum weniger imponirend, überziehen die Gespinnste der H. plumbella zuweilen in weiter Ausdehnung das Schwarzdorn-(Schlehen-)Gebüsch.

Die Art, welche auf dem Weißdorn (Crataegus monogyna und

oxyacanta) lebt, H. crataegella, verpuppt sich nicht in einem festen Cocon, sondern innerhalb des sehr durchsichtigen, in der Regel ein vereinzeltes, kahl gefressenes Gebüsch völlig überdeckenden Schleiers, spinnt sich jede Raupe einen äußerst feinwandigen, nur bei gewisser Beleuchtung leicht sichtbaren kugeligen Raum von der Größe einer starken Kirsche, in welchem die schwarze gestreckte Puppe mit ihrer Hinterleibsspitze, wie der Klöppel in einer Glocke, frei schwebend hängt.

Zeitweise treten auch andere Raupen, so die des Heckenweißlings, Papilio (Aporia) crataegi und des Goldafterspinners, Bombyx (Porthesia) chrysorrhoea, (s. „Eiche" No. 4, Seite 37) in Massenvermehrung auf dem Weißdorn auf. — Ein einzelner Fall, in welchem die Raupe des Blaukopf, Noctua caeruleocephala eine Weißdornhecke kahl gefressen hatte, gab Veranlassung, diese gänzlich indifferente Art unter die „schädlichen Forstinsecten" aufzunehmen.

Auffallend häufig erscheinen die jüngeren Schößlinge des **schwarzen Hollunders** zu Ende des Winters weithin völlig entrindet. Die Thäter waren die Röthelmaus, Arvicola glareolus, oder auch die Waldmaus, Mus silvaticus, beide sehr gute Kletterer. An sehr hoch aufgeschossenen Ruthen pflegen nur die Stellen, an denen sich die Blätter befanden, in geringer Ausdehnung entrindet zu sein. Bei der gänzlichen Unbestimmtheit des Mauseangriffs lassen sich keine Schutzvorrichtungen treffen. — In höchstem Grade auffällig ist das Schälen des („nicht schälenden") Rehwildes im Winter an den schwachen Stämmen und Schößlingen des **Traubenhollunders**. Nach den auf dem Splint zurückgebliebenen Zahnspuren ist ein solches Schälen als ein schräg seitliches (ziegenartiges) Beknabbern zu bezeichnen.

Es möge hier noch der **Besenpfriem,** Spartium scoparium angeschlossen werden, welcher freilich zumeist als culturschädliches, verdämmendes Unkraut gilt, doch auch wohl zum Schutze von Eichheisterpflanzungen lebhaft empfohlen wird. Der Hase schält mit Vorliebe seine Stämme und stärkeren Zweige, die Larve eines winzigen Rüsselkäfers (Apion onopordi) und zweier Samenkäfer (Bruchus villosus und cisti) verzehren seine Samen und an 2 bis 5 und mehr cm starken Stämmen entwickelt sich der in Größe und in seinen Sterngängen dem Hylesinus minimus ähnliche Hyl. spartii.

Wer sich für die Erhaltung und Ausdehnung dieser Zierpflanze interessirt, muß die oft ungemein stark besetzten Hülsen vor der Reife der Samen abpflücken und verbrennen lassen, sowie beim Kränkeln ganzer

Pflanzen die Stämme nach jenem Hylesinus untersuchen und event. dieselben tief abhauen und ebenfalls verbrennen oder weithin abfahren.

19. Fremde Laubholzarten.

(Juglandeen.)

In neuester Zeit sind ausgedehnte Anbauversuche mit vielen fremdländischen Holzarten vorgenommen. Aber gar bald machten sich auch Feinde bemerklich. Es seien hier nur wenige, nordamerikanische Juglandeen betreffende Thatsachen erwähnt.

Gelegten **Hikory**-Nüssen, Carya amara, ist (Revier Zöckeritz, Obf. Brecher) von den zu Anpflanzungsversuchen bestimmten Carya-Arten am stärksten und zwar durch das Eichhörnchen nachgestellt. „Mehrere Dutzend" der letzteren wurden von einem Anstande aus erlegt. Die Trümmer der Nüsse lagen auf dem Boden nesterweise; eine große Menge derselben fand sich in einem gefällten, in der Nähe am Boden liegenden hohlen Stamme zusammengetragen. Auch Mäuse hatten daselbst manche Nüsse benagt. Im Revier Hainchen (Obf. Schmied) ist als Thäter die Waldmaus, Mus silvaticus, festgestellt, welche sofort nach der Einsaat bis tief in den Sommer hinein die Nüsse von oben her aus dem Boden gescharrt, viele an Ort und Stelle bearbeitet, eine erhebliche Anzahl jedoch 50 bis 70 Schritte weit unter und in einen Steinhaufen geschleppt, im Ganzen gegen 85 Procent zerstört hatte. — In einem anderen Falle wurde die Mollmaus (Arvicola amphibius) als unterirdischer Zerstörer der Nüsse ermittelt.

Gegen das Eichhörnchen schützt nur energischer Abschuß. — Die Mäuse, nicht die Mollmaus, werden durch Gräben (Seite 12), welche unmittelbar vor der Einsaat zu ziehen sind, von den bedrohten Flächen abgehalten, bez. in denselben gefangen. Allein gegen die hoch springende und geschickt kletternde Waldmaus können dieselben nur geringe Dienste leisten. Es empfiehlt sich deshalb gegen alle hier in Frage kommenden Mausearten das Herrichten von Verstecken, etwa Reiserhaufen auf oder bei diesen Flächen und tägliche Revision derselben, um die dort versteckten Mäuse zu erschlagen, bez. durch einen Hund greifen zu lassen. Mit dem Aufbringen solcher Verstecke kann übrigens gewartet werden, bis sich die erste Arbeit der Mäuse auf diesen Kulturflächen zeigt. Werden nicht Hikory-, sondern die amerikanischen Wallnüsse Juglans nigra und cinerea zur Saat verwendet, so kann von einer von den kleinen schwachen Mäusen drohenden Gefahr wegen der außerordentlichen Dicke und Härte der Schalen abgesehen werden. Das Eichhörnchen greift auch diese, wiewohl weniger eifrig, als die dünnschaligen Hikory= oder unsere einheimischen Wallnüsse an. Mit dem Abschuß sollte nicht bis zum Erscheinen einzelner Individuen auf den betreffenden Culturflächen gewartet, sondern in der Umgebung derselben schon lange vorher vorgegangen werden. Das den Wald freilich sehr angenehm belebende Eichhorn, ein Nagethier, dessen eigentlicher Aufenthalt die Baumkronen bilden, von dessen Nahrung Blätter wie Nadeln gänzlich ausgeschlossen sind, welches dagegen die Samen der hartschaligen Früchte bez. der Nadelholzzapfen in erster Reihe, außerdem Baumknospen und Rinde verzehrt, eine Menge Vogelnester zerstört, überhaupt im Walde nur Unfug treibt, darf sich im Interesse des Forstschutzes in den Beständen nicht zahlreich vermehren. Die leider nur zu oft, wie hier bei den Hikorynuß=Saaten, beobachtete Thatsache, daß es sich in seinen Individuen nach isolirten Flächen, auf denen ihm eine beliebte Nahrung in Menge geboten wird, aus der Umgegend zusammenzieht, ja nach solchen Stellen (reichlich zapfentragenden Arvenbeständen u. v. a.) in Menge auswandert, fällt für die Beurtheilung seines negativen Werthes sehr stark ins Gewicht. Was die Ratte im Hause, ist das Eichhorn im Walde.

An vierjährigen gutwüchsigen Caryen trat Strophosomus coryli im Choriner Revier durch Zerstören der Knospen und Benagen der jüngeren Triebe als sehr bedeutsamer Schädling in großer Menge im Frühlinge auf.

Abklopfen und Sammeln ließen eine große Anzahl dieses Rüsselkäfers für die Zukunft unschädlich machen. Allein es erschienen noch längere Zeit hindurch stets neue Individuen und die erbeuteten hatten schon vor ihrer Vernichtung erheblich geschadet. Durchaus zweckmäßig dagegen ist das früh im Frühlinge vorzunehmende Anlegen von Leimringen (s. „Eiche" S. 23) tief um die einzelnen Stämme.

Schließlich sei noch bemerkt, daß sowohl die zum Keimen klaffenden Nüsse als die Keimpflanzen der Carya alba durch Elaterenlarven (s. Seite 18) erheblich litten.

Von einem ernsten Angriffe fremder **Wallnuß=Arten** durch Thiere liegt nur ein durchaus vereinzelter Fall aus demselben Reviere (Zöckeritz, Reg. Bez. Merseburg) vor. Allein derselbe erscheint wichtig genug, allgemeiner bekannt zu werden, da der Feind eine 4 jährige, gutwüchsige

Pflanze der Juglans nigra durch starken Holzfraß am Wurzelanlauf des Stammes vernichtete und bei der Neuheit der Versuche, diese Holzart sowie die verwandten für unsere Reviere zu erziehen, ähnliche Fälle, vielleicht sogar zahlreiche, auch anderswo auftreten können. Es ist (Fig. 41) eine Bockkäferlarve, die Art noch unbestimmt, und auch der Wunsch zur Ausfüllung dieser Lücke möge die Erwähnung des Falles rechtfertigen. Die, leider in stark verletztem Zustande hier anlangende Larve erinnert durch ihre Größe an die eines größeren Rhagiums, allein diese entwickeln sich im Baste abgestorbener Stämme und der Stöcke, nicht aber wie hier im Holze frohwüchsiger junger Pflanzen. Im inländischen Wallnußbaume Juglans regia, der überhaupt äußerst wenige Insectenarten ernährt (die mächtige Raupe des Cossus ligniperda durchfrißt zuweilen das werthvolle Stammholz mit ihren starken Gängen), lebt aber die Larve eines kleineren Bockkäfers, Cerambyx (Mesosa) curculionoides L.; an diese, freilich recht seltene Art könnte hier gedacht werden, obschon sie für die Größe des Käfers etwas zu stark erscheint.

Es stellten sich ferner an den Blättern der Juglans nigra mehrere Wicklerraupen ein, aus deren Puppen Tortrix crataegana

Fig. 41.   (Natürliche Größe.)

und diversana in vielen Exemplaren sich entwickelten. Ohne Zweifel werden auch andere polyphage Arten unserer gemeinen Laubholzwickler und Kleinfalter, vielleicht auch Spanner auf diese neuen fremden Holzarten übergehen.

Ein zeitiges Absuchen bez. Zerquetschen solcher Raupen läßt sich bei der noch verhältnißmäßig geringen Anzahl dieser Pflanzen und ihrer geringen Höhe unschwer ausführen.

Die Menge dieser Wicklerraupen läßt vermuthen, daß diese fremden Wallnußarten weit mehr Raupen als Futterpflanzen dienen werden als unsere J. regia, auf der sich in einzelnen Fällen nur der Schwammspinner in Menge zeigt. — Es möge hier schließlich noch erwähnt sein, daß die Wallnüsse am Baume von einem Wickler, Tortrix splendana, befallen werden. Es gehörten diese wurmstichigen Nüsse der großen dünnschaligen Varietät an.

B. Nadelhölzer.

1. Kiefer.

Die Kiefer (gemeine Kiefer, Waldkiefer, Föhre, Forle, Forche, Pinus silvestris) erleidet von sämmtlichen Holzarten die zahlreichsten und verschiedenartigsten Beschädigungen durch Thiere. Kein Alter, kein Theil derselben ist davon ausgenommen. Manche dieser Angriffe werden ihr auf armem Sandboden verderblich, welche sie auf besseren Stand= orten zu überwinden vermag.

Fig. 42. Eichhorn=
Kiefernzapfen.

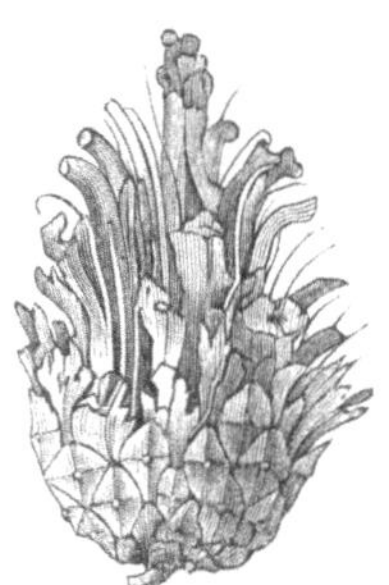

Fig. 43. Buntspecht=
Kiefernzapfen.

1. Zapfen.

Der größte Kiefernzapfenfeind ist das Eichhörnchen, dessen Thä= tigkeit sich an der Menge der unter der Schirmfläche der Zapfenbäume am Boden liegenden Schuppen und zernagten Spindeln ermessen läßt. Es nimmt die Zapfen bereits im August des ersten Jahres.

Auch der große Buntspecht, Picus maior L., zerstört alljährlich eine sehr große Menge Zapfen, welche er zum Aufmeißeln entweder in von ihm oft passend hergerichtete Borkenrisse klemmt, oder auf einem horizontalen Aststummel mit den Zehen festhält. Ihre Schuppen zeigen sich in der Spitzenhälfte der Zapfen zu feinen Längsfasern zerschlagen; die Spitze selbst bleibt, wie die Stielhälfte, unberührt. Da der Vogel die von den Zweigen gebrochenen Zapfen aus der Umgebung nach einer bestimmten Stelle („Spechtschmiede“, „Hobelbank“) zum Aufschlagen zusammenträgt, so häufen sich diese „Spechtzapfen“ unter einzelnen Bäumen in großer Menge an.

Nicht minder bearbeitet der (dickschnäblige) Kiefernkreuzschnabel, Loxia pityopsittacus L., die Zapfen, indem er, um zu den Samenkörnern zu gelangen, die Schuppen an der Basis der Zapfen, theils einzeln, zumeist jedoch partieenweise aus der Achsel bricht. Da derselbe sich in kleinen enge zusammenhaltenden Flügen auf den Zapfenbäumen einstellt, so bedecken auch diese „Kreuzschnabelzapfen“ oft den Boden unter den betreffenden Baumkronen. Solche Flüge, welche sich in manchen Gegenden jedoch nur in ganz vereinzelten Jahren einfinden,

Fig. 44. Kiefernkreuzschnabel-
Kiefernzapfen.

Fig. 45. Mause-
Kiefernzapfen.

befallen zumeist freistehende starke Kiefern, namentlich Ueberständer, doch auch sehr gern Randbäume, und treiben sich dann wohl wochenlang auf wenigen Jagen umher.

Außer den vorgenannten finden sich in den Beständen gar oft noch Mause-Kiefernzapfen (Fig. 45). Die Schuppen werden bis auf das Basisdrittel, soweit, daß die Nager die Samenkörner zu ergreifen im Stande sind, zaserig quer abgenagt. Während jene sämmtlich zerstreut, bez. gehäuft frei auf dem Boden liegen, pflegen diese unter Kloben- und Reiserhaufen, oder in Mauseröhren zusammengeschleppt zu sein. Mus silvaticus und Arvicola arvalis wurden als Thäter festgestellt. — Eine wirthschaftliche Bedeutung kommt diesem Fraße nicht zu, da die Mäuse wohl nur die aus irgend einem anderen Grunde vorzeitig herabgeworfenen und somit für die Ansamung werthlosen Zapfen zernagen.

Die drei erstgenannten Thierarten vernichten dagegen eine große Menge gesunder und bestausgebildeter Zapfen. Eine spärlichere Ansamung und demnach spärlicherer Aufschlag, dem Forstmann als Wildlingsballenpflanzmaterial oft sehr werthvoll, ist davon die Folge. Ferner vermindern sie den Zapfensammlern ihre Ausbeute. Auch dort, wo nicht besondere Arbeiter das Ersteigen der Kronen und Sammeln vornehmen, pflücken die Frauen und Kinder der mit dem Fällen der Altbestände beschäftigten Waldarbeiter während der Mittagspause derselben von den Kronen der eingeschlagenen Stämme die Zapfen zum Verkaufe. Ohne diese Feinde würden die Darren mehr und in größerer Anzahl bestentwickelte Zapfen erhalten.

Das so unbegrenzt vielseitig schadende Eichhörnchen ist abzuschießen. — Ein genügender Abschuß des großen Buntspechts würde den Kiefernwald eines ästhetisch sehr bedeutsamen Vogels berauben, dem gegenüber der immerhin nur geringe wirthschaftliche Nachtheil erträglich erscheinen muß. — Der Kreuzschnabel zeigt sich freilich so wenig scheu, daß ein kleiner Flug von etwa 10 bis 12 Stück bis auf einen geringen sich empfehlenden Rest in kurzer Zeit erlegt werden kann. Allein, es stellen sich in den einzelnen Jahren, in denen diese Art in Kiefernrevieren überhaupt erscheint, in der Regel mehrere solcher Trupps ein, der eine würde den andern rasch ersetzen, der Knallerei würde kein Ende sein und die Aufwendung von Zeit und Munition in keinem Verhältniß zu dem Erfolge stehen.

Als vierter Kiefernzapfenfeind ist ein Rüsselkäfer, Curculio (Pissodes) validirostris (strobili Redt.) längst bekannt, aber unter unrichtiger Bestimmung als C. notatus in die forstliche Insectenkunde ein- und über 50 Jahre weiter geführt. Er ähnelt letzterem freilich fast zum Verwechseln. An den abgerundeten Ecken des Halsschildes wird man ihn auch ohne weitere Vergleichung leicht erkennen können. Er entsteht im Herbst und wird, nach dem Verhalten des notatus zu schließen, nicht sofort die diesjährigen, sondern nach Ueberwinterung die dann fast ein Jahr alten Zapfen mit je einem Ei belegen. Nach sicheren Erfahrungen der letzten Jahre entwickelt er sich zahlreich in den Zapfen niedriger, sperriger, krüppeliger, auf armem Sandboden raum stehenden Kiefern. Außer den großen allbekannten „Fluglöchern" finden sich an den wurmstichigen, oft einseitig verkrümmten, und mit Harzstellen bedeckten Zapfen auch wohl weitaus kleinere. Diese stammen von Schlupfwespen, deren Larven in der Rüsselkäferlarve parasitirte.

Außer einem Ablesen der verkümmerten, zurückgebliebenen, harzfleckigen Zapfen von jenen sperrwüchsigen Kiefern vor Ende August läßt sich kein Mittel zur Verminderung des Insectes empfehlen. Die im Herbst herabgefallenen, am Boden in den wüchsigen Beständen liegenden wurmstichigen Zapfen zeigen durch das Flugloch bereits die Entweichung der reifen Larven an.

2. Samenkörner.

a. Am Aufbewahrungsorte.

Als freilich vereinzelte, aber keineswegs seltene Erscheinung muß das Auftreten einer winzigen, weißlichen Zünsler-Raupe, die der Pyralis (Ephestia) elutella*), in der oberen Schicht von Kiefernsamen, welcher in Gebäuderäumen längere Zeit aufbewahrt wurden, bezeichnet werden. Die sehr polyphage Raupe nährt sich von sehr verschiedenen trocknen pflanzlichen Gegenständen: Herbariumpflanzen, Heu, trocknem Brode, getrockneten Pflaumen u. dergl. m. Der Name „Kiefernsamen-Zünsler" (=„Motte") würde nur unter ausschließlicher Berücksichtigung der forstlichen Interessen als zutreffend erachtet werden können. Der Fraß des einzelnen Räupchens höhlt mehrere Samenkörner aus, welche alsdann als leere leichte Hüllen durch sehr geringe Gespinnstfäden lose zusammenhängen. Bedecken dieselben größere Theile der Oberfläche eines Samenhaufens, so lassen sie sich wenigstens theilweise abheben. In Kammern, auf Bodenräumen u. a. mit stagnirender Luft vermehrt sich das Insect am stärksten.

Zur Verhütung größeren Schadens ist der Same in Räumen mit starker Zugluft aufzubewahren. Häufiges Umstechen desselben tödtet die bereits vorhandenen Raupen bez. verhindert ihre Entwickelung zum (schmalflügeligen, grauen oft schwach zu röthlichgrauer Färbung neigenden, fast zeichnungslosen) Falter.

b. Auf Saatflächen.

Den auf Beten u. dergl. freiliegenden Samen lesen eifrigst Finken (Buchfinken, auch Kernbeißer), Meisen und die Turteltaube auf. Auch die nicht vollständig bedeckten Körner werden aufgepickt. Die Vögel folgen dabei den Saatreihen und die Turteltaube verwirft mit dem Schnabel die schwache Erdbedeckung, um zu dem Samen zu gelangen. Dieser Fraß dauert an, solange die

---

*) Ratzeburg glaubte in ihr eine „Motte" erkennen zu müssen, hielt sie für noch unbeschrieben und nannte sie Tinea Hageniella.

3. Keimlinge

noch in der Testa stehen.

An Scheuchen, sogar an mit eingeschlungenen Federn versehene über die Saatbete gezogene Fäden gewöhnten sich die Vögel bald. Gegen die Finken mußten diese Bete etwa 6 Wochen lang vom frühen Morgen bis zur Abenddämmerung durch Wachen, gegen die Turteltaube durch Abschuß geschützt werden. In den letzten Jahren wurde eine Behandlung des angefeuchteten Samens mit Mennig vor der Aussaat erprobt. Die Mennige haften so sehr auf der äußeren Schale, daß die Testa bis zum Abfallen von den Cotyledonen die hellrothe Farbe behält. Es scheint, als wenn dieser rothe Ueberzug die Körner, wie die Keimlinge, den Finken als Nahrung unkenntlich macht, und deshalb deren Angriff verhindert. In der That erscheinen beim Aufkeimen des Samens die Saatreihen wie mit kleinen rundlichen Ziegelstückchen dicht bestreut. Nicht selten verzehren allerdings einzelne Buchfinken etwas Mennigsamen, jedoch ohne wirthschaftliche Bedeutung, sowie ohne Nachtheil für ihr Wohlbefinden. Ob die Turteltaube sich täuschen und abhalten läßt, ist vielleicht noch nicht festgestellt. Dagegen schützt gegen ihren Angriff ein dichtes Bestreuen der Bete mit Fichtennadeln (vom Fichtendeckreisig abgefallene Nadeln haben sich vollständig bewährt).

Die zarten Wurzeln der Keimlinge werden von den Larven mancher Insecten benagt, z. B. der Schnaken, Tipula, von denen flavolineata und crocata als Schädlinge festgestellt sind, Fliegen, Stratiomyia ruficeps, junge Elateren- und Melolonthidenarten. Allein keine dieser Arten ist einzig oder in besonderem Grade auf diese Nahrung angewiesen. Sie nähren sich von den mannigfachsten Krautwurzeln und somit auch zuweilen von noch krautartigen Kiefernkeimlingen. Im Allgemeinen treten sie an denselben, zumal auf den, durch die vorhergegangene Bodenbearbeitung und Reinigung gesäuberten Saatbeten nicht häufig auf.

Bei der Unmöglichkeit, das Erscheinen dieser Schädlinge rechtzeitig in Erfahrung zu bringen, oder auch nur zu vermuthen, ist zum Schutze der Keimlinge nur tiefe Bodenbearbeitung (Rajolen) der Bete und Auflesen der bei dieser Arbeit aufgedeckten Larven, sowie Vermeidung von Düngung mit Stoffen (Compost u. dergl. siehe „1jährige Pflanzen"), in denen sich derartige schädliche Larven befinden, zu empfehlen. Wird der Wurzelfraß durch oberirdisches Kränkeln oder Absterben der Keimlinge bemerkbar, so sind zur Verhütung weiterer Beschädigungen die Larven durch Nachgraben zu sammeln und zu vernichten.

4. Einjährige Pflanzen.

Die Larven der eben erwähnten Dipteren greifen die dem Keimlingsalter entwachsenen Pflanzenkeime kaum mehr schädlich an. Zerstörend dagegen wirken mehrere andere Arten.

Die Raupen zweier Ackereulen (s. „Buche", No. 2, b. Seite 53), Agrotis vestigialis Hf. (valligera Ol.) und tritici L. haben auf leichtem Sandboden, z. Th. gemeinsam, sowohl auf Saatbeten, als auf großen neubepflanzten freien Flächen durch ihren nächtlichen Fraß eine große Menge Pflanzen vernichtet und zwar zumeist durch Abbeißen des Stengels unmittelbar an oder nur sehr wenig unter der Oberfläche. Der Kopf der Pflanze liegt alsdann zumeist neben dem Wurzelstumpf. Die Engerlinge schneiden tiefer ab. Der Fraß beider ist hierdurch recht charakteristisch verschieden.

Die Falter fliegen in der ersten Augusthälfte; die Saatbete sind folglich vor dem Ablegen der Eier durch rechtzeitige Beseitigung von allem Krautwuchs zu schützen.

Auf gänzlich nackten Flächen werden keine Eier abgelegt. Ist eine solche Kampreinigung vor August nicht vorgenommen, so ist tiefe Bodenbearbeitung (Rajolen) sehr zu empfehlen, wodurch die Eier bez. die jungen, bereits zu Anfang September ausfallenden Räupchen in eine für sie verderbliche Bodentiefe gelangen. Der Fraß der Raupen äußert sich oberirdisch erst im nächsten Frühling, etwa in der letzten Hälfte des Mai. Alsdann sind die einzelnen Fraßstellen in den Saatreihen nach den flachliegenden Raupen zu untersuchen. Auf den Pflanzflächen hat sich bewährt, den Sand um die einzelnen angegriffenen Pflanzen durch die Finger rieseln zu lassen, wobei dann die Raupen leicht entdeckt werden. Man greift dabei am zweckmäßigsten mit der Hand so in den Sand, daß die Pflanze zwischen Zeige- und Mittelfinger genommen wird. Zweijährige Pflanzen sind einer irgend erheblichen Beschädigung durch Ackereulenraupen bereits entwachsen.

Zum Verwechseln dieser Beschädigungsweise ähnlich ist die Vernichtung einjähriger Kiefern durch zwei Opatrum-Arten: sabulosum und gibum, sowie durch den Angriff des großen braunen Rüsselkäfers, Hylobius abietis. Von allen drei Käferspezies werden diese zarten Pflanzen unmittelbar über dem Erdboden abgeschnitten. Die braunen benadelten Spitzen liegen auch hier neben dem Stumpf.

Gegen die Opatrinen, deren verderblicher Fraß erst jüngst aus Ostpreußen bekannt wurde, läßt sich bis jetzt kein Mittel empfehlen. Ueber Hylobius abietis s. „5. Aufwuchs".

Es liegt eine längere Reihe von Fällen vor, in denen junge, zumeist einjährige Nadelholzpflanzen, und unter diesen besonders Kiefern, von Schnellkäfer= (Elateren=)Larven (s. „Eiche", No. 2d, Seite 18) durch Wurzelfraß schnell zum Absterben gebracht sind.

In mehreren derselben ließ sich nachweisen, daß diese „Draht= würmer" mit dem zur Düngung der Bete verwendeten Compost auf dieselben gebracht waren, da sie beim Auseinanderwerfen und Aufbringen dieses Dungmaterials vielfach von den Arbeitern und Forstbeamten ge= sehen, aber nicht weiter beachtet waren.

Die große Polyphagie dieser, bei einer solchen mit einiger Auf= merksamkeit vorgenommenen Arbeit kaum zu übersehenden Larven er= mahnt zur größten Vorsicht, wenn überhaupt zur Pflanzenerziehung eine solche Düngung stattfinden soll. Zeigen sich dieselben in einzelnen Exem= plaren schon bei dem gröberen Zertheilen der Haufen, so muß die von ihnen drohende Gefahr als eine erhebliche erkannt und der Compost von der sofortigen Verwendung ausgeschlossen oder mit Reisig durchsetzt ver=

Fig. 46.   (⁶/₁ nat. Gr.)

brannt und erst dann auf die Bete gebracht, oder aber vortheilhafter, weil ohne Verlust des Stickstoffs, mit Kalk gemischt und erst nach einem Jahre verwendet werden.

In dem ostpreußischen Dünenbezirk Rositten ging eine große Anzahl einjähriger, einen Monat vorher gepflanzter Kiefern, welche bereits lebhaft getrieben hatten, ein. Die Nachsuche ergab einen erheblichen Wurzelfraß durch einen kleinen schwarzen Käfer, eben= falls ein Opatrum, die kleinste Art tibiale Fab., von welchem sich in einer Tiefe von 5 bis 10 cm eine erhebliche Menge (bis zu 15 Stück auf einem Platz) in der unmittelbaren Umgebung der Wurzeln befand (Fig. 46). Fernere Erfahrungen über die Lebens= und Entwickelungsweise auch dieses Opatrinen müssen die vorstehende Thatsache wesentlich ergän= zen, bevor eine Empfehlung von Gegenmitteln möglich ist. Bis jetzt steht nur fest, daß sich das Vorkommen des Käfers auf sandige Flächen be= schränkt und auch dort vielfach constatirt ist, woselbst die Kiefer fehlt. Derselbe, sowie seine Larve ist folglich nicht an diese Holzart gebunden. Zu Nachbesserungen auf durch ihn beschädigten Flächen würden vielleicht ältere, etwa zweijährige Pflanzen, am besten wohl Ballenpflanzen, sich eignen.

Bei irgend einer Holzart muß eingehend vom Engerling, der

sehr polyphagen Larve des „Maikäfers", der beiden Arten Melolontha vulgaris und hippocastani, dem von allen waldschädlichen Insecten größten Schädling, die Rede sein. Der Grund, weshalb er auf den Kiefernkulturflächen am zahlreichsten und verderblichsten aufzutreten pflegt, ist wohl in dem ihm am meisten zusagenden leichteren Sand= boden, auf welchem eben die Kiefer angebaut wird, zu suchen. Sein zerstörender Fraß beschränkt sich bekanntlich durchaus nicht auf die hier in Rede stehenden einjährigen Pflanzen; 10= bis 15 jährige werden noch von ihm getödtet, sogar in noch höherem Alter eine Menge von Holzarten durch Benagen der Wurzeln arg geschädigt. Das Alles ist vollauf bekannt; auch bedarf sein Fraß keiner näheren Beschreibung. Um so eingehender sind dagegen die im forstlichen Interesse auszuführen= den Schutz= und Vertilgungsmaßregeln hier zu erörtern, denn die natür= lichen Gegenmittel fallen gerade bei ihm nur wenig in die Wagschale. Es werden freilich manche Maikäfer durch Säugethiere (Fledermäuse, auch Fuchs u. a.), sowie durch Vögel vernichtet und so deren Enger= lingsnachkommen durch diese vermindert. Zahlreiche auf beschränktem Raume brütende Staare können in freilich leider auf nur beschränktem Umfange Erhebliches leisten. Mehr als manche von den in der Regel aufgeführten Vogelarten vertilgt der, leider nur sehr vereinzelt auftretende Waldkauz; seine Gewölle bestehen zur Flugzeit, der Käfer fast nur aus deren Panzerfragmenten. Auch verzehrt der Maulwurf manchen Enger= ling, scheint jedoch Regenwürmer vorzuziehen. Ob alle Lobpreisungen der Saatkrähe wegen ihrer Engerlingsvernichtung stets vollbegründet sind, mag dahin gestellt bleiben. Von Epidemien (Verpilzungen), welche oft unzählige Raupen wie mit einem Schlage ergreifen und vernichten, ist bei den Engerlingen nur in einem einzigen Falle etwas bemerklich geworden. Wochenlang anhaltende Ueberstauungen werden erfahrungs= mäßig von den Engerlingen im Boden ohne Nachtheil ertragen. Es kann daher nicht befremden, wenn in den dem Engerling überhaupt günstigen Gegenden, wie z. B. in den sandigen Ebenen des nordöst= lichen Deutschlands, die Engerlings=Calamität in Permanenz bleibt. Zur Verminderung derselben müssen deshalb künstliche Gegenmittel an= gewendet werden. Als solche sind zu nennen

1. das Sammeln der Maikäfer.

Ohne Zweifel ist das Vernichten der Käfer vor ihrer Eierablage weit wichtiger als das der Engerlinge. Das erste verhindert bei jedem einzelnen (weiblichen) Stücke das bereits nach wenigen Wochen erfolgende

Entstehen von 60 bis 80 Larven. Die Larven dagegen pflegen erst
dann zur Vertilgung zu kommen, wenn ihr Fraß sich bereits äußerlich
an den befallenen Pflanzen bemerklich macht, folglich nach schon einge=
tretener Beschädigung. Eine Vermehrung des Feindes tritt günstigsten
Falles (Vernichtung von erwachsenen Larven) ferner erst nach einem, in
der Regel nach 2 oder gar 3 Jahren ein. Das Sammeln der Larven
erfordert unvergleichlich mehr Opfer an Arbeit und Kosten als das der
Käfer. Es lassen sich wahrlich weit leichter etwa 100 weibliche Käfer
als 5000 Larven (die Nachkommen von etwa 100 Käfern) sammeln und
vernichten. Auf das Sammeln der Käfer ist folglich das größte Ge=
wicht zu legen.

Der Käfer ist mit seinem Fraße bekanntlich auf eine Anzahl von
Laubholzarten und die Lärche beschränkt. An diesen Fraßstellen findet
auch die langdauernde Begattung statt. Gebüschholzpflanzen werden
nur schwach besucht, Nadelhölzer und Krautpflanzen bleiben im Allge=
meinen (etwa Raps ausgenommen) frei. Auf jenen verweilen die In=
dividuen einige wenige Tage, bevor die Weibchen zum Ablegen ihrer
Eier von dort abschwärmen. Da jedoch die letzteren nur allmählich zur
Legereife gelangen, so legen jene die Eier partienweise zu je etwa 12
bis 30 Stück ab und verweilen ohne Zweifel in den zum Heranreifen
der je folgenden Eierpartie nothwendigen Pausen wiederum an den
Fraßstellen. Von den Laubhölzern werden Eiche, Ahorn, Birke, Buche,
Hainbuche, Weide, Pappel bevorzugt. Ein Sammeln der Käfer kann
deshalb nur dort von wirthschaftlichem Erfolge sein, woselbst sich diese
Holzarten und zwar in nicht zu starken und zu hohen Exemplaren und
außerdem nicht als Bestände, sondern nur mehr oder weniger vereinzelt
oder gruppenweise in Nadelholz= (Kiefern=) Revieren vorfinden. Diese
Bedingungen bieten sehr viele Kiefernreviere, zumal auf ärmeren, für
ein üppiges Gedeihen der anspruchsvolleren Laubhölzer zu armen Sand=
böden, in ausreichender Weise. Bald stehen vereinzelte Birken, Eichen,
Aspen in Kiefernstangenorten eingesprengt, bald besetzen sie die Ränder
der Nadelholzbestände, bald tritt Buchenunterwuchs auf den Flächen
der Altholzbestände auf, bald durchziehen lange Reihen von Chaussee=
oder Allee=Pappeln und Ahornen die laubholzlosen Kiefernbestände, bald
erheben sich einzelne Birken oder Buchen auf den Kiefernculturflächen
weit über den Jungbestand, bald sind schmale Gassenhiebe auf den besten
Kiefernböden im Kiefernaltholze mit Eichheistern ausgepflanzt u. dgl. m.
In allen solchen Fällen bilden diese Laubhölzer zur Flugzeit des Käfers

die Sammelstellen für eine äußerst große Menge desselben. Je freier sie stehen, desto stärker werden sie von allen Seiten angeflogen und nicht selten so zahlreich von den Käfern besetzt, daß die Zweige von der Last derselben sich herabbiegen. Grenzen mit Buchen unterwachsene Kiefern= baumholzbestände an größere freie (Cultur=) Flächen, so ist dieser Unter= wuchs an den Rändern bedeckt mit Käfern, letztere ziehen sich in ab= nehmender Menge bis etwa 200 Schritt weit in den Altholzbestand hinein und finden sich von da ab nur mehr vereinzelt an dem Buchen= laube. Solche „Sammelbäume" sind beim Abtriebe der Kiefernbestände in passender Auswahl zu schonen und auf den neu begründeten Culturen zu erhalten, event. auf den Culturflächen oder an deren Rändern für den Sammelzweck eigens zu pflanzen. Bei der Auswahl der Holzarten darf auch die Frostempfindlichkeit derselben nicht unberücksichtigt bleiben. So ist in dieser Hinsicht z. B. die Birke und Hainbuche der Rothbuche vorzuziehen. Durch Spätfrost stark mitgenommene Buchen haben ihre Anziehungskraft für die Maikäfer gänzlich verloren. — Es verdient noch das zeitlich verschiedene Ergrünen der verschiedenen Lieblingsholz= arten des Käfers für die Förderung des Sammelns besonders hervor= gehoben zu werden. So waren im laufenden Jahre (1888) die Birken in unseren Eberswalder Kiefernbeständen belaubt und stark mit Käfern besetzt, als die Eichen noch keinen grünen Schein zeigten. Als aber die Blätter dieser sich kaum halb entfaltet hatten, gingen die sämmt= lichen Maikäfer auf die Eichen über. Die Sammler hätten somit zu= nächst nur die Birken und dann einzig die Eichen zu berücksichtigen. Findet sich Gelegenheit, bei den wirthschaftlichen Maßnahmen Maikäfer= Sammelbäume zu erhalten oder gar dieselben bei oder auf den Neu= culturflächen zu pflanzen, so ist eine Rücksichtnahme, wie auf die Frost= härte, so auch auf diese zeitliche Verschiedenheit der Belaubung der betreffenden Holzarten sehr angezeigt. — Das periodische Auftreten der Maikäfer in Masse ermöglicht eine zweckmäßige Vorbereitung zu ihrer Vertilgung. Der Forstschutzbeamte hat sich diese Perioden für seinen Bezirk genau zu merken. Unter dem Einfluß ungewöhnlicher Witte= rungsverhältnisse verschieben sich dieselben an manchen Stellen, sowie ja schon der Temperaturunterschied von Süd= und Norddeutschland dort eine 3=, hier eine 4 jährige Flugperiode zur Folge hat; in einzelnen ostpreußischen Revieren ist sogar eine 5 jährige Periode constatirt. Die beiden Spezies, Melolontha vulgaris und hippocastani fliegen an manchen Orten zusammen, an anderen fällt das Schwärmen der einen

in die Zwischenzeit der anderen. Nicht selten tritt ein solches in ver=
schiedenen Schutzbezirken desselben Reviers in verschiedenen Jahren ein.
Die allerdings nicht häufigen „Augustflüge" deuten ein solches Ver=
schieben der Erscheinungszeit an. Auch ist darauf zu achten, ob die
Individuen in dem Vor= oder Nachflugjahre häufig, vielleicht häufiger
als in den letzten Perioden, und an welchen Oertlichkeiten auftreten.
Auch dieses bietet einen bedeutsamen Wink für eine zu erwartende
stärkere Verschiebung der Flugperioden. Alte Ueberlieferungen, z. B.
die, daß die Flugzeit stets in die Schaltjahre fällt — eine für die
Umgegend von Eberswalde früher richtige, jetzt aber seit etwa 10 Jahren
an Ausnahmen recht reiche Thatsache —, können zur falschen Sicherheit
führen. Gewissenhafte Beobachtungen und Aufzeichnungen sind in dieser
Hinsicht unerläßlich. — In der so gewonnenen sicheren Erwartung der
im nächst bevorstehenden Mai schaarenweise schwärmenden Käfer sind
die entfernteren Sammelvorrichtungen bereits zur Winterszeit zu treffen.
Sie bestehen in der Entfernung von hohen Krautpflanzen, Gestrüpp,
Aus= und Aufschlag in der unmittelbaren Umgebung der Sammelbäume,
da ohne diese Säuberung die durch Anprällen herabgeworfenen Käfer
am Boden weder rasch noch in ausreichender Menge aufgelesen, auch
daselbst Pläne zum Auffangen derselben nicht unbehindert und glatt aus=
gebreitet werden können. Es wird sich empfehlen, einzelne Bäume,
welche sich nicht absammeln lassen oder von den Hauptsammelstellen zu
weit entfernt stehen, sofern die waldbaulichen Interessen dadurch nicht
beeinträchtigt werden, im Winter einzuschlagen. Als nähere Vorbe=
reitung sind die zum Sammeln nothwendigen Sachen herzurichten und
in Bereitschaft zu halten. Zum Anprällen dient die Rückseite einer
Axt, zur Verminderung der Stammquetschwunden eine Umwickelung
derselben mit haltbaren Stoffen, oder Umnähen mit gepolstertem Leder.
Sehr zweckmäßig wird für diesen Zweck ein etwa 1 m langer bogiger
Eisenblechstreifen (Stück eines eisernen Tonnenreifs) verwendet, dessen
Mitte eine solche Schutzvorrichtung trägt. Mit diesem Streifen umfaßt
ein Arbeiter den anzuprällenden Stamm so, daß das Schutzpolster fest
der von ihm abgewendeten Stammseite in bequemer Höhe anliegt.
Ein zweiter führt auf diese Stelle 2 bis 3 Hiebe mit dem Axtrücken.
Ist der Stärke der Sammelbäume wegen ein erfolgreiches Anprällen
ausgeschlossen, so müssen entsprechend lange Stangen mit kurzer Gabel
an der Spitze zum Erschüttern der erreichbaren Aeste und Zweige in
Bereitschaft gehalten, beim Absammeln von Chaussee= und sonstigen

Wegebäumen können zweckmäßig Leitern zu Hülfe genommen werden. Diese Erschütterungen sind durch kurze Stöße von unten nach oben zu bewirken. „Eishaken" dienen diesem Zwecke ausgezeichnet. Gleichfalls ist für Herrichtung von „Sammelbehältern" Sorge zu tragen. Als solche empfehlen sich besonders kleinere Säcke oder Beutel von bestimmter Größe, welche bis auf eine kleine Oeffnung, in welche ein zu verkorkender Flaschenhals fest angebracht ist, zugenäht werden. Nach einmaliger Auszählung des Inhaltes dient die Größe der Beutel zur ferneren Bestimmung der gesammelten Käfermenge. Sollte an den einzelnen Sammelstellen bald der größere M. vulgaris, bald der kleinere hippocastani annähernd unvermischt auftreten, so ist diese Auszählung für jede Art vorzunehmen. Außerdem muß selbstredend ein Schiebkarren zum Transport der Geräthschaften und Ausbeute zur Hand sein. — Zum Anprällen ist ein kräftiger Mann erforderlich; Frauen und Kinder führen das Auflesen aus. Jenen Eisenblechreifen legt eine Frau um und an die Stämme. Die Sammler sind anzuweisen, beim Anprällen ihren Blick auf den Boden bez. einen bestimmten Theil des Bodens zu richten. Nur plötzlich erschütternde, zitternde Bewegungen sind zu erzielen; beim Hin= und Herschwanken der Zweige fallen die Käfer weniger leicht und werden gar oft weit über die Schirmfläche der Kronen hinweggeschleudert. Beim Beginn der Schwärmzeit erscheinen zunächst nur vereinzelte wenige Individuen und außerdem weit mehr männliche als weibliche Käfer, erst nach einigen Tagen gleicht sich das Verhältniß der Geschlechter aus, um sich von da ab zu Gunsten der weiblichen wieder zu verschieben. Das Sammeln wird somit am zweckmäßigsten erst etwa nach dem dritten oder vierten Flugabende begonnen und diese Zeit vom Forstbeamten zur genauen Ermittelung der Stellen des stärksten Anfluges benutzt, um die Sammler sofort dorthin zu verweisen. Als passendste Sammelzeit müssen an heiteren warmen Tagen die frühen Morgenstunden etwa bis 10 Uhr bezeichnet werden. Die größere Wärme der folgenden Tageszeit bewirkt eine stärkere Belebung der Käfer, bei welcher sie sich fester anklammern, namentlich beim Herabfallen von Zweig zu Zweig sich anzuhäkeln versuchen oder gar die Flügel zum Fluge ausbreiten und, wenn auch nicht zum wirklichen Fluge, dann doch in schräger Richtung allmählich zum Boden gelangen oder gar auf benachbarten Zweigen hängen bleiben. Die in der Morgenfrühe verklommenen Käfer fallen plötzlich und senkrecht zu Boden. Die gesammelten Käfer sind durch siedendes Wasser zu tödten, alsdann die

Beutel an ihrem unteren Ende zu öffnen, zu entleeren und wieder durch eine feste Naht zu schließen. Das Sammeln muß während der ganzen Schwärmzeit der Käfer fortgesetzt und bei Unterbrechung der= selben durch Eintritt kalter Tage später wieder aufgenommen werden. Die örtlichen und Bestands=Verhältnisse sind maßgebend für die Anzahl der Sammlergruppen.

2. Vernichtung der Käfer durch Feuer.

Es ist zufällig wiederholt die Beobachtung gemacht, daß sich die des Abends schwärmenden Käfer in sehr großer Menge prasselnd in hellleuchtende Feuer stürzen. Absichtliche Vertilgungsversuche sind über den Erfolg und die zweckmäßigen Einzelheiten dieses Gegenmittels wohl noch nicht angestellt. An ruhigen Abenden können vielleicht, wie bereits empfohlen, einige hellbrennende Lichter mit Reflector kleinere Flächen (Bete, Kämpe) in der Weise schützen, daß unter der reflectirenden Fläche, etwa Messing= oder sonstiges glänzendes Blech, gegen welches die Käfer anstürmen und dann herabfallen, ein dieselben auffangendes frisch aus= getheertes Gefäß mit weiter Mündung angebracht wird. — Als Curiosum sei folgender Fall mitgetheilt. Eine Gesellschaft zündete im Grunewald zur Schwärmzeit rothe und grüne bengalische Flammen an. Wie dichter Hagelschlag stürmten die Käfer in die grünen Flammen, wogegen sich um die rothen kein einziges Individuum kümmerte. Die grüne Farbe übte wohl als Farbe des Laubes ihre starke Anziehungskraft.

3. Ablenken der Käfer durch Rauch.

Die schwärmenden Käfer vermeiden Rauchwolken. Zum Schutze einzelner Flächen (Saat= und Pflanzkämpe) wurden mit bestem Erfolge beim abendlichen Beginn des Fluges unter Berücksichtigung der Wind= richtung Schmauchfeuer angezündet und bis zur tiefen Nachtzeit während der 8 tägigen Schwärmzeit unterhalten. Auf einer größeren Fläche, auf welcher sich diese Kämpe befanden, war eine Pflanzung von Acer dasycarpum ausgeführt. Im Bereich des Rauchstriches fanden sich am Tage auf den Ahornen nur einige wenige Käfer, während sich dieselben sofort an der Grenze desselben massenhaft zeigten, so daß außerhalb des Striches 27 000 von diesen Ahornheistern während jener 8 Tage gesammelt werden konnten (Revier Freienwalde). Auch an anderen Orten hat sich der Rauch von Schmauchfeuern als Schutzmittel völlig bewährt.

4. Verlegen der Kämpe in Altholzbestände.

Die Frage, ob der schwärmende Maikäfer tief in die Altholz= bestände eindringe und auch in diesen seine Eier ablege, kann mit gleichem Rechte bejaht wie verneint werden. Die Bestände als solche geben dafür den Ausschlag nicht, sondern der Bodenüberzug in denselben. Vorhin (Seite 143) wurde bereits das Vorkommen zahlreicher Käfer an dem Buchenunterwuchs in den Kiefernaltbeständen bis gegen 200 Schritt vom Rande entfernt erwähnt. Daß daselbst auch die Eier abgelegt werden, beweist das oft zahlreiche Aufdecken der Engerlinge bei Bodenbearbeitungen. Der schwärmende Käfer will freien Flugraum und in freiem ungehindertem Fluge an den Erdboden zum Ablegen der Eier gelangen können. Wo solches möglich ist, schrecken ihn die Stammsäulen der älteren Bäume nicht im mindesten zurück. Auch verhindert eine kurze dichte Grasnarbe ihn daselbst nicht, sich an den Boden zum Unterbringen der Eier zu begeben. (Die Graswurzeln auf offenen, z. B. mäßig trocknen Wiesen-Flächen werden nicht selten von einer so zahlreichen Engerlingsmasse abgenagt, daß sich der todtkranke Grasüberzug wie ein Teppich aufrollen läßt). Allein ein dichter hoher Gras- und Krautüberzug, zahlreiche Aus- und Aufschläge verlegen dem schwärmenden Käfer den Flug in das Innere alter Bestände. Ganz besonders sind es die auf Flußauböden stockenden Wälder, in welche er nicht hineindringt. Ahorn- und Eschenkämpe (s. „Esche" Seite 94), welche außerhalb jener Bestände den größten Theil ihrer Pflanzen durch den Engerlingfraß fort und fort einbüßten, wurden versuchsweise in dieselben verlegt, und blieben seitdem völlig frei von dieser Plage.

5. Senkpflanzung.

Die bekannte Thatsache, daß sich der fressende Engerling zur Sommerszeit in der oberen Erdschicht bewegt, hat zum Schutze der Pflanzen den Gedanken nahe gelegt, die einzelnen Pflanzlöcher so tief auszugraben, daß nach der Einpflanzung ihre Oberfläche etwa 20 cm unter der des umgebenden Erdbodens sich befindet. Die Ausführung desselben hatte besten Erfolg.

6. Sammeln der Engerlinge in Fanggräben.

Die jungen aus den einzelnen Eiergruppen entstandenen Engerlinge leben anfänglich in enger Gemeinschaft zusammen, da sie an den überall vorhandenen Humustheilchen und feinsten Wurzeln daselbst ihre Nahrung finden. In ihrem späteren Leben, in welchem sie fortschreitend auf festere gröbere Nahrungsgegenstände, zumal auf stärkere, in der Regel spärlicher im Boden vorhandene Wurzeln lebender Pflanzen angewiesen sind, wandern sie unterirdisch nach derselben suchend, umher. Auf Vollsaatflächen gehen ihre Wanderungen nicht weit, da passendes

Wurzelmaterial in nächster Nähe hinreichend vorhanden ist; bei Streifen=
saaten verfolgen die Larven deren Richtung; auf bepflanzten Cultur=
flächen aber zerstreuen sie sich oft erheblich weit nach allen Richtungen.
Die Ausgangspunkte dieser Larvengruppen lassen sich bereits im zweiten
Sommer bei einiger Aufmerksamkeit unschwer feststellen. Es sind die
Stellen der größten Zerstörung, welche letztere sich von dort ab mehr
und mehr auf vereinzelte Pflanzen beschränkt und schließlich allmählich
schwindet; es sind folglich Zerstörungsgruppen mit am stärksten be=
schädigter Mittelstelle und progressiv abnehmenden todten, bez. welkenden
Pflanzen bei zunehmender Entfernung vom Centrum. Ungleichmäßig=
keit in Bodenbeschaffenheit, Pflanzenwuchs und Stand stören allerdings
gar oft die regelmäßige Ausgestaltung solcher Fraßbilder. Allein nur
in Ausnahmefällen, namentlich bei an einzelnen Stellen zu zahlreich
untergebrachten Eiergruppen, lassen sich im zweiten Larvensommer die
einzelnen Fraßherde nicht erkennen. Im dritten Sommer haben sich
allerdings die Peripherien dieser Fraßplätze zu stark und zu unregel=
mäßig erweitert, als daß, besonders auf ausgepflanzten Freiculturflächen,
die deutliche Abgrenzung derselben dort, wo die Larven sehr zahlreich
auftreten, die Regel bildete. Es ist deshalb von besonderer Wichtig=
keit, bereits im zweiten Sommer und zwar möglichst früh (Juni), also
zu einer Zeit, in welcher der Fraß im forstwirthschaftlichen Sinne noch
in seinem Anfange steht, die einzelnen Herde zu ermitteln. Alsdann
sind diese Stellen je mit einem „Fanggraben" von 30 cm Breite und
gleicher Tiefe zu umgeben. Da diese Gräben nicht allein zum Isoliren
der Larvenfamilien, zur Beschränkung ihres Fraßes auf die cernirten
Plätze, sondern auch zum „Fange" derjenigen Larven, welche ein weiteres
Wandern über die eingeschlossene Stelle hinaus versuchen, dienen sollen,
so sind dieselben sofort mit (Wald=)Moos zu füllen und mit einem Theil
des Grabenauswurfs fest zu bedecken. Während Engerlinge, welche auf
ihrer Wanderung die Wand eines gewöhnlichen, offenen Isolirgrabens
zu durchbrechen beginnen, sofort vor dem Tageslichte umkehren und zu=
rückkriechen, so begeben sich dieselben bei diesen geschlossenen Fanggräben
angelangt sofort in das feuchte Moos und verbleiben daselbst (zumeist
auf der Grabensohle) längere Zeit. Die Nachsuche muß im Sommer
wiederholt, am sichersten alle vier Wochen, vorgenommen und das Füll=
material der Gräben jedesmal wieder in der früheren Weise eingebracht
werden. Auch noch im folgenden Jahre kann dasselbe Moos Verwen=
dung finden. — Wie die freien Culturflächen, so sind auch die Saat=

und Pflanzkämpe gegen den Engerlingfraß durch Fanggräben zu schützen. Geschieht die Anlage dieser Pflanzenerziehungs=Flächen auf larvenbesetztem oder auch nur verdächtigem (früher stark bewohntem) Terrain, so muß gegen ein Einwandern der Larven das Ziehen von Isolir=Fanggräben sofort vorgenommen werden. Auch in den Kämpen selbst sind, sobald sich dort ein Fraß bemerklich macht, Gräben an zweckmäßigen Stellen, z. B. zum Schutze besonders werthvoller Holzarten, herzurichten und von Zeit zu Zeit zu revidiren.

7. Sammeln der Engerlinge durch Aufhacken des Bodens.

Ein flaches die Vertilgung der Maikäferlarven bezweckendes Aufhacken des Erdbodens empfiehlt sich ganz besonders für Säuberung der durch die Fanggräben abgeschlossenen Fraßherde, sowie der Kämpe. Es wird dadurch der weiteren Pflanzenzerstörung innerhalb der Isolirung Einhalt gethan und die volle Entwickelung mancher Larven, welche während ihres Lebens nicht bis zu den Gräben gelangen würden, verhindert. Manche Herdplätze zeigen einzelne weit reichende Fraßausläufer, deren Miteinschluß in diese zu isolirenden Plätze die Kosten unverhältnißmäßig steigern würde. Hier ist ebenfalls ein Aufhacken des Bodens um die betreffenden kränkelnden oder gar abgestorbenen Pflanzen sehr angezeigt. Solche Ausläufer treten besonders auf ausgepflanzten Culturflächen, auf denen einzelne Larven zum Erreichen ihrer Nahrung zu weiteren Wanderungen gezwungen sind, und zwar namentlich im dritten Fraßsommer, auf. In der warmen Jahreszeit liegen bekanntlich die Larven flach; doch ziehen sie sich auf leichterem Boden auch bei großer Sommerdürre mehr in die Tiefe zurück. Berücksichtigung dieser Verhältnisse darf für den Erfolg des Aufhackens nicht unterbleiben. — Alle Bodenbearbeitungen sind möglichst im Sommer vorzunehmen; im ersten Frühlinge, zur Zeit des noch nicht durchwärmten Bodens, sowie zur kühlen Herbstzeit, in welcher sich die Larven von der eindringenden (Nacht=)Kälte bereits in die Tiefe zurückgezogen haben, werden dieselben oft sogar beim Rajolen nicht mehr erreicht. Ihr Auffinden ist nicht allein zu ihrer Vernichtung, sondern auch für die Anordnung der event. nothwendigen Schutzmaßregeln wichtig.

8. Vertilgung der Engerlinge durch Schweineeintrieb.

Zur Säuberung freier larvenreicher Flächen muß der Eintrieb von Schweinen auf dieselben als ein Radikalmittel hervorgehoben werden, zumal wenn er nicht auf vereinzelte Jahre, in denen der Fraß besonders heftig wüthet, beschränkt, sondern planmäßig für die bedrohten Flächen des ganzen Reviers alljährlich vorgenommen wird. Allein die Ausdehnung dieser Flächen, die Schwierigkeit, oft Unmöglichkeit, ausreichende Herden Schweine stets zur Verfügung zu haben, der Kostenpunkt, sowie das Bedürfniß der zahlreiche Engerlinge verzehrenden Schweine nach Wasser zum Trinken in der Nähe, ohne welches erfahrungsmäßig die Gesundheit derselben leidet, drücken den Werth dieses Vertilgungsmittels im Allgemeinen wesentlich herab. Jedoch wird es in manchen ostpreußischen Revieren mit großem Erfolge angewendet. Auch in einzelnen anderen Revieren gelangt es, wenngleich in geringerer Ausdehnung, zur Anwendung, wobei aber auch die Schweine einigen Schaden anrichteten, da sie anfingen, „die Kiefernwurzeln zu knautschen“ (Revier Planken).

Unterirdisch wird den einjährigen Kiefern auf Saatbeten in oft hervorragendem Grade die Werre (Maulwurfsgrille, Erdkrebs), Gryllotalpa vulgaris, schädlich, indem sie durch ihre Arbeit sowohl die Pflanzen hohl stellt und somit deren Vertrocknen bewirkt, als auch mit den Grabschaufeln ihrer Vorderbeine die Pfahl= wie Seitenwurzeln zerreißt. Es bleibt zweifelhaft, ob sie daselbst auch durch ihren Fraß schadet.

Zu ihrer Vertilgung läßt man (Blumen=)Töpfe, Blechkasten und dergl. bis zu ihrem oberen Rande in die Wege zwischen den Beten und zwar in der Weise ein, daß dieselben in den verschiedenen Wegen auf verschiedener Wegelänge eingesenkt den quer durch die Betefläche wühlenden Werren den Weg an irgend einer Stelle verlegen. Auf den so abgestellten Flächen fangen sich die Werren in den Töpfen (etwa 4 bis 6 in jedem Wege) den ganzen Sommer hindurch. Nachhaltiger wirkt jedoch das Ausheben der Nester, 5 bis 10 cm unter der Bodenoberfläche befindlicher, hühnereigroßer Hohlräume mit ziemlich festen Wänden, welche im Juni die zahlreichen Eier, bez. die ausgeschlüpften Jungen enthalten. Man hat zum Zwecke der Auffindung eines solchen Nestes den äußerlich an dem aufgehobenen Erdreich leicht zu erkennenden Gang dort, wo dieses äußerliche Merkzeichen verschwindet, mit dem Finger zu verfolgen. Senkt sich derselbe hier in spiraliger Windung in die Tiefe, so wird man alsbald zur Bruthöhle gelangen.

Zur Zeit einer Nonnen=Massenvermehrung gelangen oft zahlreiche, von den Nachbarbeständen her verwehte junge (schwarze) Raupen derselben auf die jungen Kiefern (s. „Buche“ No. 2, 6, Seite 53).

Absuchen derselben muß so lange fortgesetzt werden, als sich noch neue Ankömmlinge finden. Besonders sind die Tage nach einem heftigen Winde und zwar unter Berücksichtigung der Windrichtung für eine solche Revision nicht außer Acht zu lassen.

Auch die Mäuse haben zur Winterzeit manche einjährige Kiefer vernichtet. Es geschah das vorzugsweise sowohl auf gedeckten Beten als in Saatfurchen auf freien Culturflächen. In beiden Fällen bedingten Verstecke für die Mäuse deren Angriff, im ersten die Laubdecke nebst Reisern, im zweiten die durch den Waldpflug umgeworfenen und z. Th. mit umgekehrter Grasnarbe hohl liegenden Erdschollen. Von diesen Hohlräumen aus begeben sich die Mäuse zu den Saatreihen, beißen die einzelnen Pflanzen ab und schleppen dieselben zum (theilweisen) Verzehren in dieselben zurück.

In mausereichen Jahren vermeide man sogleich eine dichte Boden-(Laub)-Bedeckung der Bete. Eichenlohe dick aufgebracht hält jedoch die Mäuse ab (s. „Eiche" No. 2, b. Seite 18). Gegen das Annehmen der durch die Waldpflugschollen den Mäusen gebotenen Schlupfwinkel wird sich schwerlich ein Mittel auffinden lassen.

5. Anwuchs.

Von den für die einjährigen Pflanzen namhaft gemachten Feinden gehen die jungen Nonnenraupen und die Engerlinge auch auf das spätere Alter der Kiefer über. Die Nonnenraupen schaden dem „Anwuchs" jedoch weniger, weil sie einzeln keinen Kahlfraß an den älteren Pflanzen mehr bewirken. Dagegen fallen dem Engerlingfraß gar oft noch 10 bis 12jährige Pflanzen zum Opfer. Culturen, welche der Forstmann als den zahlreichen Jugendgefahren endlich glücklich entronnen wähnte, sterben ganz unerwartet löcherweise ab. Diese vereinzelten Plätze sind ohne Zweifel durch je eine Larvenfamilie (Seite 142) ruinirt. Die stete Aufmerksamkeit zur zeitigen Ermittelung solcher Fraßherde ist daher wenigstens bis zum Eintritt der Cultur in das Stadium der Dickung (No. 7) unerläßlich.

Gegenmittel: Fanggräben und Aufhacken (Seite 147 ff.).

Dem jüngeren Anwuchs schadet sehr empfindlich das Reh durch Verbeißen. Gar gewöhnlich sind die Pflanzen bis auf einen zweiglosen Stumpf verschwunden. Die Gefahr ist bei Schneedecke, über welche die grünen Triebe verlockend hervorragen, besonders drohend und wird im Allgemeinen durch die Ortsbeständigkeit dieser Wildart erheblich verstärkt. Die Schädlichkeit des Rehverbisses vermindert sich selbstredend mit dem zunehmenden Alter der Pflanzen, deren Seitentriebe nur zum Theil geäst werden unter häufiger Verschonung des Höhentriebes. In älterem Aufwuchs (No. 6), namentlich in der Dickung (No. 7), jedenfalls zu der Zeit, wenn der Höhentrieb dem Geäse des Rehes entwachsen ist, hat das Verbeißen desselben unter normalen Culturverhältnissen seine wirthschaftliche Bedeutung verloren.

Abgesehen vom Abschuß und Eingatterung läßt sich zunächst durch Antheeren der die Spitzenknospen der vorragenden Seitentriebe, sowie besonders des Höhentriebes überragenden Nadeln dem Uebel steuern. Steinkohlentheer hat sich für diesen Zweck als praktisch bewährt. Es werden diese Nadeln an ihren Spitzen mit einem in den Theer eingetauchten schmalen Span stark betupft, oder die Triebspitzen durch die mit schwach betheerten ledernen Fausthandschuhen geschützte Hand von unten nach oben gestreift. Auf alle Fälle ist ein Verschmieren der Knospen mit Theer zu verhüten. Knospen sowie noch krautartige Triebe bei Nadel= wie Laubhölzern leiden überhaupt durch unmittelbar mit ihnen in Berührung gebrachten Theer, sie gehen stark verunreinigt völlig ein. — Es sind ferner mit Erfolg die wichtigsten Triebspitzen mit Papierdüten bedeckt. Das Wild scheut davor zurück. — Auch hat sich Werg, mit dessen wirren Fäden diese Spitzen unvollkommen überzogen wurden, bewährt. Werg verdient vor den Düten den Vorzug wegen seines besseren Haftens bei stärkerem Winde. Es lassen sich freilich auf größeren Culturflächen diese letzteren Mittel schwerlich bei allen Pflanzen anwenden. Allein es ist schon von Wichtigkeit, den Schutz nach Stand wie Wuchs besonders werthvollen Pflanzen zu verschaffen. Ob die genannten Schutzmittel an den Rändern dichter Jungwüchse angebracht, das Wild vom Eindringen in dieselben abhalten, mag zweifelhaft bleiben; jedenfalls wird der Schutzsaum nicht zu schmal anzulegen sein. Das Wild muß überall beim versuchten Eindringen auf jene Verwitterung oder Scheuchen stoßen. — Als ferneres Mittel, das Wild von kleineren Flächen abzuhalten, ist ein Bestecken der Ränder derselben auf 12 Schritt Breite mit die Pflanzen überragenden sperrigen Hölzern, deren Spitze und Aeste durch glatten schrägen Schnitt gestutzt waren, als erfolgreich erprobt. — Wichtig ist es jedenfalls, dem Wilde leicht und unbehindert zugängliche Aesung in der Nähe der Schutzstellen zu lassen, bez. durch passende Fütterung zu bieten.

Wo das Kaninchen zahlreich vorkommt, kann es durch Abschneiden der jungen Kiefern ganze Anlagen ruiniren. Leider läßt sich gegen diesen

argen Forstfrevler kaum mit durchschlagendem Erfolg ankämpfen. Außer
energischem Abschuß ist gänzliche Schonung von Wiesel, Hermelin und
Iltis daselbst sehr zu empfehlen.

Zu den bedeutsamsten Feinden der jungen, etwa 2 bis 5jährigen
Kiefern gehören die wurzelbrütenden Hylesinen, Hylesinus ater,
ligniperda, angustatus, attenuatus und opacus, welche sich durch ge=
streckte Form und tiefschwarze Färbung auszeichnen. Im Allgemeinen
ist ater unter diesen die häufigste Art, jedoch tritt zeit= und stellen=
weise bald die eine, bald die andere der Spezies als die verderblichste
auf. Die drei letztgenannten bleiben ihrer geringen Größe wegen nicht
selten zu wenig beachtet. Die Brutkäfer schwärmen nach ihrer Ueber=
winterung im ersten warmen Frühling, zumeist im April, und belegen
die Wurzeln der im Winter eingeschlagenen Kiefern mit Eiern. Die
unbeschädigten Wurzeln lebender Bäume, sowie bereits trockene oder zu
faulen beginnende Wurzeln bleiben verschont. Es muß „Saftstockung"
eingetreten, aber das Brutmaterial im Uebrigen noch gesund sein.
Auf den Kahlschlagflächen concentriren sich die schwärmenden Brutkäfer
in größter Menge. Die bald entstehenden Larven leben nur im Baste,
den sie, zumeist in enger Gemeinschaft vereint, zu einem braunen, dem
Schnupftabak ähnlichen Pulver zerfressen. Beim Abheben der Rinde
zeigen sich die Wurzeln oft weithin mit diesem braunen Pulver bedeckt.
In diesem bestehen die Larven auch ihre Verpuppung. An schwachen
Wurzeln, folglich unter dünner Rinde, nagen sich jedoch manche Larven
für ihre Verwandlung eine kurze Holzwiege. Die neuen Käfer entstehen
in der Regel in der ersten Hälfte des Juli und schreiten alsbald zur
Fortpflanzung. Gegen Ende September ist auch die neue Generation
beendet, und diese Sommergeneration ist es, welche nach ihrer Ueber=
winterung (am Boden, zwischen sich ablösender Rinde und dem Splinte
der Stöcke und Wurzeln) im nächsten Frühlinge als schwärmende Brut=
käfer auf den Schlagflächen oder wo ihr sonst passendes Wurzelmaterial
geboten wird, erscheint. Der Fraß der Larven ist demnach gänzlich
indifferent. Allein die Käfer jeder Generation benagen sowohl die
Wurzeln als den unteren Stammtheil der jungen Pflanzen. Ihr Fraß
hat dem des Hylobius abietis gegenüber, für welchen er nicht selten
angesprochen wird, sehr charakteristische Eigenthümlichkeiten. Zunächst
findet bei dem genannten Rüsselkäfer nie ein unterirdischer Wurzelfraß
statt, für jene Hylesinen bildet er dagegen die Regel. Um die dort
fressenden Käfer aufzufinden, müssen die kränkelnden Pflanzen mit dem

Spaten ausgehoben werden; bei einem Ausziehen derselben mit der Hand werden die Käfer abgestreift und bleiben unentdeckt im Boden zurück. Der oberirdische Fraß setzt sich nicht als zahlreiche kleine Plätze ab, wie beim Hylobius, sondern er erstreckt sich entweder als schmale Rinne von der Körperbreite des fressenden Käfers, oft einige cm lang aufwärts, oder erscheint, wenn mehrere Käfer in enger Gemeinschaft fressen, als breiter, stets lang gestreckter solider Platz. Seine Rindenränder sind unterhöhlt, der Bast ist weiter benagt als diese äußeren Ränder reichen. Die fressenden Individuen stecken mit ihrem Vorderkörper, oft sogar gänzlich unter der äußeren Rinde, so daß sie erst nach Ablösen der äußeren Wundenränder frei gelegt werden. Auch an alten, etwa vorigjährigen Fraßstücken, an denen Vertrocknen und Verharzung die früher scharfen Formen der Verletzungen nicht unerheblich verwischen, fällt eine Entscheidung über die Spezies der Schädlinge, ob Hylesinus oder Hylobius, nicht schwer.

Als Gegenmittel muß zunächst, insofern die anderweitigen wirthschaftlichen Interessen und der Kostenpunkt es erlauben, das Roden der Wurzeln etwa von Mitte Mai bis Ende Juni, sowie das Abfahren bez. Verbrennen oder Ankohlen derselben empfohlen werden. Unerläßlich ist ferner Auslegen von Fangmaterial (frische, mehrmal anzuplätzende Kloben und Fangrinde), zumal unmittelbar vor Entwickelung der Käfersommergeneration, folglich gegen Ende Juni, häufiges Absuchen desselben und Fortsetzung dieser Vertilgung bis sich im Spätherbst Käfer nicht mehr zeigen. Auf denselben, alsdann „vorigjährigen", Schlagflächen ist im folgenden Frühlinge die Wiederholung derselben bis etwa Ende Mai sehr räthlich. Da sich die Entstehungs- und Ausbildungszeiten der einzelnen Lebensstadien dieser Schädlinge nach den herrschenden Witterungsverhältnissen in den einzelnen Jahren etwas verschieben, so muß mehrmalige Untersuchung der Wurzeln über den genauen Zeitpunkt belehren, wann die neuen Käfer der ersten, wie der zweiten Generation auf der Bildfläche erscheinen werden, damit die entsprechenden Vertilgungsmittel zur richtigen Zeit vorgenommen werden können. — Die Käfer gerathen bei ihrem Umherkriechen auf den Schlagflächen, um Nahrungspflanzen aufzufinden, sehr häufig in die „Rüsselkäfergräben". Sie werden daselbst aber oft verschüttet und sind wegen ihrer z. Th. winzigen Größe in den Falllöchern, woselbst allerhand größere Insecten sich bunt durch einander tummeln, häufig sogar in den Gräben selbst kaum zu sehen, jedenfalls nicht in einer ihrer Anzahl entsprechenden Menge zu sammeln. Besondere Gräben gegen sie zu ziehen, kann sich nur zum Schutze einer an die Entstehungs= (Schlag=) Flächen grenzenden jüngeren Cultur empfehlen. Eine solche Isolirung durch bereits gegen Ende April fertig gestellte Gräben erweist sich von durchschlagendem Erfolge; die angrenzende Cultur bleibt unberührt. Fälle, in denen dergleichen Gräben stellenweise nicht gezogen oder nicht rechtzeitig vollendet waren, lieferten den Beweis von dem hohen Werthe dieses Schutzmittels. — Säuberung der genannten Flächen von diesen Hylesinen ist bei einer sofort oder nach einem Jahre vor= genommenen Auspflanzung derselben mit Nadelhölzern unbedingtes Erforderniß. Obgleich die genannten Arten nicht der Fichte schaden, in dieser vielmehr bisher nur die dem ater sehr nahe verwandte Spe= zies cunicularius sehr schädlich auftritt, so scheinen jene doch durchaus nicht monophag auf die Kiefer angewiesen zu sein. Eine Douglas= Fichten = Pflanzung wenigstens wurde stark durch sie decimirt. Sind die Vertilgungsmaßregeln unterblieben, so kann Saat freilich schon im Schlagjahre, dagegen darf Pflanzung mit einjährigen Pflanzen erst im nächsten, mit zwei= oder mehrjährigen erst im dritten Jahre vor= genommen werden. An Laubhölzern richten sie keinen Schaden an. Dem sofortigen Anbau dieser steht folglich durch diese Hylesinen keine Gefahr bevor.

Als einer der wichtigsten Kiefernculturfeinde verdient der „große braune Rüsselkäfer", Hylobius abietis (bei Ratzeburg: Curculio pini), bezeichnet zu werden. Wie die eben erwähnten Hylesinen schwärmt auch er nach der Ueberwinterung (am Boden in den verschiedensten Verstecken) im ersten warmen Frühling nach dem gleichen Brutmaterial umher. Wo solches, wie auf den frischen Schlagflächen in Menge ge= boten wird, ziehen sich seine Individuen fliegend wie kriechend von allen Seiten zusammen. Seine Eier legt er nur ganz allmählich ab und fährt, wenn ihm passendes Brutmaterial geboten wird, mit dem Ablegen den ganzen Sommer hindurch fort. Abgesehen davon, daß dieses experi= mentell (durch fortwährendes Darbieten frischer „Brutknüppel") erwiesen ist, spricht dafür die Thatsache, daß sich an den einzelnen besetzten Wurzelsträngen stets nur verhältnißmäßig wenige, meist nur eine oder andere Larve, höchstens bis gegen 10 und 15, jedenfalls im Verhältniß zu der Eiermenge des einzelnen Käfers wenige Individuen, vorfinden, sowie ebenfalls die fortdauernde Nahrungsaufnahme der Käfer. Insecten nämlich, deren Eier bei ihrer Entstehung oder sehr bald nach derselben

sämmtlich schon zur Reife gelangt sind, nehmen keine oder nur äußerst
geringe Nahrung zu sich und legen die Eier sofort haufenweise oder,
wenn vereinzelt, in schneller Folge nacheinander ab; die Eier bedürfen
keiner Stoffe zu ihrer Vollendung mehr. Sind dieselben jedoch alle
oder zum Theil noch unreif, so bedingt ihre völlige Ausbildung eine

Fig. 47.   Links Käfer und Käferfraß, rechts
verkleinertes Wurzelstück mit Larvenfraß und
Puppenwiegen.

starke Nahrungsaufnahme, ein starkes Fressen der betreffenden Insecten.
Unser Rüsselkäfer bekundet dieses Fraßbedürfniß mehr und länger als
jedes andere forstlich wichtige Insect, da es sich nicht allein nach dem
Frühlingsschwärmen über den ganzen Sommer erstreckt, sondern sich
sogar nach der Winterpause im folgenden Frühling fortsetzt. In gleicher
zeitlicher Ausdehnung währt auch das Ablegen seiner Eier. Findet er
in dieser langen Zeit fortwährend, bez. von Zeit zu Zeit passendes

Brutmaterial (gesunde Nadelholzwurzeln mit Saftstockung, Brutknüppel u. dergl.), so entstehen an demselben auch fortwährend neue Larven. Befindet er sich dagegen auf Flächen, welche ihm nur im Frühlinge dieses Material boten, so zeigen sich daselbst später auch nur Larven gleichen Alters. Ist er auf diesen Flächen festgebannt, so ist auch eine Verlängerung der Generation daselbst unmöglich. Er mag den ganzen Sommer dort vielleicht noch stets Eier ablegen; allein diese späteren Eier liegen nicht mehr an einem Material, an und von dem sich die daraus entstehenden Larven ernähren oder gar zur völligen Ausbildung entwickeln können. Dieses ist der Grund, weshalb sich auf diesen Flächen keine Larven verschiedener Lebensstadien, sondern alle in gleichem Alter befinden. Als solche Flächen sind die Kiefernschlagflächen mit Baumrodung zu bezeichnen. An den im Boden verbliebenen Wurzelsträngen befinden sich die Larven etwa im Juni in ihrer ersten Jugend und zwar zunächst noch im Baste fressend. Allmählich nehmen sie den Splint an und jede einzelne zieht auf demselben eine Fraßfurche von 1, ja von 1,5 m Länge. Im Juli sind dieselben etwa zum Drittel ausgebildet, im Anfang August halbwüchsig, im September annähernd erwachsen, im October nagen sie sich am Ende ihres Längsganges eine Puppenwiege ins Holz, deren Eingang sie mit zaserigen Spänen fest verstopfen. Geringe zeitliche Verschiedenheiten treten hier, wie stets, wenn es sich um die Lebensweise und Entwickelung eines in zahlreichen Individuen erscheinenden Insects handelt, auf. Sogar an einem und demselben flachstreichenden Wurzelstrange erlangen die von der Sonnenwärme stärker beeinflußten Larven auf der Oberseite der Wurzel einen kleinen Entwickelungsvorsprung vor denen an der Unterseite. Allein alle gelangen zur Herbstzeit zur völligen Reife und befinden sich vor Eintritt der Kälte in der Puppenhöhle; jene geringe Verschiedenheit wird alsdann durch die allen gleiche Winterruhe ausgeglichen. In durchaus gleicher Weise reifen sie im nächsten Frühlinge in dieser ihrer Höhle zur Verpuppung heran, welche gegen Mitte bis Ende Juni einzutreten pflegt. Dieser Puppenzustand währt nur etwa 3 Wochen. Um die Mitte Juli, also nach 15 Monaten seit Ablegen der Eier, entstehen die neuen Käfer. Der Entwickelung besonders günstige (lange, warme) oder ungünstige (kurze, naßkalte) Sommer bleiben nicht ohne Einfluß, allein dieser ist an allen Individuen mehr oder weniger als ein gleichmäßiger zu erkennen, und bewirkt (nach 15jähriger genauer Beobachtung) in der schließlichen Käferentwickelungszeit eine Abweichung von kaum 2 Wochen.

Nur als große Seltenheit findet sich wohl ganz vereinzelt eine Larve, welche aus einem weit später abgelegten Ei entstanden sein muß. Eine solche Ausnahme kann selbstredend hier, wo es sich um forstwirthschafliche Interessen handelt, keine Berücksichtigung finden. Warum aber bieten jene Kiefernkahlschlagflächen nur in dem ersten Frühlinge den Käfern passendes Brutmaterial? warum gelangen, wenn dieselben oder wenn neu ankommende Käfer dieses gleiche Wurzelbrutmaterial noch später im Laufe des Sommers mit Eiern belegen, diese Eier nicht auch zur Entwickelung, so daß sich gegen Ende des Sommers Larven in den verschiedensten Lebensaltern finden? Als Hauptgrund für diese Thatsache ist hervorzuheben, daß sämmtliche erreichbaren Wurzeln bereits in derjenigen Schicht (Bast), in welcher die jungen Rüsselkäferlarven entstehen und sich ernähren, von den früheren dergl. Larven, vorzugsweise aber von den Larven der vorhin (Seite 153) behandelten wurzelbrütenden Hylesinen vollständig zerfressen sind, bez. von den Larven der zweiten Generation der letzteren zerfressen werden. Fallen diese später abgelegten Eier aus und beginnen an ausnahmsweise günstigen Stellen diese neuen jungen Larven ihren Fraß, so gelangen sie bei ihrem über 1 m langen Fraßwege früher oder später, in den meisten Fällen wohl sehr bald auf bereits zerfressene Partieen und finden dann in fremdem „Wurmmehl“ ihr Ende. Außerdem aber zeigen auch manche Wurzeln im späteren Sommer trockne, harzige oder bereits verwesende, schimmelige Theile, welche überhaupt diesen Larven keine Nahrung mehr bieten können. Die feststehende Thatsache, daß auf jenen Schlagflächen die Rüsselkäfer nur im Frühlinge Eier legen, aus denen sich die Brut zur neuen Generation entwickelt, findet daher in diesen Verhältnissen ihre völlige Begründung. Gelingt es den Käfern nicht, von diesen Flächen abzulaufen, so bleiben sie ohne weitere Nachkommenschaft. Es ist daher sehr wichtig, sowohl die ersten Brutkäfer, als die um Mitte Juli aus den im Frühlinge des vorhergehenden Jahres abgelegten Eiern entstandenen neuen Käfer auf diesen ihren an Brutmaterial baaren Anflug- bez. Entstehungsflächen bis zum Herbst (Beginn der Winterruhe) festzubannen bez. daselbst abzufangen. — Es gelangen jedoch nicht alle im Frühlinge schwärmenden Brutkäfer auf die Schlagflächen und manche werden auch im Laufe des Sommers anderswo passendes Brutmaterial auffinden. Namentlich sind es die Stöcke und Wurzeln der Durchforstungshölzer, Käferbäume oder anderer, etwa durch Sturm, Blitzschlag, Schneedruck u. dergl. stark beschädigter, zum Einschlag gelangender

Einzelstämme, an denen die Käfer fort und fort ihre Eier abzulegen Gelegenheit haben. Sogar in compact am Boden liegenden Spänen sind annähernd erwachsene Rüsselkäferlarven aufgefunden. An allen diesen, in den Beständen vereinzelt liegenden Brutstellen können und werden sich die zu verschiedenen Zeiten abgelegten Eier zu Larven entwickeln, welche hier auch ihre Reife erlangen. Während auf den bezeichneten Schlagflächen die Generation des Insectes eine ausnahmslos zweijährige ist, und zwar wegen der zweimaligen Winterruhe von je 8 bis 9 Monaten (zuerst überwinterten die erwachsenen Larven in der Puppenhöhle und im nächsten Jahre die im Juli aus denselben entstandenen Käfer, welche, ohne daselbst Brutmaterial gefunden zu haben, sich gegen Ende August am Boden verkriechen und erst im nächsten April abschwärmen), so können die an diesen vereinzelten Brutstellen entstandenen, sowie die überhaupt auf den Schlagflächen nicht festgebannten Individuen stets zu ähnlichen Brutplätzen gelangen. Angenommen, die neuen Käfer seien daselbst ebenfalls um die Mitte Juli entstanden, so unterliegt es keinem Zweifel, daß aus ihren, alsdann passend abgelegten Eiern noch Larven entstehen, welche in dem Reste des Sommers sehr wohl noch zur Halb= wüchsigkeit gelangen können. Dieser Entwickelungsvorsprung vor den Larven der Kahlschlagflächen bewirkt zunächst eine erhebliche Ungleich= mäßigkeit in der Entstehungszeit der neuen Käfergeneration, und kann gesteigert oder unter günstigen Temperaturverhältnissen (warme, sonnige Lage, lange, warme Sommerszeit, oder überhaupt höhere mittlere Tem= peratur) nur eine einzige Winterruhe bedingen. Alsdann wird der Fall einer nur einjährigen Generation eintreten, welche von durchaus zu= verlässigen Beobachtern behauptet wird. — Der höchst verderbliche Fraß des Käfers besteht aus einem Benagen der Rinde und des Bastes an den Stämmchen junger Holzpflanzen und deren jungen Zweigen in kleinen Flecken oder Plätzen, welche, wenn dicht aneinander gereiht, größere un= regelmäßige Wundflächen bilden. An der Kiefer pflegt das dreijährige Alter der später borkig werdenden Rinde die Grenze für seinen Angriff zu bilden. Aeltere Wunden erhalten wegen des anfangs reichlich aus= tretenden Terpentin ein grindiges Aussehen. Auf den Unterschied seiner und der Hylesinenfraßwunden wurde Seite 153 hingewiesen. Als Brut= käfer ist er ausschließlich auf Nadelholz angewiesen, allein sein Fraß beschränkt sich keineswegs auf dieses, wie oben unter „Eiche" (Seite 26) erörtert wurde. Junge Pflanzen sind (ihrer zarten Rinde wegen) am stärksten dnrch ihn gefährdet; an älteren muß er emporsteigen, um zu den jüngeren Trieben zu gelangen. Da er daselbst zumeist an den unteren Seitenzweigen seinen Zweck erreicht, wenigens nur vereinzelt die Spitzenpartie des Terminaltriebes angreift, so schwächt sich dadurch die Schädlichkeit seines Fraßes in geradem Verhältniß zu dem Alter der Fraßpflanzen ab. Wo jüngere Pflanzen fehlen, sieht man ihn nicht selten an 5 bis 6 m hohen Zweigen fressen. Ob er aber noch erheblich höher steigt, ob namentlich ein durchaus nicht seltener, gleicher Rüssel=käferfraß an den Reisern in der Krone alter Kiefern von ihm oder der sehr ähnlichen, etwas kleineren und beweglicheren Spezies pinastri Gyll. herrührt, muß noch als unaufgeklärt bezeichnet werden.

Gegenmittel.

Die Nadelholzkahlschläge ziehen im Frühlinge die Brutkäfer aus der Umgebung in großer Menge an. Auf den Kiefernflächen mit Baum=rodung legen dieselben nur zu dieser Zeit mit Erfolg die Eier ab. Da sich daselbst gar bald keine Nahrung für die Käfer mehr findet (das Reisig am Boden ist vertrocknet, der Aufschlag des früheren Bestandes zu spärlich und außerdem sehr bald für neuen Fraß zu stark befressen), so kriechen dieselben am Boden Nahrung (und Brutmaterial) suchend umher. An solche Schlagflächen grenzende Culturen, in welche sie bis 50 m weit eindringen, sind im höchsten Grade gefährdet. Die Gegen=mittel müssen deshalb darauf abzielen, zur richtigen Zeit die Käfer beim Aufkriechen auf dieselben abzufangen, auf diesen Flächen festzubannen, sowie sie bez. ihre Brut daselbst zu vernichten. Dazu dienen:

1. Fanggräben.

Diese Gräben, welche hier „Rüsselkäfergräben“ genannt werden mögen, sind bereits unter „Eiche“ (No. 2, b. Seite 12) beschrieben und bei verschiedenen anderen Gelegenheiten empfohlen. Mit solchen sind die Winterschlagflächen im Frühling nach Räumung dieser Schläge und Verschwinden des Bodenfrostes zu umgeben. Die Falllöcher auf der Grabensohle müssen zahlreicher (etwa in einem Abstande von 15 Schritten) angebracht werden, als unter „Eiche“ und „Buche“ er=wähnt, woselbst es sich um Schutz gegen die Mäuse handelte. Sie bezwecken, diejenigen Käfer, welche vom Frühling bis zum späten Sommer den Versuch zum Aufkriechen auf diese Flächen, wie auch zum Ablaufen von denselben machen, abzufangen. Da im Frühlinge wegen noch nicht beendeter Räumung der Schläge die Gräben gar oft nicht rechtzeitig vollendet werden können, oder bei früherer Anfertigung durch die Räumungsarbeiten stellenweise wieder zerstört werden, da ferner der

Bodenfrost in manchen Jahren die Herstellung derselben, zumal in Tiefe der Falllöcher (0,6 m) sehr erschwert, während die oberflächlich in Verstecken am Boden überwinternden Käfer durch die warmen Sonnenstrahlen bereits zum beweglichen Leben erweckt sind, da endlich zeitweise (bei größerer Wärme) viele Brutkäfer fliegend diese Flächen erreichen, so kann die Wirkung der Gräben gegen das Erscheinen der Käfer auf diesen Brutflächen nur eine beschränkte sein, und thatsächlich finden sich trotz der Grabenisolirung stets Käfer und Brut im Laufe des Sommers daselbst in großer Menge. Dagegen schützen sie später gegen das Aufkriechen, besonders aber gegen das Ablaufen in die Umgebung, zumal die Käfer, welche bereits Eier abgelegt haben, sich kaum noch zum Fluge erheben werden. Es sind folglich diese Gräben um die frischen Schlagflächen:

a) im ersten Frühlinge zu ziehen und den ganzen Sommer hindurch fängisch zu erhalten,

b) im folgenden Frühlinge wieder herzustellen und namentlich von Anfang Juli (Entstehung der neuen Generation) an auf ihre gute Beschaffenheit wiederholt zu untersuchen, sowie

c) im dritten Frühlinge nochmals zu räumen und in guten Stand zu setzen. Gegen Mitte bis Ende Juni dieses dritten Jahres können sie aufgegeben werden.

Es ist erfahrungsmäßig erwiesen, daß die Rüsselkäfer auch ohne Sammeln durch Menschen aus den Falllöchern bez. Gräben, z. Th. verschwinden. Manche Thiere verzehren dieselben; allein nach genaueren Untersuchungen arbeiten sich viele der gefangenen in den Erdboden hinein, steigen sogar in demselben auf. Sie können folglich sowohl daselbst in durchwurzeltem Boden leicht Brutmaterial zum Ablegen ihrer Eier erreichen, als auch jenseits der isolirten Fläche wieder ans Tageslicht gelangen. Deshalb ist häufiges, etwa tägliches Sammeln der Käfer, zumal bei heiterer warmer Witterung, unerläßlich. Geschieht dieses, so ist ein Entkommen oder ein erfolgreiches Eierablegen in irgend wirthschaftlicher Bedeutung jedoch nicht zu befürchten. Den Beweis für ersteres liefern die unmittelbar an solche Flächen grenzenden Culturen. Wo zur richtigen Zeit keine Gräben gezogen waren, wo die gezogenen zerstörte Stellen oder Verschüttungen enthalten, erleiden die jungen Pflanzen diesen ungeschützten Stellen gegenüber gar arge Zerstörungen; dagegen sind hart an den fängischen und ausgesammelten Gräben und Grabenstellen fast durchweg gesunde Pflanzen zu finden. Vereinzelte,

welche auch hier dem Fraße verfallen, wurden wohl nur von solchen
Käfern, welche von außen her auf die Fläche aufzuwandern versuchten,
angegriffen. Uebrigens ist ihre Anzahl kaum von wirthschaftlicher Bedeutung.

2. Brutknüppel.

Es findet leider auf sehr flachgründigem oder zu leichtem Boden
das Ziehen von Gräben, bez. von dauernden Gräben an dieser ungünstigen Bodenbeschaffenheit ein unübersteigbares Hinderniß. Auch droht
bei starker flacher Bodendurchwurzelung, wie solche sich namentlich auf
Fichtenabtriebsflächen zeigt, die Gefahr, daß die daselbst in die Gräben
gelangten Käfer zu leicht und schnell an den Grabenwänden zu ihrem
Brutmaterial, den abgestochenen Wurzeln, gelangen. In dem ersten
Falle dient ein anderes Mittel zur Verhinderung der Käfer am späteren
Abkriechen von den Schlagflächen, auf welche sie zu Anfang des Frühlings zum Ablegen ihrer ersten Eier von allen Seiten zusammenkamen.
Es ist dieses das Auslegen von dünn (nicht borkig) berindeten Nadel-
holz-Knüppeln von etwa 1 m Länge. Diese werden entweder horizontal
oder schwach geneigt flach in den Boden gebracht, sind folglich in ihrer
ganzen Länge flach mit Erde bedeckt, oder stehen mit dem einen Ende
nur sehr wenig aus der Bodenoberfläche hervor und senken sich mit den
anderen bis kaum 0,3 m unter dieselbe. Da sie als Ersatz für später
fehlendes oder ungenügend vorhandenes, durch die wirthschaftlichen Arbeiten gebotenes Brutmaterial dienen sollen, so werden sie „Brutknüppel"
genannt, obgleich die Käfer dieselben nicht allein zum Unterbringen ihrer
späteren Eier, sondern auch zum eigenen Fraße annehmen. Aus der
oben erörterten Lebensweise des Käfers folgt, daß diese Brutknüppel

a) auf den neuen Schlagflächen gegen Ende Juni zu legen und bis
   Ende August zweimal zu erneuern,

b) sofort im nächsten Frühling auf denselben, folglich vorigjährigen,
   Flächen den aus der Winterruhe alsdann erwachenden Käfern,

c) ganz besonders im Anfang Juli dieses zweiten Jahres den aus
   den Wurzeln im Boden hervorkommenden neuen Käfern in Menge
   zu bieten sind;

d) auch im Frühling des dritten Jahres werden zeitig ausgelegte
   Knüppel noch manche Käfer zum Ablegen der Eier veranlassen.

Bei jeder Erneuerung der Knüppel ist die Brut an den alten durch
Entrindung zu vernichten.

Die frisch hergerichteten harzduftigen Knüppel werden ohne Zweifel auch manche Käfer, welche in der Umgebung der Schlagflächen an den passenden Wurzeln der eingeschlagenen Totalitätshölzer entstanden, anlocken und so verhindern, daß dieselben ihre Eier an die Stöcke und Wurzeln der zerstreut in den Beständen gefällten Einzelstämme bringen. Allein die große Entfernung der Schläge (Hauptbrutstätten) von den meisten dieser kleinen vereinzelten Brutstellen muß den Erfolg sehr erheblich abschwächen. Es ist daher, wie aus manchen anderen Gründen, so auch zur Verminderung der Rüsselkäfergefahr sehr empfehlenswerth, statt weniger ausgedehnter Kahlschläge, zahlreichere, kleine, möglichst zerstreute zu führen. Nur auf solchen können Brutknüppel zur Ablenkung der Brutkäfer von den Stöcken und Wurzeln der in der Totalität eingeschlagenen Stämme von wirthschaftlicher Bedeutung sein.

3. Roden der Wurzeln, bez. Stöcke.

Die Nadelholzwurzeln von der oben bezeichneten Beschaffenheit bez. die Stöcke in der Gegend des Wurzelanlaufs bilden das einzige Brutmaterial des großen braunen Rüsselkäfers. Durch das rechtzeitige Roden, nebst event. Verbrennen oder Ankohlen oder weiter Abfuhr dieses besetzten Materials wird deshalb die Vermehrung des Feindes sehr stark niedergehalten. Das Roden geschieht am passendsten auf den Winterschlagflächen Anfang Juli des Schlagjahres bis zum Spätherbst desselben, kann aber noch bis zum Anfang Juni des zweiten Jahres fortgesetzt, folglich 11 Monate hindurch vorgenommen werden. Nur ist zu bemerken, daß die beim Roden bereits annähernd erwachsenen Larven sich in dem aufgeschichteten Wurzelholz zu vollständigen Käfern entwickeln, wenn nicht jenes Verbrennen oder Anbrennen stattfindet. Dagegen darf Wurzelholz, auf den frischen Schlagflächen im Juni und Juli gerodet, ohne solche Vornahme unbedenklich aufgesetzt werden, die noch unreifen Larven vertrocknen in demselben. — Gegen dieses fundamentale Vertilgungsmittel werden zwei Einwendungen erhoben, nämlich die Unausführbarkeit der Entfernung sämmtlicher Wurzelstränge und der zu erhebliche Kostenpunkt. Beide haben ihre Berechtigung. Alle weitstreichenden Wurzeln, sowie die Pfahlwurzeln, an denen man abwärts bis zu fast einem m Tiefe noch Larvengänge aufgefunden hat, lassen sich freilich nicht roden. Allein weitaus am stärksten sind die leicht erreichbaren, stärkeren Wurzeln und Wurzeltheile besetzt und wenn diese zur richtigen Zeit aus dem Boden entfernt und alsdann entsprechend behandelt werden, wird der allergrößte Theil der Larven vernichtet, und die Käfer, welche sich später aus den wenigen zurückgebliebenen Larven entwickeln, sind eben ihrer geringen Anzahl wegen später um so gründlicher abzufangen. Die zu bedeutende Höhe der Kosten der Rodung kann wohl nur bei ihrer Bestreitung aus dem Culturfonds als ausschlaggebend in Betracht kommen; die zur Vertilgung der schädlichen Insecten bewilligten Gelder würden in ruhigen Jahren theilweise ihre passendste Verwendung für diese Entfernung der brutbesetzten Wurzeln finden. Wenn auch die Kostenhöhe nur eine unvollkommene Ausführung der Arbeit erlaubt, so ist doch schon mit einer solchen viel gewonnen, zumal da bei derselben die am flachsten streichenden und die stärkeren, mithin die am meisten besetzten Wurzeln entfernt werden. Es handelt sich ferner nicht selten um Säuberung kleinerer Flächen, auf denen der Anbau besonders werthvoller Nadelholzarten beabsichtigt ist. Für diese wird schwerlich der Kostenpunkt erheblich ins Gewicht fallen können. Einen, wenngleich geringen Ersatz bietet doch auch der Werth des Wurzelholzes. Es möge ferner auf die Wichtigkeit hingewiesen werden, brave Waldarbeiter auch in einer sonst beschäftigungslosen Zeit an den Wald zu fesseln, ev. ihnen das Wurzelmaterial zur Selbstwerbung frei zu geben oder gar noch obendrein ihnen ihre Arbeit durch einen geringen Lohn theilweise zu vergüten. Allerdings würde ihnen alsdann die möglichste Entfernung auch der schwachen Wurzeln aus dem Boden als unerläßliche Bedingung zu stellen und die Erfüllung derselben ausreichend zu controliren sein.

4. Fangmaterial.

Bei der großen Wichtigkeit, dem Rüsselkäfer auf seinen Concentrationsflächen, den Schlägen, möglichst großen Abbruch zu thun, ist daselbst ein Auslegen und Absammeln von Nadelholz-Fangmaterial, Kloben, Rinde, Reisern, sowie die Erneuerung desselben beim stärkeren Eintrocknen geboten. Die Kloben sind mit der an einer oder anderen Stelle angeplätzten Rindenseite an oder besser flach in den Erdboden zu legen und beim Vertrocknen der rindenentblößten Stellen bis zum Auswechseln mit neuen Schalmen zu versehen. Beim Aufheben der Kloben finden sich die Käfer eben sowohl auf dem Erdboden als am Holze. Fangrinde ist umgekehrt mit der Bastseite auf den Boden zu legen und zur Verhinderung des Hohlliegens mit einem Gewichte (Stein) zu beschweren. In Kiefernbeständen wird jedoch wohl nur selten von diesem Mittel Gebrauch gemacht werden. Die einzelnen, etwa 0,5 m langen, Reiserbündel liegen passend je über einem Loche, wohinein zum bequemen Auflesen die an denselben fressenden Käfer abgeklopft werden können.

Leider ist bei hellem warmem Wetter wegen raschen Trocknens der Reiser eine recht häufige Auswechselung der Bündel nothwendig. Das Fangmaterial ist über die ganze Schlagfläche zu vertheilen und während des ersten und zweiten sowie noch im Frühlinge des dritten Sommers daselbst zu unterhalten. — Von großer Wirkung hat sich auch das Anplätzen der Wurzeln von frischen Stöcken auf den Schlagflächen und von unmittelbar angrenzenden stehenden Stämmen, welche baldigst, etwa im nächsten Wadel zum Einschlage gelangen sollen, erwiesen. Diese Schalmstellen sind mit Moos zu bedecken, täglich zu revidiren und bei beginnendem Eintrocknen durch andere zu ersetzen. — Es empfiehlt sich sehr, das Fangmaterial zur Entstehungszeit der neuen Käfer (Juli des zweiten Sommers) zu vermehren, z. B. außer den Kloben alsdann auch Reiserbündel auszulegen. Das Absammeln geschieht je nach der Witterung mehr oder weniger häufig. An naßkalten Tagen kann es eingestellt werden, an hellen warmen ist es täglich vorzunehmen. Die Anzahl der an demselben gefundenen Käfer belehrt darüber, ob etwa eine Vermehrung dieser Fanggegenstände an einzelnen Stellen der Schlagfläche oder zu bestimmten Zeiten angezeigt erscheint. Daß die Käfer gegen Ende August sich zur Winterruhe zu verkriechen, folglich sich nicht mehr zu fangen pflegen, ist vorhin bei Erörterung der Lebens= weise des Käfers bemerkt. Dieser Termin kann sich jedoch nach den Witterungsverhältnissen etwas verschieben. Jedenfalls darf, wenn sich an warmen Spätsommertagen keine Käfer mehr fangen, daraus nicht auf die bereits erfolgte volle Vernichtung derselben geschlossen werden.

5. Schlagruhe.

Nicht zur Verminderung der Käfermenge, wohl aber zur Verhütung arger Zerstörung der auf den Schlagflächen ausgeführten Culturen dient Schlagruhe. Es folgt aus der Lebensgeschichte des Käfers, daß für Kiefernbestände Saat erst im zweiten und Pflanzung mit einjährigen Pflanzen im dritten Jahre vorgenommen werden darf. Noch sicherer schützt eine um noch ein Jahr verlängerte Ruhe, denn im Frühlinge des dritten Jahres verläßt die neue, im Juli des vorhergehenden (zweiten) Jahres entstandene Generation diese Flächen. Keimlinge werden von den Käfern nie, einjährige Pflanzen nur ganz vereinzelt benagt und vernichtet; mit zwei= und mehrjährigen Kiefern darf der Feind auf derselben Fläche nie zusammen existiren. Wer durch die Cultur dieser Schlagflächen ihm in den drei ersten Jahren zweijährige oder ältere Pflanzen bietet, darf sich über eine Vernichtung seiner Anlage nicht wundern. — Die Schlagruhe kann aber nur dann empfohlen werden, wenn die Vertilgungsmittel nicht oder nur sehr ungenügend ausführbar, oder bereits zu sehr vernachläffigt find. Denn Zurückgehen der Boden= güte und Zuwachsverluft find die nothwendigen Folgen der jahrelangen Ruhe. Da außerdem die Käfer fich unbehelligt im Reviere fortpflanzen und vermehren, so steigert fich auch ihr Fraß dafelbft; er verzettelt fich jedoch und erscheint deshalb weniger schädlich. Die Folge muß eine ftärkere ununterbrochene Nachbefferung in dem An= und Aufwuchs sein.

Es ift vorhin (unter „Brutknüppel") bereits bemerkt, daß der Rüffelkäfer seine Eier durchaus nicht einzig an die Wurzeln der frischen Kahlschlagflächen legt, sondern ebenso auch die der vereinzelten, im Inneren der Beftände eingeschlagenen Stämme als Brutmaterial benutzt. Alle Durchforstungen, sowie der Einschlag der Trocken= und Käfer= ftämme, überhaupt der Einzel=, sowie Gruppeneinschlag vermehren die Rüffelkäfergefahr und bewirken, daß troß aller Gegenarbeiten auf den Schlagflächen dieselbe nie völlig verschwinden wird. Man kann freilich bezweifeln, daß die Wurzeln eines jeden weitab von den Hauptbrut= herden im Innern der Beftände gefällten Stammes von einem Brutkäfer aufgefunden werden. Auch wird die Dichtigkeit des Beftandes auf den feindlichen Anflug von erheblicher Bedeutung sein. Genaue Erfahrungen liegen bis jeßt darüber nicht vor; allein im Allgemeinen ift die Thatsache der Eierablage an den Wurzeln der in den Beftänden gefällten Kiefern hinreichend feftgeftellt und wäre auch ohne directe Beobachtungen von vorn herein nach der Lebensweise des Insects nicht im mindeften in Zweifel zu ziehen. Gegen die hier auftretenden Feinde aber versagen aus nahe liegen= den Gründen alle bekannten Gegenmittel. Jedoch kann an ein wirthschaft= lich ins Gewicht fallendes Ablenken dieser Käfer an Brutknüppel ge= dacht werden, wenn zur Zeit der Entftehung und des Umhersuchens zahlreicher Individuen in nächfter Nähe fängische Knüppel in Menge vorhanden find und ihnen dafelbft durch fernere Einzeleinschläge in der Totalität nicht anderweitiges paffendes Brutmaterial geboten wird. Nur ausnahmsweise werden auf kleineren Flächen in den Beftänden sehr viele Einzelftämme gefällt, in deren Nähe fich diese Brutknüppel in frischem Zuftande befinden. Etwa auf den frisch durchforfteten Beftandes= flächen wird künftlich dafelbft in Menge gebotenes Brutmaterial zur Zeit der Entwickelung der neuen Käfer gute Dienfte leiften können. Selbftredend darf eine genaue Unterfuchung der Stöcke und Wurzeln vieler der dafelbft eingeschlagenen Stämme zur Feftftellung der An=

wesenheit und Verpuppungszeit zahlreicher Larven, bez. der Entwickelungszeit der neuen Käfergeneration nicht verabsäumt werden.

Außer dem Hylobius abietis treten, zumal als Knospenzerstörer,
noch zwei Arten aus der Gruppe der sehr gedrungenen, flügellosen,
sog. „grauen Rüsselkäfer", am Kiefernanwuchs schädlich auf: Strophosomus obesus, dem coryli (s. Eiche, No. 4, Seite 23) fast zum
Verwechseln ähnlich, und Cneorhinus geminatus, an den abwechselnd
heller und dunkler grau längsgestreiften Flügeldecken leicht kenntlich.
Beide lieben Sandboden, der letztere den leichtesten und ist z. B. auf
Dünenflächen stets zu finden.

Cneorhinus geminatus verbirgt sich bei hellem Sonnenschein in
unmittelbarer Nähe der Pflanzen im Boden und kann alsdann mit
einem schmalen spatelförmigen Holze leicht ausgegraben werden. Man
fand bis 10, ja 15 Käfer um eine Pflanze. In den Falllöchern der
Rüsselkäfergräben sammelte er sich in größter Menge an. Allein bei
jenem Ausgraben werden zu viele Individuen übersehen, wenn es sich
um Säuberung größerer Flächen handelt, als daß der Erfolg der müh-
samen und zeitraubenden Arbeit ein vollständiger genannt werden könnte,
und dauernd anstehende Gräben lassen sich an den vorzüglichsten Fund-
orten dieser Art nicht herrichten. Es ist deshalb sehr angezeigt, sofort
beim ersten, etwa örtlich noch sehr beschränkten Erscheinen des Käfers
das alsdann noch erfolgreiche Ausgraben desselben wiederholt und
gründlich vornehmen, sowie auch an trüben Tagen oder in den späteren
Nachmittagsstunden die jungen Pflanzen, an deren Terminalknospen er
sich alsdann zu befinden pflegt, absuchen zu lassen. Zahlreich ausgelegte
Reiserbündel werden ihn anziehen und so ebenfalls seine Vernichtung
bewirken lassen.

Stroph. obesus beschränkt sich nicht auf die ganz jungen Pflanzen,
sondern findet sich auch auf dem Aufwuchs. Von letzterem läßt er sich
abklopfen und auffangen, aber auch im Anwuchs durch Gräben und
Reiserbündel stark vermindern, sowie durch Isolirgräben von noch nicht
befallenen Flächen abhalten.

Es liegt nahe, gegen beide Arten die Vernichtung der Larven zu
empfehlen. Dieselben leben im Erdboden und ernähren sich daselbst
von den Wurzeln der Gräser- und Krautpflanzen. Die Erscheinungszeit der Käfer läßt schließen, daß die Lebenszeit derselben sich auf die
Sommermonate Mai bis Juli erstreckt. Ein tiefes Umgraben, bez.
Rajolen daselbst auf den bewachsenen, namentlich den am stärksten mit

Gras überzogenen Stellen im Juni wird ohne Zweifel von sichtlichem Erfolge sein. Auf gänzlich gras= und krautfreien Flächen kann keine der beiden Arten entstehen; ein Einlaufen in solche (Saatbeete, Pflanz= kämpe u. a.) würden Isolirgräben erfolgreich verhindern. Erfahrungen über diese Gegenmittel liegen leider bis jetzt noch nicht vor.

Der Vollständigkeit wegen sei schließlich noch die Gespinnstblatt= wespe Lyda campestris genannt, obschon sich dieselbe wohl kaum irgend= wo von Bedeutung gezeigt hat. Ihre auffälligen braunen dichten Koth= säcke sind nicht zu übersehen und bieten somit ein sehr leichtes Mittel, die einzelnen, darin befindlichen Larven zu tödten. Der Juni ist die passendste Zeit, diese Vertilgung durch Abstreifen der Säcke auszuführen. Eine einmalige Revision der Culturflächen, bei welcher die einzelnen Pflanz= bez. Saatreihen abzugehen sind, genügt für das laufende Jahr vollständig.

6. Aufwuchs.

Von den bereits vorhin unter „Anwuchs" namhaft gemachten Schädlingen treten einige auch im Aufwuchs in gleicher Weise auf. Zu= meist schadet auch hier der Engerling (Seite 140) durch Zerstörung der Wurzeln, sowie der große braune Rüsselkäfer (Seite 155) durch Benagen der Rinde. Auch das Reh verbeißt die Triebe, obschon im Allgemeinen weniger verhängnißvoll als bei jüngeren Pflanzen, von denen sehr oft nur der Stumpf des Stämmchens übrig bleibt.

Auch die aufgewehte Nonnenraupe entnadelt zumeist nur einen Theil der Zweige. Jedoch tritt bereits hier eine, auch auf die „Dickung", ja noch auf die jüngeren Stangenorte sich erstreckende Erscheinung auf, welche eine besondere Erwähnung verdient. Findet nämlich dieses Aufwehen von den benachbarten Stangen= oder jüngeren Altholzbeständen, also von oben herab, im Frühlinge statt, so gelangen die Räupchen entweder direct an die nach krautartigen, erst mit halbwüchsigen Nadeln versehenen neuen Triebe, oder in deren Nähe und suchen alsdann die= selben als für ihre noch sehr schwachen Mundwerkzeuge passendstes Fraßmaterial auf. Auch wenn die Räupchen bereits vor dem lebhaften Schieben der Maitriebe auf die Nadeln der vorigjährigen Triebe von oben herab gelangt sind, scheinen sie sobald als möglich auf die Neu= bildungen überzugehen. Sie verzehren alsdann nicht allein die noch unausgebildeten Nadeln, sondern benagen auch die zarte Rinde dieser Triebe. Es treten zahlreiche Harztropfen aus diesen Wunden, die Triebe welken, krümmen sich und sterben rasch ab. Die inzwischen kräftiger gewordenen **Raupen** sind nun gezwungen, auf die Nadeln der vorigjährigen Zweige überzugehen und der Fraß führt wohl zum Absterben der ganzen Pflanzen. Auffallender Weise sind es nur vereinzelte Pflanzen, welche so stark durch die Nonnenraupe leiden. Ja, eine einzelne stirbt unter diesem Angriffe, während die Nachbarpflanzen gänzlich oder fast gänzlich frei von den Raupen bleiben. Es war nicht möglich, aus den äußeren Verhältnissen etwa aus dem Stande, dem Wuchse, der Höhe dieser Pflanzen einen bestimmten Grund für diese Erscheinung zu entnehmen. Freilich gehörten diese stark besetzten stets zu den vorragenden, kräftig sich entwickelnden, nie zu den zurückbleibenden oder gar überwachsenen, zuweilen waren es exponirte Randpflanzen. Allein sehr viele andere, anscheinend gleich situirte blieben frei.

Ein möglichst frühzeitiges, hier leicht und gründlich ausführbares Ablesen der Raupen muß zur Rettung der besetzten Pflanzen dringlichst empfohlen werden. Zur Vermeidung einer zu starken Erschütterung der Pflanzen bei diesem Absammeln und in Folge dessen des Herabfallens der Raupen diene eine nicht zu kurze Pincette, welche von ungeglühtem Eisendraht sehr leicht herzustellen ist.

Wichtig ist der Fraß der Raupen mehrerer Wicklerspezies, welche der Untergattung Retinia angehören. Ihre sehr übereinstimmende Beschädigung des Kiefernaufwuchses läßt dieselbe im Allgemeinen charakterisiren. Die Falter belegen nämlich je eine Knospe und zwar zumeist die Terminalknospe des Höhentriebes mit einem Ei. Der Fraß des bald entstehenden Räupchens vernichtet dieselbe und geht gar oft auch auf die Quirlknospen über, auch diese theilweise oder sämmtlich vernichtend. So wird dann entweder die Entstehung des Höhentriebes allein oder auch eines oder anderen oder aller Quirltriebe verhindert. Im letzteren Falle ist auch die Fortsetzung des Höhentriebes durch Emporwachsen eines Seitentriebes unmöglich gemacht; die sich daselbst entwickelnden Scheideknospen bilden alsdann eine buschige Spitze der Pflanze. Stets werden auch die Knospen einiger, bei starker Vermehrung der Schädlinge sogar vieler Seitenzweige mit je einem Ei belegt, und die befallenen Pflanzen zeigen alsdann an zahlreichen (10 bis 20 und mehr) Stellen jene Deformität. Da eine solche Menge von Zerstörern nicht plötzlich entsteht, so tragen die Pflanzen auf solchen Flächen auch noch die traurigen Spuren der Angriffe aus den nächst vorhergehenden Jahren an sich. Diese Beschädigungen sind und bleiben um so empfindlicher, je geringer die Bodengüte des Standortes ist. Auf den besseren bez.

den besten Böden mit ihrem frohwüchsigen dichten Aufwuchs verwächst in den meisten Fällen der Schaden in einigen Jahren wieder, jedoch nur dadurch, daß die wenig oder gar nicht, bez. nicht am Höhentriebe befallenen Pflanzen allmählich die übrigen überwachsen. Die auf einen bedrohlichen Höhepunkt gelangte Plage pflegt alsdann durch Ichneumoniden fast plötzlich ihren Abschluß zu finden. Allein jene jetzt verkrüppelten Pflanzen waren vor dem Angriffe zum größten Theil die kräftigsten, am meisten vorragenden, die verschonten die mehr zurückbleibenden, verdeckten. Jene würden sich anscheinend später zum Hauptbestande entwickelt haben, jetzt ist das Verhältniß das umgekehrte, sie werden den Nebenbestand bilden und frühzeitig der Durchforstung anheimfallen. Jedoch wachsen auf gutem Boden die Pflanzen des muthmaßlich späteren Hauptbestandes kräftig empor; der Schaden hat sich allerdings wieder verwachsen. Aber ohne Nachtheil sind auch viele der von jetzt an dominirenden Stämme nicht geblieben, wie ihre Schaftkrümmung oder Knickung oder auch nur schwache seitliche Buchtung noch bis ins spätere Stangenholzalter erkennen läßt. Auch von ihnen müssen manche der Durchforstungsaxt verfallen. — Die für die Wirkung des Fraßes im Allgemeinen bedeutsamste Eigenthümlichkeit der einzelnen Wicklerarten beruht auf ihrer verschiedenen Flugzeit und als Folge davon auf der verschiedenen Fraßzeit der Raupen. Von den 6 hierher gehörenden Arten: Tortrix (Retinia) duplana, turionana, buoliana, pinivorana, margaritana, piniana seien in dieser Hinsicht nur die forstlich wichtigen, die 3 erstgenannten, kurz erwähnt. — T. duplana fliegt im April; der besetzte Terminaltrieb ist bereits kräftig entwickelt, bevor der Fraß des anfangs äußerst winzigen Räupchens sich bemerklich macht. Die Raupe bleibt in der Spitze dieses Triebes, in welchem sie vollauf ihre Nahrung findet, greift folglich nie die Quirltriebe an, tödtet denselben aber noch in demselben Sommer. Ausnahmsweise jedoch stirbt er erst im nächsten Jahre ab.

T. turionana hat den Juni als Flugzeit. Das zarte Räupchen höhlt die Spitzenknospe im Spätsommer bereits merklich aus; doch setzt letztere ihr Wachsthum im Frühlinge fort, wird aber von jenem bald vollständig verzehrt und bleibt nur als schwacher Rest zwischen den Quirlzweigen, welche in der Regel gänzlich verschont werden, zurück.

T. buoliana folgt nach etwa 4 Wochen, im Juli. Das Ei fällt im Spätsommer noch aus; allein der Fraß des Räupchens ist alsdann nur sehr unbedeutend. Die Knospe schiebt im nächsten Frühling so

kräftig als eine gesunde. Die Raupe bleibt in der Basis des neuen
Triebes, welcher nun durch seine Schwere abwärts sinkt und mit der
Spitze sich wieder hebt und so das bekannte „Posthorn" bildet. Allein
in den weitaus meisten Fällen, zumal bei wenig kräftigem Wuchs der
Pflanze, tödtet sie die erste Knospe noch bevor dieselbe sich zur Bil=
dung des neuen Triebes kräftig aufwärts schiebt, und begiebt sich als=
dann in die nächste Quirlknospe, ja sie verschont, weil sie ihren Aufent=
halt an der Basis aller dieser Knospen nicht verändert, sehr oft keine
derselben. Jene wirren Nadelbüschel an den Spitzen der vorigjährigen
Triebe sind die Wirkung ihres Fraßes, dessen Stärke z. Th. auch auf
der Größe der Raupe beruht. T. buoliana ist unter den genannten
Arten die größte.

Seines ähnlichen Lebens wegen sei hier noch ein nicht zu der ge=
nannten Untergattung gehörender Wickler, Tortrix piceana, angereiht.
Figur 48 stellt die Puppe im Fraßraum
der Raupe und den Falter dar.

Als Gegenmittel empfiehlt sich das
rechtzeitige Ausbrechen des besetzten (krän=
kelnden, zurückbleibenden) Mitteltriebes und
zwar gegen duplana im Juli, gegen piceana
im Anfang Juni, und der besetzten Knospe
gegen turionana gegen Ende Mai. Betreffs
der schädlichsten Art, buoliana, läßt sich ein
solches Ausbrechen (Juni) nur empfehlen,
wenn dabei große Vorsicht angewandt wird.

Fig. 48.   (Natürliche Größe.)

Die Basis der Terminalknospen ist häufig durch etwas Harz verklebt, die
Aufenthaltsstelle der Raupe durchaus nicht stets die Mittelknospe. Bei un=
vorsichtigem, hastigem Verfahren werden leicht gesunde Knospen ausge=
brochen. Häufig steckt die Raupe oder Puppe nach dem Ausbrechen der
hohlen Knospenhülle unterhalb der Abbruchstelle, jedoch in der Regel
deutlich sichtbar. Sie ist alsdann durch einen Stich mit einer Nadel
oder einem Dorn zu verletzen. — Es ist wichtig, diese Einzelarbeiten sofort
ausführen zu lassen, wenn sich eine oder mehrere dieser Arten ver=
schiedentlich bemerklich machen, zumal wenn die Fraßstellen sich gegen
die des vorhergehenden Jahres, in welchem sie vielleicht nur ganz
vereinzelt auftraten und folglich unbeachtet bleiben konnten, merklich
vermehrt haben.

Eine weniger wichtige, ebenfalls zu der Untergattung Retinia gehörende Tortricide, der bekannte Harzgallenwickler, resinana, dessen auffällige Harzgallen, zumeist an den Seitentrieben junger Kie=fern, kaum übersehen werden können, kann auf besseren Kiefernböden unbeachtet bleiben. Auf nahrungsarmen Sandflächen jedoch sollte man seine noch weichen, breiigen Gallen im ersten Sommer, etwa vom Juli ab zerquetschen oder die bereits festen im zweiten Sommer abbrechen. Jeder Insectenangriff auf die für solche sterile Flächen unersetzliche Kiefer wird daselbst für die Pflanzen weit verderblicher als auf den besseren Standorten.

Als hervorragender Feind des Kiefernaufwuchses ist ferner der „kleine braune Rüsselkäfer", Pissodes notatus, zu nennen, welcher sich allerdings auch bereits im Anwuchs, aber dort nur sehr vereinzelt und wohl ohne empfindlichen wirthschaftlichen Nachtheil bemerkbar macht. Die Rüsselkäferarten der Untergattung Pissodes stimmen mit Ausnahme von P. validirostris (s. Kiefer, Zapfen, Seite 136) in ihrer Lebensweise so sehr überein, daß eine gemeinsame Charakteristik derselben angezeigt er=scheinen wird. Ihr Brutmaterial bilden die Stämme der Nadelhölzer und zwar dort, wo sie weder von einer starken borkigen, noch von sehr junger, dünner Rinde umgeben sind. In erstere vermag sich ihre feine Rüsselspitze von außen her nicht so tief hineinzubohren, daß die in dieses nadelstichartige Nageloch gelegten Eier und somit die aus denselben entstehenden zarten Larven sich in den lebenden Bastschichten befinden, die letztere dagegen bietet den nur im Baste fressenden Larven keinen Raum für ihre Entwicklung bis zur Verpuppungsreife. In der Ver=schiedenheit der Stärke und Borkebildung der Rinde von Kiefer, Wey=mouthskiefer, Fichte, Tanne, u. s. w. ist es deshalb begründet, daß die betreffenden Pissoden an diesen Holzarten in verschiedenen Stammregionen und unter verschiedener Rindenstärke brüten. Zeigt sich in Ausnahme=fällen die Rinde über einem Pissodenbrutplatz als auffällig stark, so hat der Brutkäfer eine tiefe Rindenritze zum Anbohren und zur Eierablage benutzt. Da der Käfer in ein einzelnes Bohrloch stets mehrere (wenige bis über 30) Eier hineinbringt und zur Aufnahme der allmählich rei=fenden folgenden mit Herrichtung gleicher Bohrlöcher bis zur Erschöpfung des Eiervorrathes fortfährt, so treffen wir nie oder nur äußerst selten (an sehr schwachem Material) eine einzelne Larve, sondern fast stets eine Larvenfamilie an, deren Glieder von ihrem Entstehungspunkte (dem Boden des Stichloches) nach allen Seiten hin ihre Fraßgänge nagen („Strahlenfraß" Fig. 49), sowie sich ferner dort, wo eine

Familie lebt, in der Umgebung an passendem Material noch mehrere
besetzte Stellen auffinden laffen. Erwachsen nagt sich jede Larve eine
Splintwiege, in welcher sie sich mit den zaserigen Nagespänen dicht
umgibt und die Verpuppung besteht. Die neuen Käfer begeben sich
durch ein kreisrundes, ihrem Körperumfange entsprechendes Loch von ihrer
Entstehungsstelle direkt an die Außenwelt. Auf der Gemeinsamkeit des
Fraßes einer mehr oder weniger erheblichen Anzahl der Larven beruht
in hervorragender Weise ihre Schädlichkeit. An schwächerem Material

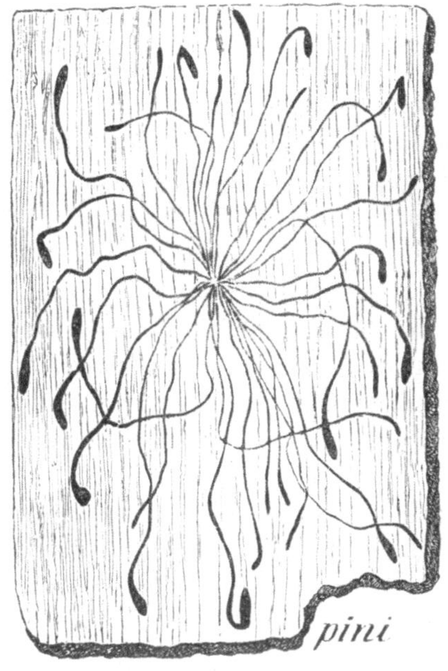

Fig. 49.   (¹/₃ natürl. Größe.)

umspannen oft schon die Gänge einer einzelnen Larvenfamilie die ganze
Peripherie des Stammes und schneiden so den Hauptlebensfaden desselben
aufwärts ab; an stärkerem treten wohl stets mehrere Gruppen solcher
Gänge auf; welche den Stammumfang mehr oder weniger vollständig
umgeben; aber auch einzelne nur platzweise im Bast lebende Larven=
familien sind von nachtheiligem Einfluß. Die Frage nach der Gesund=
heit des Baumes, bez. der Pflanze zur Zeit des Angriffes ist im All=
gemeinen deshalb schwer zu beantworten, weil, zumal an stärkerem
Material, die Wirkung des Fraßes sich erst später bemerklich macht und
so die Behauptung eines „post hoc, ergo propter hoc" in manchen

Fällen gewagt erscheinen kann. Aus vielen Thatsachen läßt sich jedoch schließen, daß schwaches Material primär befallen wird, bei starkem dagegen ein, wenn auch geringer Kränklichkeitszustand (nicht ganz passender Standort, große Sommerdürre u. ähnl., vergl. auch „Kiefer, Ueberhälter" No. 9), welcher ohne den Pissodenangriff wohl gänzlich überwunden wäre, den Käfern den Stamm zu passendem Brutmaterial verändert hat. Umfassen z. B. im Kiefernaufwuchs die Gänge einer notatus-Larvenfamilie den besetzten Stamm nicht vollständig, so tragen diejenigen Zweige, welche von den verschonten Theilen oder senkrecht über denselben abgehen, sowie sämmtliche, welche unterhalb der Fraßstelle entspringen, als Zeichen ihrer Gesundheit eine sehr kräftige, völlig normale Benadelung. Verräth ein starker ringförmiger Harzausfluß an Weymouthskiefernstämmen in etwa 5 m Höhe die Zerstörungsarbeit der Larven von P. pini (bei Ratzeburg Curculio abietis), so läßt sich an der Wipfelbenadelung noch durchaus kein Rückgang in dem Wachsthume der befallenen Bäume erkennen. Wird eine alte Kiefer, weil sichtlich kränkelnd, eingeschlagen, so zeigen sich die Gänge von P. piniphilus in den Wipfelpartien längst verlassen, so daß hier der Schluß auf Gesundheit des Stammes zur Zeit des Angriffes nicht allzu gewagt erscheint. Die in den Baumspitzen unter der Rinde hausenden Insecten (s. „Rüstern, Baumholz" Seite 100) sind überhaupt wohl als primäre oder fast primäre Feinde zu betrachten, welche nach Tödtung dieser Spitzen (P. herzyniae an Fichte, pini an Weymouthskiefer) die nächst unteren Theile befallen und schließlich, wenn die Rindenbeschaffenheit nicht hindert, tief herabsteigen können. Anderseits ist aber durch Thatsachen eben so sicher nachzuweisen, daß leicht beschädigte Nadelhölzer mit Vorliebe von den Pissoden befallen werden. Schwach angesengte junge Kiefern z. B. locken eine Menge von P. notatus zum Ablegen der Eier an. Fast jeder Stamm, welcher auf einer solchen Brandfläche durch Wipfelfeuer einen Theil seiner Nadeln verloren hat, enthält seine Brut, während auf dem unversehrten Theile der Culturfläche sich kaum hier und dort eine befallene Pflanze auffinden läßt. — Die Generation muß im Allgemeinen als eine einjährige bezeichnet werden. Im Frühlinge erfolgt die Eierablage. Die sich im Spätsommer entwickelnden neuen Käfer überwintern. Allein bei sehr starker Vermehrung einer einzelnen Art erfahren manche ihrer Larvenfamilien etwa durch starke Beschattung ihres Stammes oder durch ihren Aufenthalt an der nördlichen Stammseite oder an einer überhaupt nach Exposition oder Höhenlage kälteren Oertlichkeit und dergl. einen ihre Entwicklung etwas hemmenden Einfluß, während andere unter den entgegengesetzten Ver= hältnissen voraneilen. Verstärkt sich in der nächsten Zeit diese Ent= wickelungsverschiebung, so muß als Folge die oft genug beobachtete Thatsache auftreten, daß sich schließlich an einem und demselben Stamme die Art in allen ihren Stadien vorfindet. Dieselbe berechtigt scheinbar alsdann zu der Behauptung, daß die einzelnen Stadien an eine bestimmte Jahreszeit überhaupt nicht gebunden seien.

Pissodes notatus lebt und brütet von allen Verwandten am niedrigsten. Fig. 50. Die schon im Jugendalter der Kiefer an den unteren Stamm= partien borkig werdende, für seinen Angriff zu starke Rinde verweist ihn auf schwaches Brutmaterial, auf die jüngeren Pflanzen, wie sie ihm die Aufwuchsflächen in Menge bieten. Mit der Schwäche der Brutstämme steht die geringe Anzahl der Eier im Zusammenhange, welche er an jeder einzelnen Angriffsstelle ablegt. An sehr schwachen Pflanzen finden wir wohl mal nur eine einzige Larve oder zwei, drei derselben. Nie steigert sich eine Larvenfamilie, wie z. B. bei pini Fig. 49, auf 20 ja 30 und mehr In= dividuen. Auch der „Strahlenfraß" kann wegen der geringen Stärke des Stammes nicht zur Darstellung ge= langen. Zunächst ist der Bogen seiner

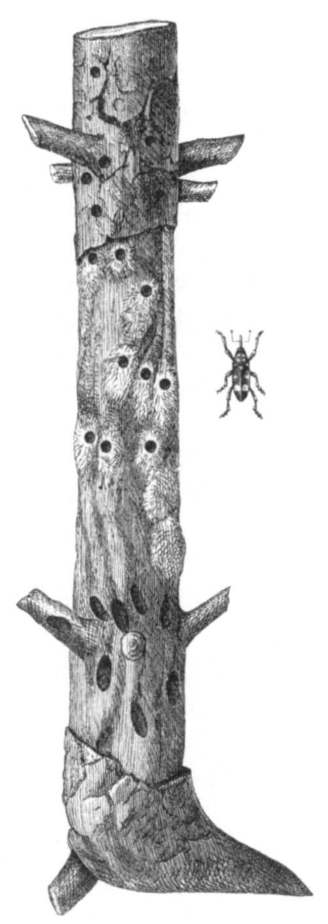

Fig. 50.

Peripherie zu scharf und zu kurz für die bei einem solchen Fraße mehr oder weniger in einer ebenen Fläche nagenden Individuen. Außerdem aber ist den Larven auch der Weg aufwärts verlegt, da die Eier unmittelbar unter dem Kranze der Quirläste abgelegt zu werden pflegen und die Basis derselben für die Larven gleichsam wie ein Deckel wirkt. An

Aeste und Zweige geht die Larve nicht. So bleibt denn für diese Art nur die abwärts verlaufende Fraßrichtung möglich. Zeigt sich ausnahmsweise eine Kiefer im Stangenholzalter mit einer Larvenfamilie besetzt, so kommt auch sofort der Strahlenfraß daselbst zur reinen Ausprägung.

Als Gegenmittel ist das sofortige Ausreißen und baldige Verbrennen der auf den Culturflächen durch den Fraß zu kränkeln beginnenden Pflanzen dringlichst zu empfehlen. Eine alljährliche Revision dieser Flächen etwa im Anfang Juli zur Auffindung dieser Pflanzen darf nicht verabsäumt werden. In dürren Sommern pflegen sich die daselbst vorhandenen Käfer am schnellsten und zahlreichsten zu vermehren. Vom Wurzelpilz (Agaricus melleus) ergriffene Pflanzen bez. Pflanzengruppen zeigen fast ständig auch die Brut des notatus, wogegen die vom Engerling getödteten Pflanzen häufiger von seinem Angriffe frei geblieben sind. Das Absterben der letzteren erfolgt wohl zu schnell. Aus solchen Erscheinungen läßt sich folgern, daß notatus, obschon er wie oben (Seite 174) bereits nachgewiesen, durchaus gesunde junge, etwa 3 bis 6 jährige Pflanzen primär befällt und tödtet, nach etwas älteren durch einen schwachen Kränklichkeitszustand derselben angelockt wird. Sehr kranke oder verletzte Pflanzen, welche den künftigen Larven während ihres Lebens eine saftige Nahrung nicht mehr gewähren können, werden vom Brutkäfer nicht mehr angenommen. — Es stimmt hiermit die mehrfache Erfahrung überein, daß vor der Flugzeit, (Mitte März, Anfang April) durch Wipfelfeuer angesengte 10 bis 15 jährige Pflanzen sich im Juli von den Larven stark besetzt erwiesen. Zur Vertilgung des Feindes kann ein solcher Brandschaden von großer Wichtigkeit sein. Die Larvennachkommenschaft der Käfer der ganzen Umgebung findet sich hier concentrirt. Man entferne deshalb diese im frühen Frühling angesengten Pflanzen nicht sofort, schiebe aber den Abhieb und die Vernichtung derselben nicht über den Juli oder die Mitte dieses Monats hinaus. Entsteht jedoch ein solcher Brand später, etwa im Juni, Juli, oder noch später, so werden die schwach an den Nadeln und Reisern angesengten Pflanzen nicht mehr mit Eiern belegt, wenigstens nicht mehr in irgend wirthschaftlich bemerkenswerther Menge. Es folgt hieraus, daß sich diese Art nur einmal im Jahre fortpflanzt, obgleich die aus den im Frühling abgelegten Eiern entstandenen Käfer bereits im August völlig ausgebildet sind und sich alsdann an die Außenwelt nagen. Ob sich auf diesen späten Brandstellen im nächsten Frühling die Brutkäfer

concentriren, muß als noch offene Frage, jedoch als nicht unwahr=
scheinlich bezeichnet werden. Jedenfalls sind die über Winter nicht be=
seitigten schwach angesengten Pflanzen im nächsten Juni und Juli nach
der notatus-Brut zu untersuchen und event. mit derselben zu entfernen.
— Diese Erfahrung kann unter einzelnen Verhältnissen, z. B. bei be=
absichtigter Entfernung von Vorwüchsen, es angezeigt erscheinen lassen,
den Käfer durch absichtlich vorher vorgenommene Beschädigung von
Stämmen nach diesen Brutstellen aus der Umgebung zur späteren Ver=
nichtung seiner Brut anzulocken. Dergleichen etwa im künftigen Jahre
zum Einschlage bestimmte Vor= und Sperrwüchse wären zu dem Zwecke
im Sommer zu ringeln.

Mehrere Käferarten, ein Rüsselkäfer, Magdalinus violaceus, zwei
kleine, breite Buprestiden, die schwarze Anthaxia IVpunctata und die
trübblaue Melanophila tarda (cyanea), sowie Anobium nigrinum, ent=
wickeln sich in den Zweigen, auch den Stämmchen des Aufwuchses,
zumal dort, wo dieser in sonniger Lage auf dürrem Boden stockt.
Doch findet sich der Magdalinus nicht selten auch in der Mitte üppiger
Jungwuchsflächen. In ihrer Lebensweise ähneln sich die drei erstge=
nannten so sehr, daß sich die Spezies aus der Eigenthümlichkeit des
Larvenfraßes kaum bestimmen läßt. Starke, scharfe, vielfach gewundene
Gänge furchen den Splint, die Puppenwiege liegt im Holze. Je
schwächer das Brutmaterial ist, desto stärker greift der Fraß ins Holz,
welches gar oft bei auch nur mäßigem Druck zerfällt. Die Larve des
Anobium nigrinum dagegen folgt der Markröhre. Im Allgemeinen
gehören diese Arten zu den nur wenig schädlichen. Doch ausnahmsweise
treten sie auf beschränkten Stellen, wohl nie auf ausgedehnten Flächen,
in bedeutender Anzahl auf. Zu diesen Ausnahmen gehörte vor einigen
Jahren ein heftiger Fraß der Melanophila tarda in einem ostpreußischen
Reviere.

Spezifische Gegenmittel gegen diese Kiefernfeinde sind nicht
bekannt. Die besetzten Pflanzen bekunden jedoch gar bald durch Ver=
gilben der Nadeln der betreffenden Zweige, bez. des Wipfels oberhalb
der verletzten Stelle des Stammes den tödtlichen Angriff. Solche
Pflanzen sind sofort zu entfernen und zu verbrennen. Bei der Revision
der jungen Bestände nach notatus werden auch diese nicht unentdeckt
bleiben.

Auch zwei Bostrichiden, Bostrichus bidens und Hylesinus minimus,
vernichten in dem hier in Rede stehenden Alter der Kiefer manche

Pflanze. Beide legen die bekannten Sterngänge an, deren Arme nebst den Larvengängen die Stämmchen weithin umspannen und so die besetzten Pflanzen zum Absterben bringen. Die vor dem Angriffe gesunden, gut ausgebildeten Triebe, Nadeln, Knospen liefern den Beweis, daß derselbe primär war und keine Kränklichkeit der Pflanzen zur Voraussetzung hatte. Am schädlichsten von beiden tritt hier wegen seiner größeren Menge und allgemeineren Verbreitung B. bidens auf. Eine einzige Larvenfamilie reicht oft schon hin, die befallene Pflanze zum Kränkeln und schließlichen Absterben zu bringen. Der größeren Stärke des B. bidens entsprechend sind seine Brutgänge derber als die von H. minimus, seine starken Eiergrübchen stehen unregelmäßig und meist weit von einander entfernt, manche Brutarme zeigen nur sehr wenige auch wohl gar keine Eierkerben. Viele der letzteren scheinen ohne Eier geblieben zu sein, da keine Larvengänge von denselben ausgehen; diese pflegen überhaupt kurz und schwach zu sein.

Bei der alljährlich vorzunehmenden Revision der Aufwuchsbestände nach notatus und den zuletzt aufgeführten Feinden werden auch die mit dieser Borkenkäferbrut besetzten Pflanzen nicht unbemerkt bleiben können und sind alsdann in gleicher Weise zu behandeln. — Da jedoch an stärkerem Material (Starkreisig, Knüppel) erst eine anderweitige Beschädigung für ihren Angriff disponirt, so läßt sich namentlich B. bidens durch Fang-Reiser, Zweige, schwache Stangen für die nähere Umgebung vermindern. Bei Sommerfällung starker Stämme erhalten die Zweige mit Spiegelrinde nicht selten seine Gänge; bei Abfuhr der eingeschlagenen Hölzer niedergedrückte oder geknickte junge Stangen werden oft stark besetzt und dergl. Solches „Fangmaterial" darf nicht unbeachtet, ja muß dort, wo der Käfer häufig auftritt, durch Legen für diesen Zweck gehauener passender Stämme bez. Zweige vermehrt und, wenn besetzt, entrindet oder abgefahren werden.

Bostrichus laricis wird ebenfalls bereits an einzelnen Pflanzen des Kiefernaufwuchses angetroffen, jedoch nicht nur sehr spärlich, sondern auch nur an solchen Pflanzen, welche allem Anscheine nach bereits vor ihm von anderen Feinden, namentlich dem Wurzelkrebs, befallen waren.

Ein kleiner, kräftiger Bockkäfer, Lamia fascicularis, tödtet in diesen Jungbeständen auch wohl hier und dort eine einzelne gesunde Pflanze. Allein seine Hauptarbeit vollführt derselbe an den schwachen Zweigen in den Wipfeln des Altholzes. Er wird deshalb bei diesem eine genauere Besprechung finden.

Auch andere, im Kiefernaufwuchs mehr oder weniger nur vereinzelt auftretende Schädlinge haben ihren Schwerpunkt in höheren Altersklassen dieser Holzart und werden bei diesen namhaft gemacht.

7. Dickung.

Mit dem Grade der Dichtigkeit der Kiefernjungbestände steht die Gefahr der Angriffe von Seiten derjenigen Insekten, welche sich an den Stämmen entwickeln, in umgekehrtem Verhältniß. Bei völligem Schluß finden sich daselbst die vorhin aufgeführten Arten als Pissodes notatus, Buprestis tarda und IV punctata, Bostrichus bidens u. a. m., nur mehr vereinzelt an den Rändern, auf Fehlstellen, an vom Wurzelkrebs ergriffenen Pflanzen und Pflanzengruppen u. dergl. ein, und gehen von diesen beschränkten Stellen höchstens auf die unmittelbare, durch den ersten Angriff exponirte Umgebung über. In den Uebergangsbeständen vom Aufwuchs zur Dickung erscheinen dieselben noch häufig. Dagegen mehren sich in den geschlossenen Dickungen diejenigen Arten, welche von den Nadeln leben. Es zieht sich auch das Rothwild mit Vorliebe in diese schützenden Bestandesflächen und läßt gar oft die unliebsamen Spuren seiner Anwesenheit an den Pflanzen zurück.

Diese Beschädigungen des Rothwildes bestehen zunächst in einem empfindlichen Verbeißen. An mit seinem Kopfe ungefähr gleich hohen Pflanzen verbeißt dasselbe nämlich gegen Ende Mai bez. im Juni, zur Zeit, wenn die sämmtlichen noch krautartigen Triebe der Spitze, Höhen= wie Quirltriebe, gleichsam als ein Bündel aufrecht stehen, diese ganze Neubildung. Nur kurze Stumpfen bleiben als traurige Reste zurück. Mit Vorliebe nimmt es gerade die kräftigsten, saftigsten Spitzen.

Nur Verscheuchen des Wildes aus den gefährdeten Flächen bis zur Zeit der völligen Nadelausbildung jener neuen Triebe und der horizontalen Stellung der Quirltriebe, also etwa von Mitte Mai bis Mitte Juli, kann diese Beschädigung verhüten oder wenigstens sehr ver= mindern. Aufstellen von Scheuchen in den Beständen während dieser Zeit wird sich neben wiederholter Beunruhigung des Wildes durch Schutzbeamte oder Arbeiter empfehlen.

Einen ferneren Schaden verursacht dasselbe durch Schälen alsdann, wenn der dritt= oder viertoberste Quirl sich ungefähr in der Höhe seines Kopfes befindet. Diese beiden Quirle besitzen noch saftige Rinde, sie haben bereits die Nadeln abgeworfen und sind schon so resistent, daß die zum Schälen angesetzten Zähne eingreifen. Ältere Höhentriebe sind zu borkig, jüngere weichen vor dem Zahndrucke zurück. Nur die beiden genannten, namentlich der drittletzte, werden bei der Kiefer geschält. Die Stärke dieser Beschädigung bedingt selbstredend die Folgen für die Pflanze. Beschränken sich die Zahnzüge, wie in vielen Fällen, nur auf eine, verhältnißmäßig schmale Stelle, so schließt die Überwallung die Wunde im Laufe der nächsten Jahre vollständig. An schwachen, früher geschälten Stangen erscheint die Peripherie an diesen Stellen abgeflacht, die in der Umgebung bereits borkige Rinde hier noch fast glatt und roth; im vorgeschrittenen Stangenholzalter lassen sich dieselben kaum mehr auffinden. Die rasch auf die Verwundung folgende Verharzung des frei gelegten Splintes verhindert die Angriffe parasitischer Pilze; einen bleibenden Schaden scheinen die schwach verletzten und wieder ausgeheilten Stämme nicht zu erfahren.

Die in Folge eines starken Schälens abzusterben beginnenden Stämme sind als Brutstätten von P. notatus, B. bidens u. a. auszuhauen und zu entfernen.

Ein sonstiges Verbeißen dieser Jungbestände durch Roth- oder Rehwild hat keine wirthschaftliche Bedeutung; auch ist ein Fegen an vereinzelten Stämmen belanglos.

Auch das Eichhörnchen hat sich an Kiefern vom Alter der Dickungen, und zwar durch Abschneiden des Höhentriebes an seiner Basis in einzelnen Beständen sehr bemerklich gemacht. Der Angriff fand statt im Frühlinge, etwa um die Mitte bis Ende Juni, als die Triebe noch sehr saftig waren, die Quirltriebe sich jedoch schon horizontal gelegt hatten. Die Ränder der Schnittfläche an dem sehr kurzen Stumpfe sind in der Regel zackig; wenn nicht, so hat diese arge Beschädigung fast den Anschein, als sei dieser Spitzentrieb von Menschenhänden ausgebrochen.

Da hier, wie bei ähnlichen Eichhornfreveln, oft nur ein einziges Individuum der Thäter zu sein und diese Beschädigung zumeist in den frühen Morgenstunden auszuführen scheint, so ist sofort nach der Entdeckung der Beschädigung ein entsprechender Anstand und Abschuß anzuordnen.

An den Nadeln tritt in diesem Alter der Kiefer eine größere Anzahl von Blattwespenarten auf, welche sich allerdings auch schon im Aufwuchs zeigen und z. Th. in das Stangenholzalter übergehen. Vorzugsweise ist die Gattung Lophyrus, Buschhornblattwespe, vertreten. Diejenigen von diesen Arten, welche sich zeit- und stellenweise in Massenvermehrung und somit bestandsschädlich zeigen, namentlich Loph. pini, rufus, pallidus, ähneln sich in ihrer Lebensweise so sehr, daß es sich im wirthschaftlichen Interesse empfiehlt, diese als eine Schädlingsgruppe zusammenzufassen und im Allgemeinen zu charakterisiren. Die Flugzeit der Wespen fällt gegen das Ende des Frühlings. Da alsdann die neuen Triebe mit ihren Nadeln noch nicht völlig ausgebildet sind, bringen die Weibchen ihre Eier in die Nadeln der vorigjährigen Triebe, indem sie dieselben an einer Kante der Länge nach aufsägen und in diesen Sägeschnitt die einzelnen Eier kettenförmig übereinander eintreten lassen. Die 80 bis 100 Eier pflegen von einem Weibchen in einer Anzahl (6—10) Nachbarnadeln untergebracht zu werden. Die bald ausfallenden trägen Larven sitzen und fressen somit familienweise in enger Gemeinschaft an den alten (vorigjährigen) Nadeln, welche sie anfangs an den beiden Seiten bis zur Mittelrippe benagen. Letztere bleibt als nadellange Borste stehen und charakterisirt den Fraß der Lophyren auch dann noch, wenn die Larven nach der nächsten, bez. zweiten und ferneren Häutung die Mittelrippe nicht mehr verschonen. Ihre Verpuppung geschieht in einem lederartigen Cocon, welchen die Larven nach der letzten (5. oder 6.) Häutung, wodurch sie eine gedrungenere Gestalt erhalten und viel von ihrer Beweglichkeit einbüßen, aus Spinnschleim um sich herrichten. Bei lang anhaltender Sommerwärme entstehen die neuen Wespen bereits im August (September) und schreiten darauf zu einer zweiten Generation. Einzelne dieser Larvenfamilien trifft man alsdann noch bis in den Spätherbst hinein an. Bei nur einer, sowie bei dieser Herbst-Generation begeben sich die Larven zur Verpuppung oberflächlich unter die Decke des Bodens, während die der Frühlings- Sommer-Generation ihre Cocons oberirdisch zwischen Nadeln, an den Reisern u. bergl. anfertigen. Auch die mit Parasitenbrut behafteten Larven verspinnen sich oberirdisch. In den am Boden befindlichen Cocons überwintern die Larven und verwandeln sich erst bei eingetretener Frühlingswärme zur Puppe. Gar oft aber tritt diese Verpuppung ein ganzes Jahr später ein, ja sie können noch ein zweites, drittes Jahr, ja wohl noch länger überliegen, ehe sie zum Stadium der Puppe und dann sehr rasch zu dem der Wespe gelangen. Es muß überhaupt ihre Entwickelung als recht unregelmäßig bezeichnet werden. Die Unbestimmtheit und Unregelmäßigkeit ihres massenhaften Auftretens ist wohl zum großen Theil in diesem Überliegen begründet.

Von den natürlichen Gegenmitteln sei hier, abgesehen von den pflanzlichen und thierischen Parasiten, denen sie oft in großer Menge erliegen, auf die Meisen, namentlich die Tannenmeise, Parus ater, sowie auf Mäuse, sogar auch das Eichhörnchen aufmerksam gemacht. Bei langem Ueberliegen am Boden werden sehr viele Cocons zum Verzehren des Inhaltes von den Mäusen aufgenagt. — Künstlich lassen sich die Larven, welche zumeist in handlicher Höhe, an vorragenden Zweigen und familienweise gedrängt zusammensitzen, durch Abklopfen in unter= breitete weite leichte Gefäße, auf Tücher, Schürzen u. dergl. leicht ver= mindern. Auch hat man diese Larvenklumpen mit Fausthandschuhen, sowie mit besonderen Zangen mit großen hölzernen Blättern zerquetscht. Zwei, etwa 20 cm im Durchmesser große Holzscheiben mit je einem passenden Handgriff (Lederschleife, Flock u. A.) in der Mitte würden dieselben Dienste thun, ja sich genauer nach der Stelle der einzelnen Larvengruppen handhaben und dirigiren lassen, als jene Zangen.

Von einer anderen Blattwespengattung, den Gespinnstblatt= wespen, Lyda, hat sich bis jetzt an den Kiefern im Dickungsalter nur eine Art, L. erythrocephala, bedrohlich gezeigt. — Die Larven dieser Lyden trennen sich in ihrer Lebensweise wesentlich von denen aller übrigen Blattwespen. Die einer Eiergruppe angehörenden Individuen beginnen nämlich sofort, sich mit einem lockeren Gespinnst zu überziehen und dieses mit fortschreitendem Wachsthum zu vergrößern. Zu diesem ständigen Aufenthalt in einer Hülle steht der gänzliche Mangel der Bauchfüße in Beziehung; auch ihre Brustbeine können in sofern als verkümmert bezeichnet werden, als dieselben nicht in eigentliche Krallen, sondern nur in eine gerade Spitze endigen. Als besonderes Organ steht seitlich vom letzten Hinterleibsringel ein Paar dreigliedriger Nach= schieber vom Körper ab. Diese fußartigen Nachschieber dienen, sich auf die Gespinnstfäden stützend, den unbehülflichen Larven zur Vorwärts= bewegung. Auf diese Weise vermögen es dieselben, sich mit dem Vorderkörper über das Gespinnst hinaus zu schieben, um benachbarte Nadeln (bez. Blätter) abzubeißen, welche sie darauf mit Hülfe eines äußerst kleinen, nach vorn gekrümmten Häkchens auf dem letzten Körper= ringel, welches als Handhabe hinter einen Gespinnstfaden faßt, in den Gespinnstraum hineinziehen. Diese Lebens= und Ernährungsweise erleidet allerdings bei manchen Arten einige Modificationen. Die stets vereinzelt lebende L. campestris, mit ihrem undurchsichtigen Kothsacke wurde bereits unter „Kiefernanwuchs" (Seite 168) genannt. Von dieser abgesehen leben stets mehrere, etwa bis 10 Larven in einem Gespinnst, und in diesem hängen Koth, sowie auch abgebissene Nahrungsstücke bald in Menge, bald spärlich. Selten ist das Gespinnst gänzlich rein. Erwachsen

lassen sich die Larven mit einem Faden zum Erdboden herab und be=
geben sich je nach der Festigkeit des Erdreiches 5 bis 10 cm tief in den=
selben hinein. Auf sehr leichtem Boden können sie fast die doppelte
Tiefe erreichen. Hier bereiten sie sich durch Windungen des Körpers
eine längliche, fast bohnenförmige Höhle, in welcher sie ohne allen
Gespinnstschutz ihre fernere Verwandlung bestehen. Auch sie werden erst
im nächsten Frühling zur Puppe und kaum drei Wochen später zur
Wespe. Allein in den meisten Fällen dauert auch ihr „verpuppungs=
reifes" Stadium noch ein volles Jahr, ja 2 und 3 Jahre länger.
Kahlgefressene Stangenorte, in denen im nächsten Jahre eine unzählbare
Menge von Wespen erwartet werden konnte, blieben alsdann völlig frei,
und auch später erschien das gefürchtete Heer durchaus nicht als ge=
schlossene Schaar. Dieses Ueberliegen der Larven gewährt dem bedrohten
Bestande Frist zur Erholung. Ohne Zweifel werden bei der jahrelangen
unterirdischen Ruhe der Larven viele durch Maulwurf, Mäuse, Spitz=
mäuse vernichtet. Wenn nach einem Auftreten von Hunderttausenden
von Larven sich daselbst später die Wespennachkommenschaft überhaupt
nicht wieder zeigt, so ist die ganze ungeheure Menge wohl der Ungunst
der Witterung erlegen. Vielleicht hat Bodenfrost mit Eis sie nach
langem Ueberliegen gerade zur Zeit ihrer weiteren Verwandlung zu
lange eingeschlossen.

Von künstlichen Gegenmitteln ist im Allgemeinen wohl nur der
Schweineeintrieb, welcher gegen die durch die lederfesten Cocons ge=
schützten Lophyrus-Larven unwirksam sein soll, gegen diese nackt ruhen=
den Lyden zu empfehlen. — Die Larven der einzigen in den Kiefern=
dickungen bez. an Pflanzen des Dickungsalters in seltenen Fällen bedroh=
lich aufgetretenen Art, L. erythrocephala, bilden in einem rundlichen,
durch Kothklümpchen und Nadelreste nur wenig verunreinigten Gespinnste
Gruppen von 3 bis 5, selten bis 7 und mehr Individuen.

Ein nachhaltiger Schade scheint bis jetzt durch diese, mit dunklen
in Querreihen stehenden Punkten versehenen Larven trotz ihres in ein=
zelnen Fällen sehr zahlreichen, jedoch schnell vorübergehenden Auftretens
nicht entstanden zu sein. Wer sich jedoch in einem ähnlichen Falle bei
den bisherigen Erfahrungen nicht beruhigen will, wird zu ihrer Ver=
nichtung, bez. Verminderung ein Zerquetschen (Seite 182) vornehmen
lassen können, dessen Ausführung jedoch zeitraubender ist, als bei den
gedrängt zusammensitzenden Lophyrus-Larven.

Auf den Zweigen der Kiefern im Alter der Dickung, zumal in

älteren, zum Stangenholz übergehenden Dickungen, sowie auch noch in jüngeren Stangenorten lebt auf leichtem Sandboden die Raupe des Kiefernprocessionsspinners, Bombyx (Cnethocampa) pinivora. Die Art ist zumeist auf die Tiefebenen des Ostseebeckens beschränkt. Sie lebt niedrig, bevorzugt die Ränder geschlossener, sowie die lichten Bestände und findet sich auch an vereinzelt auf sonnigen armen Bodenstellen stehenden Kiefernkuffeln. Sie erscheint an diesen Oertlichkeiten sehr unregelmäßig. Es können 10 und mehr Jahre vergehen, ehe man sie daselbst wiederum in verschiedenen Familien antrifft, nur ausnahmsweise wird ihr Fraß heftig. Sie gehört daher mehr wegen ihres Giftstaubes, als wegen ihres Fraßes zu den schädlichen Kieferninsecten. Da die oft zahlreichen Individuen der einzelnen Familien entweder als geknäuelte Masse zusammensitzen oder sich, obgleich in mehrere Gruppen vertheilt, nicht weit von einander getrennt haben, so ist sie kaum zu übersehen; ihre langen weißlichen Haare machen sie auch ohne genauere Beschreibung leicht kenntlich. Ihr erster Jugendfraß an den vorigjährigen Nadeln ähnelt dem der Lophyrus, da auch sie die Mittelrippe derselben noch nicht zu zernagen vermögen. Ein sehr schwaches Gespinnst, in welchem die bei der Häutung abgestreiften Häute hängen, läßt über die Art keinen Zweifel, wenn sich auch die betreffende Raupenfamilie von der Stelle etwas entfernt und auf einen Nachbarbaum begeben hat. Ihre Verpuppung besteht sie auf einer sandigen Stelle flach unter der Bodenoberfläche.

Ihre Vernichtung bietet keine Schwierigkeit. In den meisten Fällen lassen sich die von einer solchen Gesellschaft bewohnten Zweige leicht und ohne erheblichen Schaden abschneiden und dann die Raupen am Boden zertreten. Besondere Vorsicht, wie bei Vertilgung des Eichenprocessionsspinners, ist bei dieser Arbeit kaum geboten, da sie sich nie in Nestern befinden, bei deren Zerstörung dem Arbeiter der massenhaft vorhandene Giftstaub leicht sehr unangenehm oder gar schädlich wird. Die Verpuppungsstellen sind durch die daselbst über der Erdoberfläche gezogenen Fäden unter schräg gegen das Licht auffallendem Gesichtswinkel unschwer zu erkennen und alsdann die daselbst ruhenden Raupen oder Puppen durch Zertreten unschädlich zu machen.

Es verdient hier noch ein winziges, kaum 3 bis 4 mm langes Insect, eine „Rindenwanze“, Aradus cinnamomeus, erwähnt zu werden, obschon ihre wirthschaftliche Bedeutung bis jetzt noch nicht hinreichend klargestellt werden konnte. Von den übrigen Araden ist ein nachtheiliger Einfluß auf die Gesundheit der Bäume, meist Laubbäume, unter deren Rinde sie leben, unbekannt und sie gelten deshalb für gleich=gültig. Allein unsere „zimmetfarbene" Art erregte wiederholt durch ihre große Menge, in welcher sie an den jüngeren Kiefern angetroffen wurde, Verdacht. Ein Kränkeln der stark befallenen, allerdings auf geringerem Boden stockenden Pflanzen war unverkennbar. In anderen Fällen be=lebte sie Kiefern, welche durch Pissodes notatus zum Absterben ge=bracht waren. Hier liegt die Vermuthung nahe, daß diese vielen Sauger die Vorläufer des Rüsselkäfers gewesen waren, indem sie durch die Saftentziehung die besetzten Pflanzen für den Angriff des letzteren disponirten.

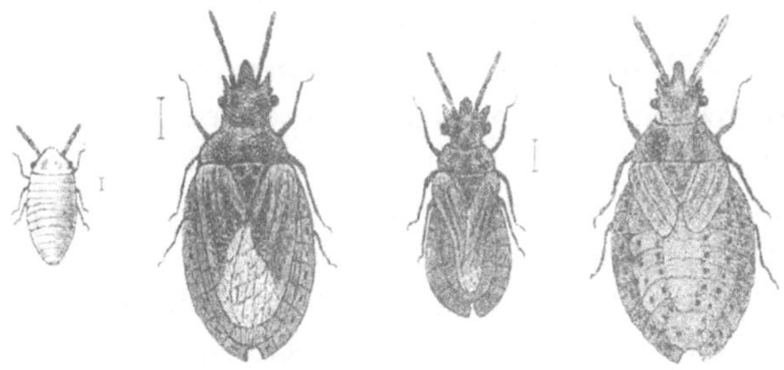

Fig. 51.   Kiefern = Rindenwanze (³/₁ nat. Größe).

Jedenfalls ist es räthlich, die befallenen Kiefern durch Bepinseln mit der Seite 35 angegebenen Flüssigkeit von diesen Parasiten zu be=freien.

8. Stangenholz.

Den bisher berücksichtigten jüngeren Altersklassen der Kiefer gegen=über bieten die Stangenholzbestände an den unteren Stammtheilen einigen Insecten die für die Unterbringung ihrer Brut einzig passende rauhe bez. borkige Rinde, anderen, welche sich in höheren Regionen aufzuhalten pflegen, hoch angesetzte Kronen, oder denjenigen, welche freien Flugraum lieben, einen solchen in Folge der natürlichen Stamm=reinigung sowie durch die Arbeit der Durchforstungsaxt, und endlich den Arten, welche zur Entwickelung ihrer Brut eine erhebliche Beschädigung, ein Kränkeln oder gar Absterben der Stämme voraussetzen, dieses Material durch die hier beginnende Ausscheidung von Haupt= und Nebenbestand, durch Schneebruch, Blitz=, Sturmschäden u. dergl. Es kann daher nicht auffallen, daß einerseits in den Stangenholzbeständen eine Reihe anderer Insectenspezies auftreten, als auf den Aufwuchs=

und Dickungsflächen, daß sich aber andererseits, da der Stangenholz=
charakter in dem höheren Alter der Kiefernbestände nicht wesentlich ver=
ändert, sondern nur schärfer ausgeprägt wird, dieselben Spezies bis in
die stärksten Altholzbestände hineinziehen. Dabei bleibt indeß die That=
sache bestehen, daß einzelne dieser Arten das Stangen=, andere das Altholz
vorziehen, in diesem oder in jenem sich regelmäßiger und häufiger
finden, ja, daß eine Art (Hylesinus minor), für deren weitgreifende
horizontale Brutgänge die nichtborkigen Stammestheile der Stangen=
hölzer im Allgemeinen noch zu schwach sind, fast einzig im Altholze sich
entwickelt. Diese Art wird somit nebst vier anderen (Bombyx pini,
Bostrichus bidens, Hylesinus minimus und Lamia fascicularis),
welche sich freilich in nicht zu jungen Stangenhölzern, aber weitaus
zumeist im Altholze finden, auch bei letzterem behandelt werden. —
Außer Insecten sind aber auch zwei Wirbelthiere als Schädlinge der
Kiefernstangen namhaft zu machen und zwar zunächst das

    Eichhörnchen, welches zuweilen die Stämme in der Höhe der
Kronen in größeren oder kleineren Plätzen oder gar ringelnd entrindet.
(Figur 52). Die Spitzen von Hunderten, ja Tausenden von Stämmen
sind schon in einzelnen Beständen durch einen solchen Angriff plötzlich
abgestorben. Bis jetzt ist noch keine Thatsache bekannt geworden,
welche mit einem solchen Forstfrevel in einem bestimmten ursächlichen
Zusammenhange stände. Jahrelang haben sich Eichhörnchen in den Be=
ständen umhergetrieben, ohne daß irgend Spuren von einer derartigen
Beschädigung bemerkt worden wären; und dann so plötzlich und uner=
wartet eine Calamität! Da letztere erst dann entdeckt wurde, als bereits
die Gipfelpartieen sich auffällig entfärbten, so ist auch nicht einmal die
Jahreszeit, in welcher die Entrindung geschah, mit Sicherheit bekannt.
Jedoch weisen einzelne Beobachtungen darauf hin, daß die Zerstörung
bei schneebedecktem Boden stattgefunden hat. Allein, daß eine höhere
Schneedecke an sich nicht hinreicht, das Eichhorn zum Rindenschälen zu
veranlassen, liegt auf der Hand; denn dafür tritt dieser Frevel doch zu
vereinzelt auf. Die Vermuthung ist wohl nicht unbegründet, daß noch
Zapfenmangel und isolirte Lage des Stangenholzbestandes hinzukommen
muß. Was letztere betrifft, so pflegen bekanntlich diese Nager sich nach
nahrungsreichen Orten, sowie dorthin, woselbst ihnen vorzüglich beliebte
Nahrung (Eicheln, Bucheln) in Menge geboten wird, aus der Umge=
bung zusammenzuziehen. Sie machen sogar nach dorthin (zapfenreiche
Arvenbestände) weite Wanderungen. Wer die großartigen Zapfenzer=

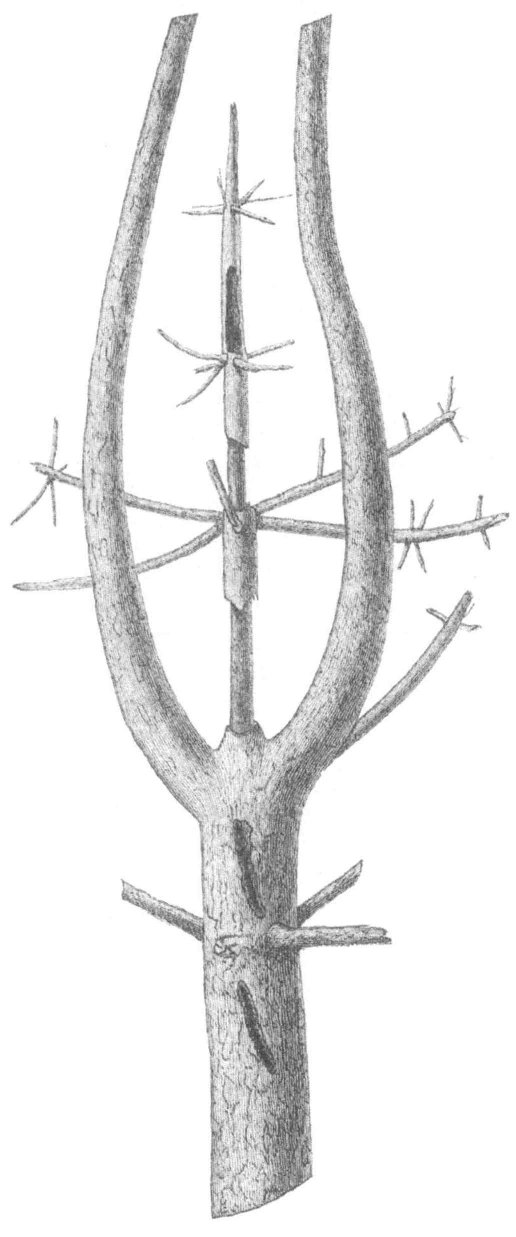

Fig. 52.

störungen in Fichtenbeständen gesehen, wird sich kaum des Gedankens erwehren können, daß sich diese Eichhornmenge aus der nahrungs- ärmeren Umgebung dahin zusammengezogen hat. Finden bei hohem Schnee die Eichhörnchen in ihren zapfenlosen Stangenorten ihre Nah- rung nicht mehr und bieten auch die zunächst angrenzenden Bestände solche nicht, so werden jene schwerlich durch den tiefen Schnee am Boden oder auf den Zweigen weitere Recognoscirungsreisen unternehmen, sie bleiben an ihren betreffs ihrer Hauptnahrung isolirten Orten und gehen nun zum Rindennagen an den höheren Stammtheilen, etwa vom 3. bis 5. oberen Höhentrieb abwärts, über.

Ernstliche Verminderung des so äußerst vielseitig forstschädlichen Eichhörnchens durch Abschuß ist im Interesse des Forstschutzes stets ge- boten, muß aber mit größtem Eifer betrieben werden, wenn sich auf dem Schnee am Boden der Kiefernstangenorte kleinere und größere Rindenfetzen als Beweis dieses verderblichen Nagens finden. Nach solchen Anzeichen sind besonders diejenigen Bestände wiederholt abzu- suchen, auf deren beschneitem Boden sich die nie zu verkennenden Spuren des Nagers in irgend auffälliger Menge zeigen. Sogar die Spur eines vereinzelten Individuums darf nicht unberücksichtigt bleiben.

Ferner sind als hierher gehörige Schädlinge die Krähen zu nennen, welche recht häufig beim Versuche sich auf die Spitze der Kronen zu setzen, durch ihr Gewicht diesen jüngsten Höhentrieb ab- brechen. Wenn es sich hierbei um die vorwiegend schädliche Raben- Nebelkrähe handelt, so ist nebst Zerstörung ihrer Nester der Abschuß dieses Vogels zu empfehlen. Dagegen würde der Forstmann nicht selten Ursache haben (s. „Altholz, Kiefernspinner") die Saatkrähe dort, wo durch sie diese Beschädigung entsteht, nur durch Beunruhigung von den gefährdeten Beständen bis zur Verholzung der Spitze der Höhen- triebe fernzuhalten.

Von den den Kiefernstangenorten schädlichen Insecten sei zunächst der Nonnenspinner, Bombyx (Liparis) monacha, erwähnt, weil diese Art hier die möglichst günstigen Bedingungen ihrer Ansiedelung und Vermehrung findet. Sie ist freilich durchaus kein monophages Kiefern- insect, auch nicht auf Nadelholz allein angewiesen. Sie entwickelt sich an den verschiedensten Laubhölzern völlig so kräftig als an jenem. Allein sie findet nicht überall die günstigen Verhältnisse für das Unter- bringen ihrer Eier. Da der weibliche Falter wegen seines geringen und nur schwach klebenden Kittstoffs nicht im Stande ist, seine Eierhaufen fest an die Oberfläche irgend eines Pflanzentheiles zu leimen, so bringt er sie unter entsprechender Biegung seines Hinterleibes mit der für einen Schmetterling langen Legeröhre in einen möglichst engen Raum unter eine Rindenschuppe, ja schiebt sie sehr gern derartig unter eine solche, daß sie nicht bloß von oben bedeckt, sondern auch von unten gestützt, folglich gleichsam wie in einer Tasche getragen werden. Hier ruhen sie völlig geschützt gegen die Einflüsse von Sturm, Schlagregen, Schnee, wodurch sie, äußerlich schwach aufgeklebt, rasch von ihrer Stelle gelöst und zu Boden geworfen würden. Solche Eierverstecke bietet die Rinde der Kiefer in der Region, welche zwischen der unteren rissigen Borke und der oberen gelben Spiegelrinde liegt und mit schuppig auf= springenden Stellen bedeckt ist. Die Höhe und Ausdehnung dieser Schuppenrinde bezeichnet für jeden Kiefernstamm die Region, in welcher die verborgenen Nonneneier sich befinden. Stämme mit durchweg glatter Rinde, wie etwa die der Buche, vermögen diese Eierhaufen nicht auf= zunehmen. Einzig aus diesem Grunde vermag sich diese Art in Buchen= beständen nicht in großer Menge zu vermehren. Die spärlichen Eier= haufen daselbst finden sich nothdürftig geschützt zumeist zwischen den Flechten der Stämme. Das Laub der Buche sagt den Raupen völlig so gut zu, als die Kiefernnadeln; die Falter der Buchen übertreffen sogar die der Kiefern an stattlicher Ausbildung. Da nun die Kiefern im Stangenholzalter den schwärmenden Faltern auch freien Anflug an die Stämme gewähren, so sind hier der Nonne die Bedingungen für ihre Vermehrung vollauf geboten. — Die Flugzeit der Falter fällt gegen Ende Juli; die schmutzig röthlichen Eier überwintern in Haufen von 10 bis 40 und 80 Stück. Durch Ablösen des Embryo von der Schale kurz vor dem Auskriechen der Räupchen im ersten warmen Frühling er= scheinen sie perlmutterfarben. Die gänzlich schwarzen Räupchen einer jungen Familie sitzen gedrängt auf der Rinde an der Stelle ihrer Ent= stehung je nach der herrschenden Temperatur und Witterung etwa 1 bis 5 Tage unbeweglich zusammen („im Spiegel"). Darauf steigen sie zu ihrem Fraße empor, gelangen so zu den Nadeln der unteren Aeste und nach Kahlfraß derselben allmählich höher, bis sie sich gegen Ende Juni zwischen den Nadeln, in den Rindenritzen und dergl. verpuppen. Allein so ungehemmt geht ihre Entwickelung wohl nur selten von Statten; denn die jungen Raupen, welche bei ihrer ersten Häutung ihre definitive Farbe und Zeichnung erhalten, zeigen sich gegen Beunruhigung, nament= lich gegen Bewegung ihrer Zweige durch Wind, sowie gegen jede andere

Erschütterung (durch Vögel, Anprällen u. a.) sehr empfindlich und lassen sich durch einen Spinnfaden augenblicklich herab. Diese Weise, der vermeintlichen Gefahr zu entkommen, ist ihnen bis zur dritten Häutung eigenthümlich. Bei stärkerem Winde aber reißt der Faden und sie gelangen so auf den Boden der Bestände oder werden sogar oft mehrere hundert Schritt fortgeführt und der als Segel dienende Faden haftet irgendwo außerhalb der Bestände. Wir finden somit die jungen Nonnenraupen an sehr vielen, von ihren Entstehungsstellen mehr oder weniger weit abgelegenen Plätzen und Gegenständen. Im wirthschaftlichen Interesse hat dieses auffällige, ja zur Zeit einer Massenvermehrung großartige Verwehen eine doppelte und zwar gegensätzliche Bedeutung. Zunächst werden dadurch die Bestände, in denen die Eier abgelegt waren, ganz bedeutend entlastet. Die außerhalb dieser Bestände verwehten Raupen haben für dieselben überhaupt keine Bedeutung mehr. Diejenigen, welche in denselben zu Boden gelangen, verirren sich auf den besseren Standorten der Kiefer zum großen Theil auf den Unterwuchs, von dem z. B. Wachholder (von jungen Raupen noch unangreifbar), Farnwedel, Beerkräuter, Gräser u. a. ihnen nicht zur Nahrung dienen. Man findet in solchem Wachholdergebüsch später Hunderte und Tausende von diesen winzigen schwarzen Nonnenräupchen verhungert und kaum einen Farnwedel, dessen Unterseite nicht mehrere, bis 20 und 30 derselben zeigt. Auf den ärmeren Standorten ohne derartigen Unterwuchs erreichen sie allerdings leichter und in weit größerer Anzahl wiederum die Stämme, an denen sie sofort emporsteigen. Allein hier wie dort gelangen sie zunächst wiederum an die unteren bereits mehr oder weniger kahl gefressenen Zweige, irren hier nach völligem Kahlfraß derselben umher und erreichen nach Hungertagen allmählich die höheren noch benadelten Zweige. Jedoch jeder neue stärkere Wind wirft sie wieder und zwar selbstredend mit denselben Folgen für den Bestand wie für die Raupen herab, so daß trotz der allbekannten Verschwendung ihres Fraßes und ihrer übergroßen Anzahl nur ganz ausnahmsweise völliger Kahlfraß entsteht; die höchsten Spitzen der Stangen, namentlich die Knospen daselbst bleiben verschont. Beim Nonnenfraß zieht sich die Entnadelung allmählich von unten nach oben. Gar gewöhnlich ist derselbe beendet, wenn die unteren Zweige der stark befallenen Kiefern gänzlich kahl, die mittleren stark bis schwach lichtgefressen und die höchsten noch voll oder fast voll benadelt erscheinen. Ein gleiches Fraßbild erzeugt kein anderes Kieferninsect. Das langsame, mehrfach gehemmte Fortschreiten der Entnadelung bewirkt auch nur eine langsame Verminderung der Functionen der Nadeln. Somit ergrünen auch bei sehr heftigem Fraße die Kiefern=stangen wiederum im nächsten Jahre. Unter recht ungünstigen Ver=hältnissen ist, wenn es sich nicht gerade um Bestände auf zu armen Standorten (Kiefernboden vierter bis fünfter Bodengüte) handelt, höchstens eine starke Durchforstung einzulegen. Diese bedeutende Ab=schwächung der Schädlichkeit des Nonnenfraßes in Kiefern beruht aber auch auf dem ferneren Umstand, daß auf denselben stark licht= bis kahl=gefressenen Flächen, ein gleicher oder ähnlicher Fraß sich im nächsten Jahre nicht wiederholt. Der bewegliche Nonnenfalter flieht im Hoch=sommer aus diesen lichten sonnigen Orten und sucht und findet Schutz in den noch dunklen oder halbdunklen Nachbarbeständen. Was von dem „Wandern" der Nonne so oft beobachtet ist, beruht, von seltenen Er=scheinungen abgesehen, auf diesem Verlegen des Aufenthaltes der Falter.

In diesen noch benadelten, bez. be=laubten Beständen werden auch die Eier abgelegt, und so rückt der Fraß allmählich weiter bis die ganze Raupen=menge durch die ebenfalls allmählich stark vermehrten Feinde, namentlich durch die Parasiten, wieder verschwindet. Im Jahre 1878 erlosch die Nonnen=calamität vorzugsweise durch die starke

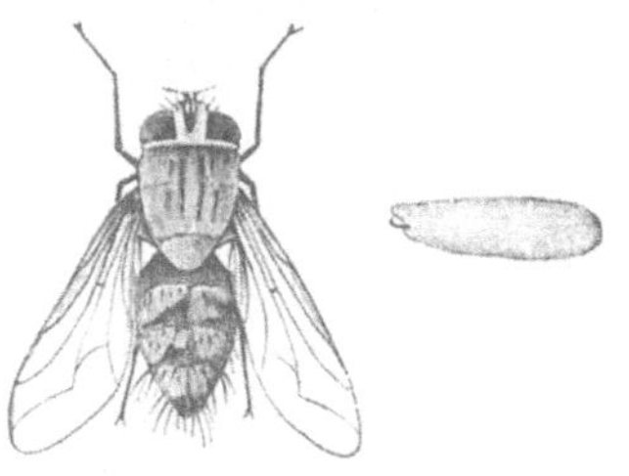

Fig. 53.   Fliege $^2/_1$, Ei $^{15}/_1$ (nat. Gr.).

Vermehrung einer Raupenfliege, Tachina monachae, (Figur 53) obgleich auch viele Raubinsecten sich seit 3 Jahren in steter Steigerung ganz erheblich vermehrt hatten. — Ein Fortrücken der Nonne nach einer bestimmten Himmelsgegend, Bodenconfiguration, Bestandeseigenthümlichkeit u. dergl. findet demnach nicht statt. — Das Verwehen der jungen Raupen hat aber auch seine schädlichen Folgen. Der junge Unterbau von Buchen, Hain=buchen, Fichten erliegt vollständig ihrem Fraße. Sogar ältere, stark mit diesen Raupen bewehte Fichten gehen ein. Höchst gefährdet sind ferner alle jungen benachbarten Culturen, sowie die Pflanzen in Pflanzkämpen und auf Saatbeten der näheren Umgebung. Kiefern=Anwuchs, Aufwuchs, Dickung leiden mehr oder weniger (siehe diese). Die mit Kiefern ge=mischten Buchen, Hainbuchen, Birken erleiden Kahlfraß, wenngleich die ersteren um Johannis wieder ergrünen.

Die Anwendung von Gegenmitteln zum Schutze der Bestände, in denen die Raupen entstanden, kann kaum als dringlich bezeichnet werden.

Das Eiersammeln ist bei der verschiedenen Höhe, in welcher sich die Haufen an den verschiedenen Stämmen befinden und bei der so sehr versteckten Lage derselben wirthschaftlich unausführbar, und das „Spiegeln" (Zerdrücken der noch an der Entstehungsstelle dicht gedrängt auf der Rinde zusammensitzenden Räupchen) stößt auf kaum geringere Hindernisse (ungleiche Höhe der Spiegel, sehr unebene Rindenfläche, unbestimmt kurze Zeit der Spiegelruhe, ungleiche Erscheinungszeit der Spiegel, leichtes Uebersehen der letzteren, zumal wenn der Arbeiter anhaltend in die blendende Luft zu sehen gezwungen ist u. dergl.). Handelt es sich um Schutz einzelner werthvoller Stämme oder eines isolirten kleineren Bestandes, Bestandestheiles, überhaupt um Schutz verhältnißmäßig weniger Stämme, welche sich genauer übersehen lassen, so kann das „Spiegeln" empfohlen werden, jedoch nicht ein Zerdrücken der Räupchen mit irgend einem an der Spitze einer Stange angebrachten Flausche (die nicht sofort tödtlich getroffenen Räupchen gelangen in die schützenden Rindenvertiefungen oder lassen sich sofort an einem Spinnfaden herab), sondern durch Betupfen derselben mit irgend einem Klebeoder nicht zu dünnflüssigen Fettstoffe (Theer, rein oder mit Petroleum gemischt, dünnflüssigem Raupenleim, Wagenschmiere u. dergl.). Ein gleiches Betupfen, doch auch ein Zerdrücken kann gegen die an den Stämmen ruhenden Weibchen mit Erfolg vorgenommen werden, s. „Fichte, Stangenholz". Eine solche Vertilgung ist in kurzen, bei warmer Witterung in sehr kurzen Zwischenräumen (etwa täglich) während der Entstehungszeit der Falter vorzunehmen. — Bei der Kiefer kann, wie bemerkt, im Allgemeinen von diesen Gegenmaßnahmen Abstand genommen werden, weil ihre Bestände dem Angriffe der Nonne nicht erliegen. Allein bei einem gemeinsamen Angriffe verschiedener Arten, z. B. nebst der Nonne noch der Forleule, des Kiefern-Spanners, -Spinners, der Blattwespen, oder Arten, welche freilich allein nie in verwüstender Massenvermehrung auftreten, aber in einzelnen Jahren durch ihren Fraß die Fraßbeschädigung anderer bis zur wirklichen Gefahr steigern können, z. B. der Kiefernschwärmer, einige Spanner (Geometra lituraria, fasciaria) u. a., würde eine Vertilgung der Nonne zum Wohle der betreffenden Bestände, besonders auf ärmeren Bodenklassen stockender, doch zu empfehlen sein. — Die fern von den Entstehungsstellen lebenden, dorthin verwehten jungen Raupen sind daselbst beharrlich abzusammeln. In den Eberswalder Forstgärten mußte solches fast 6 Wochen hindurch geschehen (Seite 53, 150, 168).

Als zweite schädliche Insectenart, welche für ihre Entwickelung eine borkige Rindenbeschaffenheit der Kiefernstämme, aber außerdem auch einen gewissen Kränklichkeitszustand, ein Saftstocken derselben fordert, ist der Waldgärtner, Hylesinus piniperda, zu nennen. Beide Erfordernisse bietet das Stangenholz, und die einzelnen, daselbst stark kränkelnden oder verletzten Stämme zeigen sich, soweit die borkige Rindenpartie reicht, in der Regel stark angeflogen. Ein solcher Anflug geschieht sehr zeitig im Frühlinge, beginnt wenigstens in den ersten warmen Tagen, und zieht sich, wenngleich durch nachfolgende kältere Temperatur oder unfreundliche Witterung unterbrochen, nur ausnahmsweise in den Mai hinein. Dort, wo zahlreiches Brutmaterial dem schwärmenden Käfer geboten wird, namentlich auf den Schlagflächen, ziehen sich alsdann die Brutkäfer von allen Seiten her zusammen. Gegen die Mitte Juli gelangt die neue Käfergeneration bereits zur völligen Ausbildung. Diese neuen Käfer begeben sich sofort zu den Triebspitzen, welche sie zur „Ueberwinterung", sowie auch zu ihrer Ernährung, dem Marke folgend aushöhlen, („Kiefernmarkkäfer"). Zur Fortpflanzung schreitet diese neue Käfergeneration in ihrem Entstehungssommer nicht, oder nur in seltenen Ausnahmefällen; die Generation dieser Art muß deshalb als eine einjährige bezeichnet werden. Wirft ein stärkerer Wind diese meist kopfschweren, hohlen und seitlich angebohrten Triebe mit dem lichtscheuen Käfer herab, so begibt sich letzterer aus seinem zerstörten, nicht mehr dunklen Verstecke und sucht dann am Boden umherkriechend möglichst rasch daselbst in einem ähnlichen Verstecke aus dem Tageslichte wieder zu verschwinden. Zu dem Zwecke nagt er sich in den ersten besten Stamm am Wurzelanlauf ein. Das braune Bohrmehl daselbst beweist, daß er seine Arbeit nur in den braunen Rinden- und Bastschichten ausführte. Braust ein solcher starker Wind, etwa Gewittersturm, bereits im Hochsommer durch die Wipfel, so zeigt sich der Boden der Bestände ebenso stark mit diesen frischen, den Käfer enthaltenden „Abwürfen, Abbrüchen" bedeckt, als im Spätherbst, ein strikter Beweis für die vorstehende Behauptung, daß er, ohne sich fortzupflanzen, sofort nach seiner Entstehung sich seine Winterverstecke herzurichten beginnt und diese, so lange sie unbeschädigt an ihrer Stelle verbleiben, vor der Frühlingsschwärmzeit nicht verläßt. Wo eine Menge Brutholz, langes Nutzholz wie zerschnittenes Brennholz, zur Zeit der Entwickelung der neuen Käfer (Juli) lagert, werden die jüngsten, häufig noch nicht verholzten Triebe in größter Menge befallen, und die Kiefern nehmen somit in der nächsten Umgebung von ständigen Ablagen, Schneidemühlen und anderen Etablissements durch den Verlust dieser Spitzen allmählich jene bekannte Taxusform oder andere Mißgestaltungen ihrer Krone an, welche dem Käfer von Linné die Bezeichnung als „hortulanus naturae" und jene deutsche („Waldgärtner") verschafft hat. Dieses Vernichten zahlloser jüngster Jahrestriebe muß als die hauptsächlichste, ja im Grunde als die einzige, wirklich wirthschaftliche Beschädigung dieses Käfers bezeichnet werden. Im Allgemeinen gehen freilich die befallenen Stämme nicht ein; Jahrzehnte hindurch können Althölzer jenen Verlust anscheinend gesund überdauern und sie tragen nicht selten reichliche Zapfen. Allein abgesehen davon, daß jene Abbrüche gar oft an ihrer Spitze junge Zapfen zeigen, kann schwerlich als Folge dieser Triebzerstörung eine Einbuße am Zuwachs bezweifelt werden. Jüngere, fortwährend befallene Stangenhölzer bringen es dagegen nicht zu einer entsprechenden normalen Ausbildung ihrer Krone; man erkennt ebenfalls im Laufe von Jahrzehnten ein starkes Zurückbleiben und Kümmern derselben den nicht befallenen Stämmen gegenüber. Bei ganz außergewöhnlicher Vermehrung des Käfers, welche bekanntlich mit dem Angebot des Brutmaterials in geradem Verhältnisse steht, folglich z. B. nach Wurf und Bruch zahlreicher Stämme durch Orkane, starken Schneedruck u. dergl., werden die Triebspitzen der unverletzt gebliebenen Stämme so massenhaft, und zwar alsdann nicht allein die jüngsten, sondern, wenn diese bereits fehlen oder besetzt sind, auch die vorigjährigen ausgehöhlt und getödtet, daß dadurch diese vorher gesunden Stämme erkranken und so Brutmaterial für die nachrückenden Käfer und nun zahlreichst von ihnen mit Eiern belegt und durch den Larvenfraß getödtet werden. In einem Falle, in welchem ein heftiger Orkan nicht allein zahlreiche Stammwürfe und =Brüche bewirkt, sondern auch das Seewasser (Ostsee) in die benachbarten Bestände getrieben hatte, welches in den Bodensenkungen bis zur allmählichen Verdunstung zurückblieb, wurden in der bezeichneten Weise auch außerhalb des Bereiches der Calamität liegende Bestände erst durch Verlust sämmtlicher ein= und zweijähriger Triebe entnadelt und dann von den Brutkäfern zum Ablegen ihrer Eier angenommen. — Dem Fraß der Larven unter der borkigen Rinde der Stämme kann eine erhebliche wirthschaftliche Bedeutung kaum beigelegt werden; der von Hyles. piniperda mit Brut versehene Baum ist bereits vor diesem Angriffe todtkrank. Nur bringt der Larvenfraß diese unrett=

baren Stämme zu schnellerem Absterben und zwingt den Forstmann wegen der Gefahr einer Entwerthung des Holzes (durch Pilze, Bostrichus lineatus, Sirex juvencus) zum raschen Fällen, Aufarbeiten, Abfahren desselben. Dieser Zwang kann allerdings zu anderweitigen wirthschaftlichen Unzuträglichkeiten führen und aus diesem Grunde der Larvenfraß als unmittelbar schädlich bezeichnet werden.

Als Gegenmittel muß die passende Verwerthung des wirthschaftlich eingeschlagenen Holzes als Fangmaterial besonders betont werden. Die Nutzholzstämme auf den Winterschlagflächen sind in der Region der Borke oft fast bedeckt mit Bohrmehlhäuschen. Die an einem einzigen abgelegten Eier zählen oft nach vielen Tausenden. Hier muß, wenn nicht zeitige Abfuhr weithin aus den Beständen statt findet, bis zum Anfang oder Mitte Juni Entrindung vorgenommen sein. Da die Verpuppung in der dicken Borke vor sich geht, so ist bei einer späteren, kurz vor Mitte Juli jedenfalls zu beendenden Entrindung die abgetrennte Rinde zu verbrennen oder gleichfalls weithin abzufahren. Bleiben die abgefahrenen Stämme in der Nähe von Kiefernbeständen, so sollten auch sie an ihren Lagerplätzen sofort entrindet und die Rinde zweckmäßig behandelt werden. Ein schnelles Einbringen derselben ins Gatter zerstört nicht allein die Brut von piniperda, sondern vermindert auch die Gefahr der technischen Entwerthung des Holzes durch Bostr. lineatus und Holzwespen. Die aufgemeterten Brennhölzer sind gleichfalls bis zum Anfang Juli aus den Beständen zu entfernen, da sich in den mit borkiger Rinde bedeckten Stücken die Brut unsers Käfers ebenfalls zahlreich entwickelt. — Ein späteres Werfen von Fangbäumen ist bei der einjährigen Generation desselben zwecklos. Stämme, welche versuchsweise in zwei Sommern vom Mai bis September zum Anlocken von Brutkäfern geworfen wurden, hatten keinen Erfolg. Es genügt folglich zur Niederhaltung dieses Kiefernfeindes, die im Winter eingeschlagenen Hölzer im Frühlinge von den schwärmenden Käfern anfliegen und mit Eiern belegen zu lassen und sie dann, wie vorstehend mitgetheilt, zu behandeln. Bei consequenter Fortsetzung dieser Maßnahmen können die vereinzelt in den Beständen auftretenden „Käferbäume", welche den Anflug von piniperda häufiger durch Harztrichter um die einzelnen Bohrlöcher als durch Austritt zahlreichen Bohrmehls erkennen lassen, unberücksichtigt bleiben. Wenn um die Bohrlöcher des Käfers Harztrichter entstehen, läßt die noch starke Saftmenge des Stammes die Brut nicht zur Entwickelung kommen. In den meisten Fällen ist nicht einmal der

Käferbrutgang daselbst vollendet. Tritt dagegen reines Bohrmehl aus, so steht der Brut kein Entwickelungshinderniß entgegen. Die Anzahl solcher Käferbäume ist im Verhältniß zu den auf den wirthschaftlichen Schlagflächen zum Einschlagen kommenden Stämmen recht gering und ohne genauere Untersuchung das Stadium der Brut an ihnen mit Sicherheit nicht zu erkennen. — Daß bei Calamitäten, wie die vorhin angedeuteten, die zahlreichen gebrochenen, geworfenen, überhaupt stark beschädigten Stämme möglichst rasch aufzuarbeiten, jedenfalls an ihren borkigen Theilen zu entrinden sind, folgt aus der vorstehenden Darlegung der Lebens- und Entwickelungsweise unseres Käfers.

Durchaus abweichend von dem Hyles. piniperda entwickelt sich die kleinste unserer Pissodes-Arten, piniphilus, der Kiefernstangen-Rüsselkäfer, ausschließlich unter der gelben abblätternden papierdünnen Spiegelrinde und zwar in den Stämmen vom schwachen Stangen- bis ins starke Altholz-Alter, jedoch zumeist in 50 bis etwa 60 jährigen Stangen. Freilich trifft man in Gegenden, in denen diese Art überhaupt zu den häufigen gehört (Norddeutsche Tiefebene), kaum einen im Bestande abgestorbenen Altholzstamm, welcher nicht in der Region dieser Spiegelrinde seine Gänge aufzuweisen hat. Allein letztere beeinträchtigen die Gesundheit solcher Stämme weit weniger, als etwa die von Hyles. minor; sie umspannen die Peripherie dieses stärkeren Materials nicht, wenigstens nicht in den ersten Jahren des Angriffes, und schneiden nie so energisch als jene dem Stamm spitzewärts den Lebensfaden ab. Die Stangen dagegen leiden, weil schwächer, weit mehr durch den Fraß, und so mag zugestanden werden, daß die stärkere Wirkung desselben in den Stangenholzbeständen nur den Schein einer größeren Häufigkeit des Insects in diesen erregt. Die Frage, ob der Käfer einen Kränklichkeitszustand der Stämme für seinen Angriff zur Vorbedingung hat, muß im Allgemeinen verneint werden. Die Triebe, Nadeln, Knospen der Zweige unmittelbar vor, sowie bei seinem Angriffe zeigen sich normal entwickelt. Nach Fangmaterial, frisch eingeschlagenen Hölzern, läßt er sich nicht anlocken. In Stangenorten, in denen er bis zur wirthschaftlichen Zerstörung haust, sind die Stämme ohne Unterschied ihres Wuchses und Zustandes bewohnt. Allein anderseits ist eben so sicher beobachtet, daß zunächst der Nebenbestand leidet und von diesem zuerst die stark unterdrückten Stangen und nur ausnahmsweise die dominirenden besetzt werden. Jedenfalls ist er unter die sehr schädlichen Kieferninsecten zu rechnen, da er wenigstens einen wirthschaftswidrigen, zu starken Einschlag der Stangen veranlaßt. — Die Flugzeit fällt in die Mitte Juni; vom Spätherbst bis zum nächsten Frühling läßt sich der Fraß der jungen Larven in dem noch lebenden Baste als anscheinend zusammenhangslose dunkelbraune Schnörkelgänge erkennen, sowie er sich auch äußerlich auf der gelben dünnen Rinde an den Harzflecken verräth. Die Larvengänge gehen nicht, wie bei denen der übrigen Pissoden gruppenweise von einem gemeinsamen Punkte aus (Seite 173, Fig. 49), nur ganz vereinzelt tritt ein unvollkommener „Strahlenfraß" auf. Im Uebrigen gleichen die Gänge in ihrem Verlaufe, sowie die mit sehr feinen Nagespänchen gefüllten Puppenwiegen denen der Verwandten. Seine Generation ist eine zweijährige.

Die Unwirksamkeit von Fanghölzern gegen diese Art wurde oben und zwar als Beleg seines Angriffes auf gesundes Material hervorgehoben. Es bleibt somit der rechtzeitige Aushieb aller besetzten und als solche sich durch Kränkeln, Harzflecke auf der Spiegelrinde, kurze und kurz benadelte jüngste Triebe verrathende Stangen zur Beschränkung seiner Anzahl allein übrig. Doch wird auch eine sehr aufmerksam geführte, wirthschaftliche Durchforstung seine rasche Vermehrung hemmen.

Die Stangenholzhöhe entspricht der Region, in welcher mehrere Kiefernschmetterlinge am häufigsten ihre Eier abzulegen pflegen, von denen zunächst der Kiefernspanner, Geometra (Fidonia) piniaria hier genannt werden möge. Er schwärmt gegen Anfang Juni, vermeidet das wirre Innere dichter Kronen, hält sich vielmehr mit Vorliebe auf den äußeren und äußersten Triebspitzen auf, und belegt diese mit Eiern. Die Folgen dieser Lage der Eier ist der ebenfalls an den Spitzen zuerst und zunächst auftretende Fraß der Raupen. In den geschlossenen Stangenorten haben die höchsten Theile der Wipfel bereits Kahlfraß erlitten, während die unteren Zweige derselben noch normal benadelt sind. An vereinzelten frei stehenden Stämmen macht sich dieses allmähliche Herabsteigen des Fraßes auffallend bemerklich. Der absteigende Spannerfraß steht deshalb im schroffsten Gegensatz zu dem aufsteigenden Fraß der Nonne (Seite 190). Im August ist der Fraß beendigt. Die Raupen begeben sich unter die Bodendecke, woselbst sie noch bis in den Spätherbst zusammengezogen, ohne sich zu verpuppen, zu ruhen pflegen. — In Massenvermehrung tritt diese Art nur in sehr vereinzelten Jahren auf; alsdann aber ist der Fraß um so verhängnißvoller, als er vorzugsweise die Spitzen der Kronen ergreift; doch ist auch bei nur mäßiger Anzahl von Individuen der Fraß wirthschaftlich nicht gleichgültig, wenn in denselben Beständen, zumal auf geringeren Standorten zugleich noch andere Spezies in erheblicher Menge ihrer Individuen auftreten.

Zur Verminderung bez. Beseitigung der durch den „Spanner" heraufbeschworenen Gefahr kann in bereits merklich licht gefressenen Beständen ein balken= oder meilerartiges Zusammenharken der schneefreien Bodendecke vom October bis März empfohlen werden. Die durch diese Arbeit in die aufgehäuften Bodenmassen gebrachten Raupen und Puppen kommen nicht zur Entwickelung und die auf den abgerechten Flächen zurückgebliebenen leiden in strengen Wintern ihres Schutzes beraubt durch Kälte, stets durch die insectenfressenden Vögel (Meisen, Drosseln, Heher u. a.), von denen die meisten gerade während dieser Zeit die Bestände nach Nahrung suchend durchstreichen und dort zu verweilen pflegen, wo sie solche in Menge antreffen. Da sich dieses bereits erprobte Mittel schwerlich auf weit ausgedehnten Bestandesflächen in genügender Weise ausführen läßt, so kommt Alles darauf an, frühzeitig diejenigen noch beschränkten Stellen kennen zu lernen, an denen die Vermehrung des Feindes besonders stark auftritt, und diese gründlich zu säubern. Das Ueberfliegen der beweglichen Falter aus kahl gefressenen Beständen nach den benachbarten noch benadelten wird auf diese Weise verhindert. Auf den besseren Bodenklassen kann etwa vom Mai an die aufgesetzte Streu zur Verminderung der Kosten ohne merklichen Nachtheil für die Bestände abgegeben, auf den geringen dagegen muß sie wieder ausgebreitet und so dem Boden zurückgegeben werden. — Ein zweites wirksames Gegenmittel ist Schweineeintrieb. Leider ist es in der Regel schwierig, für einen einzelnen derartigen Fall die entsprechende Menge Schweine aus der näheren Umgebung für diesen Zweck zu beschaffen, sowie auch, ihnen Wasser zugänglich zu machen, dessen sie während des Brechens nicht entbehren dürfen.

Zwei fernere Spannerarten, der veilgraue (Geometra lituraria) und der gebänderte (G. fasciaria) verstärken in einzelnen Jahren erheblich den Fraß anderer Kiefernraupen. Die erste überwintert als Puppe, die zweite zeit= und stellenweise sehr zahlreich auftretende, als junge Raupe am Boden.

In die gleiche Kategorie wirthschaftlicher Bedeutung gehört auch der Kiefernschwärmer, Sphinx pinastri.

Gegen alle drei müssen dieselben Gegenmittel, wie gegen G. piniaria, empfohlen werden.

Dagegen tritt die Forleule, Noctua (Trachea) piniperda, zu Zeiten allein in verwüstender Massenvermehrung auf. Der Falter fliegt zu Anfang des Frühlings und belegt die Nadeln der vorjährigen Triebe mit einzelnen Eiern. Der Fraß der Raupen wird besonders dann sehr schädlich, wenn dieselben nach Vernichtung der älteren Nadeln auf die neuen Triebe übergehen. Gar oft tritt außer der Forleule auch die eine oder andere der letzterwähnten Arten in denselben Beständen auf.

Die Gegenmittel sind die bereits beim Kiefernspanner genannten. Doch muß erwähnt werden, daß bei deren Anwendung die Abweichungen in den Entwickelungszeiten (Verpuppung bereits im August; Flugzeit April) nicht unberücksichtigt bleiben dürfen. — In wiederholten Fällen waren Pilzepidemien oder ein Heer von Raupenfliegen (besonders Tachina glabrata) vor Steigerung der Forleulenraupen zur ruinösen Massenvermehrung die Retter der Bestände.

Alle fünf zuletzt aufgeführten Spezies (Geometra piniaria, lituraria, fasciaria, Sphinx pinastri, Noctua piniperda) treten bald rein, bald gemischt zuweilen örtlich so beschränkt und an Menge noch so wenig zahlreich auf, daß sich der Forstmann trotz der möglichen Gefahr einer baldigen Ausbreitung und Vermehrung dieser Insecten zur Anwendung jener umständlichen Gegenmittel nicht veranlaßt finden wird. In solchen Fällen muß in jüngeren Stangenholzbeständen ein Anprällen der Stämme und Sammeln der Raupen empfohlen werden. Die Schutzvorrichtung zur Verhütung von Quetschwunden wurde (Seite 144) beschrieben. Die Stämme der älteren Stangenorte lassen sich nicht mehr ausreichend erschüttern. Das Anprällen müßte im Juni geschehen, weil von allen genannten Arten, außer G. fasciaria, und event. auch von B. pini und monacha, sowie von verschiedenen Blattwespen, die Raupen in diesem Monate an den Nadeln verweilen.

Von den oben berührten Blattwespen ist in Stangenorten zunächst die Gattung Lophyrus, Buschhornblattwespe, durch mehrere Arten, als similis, rufus, auch pini u. a. vertreten, von denen sich zeitweise die eine oder andere in bedrohlicher Menge zeigt, zumal wenn auch noch andere Raupen in denselben Beständen auftreten.

Außer Anprällen und Sammeln gibt es gegen diese kaum ein Vertilgungsmittel, und auch dieses wird nur ausnahmsweise (schwache Stämme, beschränkte Ausdehnung des Fraßes) die gewünschte Wirkung erzielen lassen.

Eine andere Blattwespengattung, Lyda, Gespinnstblattwespe,

trat in der Spezies pratensis in den Stangenorten mehrerer benach=
barter, wie einzelner weiter entlegener Reviere in denselben Jahren
äußerst zahlreich auf. Die Lebensweise der Lyden im Allgemeinen
wurde Seite 182 mitgetheilt. Die Art pratensis legt im Spätfrüh=
ling ihre Eier gern in einer Höhe von 10 bis 15 und mehr m ab.
Das Gespinnst der Larven ist schwach, doch bleibt der Koth zum großen
Theil in demselben hängen; erst Sturm und Regen entfernt Alles von
den äußersten Zweigen, an denen der Fraß zunächst und zumeist statt=
findet. Die braunrothe Färbung dieser entnadelten Triebe wird noch
durch den beim Trocknen braun werdenden Koth vermehrt, so daß bei
irgend erheblichem Fraß die Bestände schon aus der Ferne als befallen
erkennbar sind. Im Herbst lassen sich die gelbgrünen Larven durch
einen Spinnfaden zum Erdboden und begeben sich je nach der Boden=
beschaffenheit 5 bis 10 cm tief hinein. Hier ruhen sie in einer bohnen=
förmigen senkrechten Höhle und verpuppen sich im nächsten Frühjahr,
worauf dann nach etwa 3 Wochen die Wespe erscheint. Allein das
Seite 181 hervorgehobene Ueberliegen der Tenthredineenlarven ist bei
dieser Art Regel, so daß an sehr stark befressenen Orten im nächsten
Jahre sich oft kaum einzelne Wespen zeigen. Dieses Ueberliegen gibt
den Beständen Zeit sich zu erholen, auch scheinen die nackt ruhenden
Larven während dieser Zeit erheblich durch Ungunst der Witterung,
Maulwürfe u. dgl. vermindert zu werden. Nicht oft folgen sich zwei
Jahre starken Fraßes an denselben Stellen unmittelbar; aber auch schon
ein einziger heftiger Fraß kann die Nothwendigkeit einer starken Durch=
forstung hervorrufen.

Die Anwendung zweckmäßiger Gegenmittel gegen diese Art ist
besonders schwierig. Die hochlebenden Larven lassen sich in gehöriger
Menge nicht abklopfen und die so zu Boden gelangenden kaum voll=
ständig auflesen, sowie die Wespen am Ablegen der Eier nicht verhindern.
Schweineeintrieb ist wohl das einzige rationelle im Großen wirkende
Gegenmittel. Doch sei bemerkt, daß die im Herbst zur Verpuppung
auf den Erdboden gelangenden unbehülflichen Larven daselbst einige
Zeit, einen oder mehrere Tage, zu ruhen pflegen, bevor sie sich unter
die oberen Bodenschichten begeben. Es wird sich folglich auch ein
Zerstampfen derselben in dieser Zeit empfehlen. Daß um die Stämme
angelegte Kleberinge nicht zu schützen vermögen, folgt aus der Lebens=
weise der Wespen, von denen die Weibchen nach anfänglich niedrigem
Fluge und Begattung an dem Unterwuchs oder den unteren Zweigen

der Stangen, in welcher Region die Männchen verbleiben, zum An=
bringen ihrer Eier nach den Spitzen der oberen Zweige empor schwärmen.
Allein ein solches an sich unmotivirtes Anlegen hat sich in einem Falle
dennoch von ganz erheblichem Erfolge gezeigt. Die trägen Wespen
sind nämlich nur bei hellem warmem Sonnenschein munter und zum
Fliegen befähigt, und in jenem Falle herrschte zur Zeit des Ausschlüpfens
einer sehr großen Menge von Wespen anhaltend unfreundliche naßkalte
Witterung. So suchten denn dieselben die Stämme kletternd zu ersteigen
und fanden an versuchsweise um die Stämme angebrachten Leimringen
eine unüberschreitbare Grenze und zum großen Theile ihren Tod. Noch
sei eine andere ähnliche auf einer durch diesen Larvenfraß zum kahlen
Abtriebe bestimmten Fläche gemachte Beobachtung mitgetheilt. Die
zahllosen auf dieser Kahlschlagfläche später entstandenen Wespen krochen
an den Stöcken und stehen gebliebenem Unterwuchs hinauf, welche dann
durch eingesetzte Pfähle vermehrt und mit einem Leimanstrich versehen
eine bedeutende Masse der Wespen unschädlich machten. Leider läßt
sich das Eintreffen der Bedingung für solche Ausnahmefälle nicht vorher
bestimmen. Soll aber, wenn etwa die Verpuppung der Larven im
Boden (April, Mai) constatirt ist und die Witterung gegen Ende
Mai und Anfang Juni unfreundlich zu bleiben scheint, ein solcher
Versuch zur Vertilgung des Insectes gemacht werden, so ist eine Leim=
konsistenz zu wählen, welche sich rasch und leicht mit einem Pinsel
auftragen läßt.

Schließlich müssen noch zwei Insectenspezies Erwähnung finden,
welche für ihre Entwickelung auf stark beschädigte bez. absterbende
Stämme angewiesen sind und sich bereits in Stangeorten finden. Sie
gehören den technisch schädlichen Arten an; auf den Gesundheitszustand
der befallenen Bäume üben sie keinen Einfluß aus, vermindern dagegen
den Gebrauchswerth des Nutzholzes.

Die erste dieser, Bostrichus lineatus, befällt sowohl die stehenden
kranken Stämme der Bestände, als namentlich das lagernde, gesund
eingeschlagene Holz, soweit es von borkiger Rinde bedeckt ist, lang aus=
gehaltene Nutzholzstämme wie zu Brennholz zerkleinerte Scheite. Bei
Sturmbeschädigungen bohrt er nicht allein die geworfenen und gebro=
chenen, sondern auch die nur geschobenen Stämme an. Am Brennholz
ist sein Angriff selbstredend gleichgültig, auch an Stangen, welche unge=
spalten zur Verwendung kommen, kann demselben keine Bedeutung zu=
kommen. Allein seine Vermehrung in solchem Material wird für andere,

in der Nachbarschaft befindliche Sortimente, wohin sich die neu ent=
wickelte Käfergeneration begibt, leicht schädlich.

Entrindung der borkigen Stammpartien schützt vor Anflug; das
bereits befallene Holz ist vor Mitte Juni aus dem Walde zu schaffen,
zumal wenn daselbst durch irgend eine Calamität eine nicht rasch zu
beseitigende Menge neuen Brutmaterials dem Käfer geboten wird.

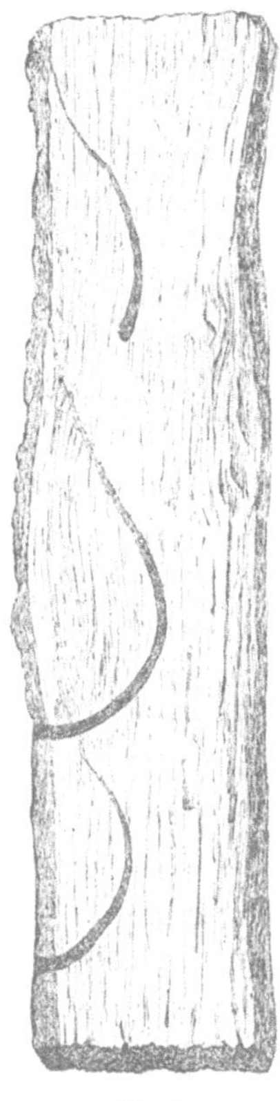

Fig. 54.

Häufig werden die Stämme auf den Ablageplätzen
befallen. Wo solches erfahrungsmäßig stattfindet,
ist die Entfernung der Borke möglichst bald nach
der Anfuhr geboten, falls nicht ein rasches Zer=
schneiden derselben zu Brettern vorgenommen wird.
Es möge übrigens hier bemerkt werden, daß die
Leitergänge des lineatus an starken Stämmen nicht
weit über die äußersten Schichten des Splintholzes
hineinragen, so daß hier der Schaden erheblich
geringer ist, als beispielsweise der durch die Gänge
des B. dryographus an Eichen verursachte.

Das zweite technisch schädliche Insect ist die
Kiefernholzwespe, Sirex juvencus. — Die
wenigen Holzwespenarten entwickeln sich ausschließ=
lich im Nadelholze. Mit dem kräftigen langen
Legebohrer werden die Eier vereinzelt durch Rinden=
ritzen bis auf den Splint den Stämmen eingeimpft,
auch von Rinde entblößte Stellen dienen nicht
selten zur Aufnahme der einzelnen Eier. Nie aber
werden frohwüchsige, sondern nur tiefkranke, ab=
sterbende Bäume bez. Baumstellen, sowie frisch
eingeschlagene Stämme mit Eiern versehen. Ja,
häufige Erscheinungen lassen vermuthen, daß sogar
frisch verbautes oder anderweitig technisch ver=
werthetes (Telegraphenstangen u. a.) Nadelholz
noch von den Holzwespen belegt wird. Die Entwickelung dauert wenigstens
zwei Jahre. Die Gänge der Larven dringen in bogigem Verlaufe oft tief
in das Holz ein und wenden sich später ebenfalls bogig wieder zu den
äußeren Schichten zurück. Die Verpuppung geschieht unmittelbar vor der
Oberfläche des Holzes. Diese schwache Holzschicht, sowie event. die Rinde
wird von der jungen Wespe durchnagt. Das Flugloch ist der Größe
des Körperumfanges der Wespe entsprechend und stets kreisrund. Solche

Löcher finden sich nicht allein an abgestorbenen Stämmen, sondern auch auf den Flächen von Schälstellen, Lachten, abgehauenen starken Wurzeln u. dergl. mehr. Wir treffen sie an Gerüst-, Telegraphen- und Einfriedigungsstangen an; sie entstehen in verbauten Balken, woselbst die Wespe in mehreren bekannt gewordenen Fällen sogar sehr festen Verputz zu durchnagen hatte, um an die Außenwelt zu gelangen. Die Größe der Wespen gleicher Spezies schwankt innerhalb sehr auffälliger Extreme, so daß die Größe der Fluglöcher die Art in vielen Fällen nicht bestimmen läßt. Es scheint diese Größenverschiedenheit auf die verschiedene Ernährung der langlebigen Larven zurückgeführt werden zu müssen. Die Thatsache, daß bereits völlig ausgetrocknetes Holz vor dem Ablegen der Eier geschützt ist, läßt nämlich vermuthen, daß die Larven, deren Wohnraum gegen Ende ihres Lebens auszutrocknen beginnt, in ihrer Ausbildung mehr oder weniger stark zurückbleiben und alsdann auch nur schwache Wespen entstehen lassen.

Zur Verminderung der durch Holzwespen drohenden Gefahr ist, wie gegen so viele andere im Nadelholze oder unter der Rinde brütende Insecten, reine Wirthschaft dringlichst zu empfehlen. Zum Schutze gegen jene Wespen leisten die Spechte gar oft wichtige Dienste, da sie die bereits wieder der Oberfläche der Stämme sich nähernden reifen Larven oder die daselbst ruhenden Puppen entdecken und in meist vierkantigen trichterförmigen Löchern ausmeißeln. Diese Vernichtung der Holzfeinde ist freilich wohl nie eine gründliche. Die meisten der letzteren bleiben, wie eben daselbst die Fluglöcher später beweisen, unbehelligt im Holze. Allein es ist unzweifelhaft sehr wichtig, daß der Forstmann durch diese Spechtarbeit auf dieselben aufmerksam gemacht und so zum möglichst raschen Entfernen der höchst verdächtigen Stämme veranlaßt wird. Schwächeres Material sollte an Ort und Stelle sogleich verbrannt werden. Da die von den Holzwespen bewohnten Kiefernstämme an gleichen Stellen unter der borkigen Rinde auch die Larven der Lamia aedilis zu beherbergen, auch daselbst die Gänge des Hylesinus piniperda zahlreich aufzutreten pflegen, so löst sich mit, jedoch auch wohl ohne Hülfe der Spechte, welche jener Bockkäferlarve stark nachstellen, die Rinde sehr oft plattenförmig ab, und die dann auf dem Splinte frei gelegten Wespenfluglöcher, welche in der rauhen Borke übersehen werden können, fallen alsdann leicht in die Augen.

Die Kiefernholzwespe bewohnt Stangen wie Altholz. Den Verlauf ihrer Larvengänge zeigt Figur 54. — „Reine Wirthschaft", rasches

Entfernen und Aufarbeiten eines jeden absterbenden Stammes, vermindert ihre Anzahl zur wirthschaftlichen Bedeutungslosigkeit.

Diesen beiden technisch schädlichen Insectenspezies sei hier nach Pissodes pini (bei Ratzeburg Curculio abietis) angeschlossen, obwohl derselbe weder als technischer noch als physiologischer Schädling in den Kiefernstangenorten bezeichnet werden kann. Es finden sich seine wegen der großen Anzahl der Larvengänge auffälligen Brutstellen nämlich an bereits absterbenden Stämmen, in der Regel tief an denselben. Für Weymouthskiefern muß man diese Art dagegen als bedeutenden Schädling bezeichnen (ob sie, wie vereinzelt behauptet ist, in gleicher Weise schädlich auch an der Kiefer auftritt, mögen fernere Beobachtungen entscheiden), und sie wird daher bei dieser Holzart eingehender zur Sprache gebracht werden. Die große Anzahl der von einem Punkte ausgehenden Larvengänge (20 bis 30, Figur 49) sowie die größere Stärke und größeren Späne der Puppenwiegen lassen dieselbe an den Kiefernstangen von notatus mit Sicherheit unterscheiden.

9. Altholz.

Von den vorhin unter „Stangenholz" erwähnten Insecten ziehen sich mehrere ins Altholz bis zum Haubarkeitsalter hinein. Dahin gehört Liparis monacha und Sphinx pinastri, beide jedoch daselbst ohne erhebliche Bedeutung; ferner

Hylesinus piniperda, welcher auch hier nur durch das Abstechen der Zweigspitzen schadet, während die Folgen des Larvenfraßes für die beim Anfluge der Käfer bereits tief kranken, bez. absterbenden Stämme kaum ins Gewicht fallen können; dann Pissodes piniphilus, welcher ausschließlich in den Wipfelpartien hauset und hier als primärer Feind zum Beginn des Kränkelns und schließlichen Absterbens vieles beiträgt. Wenn später diese „Käferbäume" in der Totalität zum Einschlage gelangen, zeigen sich seine Gänge und Puppenwiegen beim Abheben der Rinde fast stets längst verlassen und Bast und Splint geschwärzt. — Von den Spannern scheint

Geometra (Ellopia) fasciaria mehr dem Altholze als dem Stangenholze anzugehören. Es haben sich nämlich in neuster Zeit in einigen Revieren unter den im älteren Holze gegen die große Kiefernraupe angelegten Leimringen seine (noch jungen) Raupen in so bedeutender Menge angesammelt, wie er in jüngeren Stangenorten wohl kaum beobachtet sein wird. Vereinzelte Falter trifft man übrigens im Juli in lichten Stangenholzbeständen jeden Alters an. Seine Bedeutung

besteht jedoch wohl nur in einer Verstärkung der Folgen des gleich=
zeitigen Fraßes anderer Raupenarten. Die forstzoologische Kenntniß
dieser Art reicht bis jetzt für nähere Angaben noch nicht aus. Man
findet den wegen seiner hellen zart röthlichen Färbung leicht in die
Augen fallenden Falter nur in einzelnen Jahren in bemerkenswerther,
selten und dann örtlich ziemlich beschränkt in größerer Menge.

Auf das jüngere Altholz geht auch Noctua (Trachea) piniperda über,
sowie auch Lyda pratensis. Endlich treten die beiden im stark be=
schädigten, bez. absterbenden Holze sich entwickelnden Insecten, Bostrichus
lineatus und Sirex juvencus völlig so häufig im Alt= als im Stangen=
holze auf.

Vorwiegend dem Altholze gehört der berüchtigtste Kiefernfeind, der
Kiefernspinner, Bombyx (Gastropacha) pini, an. Obgleich derselbe
der Kiefer überallhin folgt, so sind es doch die älteren Bestände der
sandigen norddeutschen Tiefebene, welche durch den Fraß seiner Raupe
am zahlreichsten und heftigsten bedroht werden. Ohne bis jetzt erkennbare
Ursachen steigt seine Anzahl in einzelnen Jahren rasch zu einer ver=
wüstenden Massenvermehrung, welche, wenn nicht gehemmt, auf weiten
Flächen die Bestände vernichtet. — Seine Flugzeit fällt in die Mitte
des Juli. Der Falter ruht am Tage mit Vorliebe meist niedrig an
starken Stämmen, woselbst er am meisten gegen Beunruhigung durch
Wind und Schlagregen geschützt ist, dort verweilt er auch in Begattung.
Weder schwache Stangen noch die Wipfel können ihm diesen Schutz
bieten. Dichte, nicht durchforstete Orte verhindern ihn am freien Flug
und auch deshalb vermeidet er ebenfalls diese. Um die Kronen schwärmt
er nicht, er sucht während seines Falterlebens jene ruhigen geschützten
Stämme auf und findet sich demnach im Innern der ihm in der ent=
sprechenden Region freien Flugraum gewährenden Bestände. Daß von
dieser Lebensweise, zumal bei erheblicher Vermehrung, manche Indivi=
duen eine Ausnahme machen, daß zur Zeit einer Massenvermehrung
jene Grenzen seines Auftretens kaum noch erkennbar sind, daß bei Kahl=
fraß seine noch nicht verpuppungsreifen Raupen nach Nahrung umher=
zukriechen, ja auszuwandern beginnen, daß schließlich bei einer großen
Faltermenge auch manche flugunfähige Krüppel oder bis zur Flugun=
fähigkeit durch Vögel verletzte, aber nicht von ihnen verzehrte Indivi=
duen sich befinden, welche am Boden umherkriechend oder durch Ge=
wittersturm verweht, ihre Eier an die verschiedensten Stellen ablegen,
kann eben so wenig befremden, als daß sich alsdann seine Raupen

und die aus denselben entstandenen Falter später an Stellen zeigen, welche unter normalen Verhältnissen durch eine Kiefernspinnergefahr nie bedroht werden. Die Eier werden in Haufen von 30 bis 60 in Rindenritzen, jedoch auch an Reiser, ja an Nadeln geklebt. In der ersten Hälfte des August pflegen die jungen Raupen zu erscheinen, welche sich sofort bemühen, den Stamm aufwärts kriechend ihren Fraß zu erreichen. Sie lassen eine gegenseitige Anhänglichkeit nicht erkennen, sondern vereinzeln sich an den Nadeln der Zweige. Da, wie bemerkt, auch manche hoch an den letzteren entstehen, so wiederholt sich bei dieser Art nicht die für den Fraß der Nonnenraupe so charakteristische Erscheinung, daß nämlich derselbe von unten nach oben in den Wipfeln allmählich fortschreitet. Ein Verwehen der jungen Spinnerraupen, welches für das Auftreten der Nonnenräupchen eine so große Rolle spielt, ist nicht bemerkt. Sie lassen sich nicht bei jeder Beunruhigung, z. B. durch stärkeren Wind, mit einem Spinnfaden, wie diese herab, sondern klammern sich alsdann um so fester an ihre Nadeln. Da sich dieses Verhalten auch in dem späteren Alter der Raupen nicht verändert, so ist ihr Fraß, weil ein fast gleichmäßig vertheilter Wipfelfraß bis zu den äußersten Spitzen, für die Kiefer weit verhängnißvoller, wie der Fraß der Nonne. Die jungen Raupen benagen Anfangs nur schwach die Ränder der einzelnen Nadeln. Auch nach im Herbst bestandener erster und zweiter Häutung ist sogar bei Massenvermehrung alsdann eine irgend auffällige Lichtung der Kronen nicht oder kaum zu erkennen. Auch der feine, anfänglich sehr feine Koth entgeht leicht dem Blicke des Forstmanns. Es sei diese bekannte Thatsache hier gegenüber den nicht seltenen Aeußerungen des Staunens über die Menge der bei den Probesammlungen dort gefundenen Raupen, woselbst sich im Herbst zuvor noch gar kein Fraß bemerklich gemacht habe, ausdrücklich hervorgehoben. Im Spätherbst werden die Raupen durch das Sinken der Temperatur, zumal während der längeren kälteren Nächte, veranlaßt, stammabwärts zum Erdboden zur Ueberwinterung unter der Bodendecke zu wandern. Das normale Alter der Raupen für diese Winterruhe ist das der bestandenen dritten Häutung, der sog. Mittelwüchsigkeit. Witterungsverhältnisse bewirken jedoch nicht selten in dieser Hinsicht Abweichungen. Durchweg kühlere oder gar naßkalte Sommer, spät beginnende Frühlingswärme, häufige Spätfröste hemmen das active Leben der Raupen, bez. die Entwickelung des Falters in der Puppe. Seine Flugzeit fällt alsdann statt in die Mitte Juli gegen Ende dieses

Monats, oder vereinzelt noch später, und die ganze Generation bleibt alsdann erheblich gegen die Normalzeit zurück. Tritt nun auch noch recht früh kaltes Herbstwetter ein, so überwintert die Raupenmenge in einem auffällig frühen Stadium, etwa noch vor ihrer zweiten Häutung. So war es im Winter 1887/88. Die Hoffnung, daß eine solche geringe Raupengröße auf „Degeneration" und somit auf baldiges Erlöschen der Calamität schließen lasse, entbehrt jeder Begründung. Die Raupen sind nur jünger, später entstanden, als sonst, aber nicht degenerirt. Finden sich, wie im Frühling 1888, außer der Hauptmenge dieser „kleinen" Raupen auch abnorm große, so stammen dieselben von Individuen, welche bereits in einer früheren Generation etwa seit dem Jahre 1886 oder gar noch früher in irgend einem Stadium dauernd begünstigt oder dauernd benachtheiligt waren und somit den anderen allmählich um einen etwa halben Generationscyclus vorauseilten oder hinter denselben zurückblieben. Sie bilden stets der Menge der übrigen Raupen gegenüber Ausnahmen. Daß außer diesen auch viele Raupen im normalen Alter überwinterten, also als „mittelgroß" im Frühling erschienen, kann bei der so äußerst verschiedenen Lage der einzelnen Theile der Bestände eben so wenig befremden. Es macht schon einen erheblichen Unterschied in der Durchwärmung der Raupen und folglich für das Erwachen derselben aus dem Winterschlafe, ob diese Winterruhe an der Sonnen= oder Schattenseite desselben stärkeren Stammes und ob sie an jener zugleich auch unter einer geringeren, an dieser unter einer stärkeren Bodendecke statt fand. Eine günstige Lage der winterruhenden Raupen kann den Nachtheil einer ungünstigen Sommerwitterung leicht ausgleichen, sowie umgekehrt ein Vorauseilen von Individuen durch spätere weniger zuträgliche Einflüsse wieder aufgehoben wird. Nur nach milden Wintern und normalen Sommertemperaturen, namentlich bei allmählich steigender bez. sinkender Wärme im Frühling, bez. Herbst, erscheinen die Raupen im Frühlinge nebst allerdings nie sehr spärlichen Ausnahmen, in einem annähernd gleichen Lebensalter. — Stellt sich im Herbst, während die Raupen noch fressend in den Kronen verweilen, plötzlich Kälte oder Schneefall ein, so ruhen sie daselbst verklammt, bis entweder baldige günstigere Witterung sie wiederum belebt oder aber ein stärkerer Wind sie herabwirft. Im letzten Falle befinden sie sich folglich zerstreut auf der ganzen Bestandesfläche, woselbst sie durch nachfolgende höhere Temperatur zum activen Leben erweckt, unter der Bodendecke Schutz gegen die Unbilden des bevorstehenden Winters suchen und finden; eine jedoch durchaus nicht häufige Ausnahme. Weitaus zumeist bestehen die Spinnerraupen ihre Winterruhe in der unmittelbaren Umgebung der Stämme ihrer Nahrungsbäume und zwar an besonders passenden Stellen, z. B. an einer etwas vorragenden Wurzel, oft in Menge zusammen. Die Kalenderzeit ihres Erwachens und Steigens im Frühlinge schwankt innerhalb bedeutender Grenzen, etwa zwischen Februar und April, und das Steigen selbst wird durch Fröste, Schneefall, kalten Regen und Schlackenwetter sehr häufig unterbrochen. Eine Rückkehr zum Winterlager findet alsdann nicht statt, die auf der Wanderung begriffenen überdauern in Rindenritzen ruhend diese Ungunst der Witterung. Einzig die Temperatur der Lagerstätten bedingt den Beginn des Frühlingssteigens. Für denselben genügen den kleinen Raupen $+ 5^{\circ}$ R., den größeren $+ 8^{\circ}$ R. Bei $+ 10^{\circ}$ bis 12° ist Alles in voller Bewegung. Daß die kleinen früher als die großen zum beweglichen Leben angeregt werden, beruht auf der rascheren Durchwärmung der geringeren Körpermasse der ersteren. Treten diese Temperatursteigerungen plötzlich (wohl mal bei vorhergehender Lagerwärme von $+ 4^{\circ}$ nach einem warmen Regen) oder allmählich ein, schreiten sie ohne Unterbrechung fort oder vermindert sich die Wärme, zumal des Nachts, wieder u. dergl., so wird auch das Steigen der Raupen darnach in der mannichfachsten Weise beeinflußt. In manchen Jahren ist die ganze Raupenmenge in wenigen Tagen in den Wipfeln, in anderen will das Steigen kein Ende nehmen. Der Altersunterschied der winterruhenden Raupen findet durch das im Frühling früher eintretende thätige Leben der „kleinen“ einen gewissen Ausgleich. Die zu den Nadeln gelangten Raupen beginnen sofort lebhaft ihren Fraß. Entgegengesetzte, ohne Zweifel auf directen Beobachtungen beruhende Angaben können nicht durch eine Ermüdung oder Ermattung derselben, sondern als Ausnahmen nur dadurch erklärt werden, daß die in den Wipfeln anlangenden unmittelbar vor einer Häutung stehen oder sich daselbst in einer für lebhafte Beweglichkeit zu niedrigen Temperatur befinden. Mit Anfang Juli pflegt der Fraß im zweiten Kalenderjahre allmählich sein Ende zu erreichen.

Gegenmittel.

1. Die natürlichen Gegenmittel.

Die Annahme der Beendigung einer Kiefernspinnergefahr durch „Degeneration“ des Insectes in irgend einem Lebensstadium beruht

nicht auf thatsächlichen Verhältnissen. Eine Degeneration, d. h. das
Vorhandensein eines organischen Kränklichkeits= oder Schwächezustandes,
welcher sich bei den Nachkommen als organischer Fehler vererbt oder
gar steigert, existirt bei den Insecten überhaupt nicht. Ein Zurück=
bleiben der Raupen in ihrer Entwickelung und ein kümmerhafter Zu=
stand der daraus entstehenden Schmetterlinge in Kahlfraßbeständen wird
eben so wenig als Degeneration bezeichnet werden können, wie die
körperliche Reduction halb verhungerter höherer Thiere. Ferner können
sich durch den Einfluß abnormer Witterungsverhältnisse vielleicht ein=
zelne Entwickelungsstadien in durchaus nicht mehr passende Jahreszeiten
verschieben. Das wird z. B. der Fall sein, wenn Kiefernspinner so
spät im Herbste erscheinen, daß sie alsdann keine Eier mehr ablegen
und folglich, wie so manche andere Schmetterlingsarten, als Falter
überwintern. Auch werden schwerlich die Eier oder die jungen Raupen
vor ihrer ersten Häutung den Winter überdauern. Eine solche Hem=
mung in der Vermehrung der Insecten wird gleichfalls nicht auf De=
generation, sondern auf dem ungünstigen Einfluß durchaus unpassender
Jahreszeiten beruhen. Schließlich ist auch eine Infection durch para=
sitische Pilze oder Insecten wohl Epidemie, aber nicht Degeneration
zu nennen. — Der außerordentlichen Fruchtbarkeit der Insecten über=
haupt und des Kiefernspinners insbesondere wirken fortwährend hem=
mende Kräfte entgegen. Wenn Massenvermehrung des letzteren inner=
halb weniger Jahre, ja in manchen Fällen anscheinend fast plötzlich
auftritt, so beruht eine solche auffällige Erscheinung wohl weitaus
mehr auf Abwesenheit oder starker Verminderung dieser Gegenkräfte,
als auf äußeren dieser Art besonders zusagenden Verhältnissen, z. B. auf
sehr günstiger Witterung. Die wichtigsten dieser fortwährend die Ver=
mehrung in Schranken haltenden Feinde bleiben bei ihrer winzigen
Größe meist unbeachtet und somit das Fehlen derselben unerkannt. Es
wird sich folglich wohl nie eine Prognose für eine bevorstehende Massen=
vermehrung des Kiefernspinners aufstellen lassen, wie eine solche z. B.
für manche Borkenkäfer möglich ist. Desgleichen bleibt die Bodengüte
und dieser entsprechend der Wuchs und die Benadelung der Bestände,
wie überhaupt für alle Raupen, so auch für die des Kiefernspinners
ohne Einfluß. Die ärmeren Orte leiden allerdings durch den Fraß
stärker, weil die Raupen mit den spärlicheren und kleineren Nadeln
rascher aufräumen und die Bäume daselbst sich schwerer erholen. Allein
die Behauptung, daß Raupen die Nadeln und Blätter kränklicher

Pflanzen vorzögen, beruht auf Irrthum. Auf möglichst gesunden Pflanzen erreichen sie ihre kräftigste Ausbildung. Dabei bleibt die Thatsache bestehen, daß z. B. in zwei gleichalterigen Nachbarbeständen oder Bestandestheilen der Kiefernspinner sich in dem auf dürrem Boden stockenden zahlreicher vermehrt als auf dem anderen mit frischem feuchtem Boden. Es ist aber auch für einen solchen Fall die Beobachtung gemacht, daß die unter der Decke des letzteren winterruhenden Raupen zum größten Theil verschimmelt waren, während die auf trocknem Sande gebetteten gesund erschienen. Also die Pilzparasiten, welche an feuchte Umgebung gebunden hier auftraten und dort fehlten, nicht die kräftige und die kümmerliche Entwickelung der Kiefern bez. ihrer Nadeln begründeten die Verschiedenheit für die Vermehrung des Falters.

Wenn somit die äußeren, namentlich die Witterungsverhältnisse eine rasche, starke Vermehrung des Kiefernspinners zu bewirken nicht im Stande sind, so können sie aber zur Verminderung desselben sehr viel beitragen. Anhaltende Gewitterstürme, oder naßkaltes Wetter zur Flugzeit des Falters werden zahlreiche Individuen nicht zur Fortpflanzung gelangen lassen. Die ungeheure Menge sehr kleiner Raupen, welche kaum die erste Häutung bestanden hatten, verschwand im Frühling 1871 „von selbst". Es wird die Annahme gestattet sein, daß dieselben der Kälte der Frühlingsnächte erlagen; dieses zarte Stadium, welches normal in die Mitte oder das letzte Drittel des August fällt, war in eine zu unpassende Jahreszeit gerückt. Ob die überwinterten alten Nadeln für ihre schwachen Mundwerkzeuge sich als zu fest erwiesen, ob somit auch ungenügende Ernährung hinzukam, möge dahingestellt sein.

Von den höheren Thieren, welche an der Verminderung des Kiefernspinners ständig arbeiten, seien hier nur einige Vogelarten namhaft gemacht.

Zuerst möge der gefräßige Kukuk (s. „Eiche, Altholz" Seite 44) erwähnt werden, welcher ja bekanntlich vorzugsweise von behaarten Raupen lebt. Wo sich an einer beschränkten Bestandesstelle dauernd mehrere seiner Individuen aufhalten, befindet sich ein lokaler Raupenherd, welchen dieselben manchen durchaus exacten Beobachtungen gemäß völlig zu säubern im Stande sind. Vertheilen sich die Kukuke, wie gewöhnlich, vereinzelt über große Waldflächen, so erscheint ihr Wirken freilich weniger durchgreifend, obgleich es zur Einschränkung der Vermehrung des Kiefernspinners ohne allen Zweifel wesentlich mitwirkt. Die in Cocons eingeschlossenen Puppen desselben nimmt der Vogel nicht mehr.

Diese letzteren aber fallen vorzugsweise den rabenartigen Vögeln zur Beute. Unter diesen ist der Heher hervorzuheben, da er seine Nahrung fast nur in den Kronen der Bäume sucht und findet. — Auch die Raben= bez. Nebelkrähe macht sich zur Zeit des Puppenzustandes in den Wipfeln alter Kiefern viel zu schaffen. Directe Beobachtungen geben ihr als Vertilgerin der Spinnerpuppen das beste Zeugniß. — Die andere Art, die nur in mehr oder weniger starken Gesellschaften lebende Saatkrähe, nutzt in dieser Hinsicht nur dann, wenn ihr die Puppennahrung in Menge, also für so zahlreiche Individuen aus= reichend geboten wird. In einem solchen Falle, zur Zeit einer Massen= vermehrung des Spinners, aber räumt sie derartig unter den Puppen, deren entleerte Coconhüllen alsdann zahlreichst am Boden liegen, auf, daß höchst gefährdete ausgedehnte Bestände durch sie gerettet werden. So ergaben die Probesammlungen in dem einen Schutzbezirke eines Reviers für Stamm 2,6 und im nächsten Jahre eine Vermehrung auf 46 Raupen. In einem Nachbarschutzbezirk, dessen Bestandes=, Boden= und übrigen Verhältnisse sich in keinem wesentlichen Stücke von denen des ersteren unterschieden, war das Resultat des Probesammelns im ersten Jahre 2,8 und im folgenden, nachdem im Juli eine Saatkrähen= schaar den reich besetzten Tisch entdeckt hatte, eine Verminderung auf 0,4 Raupen für Stamm.

Auch die Meisen zerren manchen Cocon auf, um die Puppe an= zuschlagen und auszulecken. Auch vertilgen sie die Eier an den feineren Zweigen bez. an den Nadeln.

Die an den Stämmen befindlichen Eier fallen mehr den Baum= läufern zur Beute.

Daß auch Säugethiere zuweilen zur Verminderung des Kiefern= spinners beitragen, daß z. B. Fuchslosung zur Zeit einer Spinnercala= mität wohl sehr viele Eier enthält u. dergl., kann wirthschaftlich kaum ins Gewicht fallen.

Dagegen erlangen manche Raubinsecten und unter diesen vorzugs= weise Calosoma sycophanta als Gegengewicht eine gewisse Bedeutung. Schon die gleichzeitig sich steigernde Vermehrung von Calosoma sowie auch von den größeren Carabus-Arten einerseits und vom Spinner anderseits weisen auf die Lebensbeziehungen von Raubthieren und der Beute hin.

Bedeutsamer jedoch als diese vorgenannten räuberischen Feinde des Kiefernspinners treten seiner Vermehrung die Parasiten entgegen, die parasitischen Pilze und Insecten. Auch ihre Anzahl steigert sich mit seiner Menge; aber während jene „Räuber" voll durchschlagende Arbeit unter besonders günstigen Umständen nur auf kleiner Fläche zu leisten vermögen, überholen die Parasiten ihren Wirth in oft sehr weiter Aus= dehnung, so daß alsdann wie mit einem Schlage die Plage ver= schwunden ist. Am auffallendsten erscheinen die allbekannten Mikrogaster, mit deren kleinen, weißen Cocons die verpuppungsreifen, in den Borken= spalten sitzenden Raupen mehr oder weniger bedeckt sind. Wo sich an zahlreichen Stämmen eines Altbestandes diese den Parasiten erlegenen Raupen finden, kann auf baldiges starkes Zurückgehen bez. auf nahes Verschwinden des Kiefernspinners geschlossen werden. Andere Parasiten, wie Anomalon circumflexum, Pimpla instigator, Tachinarier u. s. w., bleiben dem Beobachter zumeist verborgen. Sie verpuppen sich im Cocon oder gar in der Puppe des Kiefernspinners und erscheinen erst im Zustande der flüchtigen Wespe oder Fliege an der Außenwelt. Es liegt deshalb die sehr wichtige Frage nahe, ob sich durch Section der lebenden Raupen die zahlreiche Infection derselben mit den Larven dieser, oder gar mit den mörderischen Pilzen Isaria farinosa, Cordiceps militaris u. a. rechtzeitig feststellen lasse, um durch das Resultat einer solchen Untersuchung eine annähernde Gewißheit oder wenigstens Wahr= scheinlichkeit über den Grad der drohenden Gefahr, folglich über die event. Nothwendigkeit oder Angemessenheit zur Anwendung künstlicher Gegenmittel rechtzeitig zu erfahren. Diese Untersuchung wird, um das hier vorherzuschicken, in der Weise vorgenommen, daß die einzelne frisch (in Spiritus, durch Köpfen u. a.) getödtete Raupe auf der Mitte des Rückens in ihrer ganzen Länge mit einer kleinen Schere aufgeschnitten und alsdann jederseits mit etwa 3 bis 4 Nadeln auf einem Wachsguß auf dem Boden eines flachen schüsselförmigen Gefäßes (Blumentopf= untersatz oder ähnl.) ausgebreitet wird. Alsdann übergießt man dieselbe mit reinem Wasser und bewegt mit einem Federbart oder Pinsel den in dem Wasser leicht flottirenden Inhalt der Raupe. Die Larven der parasitischen Insecten heben sich alsdann als weiße fremde Körper von dem Darmtractus, den Tracheen (als Silberfäden erscheinend) u. a. Organe ab. Die Mycelfäden der Pilze setzen zu ihrer Unter= scheidung von Muskelfasern und sonstigen feinen organischen Theilen außer einer sehr genauen Untersuchung ein hohes Maß von Fach= kenntniß voraus. Für jede fernere Raupenuntersuchung ist das Gefäß mit dem Wachsguß zu reinigen und wiederum reines Wasser aufzugießen.

Ist es nun möglich, durch eine solche Arbeit eine Prognose für die Größe der bevorstehenden Gefahr zu gewinnen? Zunächst kann diese Untersuchung nur zur Zeit der Probesammlungen vorgenommen werden, denn nur diese verschaffen uns noch rechtzeitig ein sicheres Urtheil über die Menge der vorhandenen Raupen. Wenn im Sommer, mögen die Zweige von fressenden Raupen wimmeln, oder mögen sich nur sehr vereinzelte an den Nadeln auffinden lassen, die Untersuchung stattfindet, ist selbstredend eine etwaige Feststellung ihrer Infection mit Parasiten für dieses Jahr bereits zwecklos. Wir besitzen alsdann kein Mittel, ihrem Fraß Halt zu gebieten. Derselbe ist vorhanden und wird bis zum Lebensende der Raupen fortgesetzt. Anders im Winter, wo der im nächsten Frühling beginnende Hauptfraß noch bevorsteht und jener Haltruf mit Nachdruck ertönen kann. Die Raupenuntersuchung wird sich zweckmäßig nur auf diejenigen probeweis abgesammelten Bestände, bez. Bestandestheile erstrecken dürfen, in denen eine Gefahr für den folgenden Sommer vermuthet wird, in denen folglich eine bereits recht erhebliche Raupenanzahl sich vorfindet. Es handelt sich hier in der Regel um ausgedehnte Flächen, auf denen oft viele Hunderttausende von Raupen ihre Winterruhe verbringen. Da genügt zur Erlangung eines auch nur einigermaßen beachtenswerthen Resultates nicht die Section von einigen Hundert Stück. Und selbst, wenn diese geringe Zahl ausreichend wäre, woher sollte dieselbe genommen werden? Aus jeder Hektarfläche eine oder andere, oder aus den am stärksten befallenen Stellen größere Partieen? Das letzte entspräche ohne Zweifel am meisten dem vorliegenden Zwecke. Allein der Befund bei einer so geringen Zahl kann unmöglich einen irgend sicheren Anhalt bieten, um mit großartigen Vertilgungsmitteln vorzugehen oder von denselben Abstand zu nehmen. Dazu sind denn doch die Parasiten, so lange sie noch nicht die ganze inficirte Fläche beherrschen, zu ungleichmäßig vertheilt. Und wer soll sich denn der zeitraubenden Untersuchung unterziehen? Es gab eine Zeit, wo innerhalb weniger Tage 10 bis 20 000 Raupen an eine einzige Adresse in Eberswalde „zur gefälligen Untersuchung auf Ichneumonen" gelangten. Bald war es ein Gewimmel von Tausenden in einem gemeinsamen Kasten, bald war ein größerer Raum in Fächer für eine Anzahl Schutzbezirke getheilt, und die Frage sollte für jeden der letzteren besonders spezialisirt werden. Wenn alles zur Untersuchung vorbereitet ist, nimmt die ungestörte Arbeit für eine Raupe (Ausspülen des Schüsselchens, Hervorlangen der Raupe aus dem Kasten, Abwehr anderer, welche das Oeffnen desselben zur Flucht zu benutzen suchen, Tödten, Aufschlitzen, Festheften, Aufgießen frischen Wassers, die Untersuchung selbst, Eintragen des Fundes in ein Journal, Entfernen der Raupenreste) mindestens etwa 5 Minuten in Anspruch. Es folgt daraus die Unmöglichkeit, daß eine ausreichende Raupenanzahl von einem einzelnen, auch noch so geübten und fachmännisch gebildeten Untersucher rechtzeitig erledigt wird. Dazu würde ein besonderes Institut mit einer größeren Anzahl ausschließlich mit dieser Arbeit beschäftigter Personen kaum ausreichen. Sie müßte so zeitig erledigt sein, daß sich event. noch sämmtliche Vertilgungsmaßregeln, für welche in Staatsforsten doch zuvor noch die Genehmigung der königl. Regierung einzuholen ist, bis zum Anfang März vollenden ließen. Allein auch das gewonnene Resultat läßt durchaus keine sichere Prognose aufstellen. Die Raupen überwintern zumeist in einem noch zu jugendlichen Alter, als daß die bereits vorhandene Parasitenbrut schon leicht zu entdecken wäre. Die alsdann noch äußerst winzigen Keime der Parasiten, z. B. die Eier oder eben ausgeschlüpften Larven der Mikrogaster, geschweige die Sporen oder ersten Mycelfäden der parasitischen Pilze, lassen sich schwerlich ohne die allergenaueste Untersuchung erkennen. Die meisten Raupen aber empfangen erst im nächsten Frühling den Todeskeim. Es kommt schließlich hinzu, daß diese den Feind in sich tragenden Raupen zum allergrößten Theil noch eben so stark und eben so lange fressen, als die gesunden. Erst aus der Anzahl der Raupen im künftigen Herbst läßt sich ein Schluß für das Schicksal der Bestände in dem darauf folgenden Jahr ableiten. Ergibt die Probesammlung gegen das Vorjahr auf denselben Flächen einen Stillstand oder gar Rückgang oder aber eine auffallende Steigerung der Raupenmenge, dann kann sich der Schutzbeamte vor der Hand beruhigen oder er muß sofort zur Vorbereitung und baldigen Ausführung der künstlichen Vertilgungsmittel schreiten, wenn es sich überhaupt um eine erhebliche Raupenzahl handelt.

2. Die künstlichen Gegenmittel.

Das Probesammeln.

Das Sammeln der Raupen im Winterlager geschieht durch Abheben der Bodendecke um den Fuß der einzelnen Stämme vermittelst eines kleinen, etwa 3- oder 4zinkigen Rechens mit sehr kurzem Stiele, und alsdann Auflesen der freigelegten Stücke. In der Regel liegen die Raupen in unmittelbarer Stammnähe. Das Abheben der Decke bis 0,5 m oder wenig weiter vom Stamm entfernt genügt in den meisten

Fällen. Handschuhe oder Einfettung der Hände gewähren Schutz gegen das recht unangenehme Eindringen der Raupenhaare in die Haut. Ein handliches weit offenes Geschirr nimmt die unbeweglichen Raupen auf.

Ein solches Wintersammeln der Raupen zum Zweck ihrer Ver=tilgung hat sich zur Beseitigung der Gefahr für die betreffenden Be=stände als durchaus ungenügend erwiesen. Selbst unter den günstigsten Umständen wird erfahrungsmäßig durch dieses Sammeln die drohende Calamität nur unerheblich abgeschwächt, da stets weit mehr Raupen am Boden zurückbleiben, als durch das Sammeln vernichtet werden. Zu diesen günstigen Umständen gehören 1. leicht abhebbare Bodendecke, 2. schnee= und frostfreier Boden, 3. ausreichendes Tageslicht (nicht voller Kronenschluß, helles Wetter), 4. wenigstens Halbwüchsigkeit der Raupen, 5. geübte Sammler (besser Sammlerinnen), deren Blick zum Erkennen der zusammengerollten und der Umgebung farbig oft täuschend ähnlichen Raupen bereits geschärft ist. Ist dagegen der Boden verunkrautet oder mit nicht aufrollbaren Moospolstern bedeckt, macht eine Schneelage oder harter Bodenfrost längere Zeit hindurch das Sammeln fast unmöglich, befinden sich die Sammler bei den kurzen Tagen auch um die Mittags=zeit in einem Dämmerlicht, ruhen am Boden zumeist nur winzige Räupchen, müssen die Sammler „das Sehen erst lernen", dann werden auch bei möglichst fleißiger und gewissenhafter Sammelarbeit kaum 4 bis 5 % der wirklich vorhandenen Raupen aufgefunden. — Dagegen ist das Probesammeln zur annähernden Schätzung der Raupenmenge eben so ausführbar, als geboten. Ein solches Sammeln erstreckt sich zunächst nur auf verhältnißmäßig wenige Stämme bez. kleine Bestandes=flächen, wobei ferner ohne sehr erheblichen Irrthum in dieser Schätzung die Gunst oder Ungunst jener Verhältnisse in Rechnung gezogen werden muß. Erfahrungsmäßig liefern recht günstige Verhältnisse gegen 20 bis 25 % der vorhandenen Raupen als Resultat, mittelgünstige 10 bis 15 %. — Das Probesammeln muß vorgenommen werden, wenn nicht, wie für die betreffenden fiskalischen Reviere, alljährlich ein solches an=geordnet ist, sobald sich der Spinner in irgend einer Weise den vorher=gehenden Jahren gegenüber auffällig bemerklich macht, wie z. B. durch den Raupenkoth auf in den Beständen noch lagerndem Holze oder auf freien Bodenstellen, etwa Wegen, durch die an den Stämmen am Tage ruhenden Falter, durch die im Frühling aufbaumenden Raupen oder gar durch, wenn auch noch so schwache, Kronenlichtung vom Frühling bis zum Juli. Dem aufmerksamen Forstmann wird das Herannahen

der Gefahr nicht entgehen. Die Arbeit des Sammelns beginnt mög=
lichst frühzeitig nach eingetretener Herbstkälte, bez. Nachtfrösten, in der
Regel gegen Mitte oder Ende November. Läßt sich der Zeitpunkt,
wann die Raupen ihr Winterquartier bezogen haben, nicht mit Sicherheit
bestimmen, so ist die Vornahme von Vorsammlungen an den raupen=
reichsten Stellen räthlich. Die wirklichen Probesammlungen haben sich
zunächst auf diejenigen Bestandestheile zu erstrecken, welche nach früheren
Erfahrungen zuerst und zumeist von der Raupe gelitten, oder woselbst
sich der meiste Raupenkoth, die meisten tagesruhenden Falter gezeigt
haben. Aber auch hier wird die Bodendecke nicht um den Fuß aller,
sondern nur einzelner, auf der Fläche vertheilter Stämme, zum Frei=
legen der Raupen abgehoben. Es sind als solche namentlich exponirte,
sowie stärkere Stämme mit freier, weiter Krone, und besonders die=
jenigen auszuwählen, deren lichtere Benadelung als ein verdächtiges
Zeichen für einen stärkeren Raupenfraß angesehen werden kann. Sind
derartige, bei früheren Spinnerplagen am ersten und stärksten ergriffene
Bestandestheile nicht bekannt, und auch jetzt auffällige Anzeichen einer
größeren Ansammlung des Feindes an bestimmten Stellen nicht ersicht=
lich, scheint vielmehr derselbe auf weiten Flächen sich mehr oder weniger
gleichmäßig vermehrt zu haben, so werden die betreffenden Bestände
mit Probebahnen durchschnitten. Stößt eine solche Bahn auf raupen=
reichere Stellen, so wird durch Querbahnen die genauere Lage und
Ausdehnung derselben ermittelt. Man erhält auf diese Weise ein ziem=
lich richtiges Bild von der Menge und Vertheilung der Raupen. —
Die nächste sich hier aufdrängende Frage, bei welcher in dieser Weise
festgestellten und dann durchschnittlich für Stamm berechneten Raupen=
menge die Vornahme der kostspieligen Vertilgungsmittel als nothwendig,
bez. bei welcher eine solche als am vortheilhaftesten zu bezeichnen ist,
läßt sich durch eine einfache Zahlenangabe nicht beantworten. Es liegen
freilich Fälle vor, in denen im Altholze bei 80 bis 100 Raupen durch=
schnittlich für Stamm, im älteren Stangenholze bei 40 bis 80, im jüngeren
bei 20 bis 30 Raupen die Bestände durch diese Gegenmittel gerettet
wurden. Allein zunächst fällt außer der Raupenmenge doch auch die
Bodengüte und der Zustand der Bestände schwer ins Gewicht. Für
Bestände auf den ärmeren Standorten, etwa von dritter bis vierter
Güte abwärts sind die vorstehenden Zahlen ohne Zweifel zu hoch ge=
griffen. Es macht ferner einen wesentlichen Unterschied, ob die jetzt
in ihrer Existenz zweifelhaft bedrohten Bestände bereits im letzten oder

gar auch schon im vorletzten Sommer einen mehr oder weniger starken Lichtfraß erlitten, sowie, ob auch andere Raupenarten oder Blattwespen= larven zugleich mit den Spinnerraupen an der Vernichtung der Nadeln arbeiteten und voraussichtlich diese Zerstörung fortsetzen werden. Kommt noch Armuth des Bodens hinzu, so kann zur Rettung der Bestände die Vertilgung der Kiefernspinnerraupen auch bei einer unter anderen Umständen unbeachtet bleibenden geringen Anzahl derselben angezeigt erscheinen, zumal die einzelnen Spinnerraupen weit mehr Nadeln ver= zehren, als die der übrigen kleineren Arten. Endlich aber ist noch die weitere Frage in ernste Erwägung zu ziehen, ob mit der Anwendung der allerdings durchaus sichere Rettung der Bestände gewährenden Mittel gewartet werden soll, bis zum letzten Augenblick der noch mög= lichen Beseitigung der äußersten Gefahr, bis etwa also nach einem erst schwachen, dann starken Lichtfraß in zwei Jahren im folgenden ohne Zweifel Kahlfraß eintreten und damit dem Bestande der Todesstoß ge= geben würde; oder aber, ob nicht schon für dasjenige Jahr, welchem aller Wahrscheinlichkeit nach nur ein starker Lichtfraß folgen wird, zweck= dienlich die Säuberung der Bäume von den Feinden vorzunehmen ist. Zur Beantwortung dieser Frage dient vor allem der Vergleich der Größe des Schadens, welcher durch den Zuwachsverlust in Folge der starken Entnadelung entsteht, mit den durch die Ausführung der Vertil= gungsarbeiten erwachsenden Kosten. (Der Zuwachs beträgt in einem etwa 80 jährigen Altbestande für Jahr und ha etwa 5 fm Derbholz im Werthe von ungefähr 40 Mark; die Vertilgungsmaßregeln durch Anlegen von Leimringen verursachen für die gleiche Fläche und Zeit etwa 35 Mark Kosten.) Freilich geht nur ein der Größe des Nadelverlustes ent= sprechender Theil des Zuwachses verloren, und ein unmittelbar vor Eintritt des Kahlfraßes geretteter Bestand erholt sich auch wieder. Allein bis zur normalen Ausbildung und Benadelung der letzten Triebe und bis zur Bildung normaler kräftiger Knospen vergehen mehrere Jahre, zumal wenn manche andere, durch die Vertilgungsmittel nicht getroffenen Raupen (die der bekannten übrigen Kiefernfalter) den Fraß, wenngleich schwach fortsetzen. In dieser ganzen Zeit bleibt das jähr= liche Zuwachsprozent hinter dem normalen zurück. Es sterben ferner erfahrungsmäßig in solchen unmittelbar vor Eintritt des Kahlfraßes „geretteten“ Bestände ohne erkennbare Ursachen bald nachher noch stets einzelne Stämme ab. Zurückgehen der Bodengüte und Verunkrautung der Oberfläche sind dann die weiteren Folgen der dadurch entstehenden zu großen Lichtung dieser Bestände. Es wird deshalb der Grundsatz kaum Bedenken erregen können, schon dann mit den Vertilgungsarbeiten vorzugehen, wenn, zumal bei geringeren Standortsverhältnissen, nach schwachem Lichtfraß sich beim Probesammeln eine sehr bedenkliche Vermehrung der Raupen ergeben hat, auch wenn dieselbe noch keinen Kahlfraß befürchten läßt. Daß für den Entschluß zur Ausführung der Gegenmittel in jedem einzelnen Falle die vorhin angedeuteten Boden- und Bestandsverhältnisse die entsprechende Berücksichtigung finden müssen, ist selbstredend. So wird z. B., wenn es sich um einen sofort oder im nächsten Jahre zum Abtriebe gelangenden Altbestand handelt, von Ausführung der kostspieligen Vertilgungsmittel ganz abgesehen werden müssen. Dagegen dürfen innerhalb ernstlich gefährdeter Bestände vereinzelt liegende kleinere Oasen mit verhältnißmäßig nur wenigen Raupen von den Vertilgungsmaßnahmen nicht ausgeschlossen werden, da sie leicht die Ausgangspunkte für eine Erneuerung des Fraßes in den von den Raupen befreiten Nachbarbeständen bilden können. — Von allen bis jetzt in Vorschlag gebrachten und ausgeführten Vertilgungsmitteln hat sich nur ein einziges, dieses aber als von völlig durchschlagendem Erfolge bewährt. Es ist das sehr zeitig im Frühlinge zu beendende Anlegen von Leimringen um die einzelnen Stämme, wodurch den aus dem Winterlager aufbaumenden Raupen nicht allein der Weg zum Wipfel verlegt, sondern sogar durch Verunreinigung, namentlich ihrer Mundwerkzeuge und anderer Kopftheile, welche zunächst mit dem Leimringe in Berührung kommen, die fernere Existenz unmöglich gemacht wird. Nach jahrelangen Versuchen ist es endlich einigen Firmen gelungen, solche Raupenleime, welche allen Anforderungen entsprechen, sowohl zu billigen Preisen, als auf Bestellung in verhältnißmäßig kurzer Zeit in großer Menge zu liefern. Bei der großen Unbestimmtheit des Beginnes und der Dauer der Steigezeit der Raupen im Frühlinge, sowie bei den in dieser Jahreszeit äußerst verschiedenen, oft wechselnden, ja in Extreme umschlagenden Witterungsverhältnissen (Wärme, Frost, trockne scharfe anhaltende Nordostwinde, Regen, Schneefälle u. dergl.), muß ein wenigstens 6 bis 8 Wochen vorhaltendes starkes Kleben des Leimes als die Haupteigenschaft desselben unbedingt gefordert werden. Bei Frost kann er unbedenklich seine fängische Eigenschaft vorübergehend verlieren, da ja auch die Raupen sich alsdann nicht weiter bewegen, allein bei wieder eintretender Temperaturerhöhung muß auch er wiederum weich und fängisch werden. Er darf ferner weder bei Regen und Schlackenwetter noch unter dem Einfluß der Sonnenstrahlen ablaufen, damit alsdann nicht seine an den abgelaufenen Stellen zu dünne und folglich leicht trocknende Schicht den später anlangenden Raupen den Weg zum Wipfel frei legt. Endlich darf seine Verdunstung an der Oberfläche sich nicht zu einer Erhärtung derselben steigern, es darf sich „die Oberfläche nicht mit einer Haut überziehen." Sollte an sonst durchaus zweckmäßigem Leime diese letztere Erscheinung an besonders ungünstig exponirten Bestandestheilen, z. B. an den frei liegenden Südrändern auftreten, so muß sofort durch Aufklopfen der Leimoberfläche vermittelst Bürsten der fängische Zustand des Klebestoffes wieder hergestellt werden. Von den Firmen, welche erprobter Maßen völlig zweckentsprechende Raupenleimsorten liefern, ist: Ludwig Polborn, Berlin S., Kohlenufer 1—3 bereits unter „Eiche" (No. 3, junge Pflanzen Seite 20) empfohlen. Die Composition derselben hält sich, gegen 3—4 mm dick (mit Bürste bez. einem Spatel) aufgestrichen fast drei Monate lang. Völlig zweckentsprechend zeigte sich bei dem letzten sehr ausgedehnten Spinnerfraß auch der „Mützell'sche Raupenleim" (Firma Schindler und Mützell, Stettin). Dieser Leim trat bereits vor 20 Jahren, als die Vertilgung der Spinnerraupen durch Kleberinge eine allgemeinere Beachtung zu finden anfing, mit dem als Klebestoff ebenfalls verwendeten schwedischen Holztheer in siegreiche Concurrenz. Die anfänglich sehr ungenügenden Theere sind seitdem, namentlich von der Firma Schlobach durch zweckentsprechendere Behandlung vortheilhaft verändert. Der „condensirte Theer", sowie der „präparirte Raupentheer" haben sich als diese verbesserten Theersorten vielfach bewährt; allein auch der Mützell'sche Raupenleim hat erhebliche Verbesserungen erfahren. Ferner lieferte die Firma Huth und Richter, Wörmlitz bei Halle a. S. einen Raupenleim, welcher bei einem bei Eberswalde angestellten vergleichenden Versuche dem Polborn'schen Raupenleim nicht sehr erheblich nachstand. Das Präparat der Firma J. H. Gamm in Bromberg wurde vor 7 Jahren gleichfalls als tauglich befunden. Ob sich außer den Raupenleimen der beiden erst genannten Firmen die übrigen bei einer Anwendung im Großen in den letzten Jahren ausreichend bewährt haben, kam nicht zu unserer Kenntniß. Doch fand die Leistung des in Schlesien verwendeten Schlobach'schen Theers mehrfache Empfehlung. Was den Polborn'schen und den Mützell'schen Raupenleim betrifft, so genügt für beide eine Ringbreite von 4 bis 5 cm bei dickem Aufstrich. Diese Dicke darf bei dem letzteren nicht viel unter 5 mm betragen, namentlich nicht auf den am

stärksten exponirten Stämmen, wenn er allen Anforderungen bei un=
günstigen Witterungsverhältnissen entsprechen soll. Der Polbornsche
kann dagegen ohne Gefahr um 1 mm dünner aufgetragen werden. Der
verschiedene Preis (7 M. 50 Pf. für 50 kg des Polbornschen Leimes
und 7 M. für das gleiche Quantum des Mützellschen) wird sich durch
diese verschiedene Verbrauchsmenge völlig ausgleichen. Größere ver=
gleichende Versuche scheinen in dieser Hinsicht nicht angestellt zu sein.
— Die durch Leimringe zu schützenden Bestände sind zur Ersparniß an
Arbeit und Klebestoff zunächst zu durchforsten. Die Entfernung von
jüngerem Kiefernunterwuchs innerhalb der Bestandesflächen hat sich nach
den neusten Erfahrungen als unnöthig erwiesen, da die vom Ersteigen
der Stämme durch die Leimringe abgehaltenen und von den Stämmen
herabgefallenen Raupen sich nicht, wie befürchtet wurde, zum Fraße
auf diese Jungwächse begaben, sondern durch die Besudelung des Körpers,
wenn auch nur des Vorderkörpers, namentlich des Kopfes mit dem Leim
auf den Tod getroffen am Fuße der Stämme liegen blieben. Auch
die an den verschmierten Körpertheilen fest klebenden zahlreichen Par=
tikelchen Erde, Rinden= und Flechtenstückchen u. dgl. tragen ohne Zweifel
wesentlich zu dieser günstigen Erscheinung bei. — Vor dem Leimen ist
das Röthen der Stämme in Brusthöhe, d. h. die ringförmige, etwa 15
bis 20 cm breite Entfernung der unebenen Borke bis auf den Boden
der Borkenrisse mit einem zweigriffigen Ziehmesser mit einseitig abge=
schrägter Schneide vorzunehmen. Diese abgeschrägte Seite muß dem
Stamme zugewendet werden, da der Zug des einseitig geschärften Messers
sich von dieser Seite abwendet, der Schnitt bei umgekehrter Haltung
der Klinge folglich leicht gegen den Willen des Arbeiters zu tief ein=
dringen und alsdann die jüngsten Bastschichten bis auf den Splint
verletzen könnte. Beim Röthen jüngerer Stämme, deren Borke nur
schwache Schichten bildet, ist diese Vorsicht doppelt zu empfehlen.
Sollen Stämme, an denen in Brusthöhe die Borkenbildung noch nicht
begonnen hat, geleimt werden, so ist von einem Schneiden gänzlich ab=
zusehen und statt dessen ein Abreiben und Glätten der Rinde mit dem
Rücken des Ziehmessers vorzunehmen. Jene Breite der Rötheringe
(15 bis 20 cm) kann sich bei geringerer Borkenstärke entsprechend ver=
ringern; auch braucht die Entfernung der Borkenrisse in der Mitte der
Rötheringe nicht mehr als auf etwa 10 cm Breite zu geschehen.
Schwache, durch das Röthen nicht völlig entfernte Spalten der tiefsten
Risse verhindern ein glattes Ueberdecken durch den Leim nicht, können

folglich unberücksichtigt bleiben. — Der aufzutragende Leim muß eine sehr dickflüssige Consistenz zeigen, weil er sich sonst nicht in der noth= wendigen Stärke auftragen läßt, sondern abläuft. Das Auftragen selbst geschieht mit einer 5 cm breiten Bürste oder Kelle. Der bei dem letzten sehr ausgedehnten Spinnerfraß zur Anwendung gelangte Mützell'sche, sowie der Polborn'sche Raupenleim hatte die Consistenz der bekannten Schmier= (schwarzen, grünen) Seife. Als sehr zweckmäßig zum Auftragen desselben und zum glatten gleichmäßigen Vertheilen des Aufstrichs haben sich zwei einfache Instrumente bewährt. Zwei Arbeiter führen diese Arbeit aus. Der eine nimmt mit einer „Kelle", einem in Form von Figur 55, oben, gearbeiteten Holzspan, den Leim aus dem mitgeführten Gefäße und trägt ihn in einem dicken, horizontalen Strich in der Mitte des Rötheringes auf. Da die größte Breite dieser Kelle

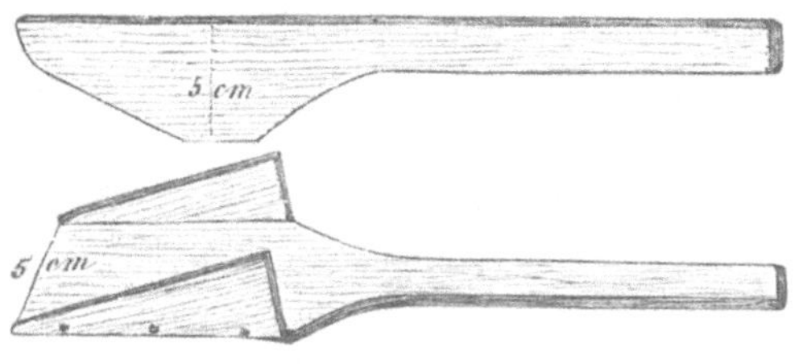

Fig. 55.

5 cm beträgt, so kann der Auftrag an keiner Stelle diese Breite über= schreiten. Der zweite Arbeiter faßt zwischen den Seitenbrettchen des anderen Instrumentes (Figur 55, unten), welches vom Herrn Ober= förster Brenning „Plättholz" genannt, wohl passender mit dem Namen „Glättholz" belegt wird, den sehr ungleich dicken und breiten ersten Auftrag an einer schmaleren Stelle, und führt das 5 cm breite Glätt= holz horizontal zurückziehend über denselben hinweg. Der Leim wird dadurch sehr gleichmäßig 5 cm breit vertheilt. Die Spitzen der abge= schrägten Seitenbrettchen des Glättholzes überragen 5 mm den Boden desselben, wodurch die ebenfalls sehr gleichmäßige Dicke des Aufstrichs von 5 mm erzielt wird. Bei Verwendung der genannten besten Leim= sorten scheint nach den neusten Erfahrungen eine Ringbreite von nur 4 cm auszureichen, für dessen Herstellung die Breite der Instrumente um 1 cm zu verringern wäre; dagegen möchte es bei dem Mützell'schen Raupenleim gewagt sein, an sehr exponirten Bestandesstellen oder bei einer sehr großen Raupenmenge, bei welcher die zuerst vom Leim fest=

gehaltenen den später aufkriechenden als Brücke dienen könnten, die
Dicke der aufgestrichenen Leimschicht zu vermindern. Diese ganze Arbeit
ist vor dem Verschwinden des Bodenfrostes zu beenden, in sehr milden,
mehr oder weniger frostfreien Wintern aber so früh damit zu beginnen,
daß bereits gegen Ende Februar steigende Raupen den Weg zur Baum=
krone verlegt finden. — Von den übrigen früher empfohlenen Gegen=
mitteln verdient noch das Ziehen von Gräben (s. Seite 12) eine
Erwähnung. Ein Auswandern der Raupen in Masse tritt nur beim
Mangel an Nahrung, folglich z. B. nach Kahlfraß ein, falls alsdann
die Raupen noch der Nahrung bedürftig, also noch nicht verpuppungsreif,
und zur Nahrungsaufnahme fähig (nicht verschmiert) sind. Ein solcher
Fall möchte sich jetzt nur noch sehr ausnahmsweise ereignen. Raupen,
welche mit dem sich an dem unteren Rande der Ringe allmählich stärker
ansammelnden Leime in unmittelbare Berührung kommen, zeigen sich,
wie vorhin bemerkt, nicht weiter entwickelungsfähig. Sie vermögen
ihren Fraß nicht einmal mehr an dem benachbarten Unterwuchs fort=
zusetzen; sie werden sich nie zum Auswandern anschicken. Allein, sollte
ein stark mit Raupen besetzter ungeleimter Bestand im Winter zum Abtriebe
gelangen, so werden die im Frühlinge auf der Fläche aus der Winter=
ruhe erwachenden Individuen eifrigst nach Nahrung umhersuchen und
dieselbe nach Abfuhr oder nach dem Vertrocknen des benadelten am
Boden liegenden Reisigs in der weiteren Umgebung aufzufinden suchen.
In diesem Falle also leisten um die Fläche gezogene Isolirgräben wesent=
liche Dienste. Nach möglichst frühzeitiger Fertigstellung derselben sind
sämmtliches benadeltes Reisholz, sowie aller Kiefernaufschlag und Unter=
wuchs von der Fläche zu entfernen und die in die Gräben gelangten,
bez. in den Falllöchern derselben angesammelten Raupen durch Zer=
stampfen oder Uebererden täglich zu vernichten. Ferner werden die
Raupen auszuwandern versuchen und somit die Gräben nicht entbehrt
werden können, wenn in irgend einem nicht geleimten Bestande oder
Bestandestheile die starke Kronenlichtung bereits vor der Vollwüchsigkeit
der Raupen in Kahlfraß überzugehen beginnt.

Der zweite, weitaus zumeist im Altholze auftretende Feind ist
Hylesinus minor. Sein Anflug im Frühlinge findet nicht so früh als
der von Hyles. piniperda, sondern in der Regel zumeist erst im Mai
statt, und beschränkt sich an den Stämmen ausschließlich auf die Region
der gelben Spiegelrinde; Aeste werden wenig befallen. Die bedeutende
Länge seiner doppelarmigen, wagerechten Brutgänge bedingt für seinen

Angriff stärkeres Material. In Stangenholzbeständen, namentlich an jüngeren Stangen, wird ihm hinreichend starkes spiegelrindiges Material nicht oder nur ausnahmsweise geboten. Jene weitgreifenden doppelarmigen Horizontalgänge schneiden, selbst dann nicht selten den Lebensfaden der Spitze ab, wenn sie nur in geringer Anzahl an einer Stelle vorhanden sind. Die Wirkung dieses verhängnißvollen Angriffes tritt leider kaum schon im folgenden Jahre, zumeist später äußerlich an den hohen Wipfeln in die Erscheinung. Zeigt die Kronenspitze bereits eine allgemeine Lichtung oder Vergilbung der Nadeln oder gar Zopftrockniß, so sind die ursprünglichen Angreifer, die Käfer wie ihre Brut, längst verschwunden, und wir finden an den alsdann eingeschlagenen Stämmen ihre Gänge völlig verlassen. Die Frage, ob diese Art gesunde oder bereits kranke Stämme befällt, muß dahin beantwortet werden, daß er ohne Zweifel für seinen Angriff einen irgend erheblichen Kränklichkeitszustand, eine „Saftstockung" nicht zur Voraussetzung hat. Mag immerhin eine geringe Schwächung der Frohwüchsigkeit der Bäume seinem Angriffe Vorschub leisten, ohne denselben würden diese ungestört weiter wachsen und anscheinend gesund das normale Haubarkeitsalter erreichen.

Klarer als in den Altholzbeständen treten diese Verhältnisse an den **Ueberständern** auf. Für den Ueberhaltsbetrieb werden bekanntlich nur auf den besseren Standorten möglichst fehlerfreie, gutwüchsige, nicht zu alte Stämme mit reichlicher vollbenadelter Kronenbildung ausgewählt, Stämme also, welche der Erwartung, daß sie zu hochwerthigem Starkholze heranwachsen, völlig entsprechen. Jedoch sind dieselben gegen früher einigen ungünstigen Einflüssen unterworfen. Sie werden z. B. durch die plötzliche Freistellung von heftigen Winden stärker als in dem Schutze des früheren Bestandes bewegt; dieses Schwanken wird nicht ohne nachtheiligen Einfluß auf die flachstreichenden Wurzeln bleiben. Sie leiden ferner gerade in der Region der dünnen Spiegelrinde durch die ungehemmte Insolation. Freilich tritt kein „Rindenbrand" wie bei der Buche ein, allein eine zuweilen erhebliche Saftverminderung an der Sonnenseite daselbst läßt sich unschwer erkennen. Stellenweise ist sogar wohl Rinde und Splint fest und trocken verharzt. Die Räumung und die nachfolgende Cultur der Schlagflächen können ebenfalls ohne jede Verletzung der flach streichenden Wurzeln kaum vor sich gehen. Allein alle diese geringen Beschädigungen hemmen das Wachsthum dieser gesunden kräftigen Bäume so wenig, daß sich ein Kränkeln derselben nicht erkennen läßt; jedenfalls überwinden sie rasch

den unbedeutenden Einfluß dieser nachtheiligen Momente. Jedoch er=
scheint dieser Einfluß für den Angriff von Hyles. minor schon aus=
reichend. Es gibt Bestandesflächen, auf denen manche, ja viele Ueber=
ständer zopftrocken werden. Scharf abgesetzt wird die Benadelung der
Spitze zunehmend lichter, die Nadeln bräunen sich und fallen bald ab.
In einem bald folgenden Jahre senkt sich dieses Absterben, und zwar
wiederum ebenfalls sehr scharf gegen die unteren dichtbenadelten Wipfel=
partieen abgesetzt. Die Spitze ist mehr oder weniger weit abwärts
trocken, die Benadelung der niedrigeren Zweige dagegen völlig normal.
Nach dem Fällen solcher Stämme läßt sich Ursache und Wirkung sehr
klar erkennen. Wenn nicht der Kienzopfpilz (Peridermium pini, Kie=
fernblasenrost) die Spitze des Stammes befallen hat, sind es fast ledig=
lich die scharfen Horizontalgänge des H. minor, unter deren untersten
Stamm und Zweige sich völlig gesund bez. kräftig benadelt erweisen,
während aufwärts die Zopftrockniß dem Alter dieser Gänge genau ent=
spricht. Die oberhalb der längst verlassenen bereits geschwärzten Gänge
entspringenden Zweige entbehren jeder Benadelung, die in der Höhe
der tieferen, weniger alten Gänge stehenden tragen vergilbte Nadeln.
Umfassen die am tiefsten stehenden Gänge nur einen Theil der Stamm=
peripherie, so erleiden die Aeste und Zweige, welche unmittelbar senk=
recht über dem freien Theile stehen, keinen Nachtheil, während die
übrigen bald verdorren. Der Einfluß des H. minor liegt hier offen
vor Augen. — Ersetzt wird dieser für das Altholz schlimmste aller
Kiefernkäfer in seinem verhängnißvollen Angriffe nicht durch den in der
gleichen Region und gleichfalls unter der Spiegelrinde sich entwickelnden
Pissodes piniphilus, aber wohl unterstützt, oder gar angelockt. Nicht
ersetzt, weil die Larvengänge der letzteren Art durchaus nicht so scharf
den Umfang der Stämme umspannen und spitzenwärts so scharf den
Hauptlebensfaden abschneiden. Nur nach jahrelangen Angriffen durch
piniphilus allein beginnt der Wipfel eines Altholzstammes ersichtlich
zu kränkeln. Wir finden jedoch nicht selten die Gänge beider Arten
zusammen, und wenn in einem solchen Falle die des Rüsselkäfers als
die älteren erscheinen, so ist die Vermuthung nicht unbegründet, daß
minor durch die Folgen des verhältnißmäßig schwachen Angriffes des=
selben zum Anfluge angelockt sei. — Eine geringe Abschwächung der
Gesundheit erleidet das Altholz ohne Zweifel auch durch den Verlust
zu zahlreicher frohwüchsiger Zweige und Reiser. Diesen Verlust bewirkt
der Fraß von Cerambyx (Lamia) fascicularis, Bostrichus bidens und

Hylesinus minimus. Auch für die Kenntniß der Bedeutung dieser winzigen Feinde bieten die Ueberständer das instructivste Material. Während Hylesinus minor und Pissodes piniphilus den Stamm eines Baumes hoch oben im Wipfel befallen und so oberhalb des Angriffes die Spitze desselben zu gleichmäßigem Kränkeln und Absterben bringen, tödten diese drei vereinzelte Zweige. Bald ist es einer der untersten, bald einer in der Mitte der Krone, welcher bei voller Benadelung aller übrigen plötzlich sich bräunt und bald die Nadeln abwirft. Die Ueberständer, deren Wipfel sich so klar gegen die Luft abheben, lassen sogar aus erheblicher Ferne deutlich alle diese verschiedenen Angriffe erkennen. Werden sie sofort gefällt, so zeigt die genauere Untersuchung, wie richtig aus der äußeren Erscheinung auf die betreffende Ursache geschlossen war. Die schädlichste dieser drei Arten ist nach den Erfahrungen in der Um-gegend von Eberswalde der kleine Bockkäfer, Lamia fascicularis (Fig. 56 nat. Größe). Seine sehr charakteristischen, breiten, flachen, scharf-randigen Larvengänge verlaufen im Splint und senken sich am Schlusse als hakenförmige Puppen-wiege ins Holz. Sie befinden sich nicht allein an den schwachen, kaum fingerstarken, sondern auch an erheblich stärkeren Zweigen. An den am Boden der Altbestände liegenden, z. Th. längst abgestorbenen Reisern finden sich seine Gänge am zahlreichsten. Wirft ein Herbststurm eine Menge mit seinen frischen, noch von der

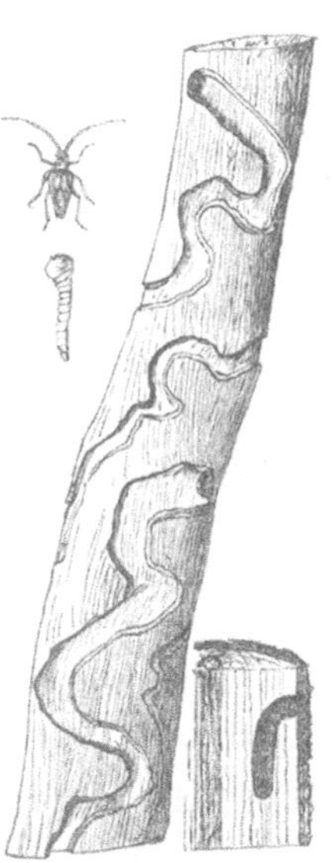

Fig. 56. Rechts unten ein aufgespaltenes Zweig-stück mit der Puppenhöhle (natürl. Größe).

Larve besetzten Gängen versehener Zweige herab, so beweisen die jüngsten Triebe, Knospen und Nadeln derselben durch ihre normale Ausbildung deren völlige Gesundheit zur Zeit der Entstehung des Larvenfraßes. An dem primären Character seines Fraßes ist des-halb nicht zu zweifeln. Zu demselben Resultate führt die Untersuchung und Besichtigung des schwachen, die Sterngänge der beiden anderen Arten, Bostr. bidens und Hyl. minimus, zeigenden Reisigs. Die letzt-genannte Art muß jedoch wegen ihrer geringeren Menge sowie ungleich-mäßigen Vertheilung als die am wenigsten schädliche bezeichnet werden. Das Gesammturtheil über die Bedeutung dieser im Altholze hausenden fünf Schädlinge ist demnach dieses: Hyl. minor und Pissod. piniphilus greifen primär, bez. fast primär in der Region der Spiegelrinde den Stamm zuerst nahe der Spitze an und steigen allmählich abwärts; L. fascicularis, B. bidens und Hyl. minimus tödten primär die Zweige. Nachdem auf diese Weise dem Baume der Todesstoß gegeben ist, findet sich sofort an den borkigen Theilen des Stammes zahlreich Hyles. piniperda, und erst bei völligem Absterben desselben die indifferenten Lamia aedilis und Rhagium indagator, sowie die nur technisch schädliche Sirex juvencus ein.

Es muß nach allem Vorstehenden von der größten Wichtigkeit erscheinen, die Anzahl des Hyles. minor wesentlich zu beschränken. Die Spechte tragen für eine solche Verminderung absolut nichts bei; auch die übrigen vier primären Schädlinge erleiden durch sie nicht die mindeste Einbuße. Nur die sekundären Arten, zumeist die völlig gleichgültigen Larven des genannten langhörnigen Bockkäfers (L. aedilis), fallen denselben zur Beute. — Rechtzeitiges Fällen der Stämme, in deren Wipfeln am Stamm und an den Zweigen jene 5 Arten leben, um zahlreiche Individuen der letzteren durch Entrinden oder Verbrennen der besetzten Theile zu vernichten, muß als völlig unausführbar bezeichnet werden, da, wie bereits bemerkt, der Fraß in seinen Folgen äußerlich erst nach dem Verschwinden der Feinde in die Erscheinung tritt. — Ein Anflug von H. minor im Frühling an die im Winter eingeschlagenen Hölzer, so daß man diese, wie gegen piniperda, als Fangmaterial verwenden könnte, findet nicht oder nur ausnahmsweise und in wirthschaftlich kaum beachtenswerthem Grade statt. Es scheint, daß zu seiner Schwärmzeit (Mai) die Baumtheile mit der sehr dünnen Spiegelrinde bereits für ihn zu sehr an Frische verloren haben. Versuche, auf den Kahlschlagflächen, an einzelnen Brennholzkiefern durch deren erst im Frühlinge, etwa April vorgenommene Fällung ihm hinreichend frisches Brutmaterial zu bieten, hatten jedoch auch nur geringen Erfolg. Seine normale Brutregion bildet die Krone des Altholzes; hier fehlt es ihm als primärem, bez. fast primärem Schädling an diesem Material nicht. Am Boden liegende eingeschlagene Hölzer haben für ihn zu wenig Anziehungskraft. Unerklärlich bleibt es anderseits, daß sich bei den aus dem Wintereinschlag stammenden aufgemeterten Kloben als seltene Ausnahme wohl mal ein spiegelrindiges mit seinen frischen bis gegen 10 und 15 Gängen besetztes Stück vorfindet, für dessen besondere Qualification als Brutmaterial den übrigen Stücken gegenüber kein erkennbares Merkmal aufzufinden ist. — P. piniphilus findet sich an eingeschlagenen Hölzern als Brutkäfer noch weniger ein. — Auch die drei genannten, die Zweige tödtenden Arten lassen sich in den Altholzbeständen schwerlich vermindern, obschon Bost. bidens, auch Hyl. minimus, vereinzelt die Zweige frisch gefällter Stämme zum Unterbringen der Brut anfliegt. Es scheint, daß sich das Lichtstellen der alten Kiefernbestände durch künstliche Gegenmittel nicht erheblich einschränken lasse.

Es verdienen hier noch die Spechte und unter diesen besonders der große Buntspecht, besonders wegen einer, Fig. 57 dargestellten Er=scheinung im Kiefernaltholze eine kurze Besprechung. Bisher wurden sie nur beiläufig, zumeist als Zer=störer von Baumsämereien, erwähnt, allein sie treten dem Forstmann nicht selten auch auf andere Weise feindlich entgegen. Der unleugbare Nutzen, den sie durch Verzehren einiger Insecten demselben erzeigen, ist von nur Halbunterrichteten, namentlich den Ornithologen, zur wahren Zerrgestalt über=trieben. Tausend Schriften spenden ihnen über=schwengliches Lob; daß dort, wo ein Specht gehackt, sich ein höchst verderbliches Forstinsect befunden habe, steht, wenngleich gänzlich unbewiesen, als Axiom fest. Bei genauer Erwägung und richtiger Würdigung der in jedem einzelnen Falle vorliegen=den Thatsachen schrumpft jedoch ihr Nutzen gar sehr zusammen. Ihre meiste Arbeit muß als forstlich gänzlich indifferent, manche (außer dem Zerstören von Zapfen u. dergl.) als recht schädlich bezeichnet werden. Die Arten der von ihnen aus faulem, anbrüchigem Holze, aus Stöcken, ab=sterbenden oder abgestorbenen Stämmen gemei=ßelten Larven und Puppen gehören eben zu jenen wirthschaftlich bedeutungslosen. Ein Insect, welches sich in dem genannten Material entwickelt, wird einem ge=sunden Baume nicht verderblich. Nie greifen sie die primären winzigen

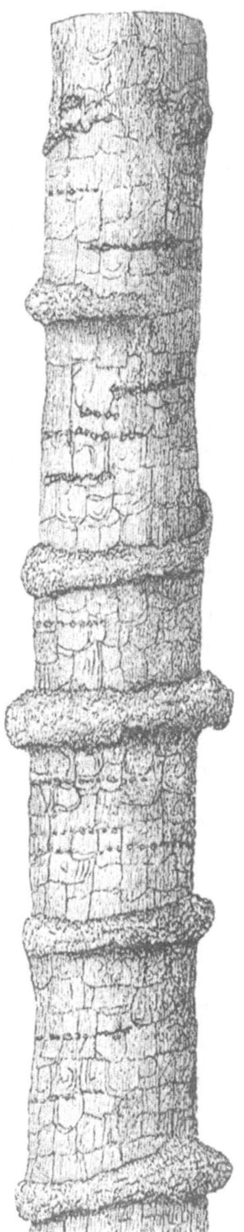

Fig. 57.

Feinde, welche das Kränkeln und Absterben der Bäume einleiten, an.
Erst, wenn die meist größeren, sekundär wirkenden Nachzügler eingetroffen
sind, in einzelnen Fällen auch bei bereits entstandener Massenvermehrung
jener, behacken die Spechte die Rinde der bewohnten Stämme, ohne
jedoch irgend gründlich aufzuräumen. Sie erscheinen, wenn der Baum
bereits verloren ist und die früheren Generationen der Schädlinge,
wenn ihnen überhaupt einige Exemplare der wirklichen Schädlinge zur
Beute fallen, das Uebel längst verbreitet haben. Ausnahmen gehören
zu den Seltenheiten. Als solche möge hier das starke Behacken von
anfangs April schwach angesengten und darauf von Pissodes notatus
dicht besetzten Kiefern einer 15jährigen Schonung (Seite 176) durch
einen Buntspecht Ende Juli aufgeführt werden. Der Vogel vertilgte
hier eine erhebliche Anzahl wirklicher Feinde und veranlaßte außerdem
den durch diese Entrindungen aufmerksam gemachten Schutzbeamten zur
schleunigen Räumung der gefährlichen Pflanzen. Auch muß der Schwarz=
specht als Hauptverminderer der Larven des Birkensplintkäfers bezeichnet
werden, obschon derselbe die Verbreitung dieses Bostrichiden dadurch
nur wenig einschränkt. — Die Spechte werden ohne Zweifel nicht
durch ihren Geruchssinn, sondern durch Gesicht und Gehör bez. Gefühl
auf ihre Beute hingelenkt. Einzelne Stämme, welche in einem gleich=
förmigen Hochwalde durch ihr Aeußeres, etwa durch abweichende Rinde
(Birken und Eichen in einem Kiefernstangenorte, zerstreuter Buchenunter=
wuchs im Kiefernaltholze u. dergl.) sich von den übrigen auffällig ab=
heben, oder die Laubbäume (Pappeln, Linden u. a.) einer durch einen
Kiefernbestand führenden Chausee, sowie ferner in der Umgebung fremde,
neu (in nicht zu großer Menge) angepflanzte Holzarten (Eichen=,
Kastanienheister u. a.) erregen die Aufmerksamkeit des Spechtes und
reizen ihn zur Untersuchung. Hebt sich doch auch jeder absterbende
oder gar todte Stamm im Walde, zumal in einem gleichförmigen ein=
tönigen Hochwalde durch sein Aeußeres von den übrigen Stämmen ab,
und findet doch der Specht gerade an einem solchen seine Nahrung.
Hat das Auge ihn hingelenkt auf einen solchen Stamm und namentlich
nach äußeren Wundstellen desselben, dann beginnt der Schnabel die
Untersuchung. Der Vogel erkennt bei dem Schnabelhämmern die
inneren Hohlräume, namentlich genau den Verlauf größerer, nicht tief
im Holze verlaufender Gänge und schlägt alsdann sofort ein. Ist von
solchen Hohlräumen jedoch nichts zu entdecken, wie bei jenen gänzlich
insectenfreien Eich= und Kastanienheistern, Birken= und Eichenstangen,

Chaussee-Pappeln und Linden, so versetzt er dem einzelnen Stamme nur wenige Hiebe und fliegt zum folgenden ab. Allein bei jedem ferneren Besuche erneuert er (oft dasselbe Individuum, durch dessen Abschuß die Verletzungen aufhörten) diese Untersuchung und zwar um so energischer, wenn bereits Schnabelhiebe vorhanden sind. Die Rinde solcher Heister wurde in kurzer Zeit so arg zersetzt, daß zur Rettung der Pflanzen der Abschuß geboten war. Stämme vom Stangenholzalter an leiden durch diese Rindenverletzungen in der Regel nicht mehr. Die mittelstarken versieht der Vogel allmählich mit zahlreichen, ohne Ordnung die Rinde bedeckenden Hieben. Dagegen beschränkt er sich bei den starken auf ringförmiges Percutiren. Er legt hier nur aus dichten Einzelhieben bestehende horizontale Ringe in gewissen gegenseitigen Abständen an („Wanzenbäume"). Gelangt er bei dieser Arbeit in die Stammregion der dünnen Spiegelrinde, so bringt seine Schnabelspitze bis auf den Splint. Der Stamm wird hier „geringelt"; Austreten von Harz und Ueberwallung dieser Ringverwundungen ist alsdann die Folge. Allein der Specht läßt die Ringwundstellen des Stammes nicht zur Ruhe kommen. Noch Jahre lang empfangen diese verlockenden rauhen Ringe neue Wunden, und schließlich entstehen jene mächtigen Ueberwallungswülste, wie sie an dem Stammabschnitt Figur 57 darge-stellt sind. Hirn- und Tangentialschnitte durch solche Ringwülste lassen genau die einzelnen vorstehend angedeuteten Momente erkennen. — Die Spechtfrage kann hier nicht eingehender behandelt werden. Es sei deshalb nur noch kurz erwähnt, daß auch die Spechthöhlen den Stämmen zum Verderben gereichen. — Andere Höhlenbrüter, welche diese Räume benutzen, gelten allgemein als nützliche Vogelarten, welche durch ihr Insectenvertilgen reichlich den Schaden aufwögen, welchen die Stämme durch diese Höhlen erlitten. Jedoch wird es schwer halten, den forst-lichen Nutzen z. B. von Hohltaube, Blaurake, Wiedehopf, Trauerfliegen-fänger nachzuweisen; für die Meisen befinden sich die Höhlen in meist zu großer Höhe. Allerdings gehört der dort brütende Staar zu den nütz-lichen Insectenfressern. Der durch diese Höhlenbrüter dem Walde ge-leistete Dienst verliert bei Licht betrachtet gar viel von dem ihm ge-spendeten Lobe. Daß z. B. der genannte Fliegenfänger durch seinen Fliegen- (Tachinen-) Fang ein wahrer Feind des Waldes wird, stimmt schlecht zu jenem Lobe.

Schließlich seien hier bei „Kiefernaltholz" noch die „Malbäume" des Schwarzwildes erwähnt (s. Einleitung, Seite 5), Stämme,

freilich in der Regel stärkere Stangen sehr verschiedener Holzarten,
an denen dieses Wild zumeist nach Verlassen der Suhle durch Reiben
seines Körpers ein Merkzeichen, ein Mal, anbringt. Rauhrindige
Stämme zieht es den glattrindigen vor und pflegt in der Nähe der

Fig. 58.

Suhlen dieselben Stämme anzunehmen, welche alsdann allmählich die
Rinde bis auf den Splint mehr oder weniger vollständig in ihrem
Umfange an dieser Reibestelle verlieren. Gern auch läßt es Spuren
seiner Arbeit mit den Gewehren auf dem Splint zurück (Fig. 58 links
oben). Diese „Male" charakterisiren sich den Beschädigungen der

Stämme durch Fegen des Roth= und Elchhirsches gegenüber durch die geringere Stammhöhe, Ausdehnung und scharfe Begrenzung der Rinden= Beschädigung bez. Entfernung; außerdem lassen jene Gewehrspuren, sowie die an der Spitze gegabelten Borsten über die Thäterschaft keinen Zweifel aufkommen, wenn auch der Schlamm der Suhle daselbst nicht zu entdecken ist. Letzterer verliert sich mit der Zeit wohl durch den Regen; jedoch fühlt das Schwarzwild auch nicht selten das Bedürfniß, an einem Stamme sich zu reiben, wenn es auch nicht mit solchem Schlamme behaftet ist.

So lange noch ausreichend rauhe Borke auf der Malfläche eines Stammes vorhanden ist, empfiehlt es sich, denselben noch nicht einzu= schlagen, damit das Wild für seine Arbeit andere, noch unverletzte Stämme verschont.

Betreffs der übrigen Kiefernarten, welche für unseren Zweck in Betracht kommen, wird eine Beschränkung auf wenige Einzelheiten,

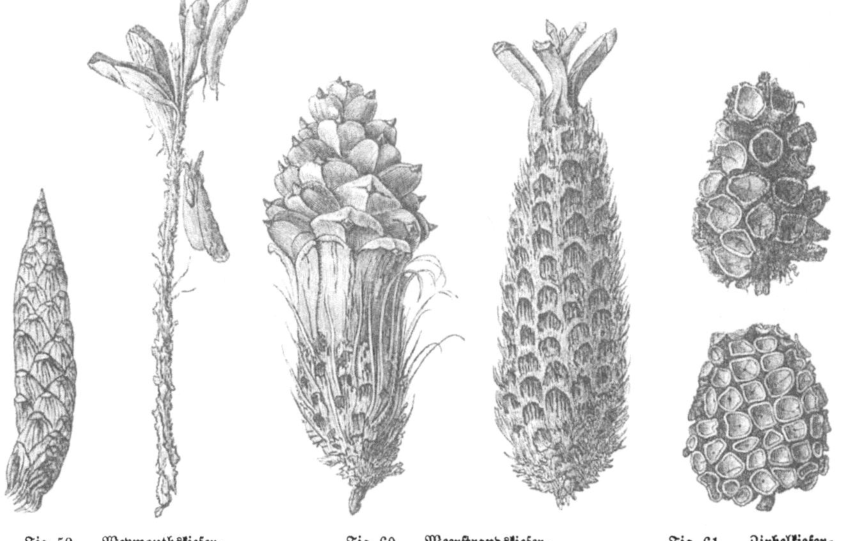

Fig. 59. Weymouthskiefer=   Fig. 60. Meerstrandskiefer=   Fig. 61. Zirbelkiefer=
Eichhornzapfen.

denen eine waldbauliche Bedeutung nicht abgesprochen werden kann, genügen. Manche derjenigen Insecten, z. B. Borken= und Rüsselkäfer, welche bei der gemeinen Waldkiefer Calamitäten bewirken können, finden sich vereinzelt auch auf der einen oder anderen der übrigen Arten. Auch von den Raupen fällt beim Anprällen z. B. von jüngeren Weymouthskiefern wohl die des Kiefernspinners, der Forleule u. a. herab, in Schwarzkiefern ist der Kiefernschwärmer nicht selten u. s. w. Allein in nachtheiliger Menge vermehren solche sich nur in einzelnen Fällen, und dann sind gegen sie die gleichen Gegenmittel, wie bei ihrem massenhaften Auftreten an der gemeinen Kiefer anzuwenden.

Jedoch hat sich Lyda pratensis auf „P. strobus excelsa" schon in „verwüstender Menge" gezeigt (s. „Kiefer" Seite 199). Als ruinöser Zapfenfeind für alle Arten (P. strobus, maritima, cembra, laricio) möge hier vorweg das Eichhörnchen denuncirt werden. Unter allen Zapfenbäumen, sogar unter Cupressus sempervirens im Süden, finden sich, sehr oft in großer Menge die zerschroteten Zapfenreste am Boden.

Auch der Engerling verschont mit seinen tödtlichen Angriffen die Wurzeln keiner Spezies. Sehr empfindlich war die Vernichtung frohwüchsiger junger Pflanzen fremder, in neuster Zeit eingeführter Kiefernarten, z. B. Pinus rigida.

2. Weymouthskiefer.

Nur auf vier Feinde dieser amerikanischen, bei uns völlig acclimatisirten Kiefernart sei hier aufmerksam gemacht.

Der Aufwuchs wurde mehrfach von Bostrichus bidens stark befallen, welcher alsdann nicht mehr oder weniger gleichmäßig über die Culturfläche verbreitet, sondern platzweise die jungen Pflanzen vernichtete. Ein Entrinden der stark kränkelnden oder absterbenden Pflanzen legt seine charakteristischen Sterngänge frei. Auch lassen die feinen Einbohr- oder später die zahlreichen Fluglöcher äußerlich den Feind leicht erkennen.

Es wird kaum möglich sein, ihn auf diesen Flächen durch Fangmaterial von den Culturpflanzen abzulenken. Deshalb ist auf möglichst frühzeitiges Ausreißen und Verbrennen der zu kränkeln beginnenden Pflanzen ein besonderes Gewicht zu legen.

An Stangenhölzern treten an den Stämmen gar oft die auffälligen weißen schimmelähnlichen Flocken einer Wolllaus (Chermes strobi) auf und ziehen sich allmählich höher hinauf (s. „Buche, No. 4. Altholz", Seite 63). Nach Jahren erst beginnen die stärker besetzten Stangen zu kränkeln, verlieren die Nadeln und sterben ab. — Sind jüngere Weymouthskiefern in der Nähe, so werden dieselben leicht von oben herab von den Feinden befallen. Letztere finden sich an diesen jungen Pflanzen alsdann nicht auf der Rinde der Stämme, sondern an den jüngsten Trieben. Die Weibchen heften die Eier, etwa 10 bis 50, dicht in Wolle gehüllt unter den Terminalknospen an den Trieb. Beim Schieben derselben im nächsten Frühlinge fallen die Eier aus und die jungen, noch nackten (wollfreien), mit freiem Auge als schwarze Pünktchen leicht zu entdeckenden Larven begeben sich sofort an die zarten Neubildungen, um sich hinter den in der Entstehung begriffenen Nadelscheiden vereinzelt festzusaugen. Die Nadeln entwickeln sich trotzdem, werden aber bald braun und fallen bereits im Spätsommer ab.

Zur Säuberung der Stämme sei auf die Angaben Seite 64 verwiesen. — Die Triebe aber werden von den Läusen wie von ihren Eiern durch starkes Benetzen mit der daselbst empfohlenen Flüssigkeit leicht und sicher befreit, indem man die vorigjährigen, weiße Wollflocken zeigenden Triebe z. B. mit zwei in diese Flüssigkeit getauchten Bürsten umfaßt und mit letzteren aufwärts zieht. In einem der Eberswalder Forstgärten wurde auf diese Weise eine Schonung, welche fast für verloren gehalten werden konnte, völlig gerettet.

Als dritter Feind dieser Kiefernart sei Pissodes pini (bei Ratzeburg Curculio abietis) besonders hervorgehoben. Er befällt die Stämme älterer Stangen, in einer Höhe von etwa 3 bis 5 m in anfänglich schmaler Zone. Das daselbst reichlich austretende Harz gibt den Stämmen das Ansehen, als seien sie ringförmig mit Kalkmilch besprizt. Von allen Pissoden legt pini die meisten Eier in die einzelnen von dem Brutkäfer genagten feinen Rindenlöcher (s. Seite 172), so daß der Strahlenfraß seiner Larven aus oft gegen 30 und mehr Gängen besteht (Figur 49 Seite 173). Bei einer solchen lokal starken Vermehrung kann es kaum auffallen, daß sich durch den gleichen Angriff der neuen Generation jene weiße Zone schon im nächsten Jahre erheblich und zwar nach abwärts verbreitet.

Das einzige Mittel, welches sich zur Sistirung des verhängnißvollen Angriffes empfehlen läßt, ist ein derbes Bestreichen der Fraßstellen, sowie ober= wie unterhalb derselben etwa 0,3 m über diese hinaus mit gutem Raupenleim (s. Seite 219) sofort nach Entdeckung des verdächtigen Harzausflusses und Erneuerung des Anstriches beim beginnenden Eintrocknen des Klebestoffes. Die neu entstandenen, sich an die Außenwelt nagenden Käfer verkleben beim Versuche auf die Rinde zu kriechen. Sie sind jedenfalls unfähig, sich wieder fortzupflanzen.

Neuen Ankömmlingen aber ist die Brutzone der Stämme unzugänglich gemacht.

Schließlich sei noch das die Weymouthskiefer verbeißende, fegende und schälende Rothwild erwähnt, weil es der dünnen Rinde dieser Holzart wegen das Schälen der Stämme bis in das höhere Stangenholzalter fortzusetzen pflegt.

3. Schwarzkiefer.

Zahlreiche der gemeinen Kiefer schädliche Thiere (Eichhorn, Borken- und Rüsselkäfer, Raupen u. a.) finden sich auch an der Schwarzkiefer, werden aber an derselben nur sehr vereinzelt wirthschaftlich nachtheilig. — Dahin gehört z. B. die Zerstörung der Terminalknospen jüngerer Pflanzen durch Tortrix buoliana (s. „Kiefer" S. 170).

Um so auffallender muß der Fraß einer Schnecke (Buliminus detritus) im ersten Frühling an den Nadeln der vorigjährigen Triebe junger Pflanzen erscheinen, womit die benachbarten Pinus silvestris völlig verschont blieben (v. Fischbach, Sigmaringen). Die am stärksten, je von 4 bis 6 Schnecken befallenen Pflanzen kümmerten mehrere Jahre, wenn sie auch nicht gerade abstarben. Da die weißlichen 2 bis 2,5 cm langen kegelförmigen Gehäuse sich von den dunklen Nadeln stark abheben, so wird ein ausreichendes Absammeln derselben als leicht auszuführendes Gegenmittel bezeichnet werden können.

4. Meerstrandskiefer.

Auch diese Art hat viele „Kieferninsecten" aufzuweisen, von denen jedoch in unseren Gegenden nur zwei, Cneorhinus geminatus, wiederholt in Dünenbeständen, (s. „Kiefer" S. 167) und an etwa 5jährigen Pflanzen Bostrichus bidens bis zur wirthschaftlichen Calamität zerstörend auftraten. Der letztere bevorzugte die Seekiefer, in deren unmittelbarer Nähe sich auch zahlreiche gleichalterige gemeine Kiefern befanden, in auffälligem Grade. — Eine sofortige Untersuchung der zu kränkeln beginnenden Pflanzen, event. Ausreißen und Verbrennen derselben ist da unerläßlich.

5. Zirbelkiefer.

Man findet in den Arvenbeständen sowie unter den einzelnen Zapfenbäumen in den Hochgebirgen außer den Eichhornzapfen (Seite 231) auch die vom Nußheher (Tannenheher) zerhackten stellenweise zahlreich

am Boden. Das ungewöhnliche, zeitweise zahlreiche Erscheinen dieses
Vogels in unseren Gegenden beruht auf seiner durch Fehlen der Zirbel=
zapfen in seiner Heimath, namentlich in Sibirien, veranlaßten Aus=
wanderung.

Fig. 62. Nußheher=Arvenzapfen.

Das Eichhörnchen ist auf die Zirbelnüsse äußerst erpicht. In
der Heimath der Arve zieht es sich nach besonders reichlich samen=
tragenden Beständen zahlreich zusammen und wandert daselbst oft meilen=
weit nach solchen aus. Auch bei uns bekundet es seine Vorliebe für
diese Nahrung. Es weiß in unseren Parks und sonstigen Anlagen
mit solcher Sicherheit die einzelnen zapfentragenden Arven aufzufinden,
daß selten ein Zapfen zur Reife gelangt. — Nur frühzeitiger und
energischer Abschuß kann hier vor Schaden bewahren.

6. Fichte.

Die Fichte (Rothtanne, Abies excelsa) wird von zahlreichen Thier=
arten befallen und leidet unter deren Angriff im Allgemeinen stärker
als die gemeine Kiefer.

1. Zapfen.

Als Zapfenfeind steht im Allgemeinen hier wiederum das Eich=
hörnchen oben an. Kaum sind die Zapfen halbwüchsig, so bedecken
sie nicht selten die Schirmfläche der Samenbäume. Der Boden der
älteren Fichtenbestände ist stellenweise übersäet mit noch durchaus un=
reifen grünen Zapfen, welche zum großen Theil keine andere Verletzung
erkennen lassen, als daß der Stiel durchnagt ist. Man könnte über
die Ursache dieser Erscheinung zweifelhaft sein, wenn nicht doch auch
manche Zapfen mehr oder weniger ausgedehnte Nageplätze auf der

Oberfläche der Schuppen zeigten. Zur Zeit der Reife liegen zahlreichst
die Spindeln zumeist noch mit einigen Schuppenresten, namentlich an der
Spitze, versehen nebst den unzählbaren Schuppen am Boden. — Abschuß!

   „Unter Zweifel und Bedenken" sind in „Forstzoologie" II Seite 158,
Fig. 43 am Boden umherliegende Fichtenzapfen, wie sie Fig. 64 dar=
stellt, als durch den Kiefernkreuzschnabel (L. pityopsittacus) zerbrochen,
bezeichnet. Letztere bringt jetzt Fig. 66 zur Anschauung. Es unter=
liegt keinem Zweifel, daß jene Beschädigung den Mäusen zugeschrieben
werden muß, wie ein Vergleich mit Fig. 45 unschwer erkennen läßt.

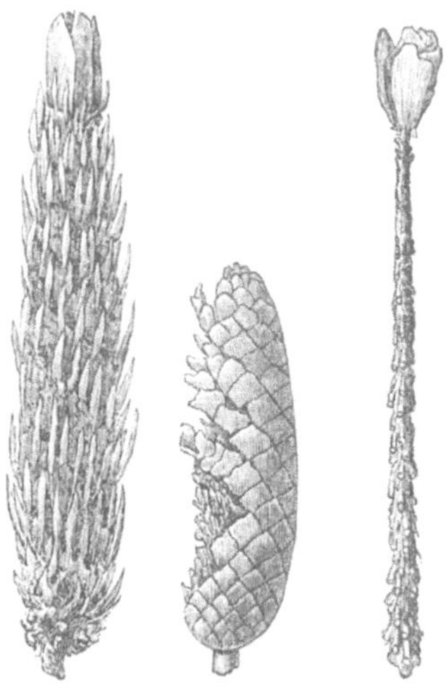

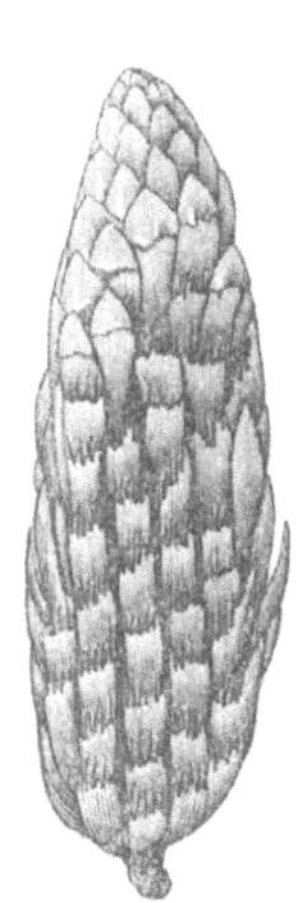

Fig. 63.   Eichhorn = Fichtenzapfen.   Fig. 64.   Mause = Fichtenzapfen.

Eine wirthschaftliche Bedeutung kommt diesem Mausefraße in keiner
Weise zu.

   Ein wenigstens zeit= und stellenweise nicht gleichgültiger Zerstörer
ist dagegen der Fichtenkreuzschnabel (Loxia curvirostra). So war
z. B. im laufenden Sommer (1888) im Fichtelgebirge eine äußerst
große Zapfenmenge durch diesen Vogel vernichtet. Um zu den Samen=
körnern zu gelangen, spaltet er die einzelnen Schuppen der Länge nach,
als seien dieselben wie mit einer Schere von der Spitze her tief ein=
geschnitten. Manche der abgebrochenen Zapfen entfallen ihm, wenn er
mit dem Aufspalten der Schuppen kaum begonnen hat. Auch die
noch sehr unreifen Zapfen zerbricht er nur wenig. An dieser eigen=
thümlichen Verletzung der in fast allen Samenbeständen sich am Boden

findenden Zapfen ist der Thäter leicht zu erkennen. Bei Zapfenmenge bleibt und brütet der Vogel am Orte, bei Mangel streicht er in kleinen Flügen umher und erscheint alsdann auch dort, wo die Fichte nur vereinzelt oder gruppenweise oder als Alleebaum u. dergl. zu finden ist. — An letzteren Stellen ist sein Zapfenzerstören völlig indifferent; in den Fichtenbeständen kann ihm kein nennenswerther Abbruch gethan werden.

Sein weit stärkerer Vetter, der Kiefernkreuzschnabel (Loxia pityopsittacus) läßt sich in Fichtenbeständen nicht gerade oft spüren. Die von ihm zerbrochenen Fichtenzapfen sind nur an der Basis bear-

Fig. 65. Fichtenkreuzschnabel=
Fichtenzapfen.

Fig. 66. Kiefernkreuzschnabel=
Fichtenzapfen.

beitet, hier aber äußerst stark zersetzt und zerrissen, so daß nicht selten dieser Theil auseinander fällt. Auch er schneidet wie die kleinere Art wohl die Schuppen vom freien Rande her der Länge nach ein, allein zumeist hat der Schnabel tief gegriffen und Schuppen nebst Spindel zerrissen, wie an einem mäßig bearbeiteten Zapfen Fig. 66 darstellt. Obschon sich unter einzelnen Bäumen, zumal unter freistehenden oder Randbäumen, eine Menge dieser so sehr charakteristisch beschädigten Zapfen findet, so scheint diese Kreuzschnabelart die Fichtenzapfenernte doch nicht merklich zu schmälern.

Auch der große Buntspecht vernichtet manche Fichtenzapfen, indem er dieselben festklemmt und roh und grob zerhämmert. Von den Kreuzschnabelzapfen sind dieselben durch diese abweichende Verletzung

leicht und sicher zu unterscheiden. Es findet sich jedoch in Fichten=
beständen nur an ganz vereinzelten Stellen um irgend einen Stamm
eine Menge solcher Zapfen angehäuft. Eine wirthschaftliche Bedeutung
ist dieser seiner Arbeit ebenso wenig beizumessen, als die des Kiefern=
kreuzschnabels. Beide zerstören in Kiefernbeständen die dortigen Zapfen
weit gründlicher.

Dagegen räumen drei Insecten unter diesen Zapfen in einzelnen
Jahren in wahrhaft großartiger Weise auf. Die Raupen des Fichten=
zapfenzünslers (Pyralis abietella) bewohnen in zuweilen sehr weiter

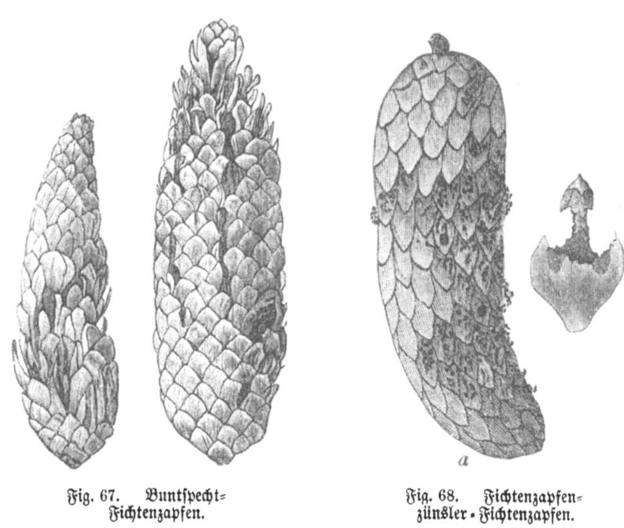

Fig. 67.   Buntspecht=
Fichtenzapfen.

Fig. 68.   Fichtenzapfen=
zünsler=Fichtenzapfen.

Ausdehnung fast sämmtliche Zapfen. Der Falter belegt im Juni die
neuen Zapfen mit Eiern. Die winzigen Räupchen begeben sich ins
Innere und schlagen in der Nähe der Spindel dauernd ihren Wohn=
platz auf. Der Fraß beschränkt sich auf die Samenkörner und die
Samenlager der Schuppen. Die stark befallenen Zapfen lassen schon
bald durch austretendes Harz, nicht selten auch durch Krümmung die
innere Verletzung äußerlich erkennen. Partienweise austretender stark=
krümeliger Koth muß ebenfalls als sichere Diagnose für die Anwesenheit
dieser Zünslerraupe bezeichnet werden. Von Mitte oder Ende Juli an
zeigen sie oft braune Stellen. Im Herbst fallen sie zu Boden und
die dann reife, schmutzig röthliche Raupe nagt sich mit einem runden
Loche an die Außenwelt, um am Boden in einem rundlichen feinen

Cocon bis zum Frühling zur Verpuppung zu ruhen. Bei Massenvermehrung wandern Eichhörnchen und Kreuzschnäbel aus. Wenigstens finden sich am Boden solcher Bestände nur die wurmstichigen Abietella-Zapfen, aber keine Spur von frischem Eichhornfraß oder von Kreuzschnabelzapfen.

Künstliche Vertilgung oder auch nur erhebliche Verminderung des Zünslers ist kaum an sehr beschränkten Stellen durch zeitiges und anhaltendes Sammeln von frisch gefallenen Zapfen, zumal nach einem starken Sturm, möglich. Da übrigens die Fichte nicht alljährlich Zapfen trägt, so vermindert sich in zapfenarmen oder gar zapfenlosen Jahren in den von dem Feinde zuvor wimmelnden Beständen seine Anzahl von selbst. Zur Noth geht die Art freilich auch auf die noch sehr jungen, kaum im Schieben begriffenen Triebe, sowie auf die Gallen von Chermes abietis über. Allein das Vorkommen der Raupe daselbst ist stets nur eine vereinzelte Erscheinung, die es erklären läßt, daß die Art bei Zapfenmangel in ausgedehnten Beständen nicht völlig ausstirbt.

Ein zweiter Kleinfalter, der Fichtenzapfenwickler, Tortrix strobilana, tritt zeitweise in den Fichtenrevieren fast ebenso massenhaft, sogar anhaltender auf, als jener Zünsler. In einer Reihe von sehr zapfenreichen Jahren läßt sich oft kaum ein unbesetzter Zapfen auffinden und der Forstmann wartet sehnsüchtig aber vergebens auf neuen Anflug. — Der im Spätfrühling fliegende Falter belegt die Zapfen an verschiedenen Stellen mit einzelnen Eiern; das (weiße, braunköpfige) Räupchen nagt sich tiefer in das Innere ein, indem es zunächst den Schuppenflächen folgt, an der Schuppenbasis, nach dem Verzehren der Samen, länger verweilt und schließlich in die Spindel dringt. Starker Harzaustritt aus der Oberfläche des Zapfens verräth den inneren Zerstörer. Der feinpulverige Koth der Raupe bleibt im Innern. Die Raupe überwintert, verpuppt sich aber zu Anfang des Frühlings und nach etwa 3 bis 4 Wochen schiebt sich die Puppe zum Entlassen des Falters zwischen den Schuppenspitzen an die Außenwelt. Es soll jedoch zuweilen die Generation eine zweijährige sein; die Raupe würde dann ein Jahr überliegen. Im Uebrigen bleiben die Schuppen geschlossen, so daß ein Samenanflug auch dann nicht statt findet, wenn auch nur wenige Samenkörner von der Raupe direct vernichtet wären.

Als einziges Gegenmittel muß Sammeln und Verbrennen der oft in großer Menge am Boden liegenden wurmstichigen frischen (diesjährigen) Zapfen empfohlen werden. In jüngeren Beständen würde auch ein Pflücken der durch die Harzthränen als besetzt leicht kenntlichen Zapfen mit Erfolg auszuführen sein, zumal da der Wickler dort an sonnigen Rändern besonders zahlreich sich zusammen zu finden scheint.

Gleichfalls zernagt oft zu 10 bis 30 Stück in einem Zapfen die Larve des Anobium abietis die Spindel, sowie auch die Basis der Schuppen. Die im Herbst am Boden liegenden Zapfen beherbergen gar oft zum größten Theil diese Zerstörer, welche nicht allein in Fichtenbeständen, sondern auch in isolirten Fichtengruppen auftreten. Die stark bewohnten Zapfen zerfallen zur Zeit der Reife der Larven bei der leisesten Berührung, vorher oder bei nur wenigen Insassen lassen sie sich mehr oder weniger leicht in den am stärksten zernagten Spindelstellen zerdrehen, ein Mittel, um sich von der Anwesenheit der winzigen Larven zu überzeugen.

Als Gegenmittel kann hier mit größerer Aussicht auf Erfolg das Sammeln und Verbrennen der Zapfen vom Herbst bis zum Frühling empfohlen werden, da die Larven ihre Fraßstellen nicht verlassen, sondern sich daselbst verpuppen. Im Februar fand sich eine Menge Käfer in den am Boden liegenden Zapfen.

Von den wirthschaftlich wichtigsten Zapfenfeinden schließen sich bei Massenvermehrung in den Fichtenbeständen Eichhorn und Kreuz=schnabel einerseits und die drei genannten Insecten (P. abietella, T. strobilana und A. abietis) anderseits in der Weise aus, daß dort, wo die letzteren auftreten, sich die beiden ersteren fortziehen. Wo sich Eichhorn= bez. Kreuzschnabelzapfen in irgend erheblicher Menge am Boden finden, sind die Zapfen gesund, d. h. nicht wurmstichig. Daselbst kann folglich der Anflug des Samens erwartet werden. (Die zu zahl=reichen Eichhörnchen oder Kreuzschnäbel wären dort selbstredend durch Abschuß und Verscheuchen auf eine unschädliche Menge zu vermindern.) Es liegen nun Fälle vor, wo im Gebirge die horstweise bez. die Rand=verjüngung jahrelang bis zur völligen Verunkrautung der Anflugflächen unmöglich wurde, weil absolut kein Anflug erfolgte wegen des allge=meinen wurmstichigen Zustandes der Zapfen. Es sei daher für einen solchen Fall empfohlen 1) die verwachsenen Anflugflächen sofort zu säubern und aufzuhacken, sobald auf dem Boden der betreffenden Be=stände sich wieder Eichhornzapfenreste oder Kreuzschnabelzapfen vorfinden, und 2) wenn waldbaulich möglich, neue Löcherhiebe oder Umränderungen ebenfalls nur dann vorzunehmen, wenn dieses Anzeichen vom Fehlen einer bedeutenden Menge der genannten Insecten vorliegt.

2. Keimlinge.

Die Keimlinge der Fichte leiden, wie die der Kiefer, zunächst, so lange sie noch mit der Testa bedeckt sind, durch die Finken. — Ihre Wurzeln sind wiederholt durch die Larven von Tipuliden entrindet und von denen der Elateren zernagt. Die gleichen Feinde traten in derselben Weise als Schädlinge auch an anderen „feinen" Nadelhölzern auf.

Gegenmittel wie bei „Kiefer" angeführt.

3. Einjährige Pflanzen.

Auch an deren Wurzeln kommt der Fraß der Elaterenlarven nicht selten vor.

Sehr charakteristisch erscheint der in verschiedenen, weit auseinander liegenden Revieren bis zur Vernichtung von 40 % der Pflanzen und meist auf Beten aufgetretene Fraß eines etwa 5 mm langen, schwarzbraunen mit rothbraunen Fühlern und Beinen versehenen Rüsselkäfers, Otiorhynchus ovatus, welcher auch abgesehen von seiner Farbe an der gedrungenen Gestalt (Halsschild kugelig, vorn und hinten abgestutzt, Flügeldecken kurz eiförmig) leicht zu erkennen ist. Er ringelt die Stämmchen der Pflanzen unmittelbar über dem Wurzelanlauf, indem er in einem ungleich breiten schmalen Streifen die Rinde bis auf den Splint abnagt. Diese tödtlichen Verwundungen fielen zumeist in den Spätsommer, zur Entstehungszeit der neuen Käfergeneration. Jedoch haben auch die überwinterten Käfer geschadet. Die Larven leben unterirdisch und benagen dort die zarten Pflanzenwurzeln. An denen vierjähriger Fichten wurden sie in größter Menge als Zerstörer gefunden.

Zur Vertilgung der Käfer hat sich das Auslegen von quadratischen Moosdecken und mit Steinen beschwerten Fichtenrindenstücken, welche von denselben zu Tagesverstecken aufgesucht werden, bewährt. Auch haben sich in Kämpen Gräben als zweckmäßig erwiesen.

Neben Otiorh. ovatus stellt sich nicht selten auch Strophosomus coryli nebst dem sehr ähnlichen obesus an diesen jungen Pflanzen ein. Der Fraß dieser befindet sich jedoch höher und ist mehr ein Plätzen als ein Ringeln. — Mit ovatus werden auch diese gefangen.

Auch hat die Raupe einer Ackereule, Agrotis segetum, mehrfach die Wurzeln junger, ein= wie zweijähriger Fichten durchnagt (s. „Kiefer" No. 4 Seite 139, auch 53).

4. Pflanzen in Kämpen.

Wegen des gedrängten Standes einer großen Menge junger Pflanzen auf den Saat= und Verschulungsflächen treten daselbst manche

Beschädigungen durch Thiere auffälliger und empfindlicher auf, als auf den freien Culturflächen an Pflanzen von gleichem Alter, weshalb die hervorragendsten derselben hier besonders hervorgehoben werden mögen.

Nur genannt sei die Vernichtung vieler Pflanzen durch die Enger= linge (s. „Kiefer" Seite 140), aufgewehte Nonnenraupen (s. „Buche" Seite 53) und Mäuse (s. „Eiche" Seite 21).

Als neuer Schädling hat sich die Raupe einer Eule, Noctua (Ma= mestra) pisi in vereinzelten Fällen gezeigt, in denen dieselbe in größter Menge die jungen Pflanzen entnadelte. Dieselbe lebt als sehr poly= phages Insect auf den verschiedensten Pflanzen, zumeist auf Kräutern und ist wohl dem Gärtner bekannter als dem Forstwirth, da sie jener recht oft auf seinen Erbsen=, Mohrrüben= u. a. Beten, jedoch nur aus= nahmsweise in Menge, antrifft. Ihr freies Leben und ihre auffallende Färbung (Kopf und Bauchfüße rosa, Körper guttgelb und gesättigt kastanienbraun breit längsgestreift) macht sie sehr auffallend. Sie ver= puppt sich nahe unter der Erdoberfläche in einem schwachen mit Erde gemischten Cocon.

Wo sie in Fichtenkämpen in Menge erscheint, kann sie deshalb nicht übersehen und somit leicht abgesammelt werden.

Verderblicher, jedoch nur sehr lokal, schadet das Auerwild, zumal der Hahn. Wiederholt sind berechtigte Klagen über die Zer= störung ganzer Kampflächen laut geworden. Zur genauen Feststellung des Schadens wurde z. B. ein Hahn nach seiner Mahlzeit abgeschossen, dessen Kropf mit 1500 Fichtenknospenspitzen gefüllt war. Ein solches Verbeißen wird auf denselben Flächen, wie der Zustand der Pflanzen leicht erkennen läßt, wohl jahrelang fortgesetzt. Die frisch verbissenen Triebe sind glatt, wie mit der Schere abgeschnitten. Die Spuren der Tritte, sowie namentlich die Losung beheben jeden Zweifel über die Thäter= schaft. Die bekannte Ortsbeständigkeit des Auerwildes trägt sehr viel, wenn nicht das Meiste zur Größe des örtlich beschränkten Schadens bei.

Anhaltendes Verscheuchen des Geflügels, ja vielleicht des einzigen die betreffenden Flächen besuchenden Stückes muß zum Schutze der Pflanzen um so dringlicher empfohlen werden, als sich gewiß nur in seltenen Fällen der Forstmann zum Abschusse desselben in der Sommer= zeit verstehen wird, selbst wenn er die Erlaubniß dazu in dieser Schon= zeit des Auerhahns erlangen könnte. Ob und ev. wie beschaffene stän= dige Scheuchvorrichtungen den Zweck voll erreichen lassen, scheint noch nicht erprobt zu sein.

5. Anwuchs.

Gegen den Wildverbiß auf den Anwuchsflächen mag an das „Antheeren" (s. „Kiefer" Seite 152) der Spitzen erinnert, jedoch zugleich bemerkt werden, daß die Knospen und noch krautartigen Triebe der Fichte sich weit empfindlicher gegen die unmittelbare Berührung mit dem Theer erweisen, als die der Kiefer. Die Ausführung dieses Schutz= mittels muß daher mit größerer Behutsamkeit vorgenommen, es dürfen nur die Nadelspitzen mit einem schwach mit Theer bedeckten Span be= tupft werden.

Nicht minder schädlich als bei der Kiefer hauset der große braune Rüsselkäfer, Hylobius abietis, auf diesen Fichtenflächen, wenn derselbe sich nach dem im Boden daselbst oder in unmittelbarer Nähe verbliebenen Brutmaterial (Nadelholzwurzeln und Stöcken) zahl= reich zusammengezogen bez. an demselben vermehrt hat.

Ein Roden dieser Stöcke und Wurzeln hat auf den Fichtenabtriebs= flächen seine ganz besonderen Schwierigkeiten, ja muß auf steinigtem, flachgründigem Boden als unausführbar bezeichnet werden. Bei einer Schlagruhe von 2 (bei Saat) oder 3 Jahren (bei Pflanzung) ist freilich die ärgste Gefahr beseitigt, aber mancher andere Nachtheil (Zuwachs= verlust, Verschlechterung des Bodens u. a.) entstanden. — Ein Ziehen von Fanggräben stößt ebenfalls hier auf ernste Bedenken. Abgesehen davon, daß dasselbe auf Böden der eben bezeichneten Beschaffenheit kaum möglich sein wird, bieten die an den Grabenwänden durchstoßenen sehr zahlreichen Fichtenwurzeln den in die Gräben gelangten Brutkäfern durch Ablegen ihrer Eier ausreichende Gelegenheit, die Wirkung der Gräben als Vertilgungsmittel des Feindes illusorisch zu machen, wenigstens dieselbe sehr abzuschwächen. — Es bleibt somit auf diesen Flächen einzig das Auslegen von Fang= bez. Brutmaterial, also vom Fang= kloben und Fangrinde, letztere mit der Bastseite dem Boden zugewandt und mit Steinen zum Verhindern des Hohlliegens beschwert, bez. von Brutknüppeln (s. „Kiefer" Seite 162) übrig.

Ein zweiter größerer Rüsselkäfer, Curculio (Otiorhynchus) niger (glänzend schwarz mit rothbraunen Beinen) lebt in den Fichtenrevieren wohl überall auf den jungen Culturflächen. Sein Fraß soll die Rinde der Pflanzen verschonen und sich auf die Zerstörung der Knospen be= schränken. Daß die Larven dieser Art die Wurzeln derselben stark be= nagen, ist zweifellos. Bis zu 10 ja 20 Stück sind schon unter einer Pflanze gefunden.

16*

Als Gegenmittel wird Auslegen von Fangrinde, sowie Absuchen der durch Größe und Farbe auffälligen Käfer von den Pflanzen empfohlen. Zur Verminderung der Larven wäre unzweifelhaft auch ein Ausheben der kränkelnden Pflanzen, etwa von Mitte Juni bis Ende Juli, dort angezeigt, wo sich das Insect in bemerkenswerther Menge im Spätsommer des vorhergehenden oder im warmen Frühling des laufenden Jahres umhergetrieben hat.

Als sehr beachtenswerther Zerstörer des Fichtenanwuchses ist noch Hylesinus cunicularius hervorzuheben (s. „Kiefer, die wurzelbrütenden Hylesinen", Seite 153). Seine verhängnißvollen Fraßwunden werden erfahrungsmäßig zuweilen spezifisch unrichtig angesprochen und für Rüssel= käferfraß angesehen. Dieser Irrthum vereitelt alsdann den Erfolg der Vertilgungsarbeit. Es sei deshalb auch hier darauf aufmerksam gemacht, daß der Rüsselkäfer äußerlich ruhig an dem Stämmchen sitzt und einen Rindenplatz nagt, dessen Umfang durch die verlängte Spitze (Rüssel= spitze) des beweglichen Kopfes gezogen wird, alsdann ein wenig weiter rückt, um in derselben Weise eine neue Stelle auszufressen, und so Fraßplatz an Fraßplatz reiht, welche Plätze, auch wenn sie zusammen= hängen, doch als Einzelstellen erkannt werden können. Besonders aber sei hervorgehoben, daß sich seine Fraßstellen nur oberirdisch befinden. Hyl. cunicularius dagegen entrindet solide in erheblicher Ausdehnung die stärkeren Wurzeln und steigt in gleicher Weise, das Stämmchen solide entrindend, an demselben etwas empor. Er rückt fressend gleich= mäßig weiter und bemüht sich an den oberirdischen Theilen unter der äußeren Rinde den Bast zu verzehren, so daß er in manchen Fällen ganz oder theilweise unter derselben verschwindet.

Zur Vertilgung des Schädlings haben sich Fangrinden ganz vor= züglich bewährt und zwar sind namentlich im Herbste dort, wo der die Rindenplatten beschwerende Stein dieselben fest an den Boden drückte, große Mengen desselben vorgefunden, welche diese Stellen ohne Zweifel für ihre Ueberwinterung aufgesucht hatten. — Auch während des Sommers sammeln sich am Fang= bez. künstlichen Brutmaterial viele seiner Individuen. Häufiges Absuchen desselben während dieser Zeit darf deshalb nicht unterbleiben.

Büschelpflanzen sind mehrfach von einem kleinen Borkenkäfer, B. bidens (?) vernichtet, und zwar in einem Falle in so kolossaler Menge auf einer ausgedehnten Culturfläche, daß zwei Wagenladungen mit den getödteten Pflanzen abgefahren werden mußten. Sofortige genaue Untersuchung der einzelnen zu kränkeln beginnenden Pflanzen beim ersten verdächtigen Auftreten des Feindes, tiefes Abschneiden und Verbrennen der als besetzt erkannten, sowie häufige Revision solcher bedrohten Anlagen ist zur Niederhaltung des Feindes unbedingt geboten.

6. Aufwuchs und Dickung.

Junge Fichten, im Alter von etwa 10 bis 15 und 20 Jahren, sind dem Angriffe von einigen ihnen eigenthümlichen Feinden ausgesetzt.

Daß denselben aufgewehte Nonnenraupen schaden, daß der Rehbock die jüngeren, der Rothhirsch die älteren isolirt stehenden Stämme gern zum Fegen annehmen, daß Reh- und Rothwild dieselben verbeißen, möge hier nur flüchtig erwähnt, jedoch über das Verbeißen des letzteren noch auf eine auffällige Erscheinung aufmerksam gemacht werden, welche in Fichtenbeständen auf lückigen Stellen vereinzelt stehende Pflanzen gar oft zur Schau tragen. Die Fichte verträgt bekanntlich ein Verbeißen länger als die meisten anderen Holzarten. Sie treibt verbissen alljährlich neue Triebe und da sie beim fortgesetzten Angriffe durch das Wild vorzugsweise stets die Höhentriebe einbüßt, breitet sie sich strauchartig am Boden mehr und mehr aus, bis allmählich die Mitte dieses Busches vom Geäse des Wildes weniger leicht, dann kaum, schließlich nicht mehr erreichbar ist. So nimmt denn das dichte wirre Gebüsch der einzelnen Pflanze eine stumpf konische Form an, aus deren Mitte dann ein Höhentrieb, seltener zwei dergleichen, sich kräftig und für die Zukunft nicht weiter gefährdet, erhebt: Eine Fichte auf einem dichten kegelförmigen, etwa 1 m hohen Gestrüpp als Fußgestell.

Von verschiedenen Wicklerarten seien hier nur zwei hervorgehoben. Zunächst Tortrix pactolana (bei Ratzeburg dorsana). Der anfangs Juni fliegende Falter belegt die Rinde der Stämme unterhalb eines Astquirls mit einzelnen Eiern. Das Räupchen nagt sich in den Bast hinein und unterhöhlt denselben bis auf den Splint in einem unregelmäßigen Horizontalgange. Da der Falter nur niedrig fliegt, eine Höhe von 2 m nur ausnahmsweise übersteigt, in dieser Region aber an älteren Fichten die Rinde für die anfänglich äußerst winzige Raupe zu stark ist, so bleiben diese von einem ferneren Angriffe verschont. Aber auch sehr junge Fichten werden nicht belegt, denn ihre Stämmchen würden sich für den Fraßgang der Raupe als noch zu schwach, zu wenig Raum bietend, erweisen. Der Fraß macht sich anfänglich durch Harzausfluß, welcher bald das Aussehen von schwach angespitzter Kalkmilch annimmt,

später durch Austritt von fein krümeligem braunem Koth, sowie bis noch
nach vielen Jahren durch rauh verdickte und geschwärzte Oberfläche
kenntlich. Fichten von 30=, 40jährigem und noch höherem Alter lassen
noch sehr deutlich diese Verwundungsstellen aus ihrer Jugend erkennen.
— Auf den besseren Standorten überwindet die Fichte diesen Angriff.
Sind jedoch unter einem Astquirl mehrere Eier abgelegt, oder leben
gar an demselben Stamme Raupen unter mehreren Astquirlen zu gleicher
Zeit, dann kränkeln die Pflanzen auch auf besseren Böden, und erholen
sich nur ganz allmählich, gehen aber auf schlechteren nicht selten
gänzlich ein.

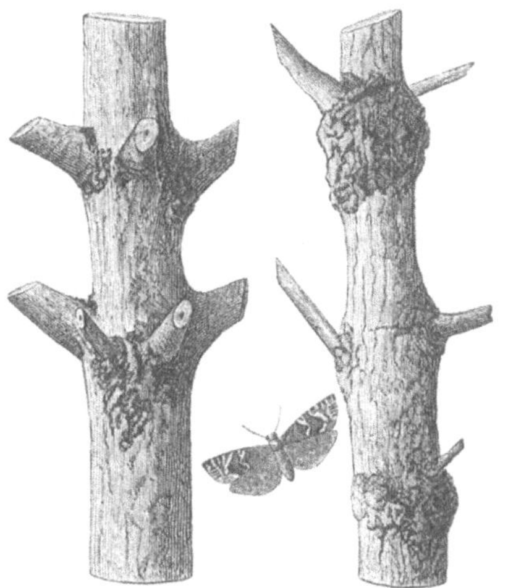

Fig. 69.   Falter (natürl. Größe), Stamm=
abschnitte verkleinert.

    Als Mittel, dem Fraße Einhalt zu thun, läßt sich außer dem Aus=
hieb und Verbrennen der von der Raupe bewohnten Stämme nur das
dicke Bestreichen der befallenen noch besetzten Stellen mit gutem Raupen=
leim (Seite 20) im ersten Frühling empfehlen. Aus nahe liegenden
Gründen ist dasselbe freilich nicht zur Säuberung auch nur etwas aus=
gedehnter Bestände anwendbar. Allein in geschlossene Dickungen tritt
der Wickler auch nur ungern tiefer hinein. Zumeist werden die jungen
Randbäume, Stämme, welche an Gestellen und Wegen, häufig mehr
aus dekorativen als wirthschaftlichen Gründen, in Bestände von anderen
Holzarten eingebracht sind, überhaupt die wenigstens von einer Seite
exponirten jungen Fichten befallen. Dergleichen Stämme sind jedoch
in der Regel weder zu zahlreich, noch zu wenig zugänglich, um die

Anwendung dieses Gegenmittels als unausführbar erscheinen zu lassen. — Es sei hier übrigens zum Belege, daß es sich hier um einen sehr beachtenswerthen Feind handeln kann, dem nie zu früh entgegengetreten wird, ein Fall erwähnt, in welchem „einige Tausend 4= bis 15jähriger Stämme durch pactolana zum Absterben gebracht sind."

Die zweite Wicklerspezies, Tortrix comitana (bei Ratzeburg herzyniana), lebt als Raupe minirend in den Nadeln der Fichte. Auch sie pflegt sich in der unteren Region aufzuhalten, wenigstens nicht über die Höhe von wenigen m zu erheben. Der winzige Falter belegt in seiner Schwärmzeit, gegen Ende Mai, einzelne Nadeln an ihrer Basis mit je einem Ei. Das neu entstandene Räupchen nagt sich in die Nadel ein und höhlt dieselbe bis gegen die Spitze aus, verläßt sie, um sich in ähnlicher Weise in eine zweite, dritte bis sechste, achte, zu begeben und in denselben seinen gleichen Fraß fortzusetzen. Diese hellbräunlichen Nadelreste hängen bis in den Winter hinein, ja oft bis zum nächsten Frühling sehr fein versponnen zusammen. Aeußerst feiner Koth macht sich an den Gespinnststellen bemerklich. Die Verpuppung geschieht im Spätsommer am Boden unter der Decke, wohin sich die reifen Raupen herablassen, ausnahmsweise jedoch auch an den Fraß=stellen. — Eine wirthschaftliche Bedeutung kann dem Fraße nur in einzelnen Ausnahmefällen einer Massenvermehrung des Insectes bei=gelegt werden. Alsdann können freilich Bestandesränder (ins geschlossene Innere einer Dickung geht auch diese Art kaum hinein) in erheblicher Ausdehnung gebräunt erscheinen, und die vorzeitige Zerstörung einer so großen Menge Nadeln der jüngeren Triebe wird bei geringer Boden=güte oder in sehr trocknen Sommern nicht als völlig gleichgültig be=zeichnet werden können.

Gegenmittel, als Abschneiden und Verbrennen der frischen (im ersten Sommer entstandenen) Fraßstellen, Ausharken der Bodenstreu zur Zeit der Puppenruhe, werden wohl kaum in Anwendung zu bringen, aber auch kaum dringlich sein, zumal sich ein so heftiger Fraß nicht mehrere Jahre hindurch an derselben Stelle fortsetzt.

Als dritte Wicklerart sei hier noch Tortrix histrionana, früher für ein Tanneninsect gehalten, genannt, welche jedoch ausschließlich auf jüngeren Fichten lebt, bis jetzt aber noch nirgends in wirthschaftlich bemerkenswerther Menge aufgetreten zu sein scheint.

Wichtiger als die letztgenannten Arten, jedoch weit weniger allge=mein verbreitet und fast nur in dem kurzen Zeitraum von wenigen

Jahren eng lokalisirt, erscheint an den jüngsten Trieben etwa 15 bis
20 jähriger Fichten die Larve einer kleinen Blattwespe, Nematus abie-
tum. Die Wespe fliegt im Mai und belegt die zu schieben begonnenen
Knospen in der Höhe von etwa 3 bis 10 m mit Eiern. Die nadel=
grünen und deshalb nicht leicht aufzufindenden Larven verzehren die
jungen, sich bildenden Nadeln. Die neuen Triebe erscheinen bald mehr
oder weniger nadellos, bräunen und krümmen sich und kümmern auf

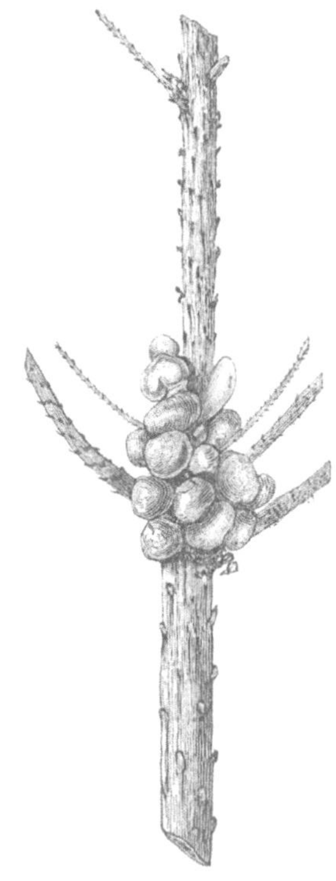

alle Fälle, wenn sie nicht gar absterben.
Einem starken Fraß geht ein schwacher
vorher und ihm folgt noch wohl im nächsten
oder den zwei nächsten Jahren ein gleich
starker, worauf dann der Schädling wieder
verschwunden zu sein pflegt.

Als Vertilgungsmittel ist wohl nur
das Abklopfen der Larven zu nennen; allein
letztere sitzen recht fest, fallen nur bei starker
Erschütterung der Zweige und werden somit
leicht über die zum Auffangen ausgebreiteten
Pläne hinweggeschleudert. — Ein Ausharken
der Bodendecke, in welcher sich die Wespen
verpuppen, was im Spätsommer bis zum
ersten Frühling geschehen müßte, stößt auch
auf große Hindernisse.

Jüngere Triebe zeigen sich an einzelnen
Stellen zuweilen dicht besetzt mit den In=
dividuen einer Schildlaus, Coccus race-
mosus, welche unter den Nadeln verborgen
erst dann entdeckt zu werden pflegen, wenn
die Weibchen bereits zu unförmlichen beeren=
artigen Kapseln angeschwollen und abgestorben

Fig. 70.   (Natürliche Größe.)

sind (vergl. „Eiche" Seite 33). Fig. 70 stellt eine Gruppe solcher
„Schilder" an einem nadellosen Höhentriebe dar. Die Folge der
Thätigkeit dieser zahlreichen Saftsauger ist ein anfängliches Kränkeln
und ferneres Absterben dieser Triebe. Zuweilen findet sich auch der
Hauptgegner dieses Fichtenfeindes an diesen Stellen ein, welcher in
der Regel zu allerhand unbegründeten Annahmen und Vermuthungen
Veranlassung gab. Es ist ein gedrungener, schwach bunter, rüssel=
käferartiger Käfer, Anthribus varius, auch wohl die verwandte Spezies

scabrosus, welcher sich in diesen weiblichen Hüllen auf Kosten der jungen Coccusbrut entwickelt. Durch ein ziemlich starkes „Flugloch" begiebt er sich gegen Ende des Hochsommers an die Außenwelt.

Als wirksames Gegenmittel kann das Bepinseln der besetzten Triebe mit der Seite 35 angegebenen Flüssigkeit empfohlen werden. Es ist dafür jedoch daran zu erinnern, daß die jungen, anfänglich als kleine bewegliche Pünktchen kaum sichtbaren Schildlauslarven, wenn sie den Schutz des mütterlichen Schildes verlassen haben, sich aufwärts nach den Vegetationsspitzen begeben, um sich an diesen zarteren dünnrindigen Stellen festzusaugen. Diese, nicht die leeren auffälligen Hüllen sind mit der Composition zu treffen. Die Arbeit wird am zweckmäßigsten in der Zeit der Vegetationsruhe vorgenommen.

In neuester Zeit tritt Bostrichus chalcographus als sehr beachtenswerther Zerstörer junger Fichten in einem süddeutschen Revier (Forstamt Zwiesel W., Niederbayern) auf. Bemerkt wurde vor drei Jahren das erhebliche Eingehen 15 jähriger Pflanzen auf einer größeren Culturfläche und seitdem starben jährlich 3 bis 500 dieser jetzt 18 jährigen Fichten ab, trotzdem die vollbefallenen Pflanzen rechtzeitig entfernt und verbrannt sind. Die nahe liegende Annahme, daß vorzugsweise die kränkelnden von dem Käfer mit Brut versehen würden, erwies sich als durchaus nicht zutreffend. Sogar hervorragend gutwüchsige fingen an abzusterben, und ließen bei der Untersuchung über die Ursache durchaus keine Unsicherheit bestehen.

Ob außer dem Entfernen der bereits besetzten Pflanzen das rechtzeitige Auslegen von Fangmaterial den prächtigen Jungbestand vom Verderben zu retten vermag, muß die Zukunft lehren.

Manche für jüngere Kiefern sehr bekannte Schädlinge stellen sich auch bei den Fichten ein. Dahin gehören außer Borkenkäfern (B. laricis, bidens) Buprestis IV punctata und Curculio violaceus (Seite 177), notatus (Seite 175) u. a.

Genaue Untersuchung der zu kränkeln beginnenden Pflanzen und event. Verbrennen derselben ist hier wie bei der Kiefer das einzige Gegenmittel, welches nie zu früh in Anwendung gebracht werden kann.

Sehr unangenehm kann das Eichhörnchen durch Ausnagen der Knospen oder gar Abschneiden der Spitze des Höhentriebes werden. Da ihm diese verderbliche Arbeit an den Spitzen der Seitenzweige weniger leicht ausführbar ist, so bleiben diese zumeist verschont. Zwiesel- oder Bajonettbildung, erstere besonders bei jüngeren Pflanzen, ist die

Folge dieser Beschädigung, welche durchaus nicht selten an einer großen Anzahl nahe zusammenstehender Fichten so gründlich vorgenommen wird, daß sich kaum eine oder andere, meist im Wuchs zurückgebliebene dazwischen als verschont auffinden läßt. Sowohl in freien Beständen, als in parkartigen Anlagen tritt diese Entwipfelung und zwar wohl stets plötzlich und unvermuthet auf. Eichhörnchen haben sich jahrelang daselbst gezeigt, ohne daß je ein ähnlicher Schade bemerkt worden wäre. Es fällt deshalb der Verdacht in der Regel durchaus nicht auf den wirklichen Uebelthäter. Wie in so manchen ähnlichen Fällen, so ist auch hier oft nur ein einziges Individuum als dieser ermittelt, nach dessen Abschuß die Plage aufhörte. Wer von vorn herein über die Thäterschaft Zweifel hegt, der wird sich durch den scharfen Abschnitt der Triebstummel, sowie durch die am Boden liegenden entknospeten Triebspitzen und Knospenhüllen belehren können.

Bei sehr frühem Morgenanstand wird der Nager am ersten entdeckt und dann leicht durch Abschuß beseitigt. Allein, auch in diesem Falle ist wohl stets ein erheblicher Schaden bereits vor seiner Entdeckung eingetreten. Das Eichhörnchen muß fortwährend möglichst bekämpft werden; seine angenehme Belebung des Waldes steht in gar keinem Verhältniß zu dem immensen Schaden, den es durch die verschiedenartigsten Waldfrevel anrichtet.

7. Stangenholz.

Mit dem Stangenholzalter tritt in den Fichtenbeständen ein Bestandscharakter ein, welcher sich ohne wesentliche Veränderung bis ins stärkste Altholz gleich bleibt. Derselbe besteht hauptsächlich in der Stammreinigung, dem energischen Ausscheiden des Nebenbestandes vom Hauptbestande und somit unter Hülfe der Durchforstungsart der größeren Vereinzelung der Stämme, sowie in Folge der vermehrten Lichtstellung in der rascheren Borkebildung. Das Wild erhält dadurch freieren Zutritt zu den Stämmen, einige Insecten freien Anflug an dieselben, oder sie finden in der veränderten Rindenbeschaffenheit geeignetere Brutplätze bez. in den höheren Wipfeln die für sie passendere Region. Eine scharfe Sonderung der Schädlinge in die des Stangenholzes, namentlich des älteren, und in solche des Altholzes ist somit kaum möglich, wenigstens für die Uebergangsbestände von jenem in dieses Alter nicht zu treffen. Nur wenige gelangen im Altholze zu einer größeren Bedeutung und werden hier deshalb unter dieser Ueberschrift aufgeführt.

Eine sehr auffallende, wenngleich wirthschaftlich wohl wenig bedeutsame Erscheinung an den Stämmen vereinzelter Fichtenstangen möge hier zuerst Erwähnung finden. Es ist das Auftreten von zuweilen zahllosen Individuen einer Baumlaus, Lachnus piceae, welche einen solchen Stamm in erheblicher Ausdehnung schwarz bedecken. Daß nach einigen Jahren die stark besetzten Fichten zu kränkeln und abzusterben beginnen, ist wenigstens in einem Falle beobachtet.

Die geringe Bedeutung eines solchen Angriffs ist nur in der verhältnißmäßigen Seltenheit des massenhaften Auftretens des Parasiten begründet; allein andere Feinde (Borkenkäfer u. a.) können sich leicht als Nachfolger einstellen und rasch das Uebel weiter verbreiten. Ein Bestreichen der besetzten Rinde mit der Seite 35 angegebenen Flüssigkeit ist daher sehr zu empfehlen.

Als eine der empfindlichsten Beschädigungen an Fichtenstangen verdient das Schälen des Rothwildes hervorgehoben zu werden. Obschon nur wenige Holzarten von dieser Verletzung ihrer Stämme verschont zu bleiben scheinen, etwa Akazie, Rüster, Birke, so erreicht es doch in den Fichtenbeständen seinen stärksten Grad. In diesen trat es zuerst in den zwanziger und dreißiger Jahren des vorigen Jahrhunderts im Harz auf und beschränkte sich in den folgenden 3 bis 5 Decennien vorzugsweise auf den Harz und seine nähere Umgebung und verbreitete sich von hier aus allmählich immer weiter, ohne jedoch schon in der Gegenwart auf alle Fichtenbestände übertragen zu sein. Als eigentlicher Grund für Entstehung und Fortsetzung dieser Untugend des Wildes ist ohne Zweifel die durch die allmählich gänzlich umgestalteten Cultur- und Wirthschaftsverhältnisse lokal und qualitativ veränderte Aesung desselben zu erkennen. Vorzugsweise wird dabei der Mangel an Mannigfaltigkeit, durchaus nicht an Menge, beliebter Nahrungsstoffe ins Gewicht fallen. Die Wildfütterung zur Zeit der Noth mit meist gleichartigen, vielleicht gar für das Wohlbefinden des Wildes wenig passenden Nahrungsstoffen vermag jenem Mangel nicht abzuhelfen. Es möchte kaum zweifelhaft sein, daß dasselbe, wie so manche anderen Thiere, das Bedürfniß fühlt, nach Jahreszeit und körperlichen Zuständen (Alter, Trächtigkeit u. dergl.) von der einen auf die anderen Aesung überzugehen. Solches ist ihm nach dem Uebergange des bunten Naturwaldes in den uniformirten Kunstwald, in dessen Beständen sich oft kaum noch passender und abwechselnder Kraut- und Holzpflanzen-Unterwuchs vorfindet, unmöglich gemacht. Es hat einigen Ersatz gefunden in Aesung der Rinde mit seinem Gerbestoffgehalt. Die Thatsachen, daß in manchen Rudeln nur einzelne

Stücke schälen, daß solche in anderen gänzlich fehlen, daß auch hier
böse Beispiele gute Sitten verderben u. dergl., stehen mit obiger Be=
gründung nicht im Widerspruch. — Das Schälen selbst zerfällt nach
Jahreszeit und wirthschaftlicher Bedeutung in Winter= und Sommer=
schälen, Schälen außer und in der Saftzeit. Beim ersten, dem sog.
„Knabbern" entfernen die Vorderzähne des Unterkiefers von der Rinde
des Stammes nur dasjenige, was dieselben direct fassen. Die Wunde
ist deshalb nur klein, oft kaum handgroß, und auch auf dieser geringen
Fläche wird der Splint nur in getrennten, senkrechten Zahnzügen frei
gelegt. Zwischen denselben bleiben Baststreifen, welche eine schnelle
Ueberwallung wesentlich fördern, zurück. Beim Sommerschälen dagegen
löst sich die erfaßte Rinde solide vom Splint ab. Das Wild zieht diesen
Streifen nach aufwärts weiter, ja stellt sich gar oft noch auf die Hinter=
läufe und kann so die Wunde leicht bis 2, ja 3 m Höhe verlängern.
Daß hier eine Ueberwallung, wenn überhaupt, erst nach vielen Jahren
möglich ist, während welcher Zeit das Austrocknen der frei gelegten
Stammstelle erheblich fortschreitet und andere Nachtheile, wie Rothfäule,
Insectenangriff, sich eingestellt haben, liegt auf der Hand. Diese Ent=
werthung der Schälstämme steigert sich selbstredend bei vermehrten Schäl=
wunden an denselben Stämmen.

Wenn aus dem zeitlichen Zusammenfallen der Waldveränderung
durch die in früheren Zeiten unbekannte Forstwirthschaft mit dem Beginn
und der allmählichen Verbreitung des Schälens der Schluß auf einen
ursächlichen Zusammenhang als berechtigt erkannt werden muß, so folgt
daraus, daß dieser Baumfrevel nur dadurch gründlich zu beseitigen ist,
daß dem Wilde allmählich voller Ersatz für den durch die wirthschaft=
lichen Maßnahmen ebenfalls allmählich entstandenen Verlust der seiner
Natur entsprechenden Nahrungsverhältnisse geboten wird. Wenn dem=
selben nur die Gerbsäure mangelte, so würden gerbstoffhaltige Gegen=
stände, etwa Lohe, Galläpfel u. dergl. den Salzlecken beigegeben, die
volle Wirkung erzielen lassen. Die einschlägigen Versuche waren z. Th.
freilich nicht ohne Erfolg, aber doch nicht von allgemeiner und dauern=
der Wirkung. Auch zeigte sich der reichliche Vorwurf von Weichhölzern
(Aspen u. dergl.) von vortheilhaftem, leider aber doch ungenügendem
Einfluß. Gute Winterfütterung kann für diesen Zweck überhaupt
empfohlen werden. Anderseits aber ist dieselbe nebst dem am meisten
beliebten Abschuß gerade der kräftigsten („Zucht=") Hirsche leider auch
als ein Hauptgrund der allmählich eingetretenen Verkümmerung des

Wildes zu betrachten. Schwächliche Stücke, welche ohne die künstliche Hülfe den Unbilden des Winters erliegen würden, bleiben erhalten, die kräftigsten, stärksten, welche analog der rationelle Biehzüchter von seinen domesticirten Thieren ausschließlich zur Nachzucht verwendet, erliegen vorzugsweise der Kugel des Weidmanns. Das Zurückgehen des Wildes ist davon die nothwendige Folge. Wie dieser Nachtheil möglichst zu heben und dem Schälen des Wildes durch Ersatz für jenen ange= deuteten Verlust Einhalt zu thun ist, findet nebst anderen einschlägigen Fragen eine eingehende und gründliche Behandlung in dem jüngst er= schienenen Werke von Reuß*). Es ist hier unmöglich, auf die Einzel= heiten einzugehen, und muß auf dasselbe verwiesen werden. Nur möge daraus ein billiges, einfaches und erfolgreiches Mittel, das Rothwild vom Schälen der Stämme abzuhalten, hier noch eine Stelle finden. Es besteht in dem Umbinden der Stämme in etwa 1,5 m Höhe mit gegen 1 m langem Fichtenreisig. Diese Zweige sind mit der Spitze abwärts gerichtet um den Stamm von einem Arbeiter anzulegen. Ein zweiter befestigt dieselben oben und in der Mitte mit nach der Stärke der Stämme vorher abgemessenen Drahtenden. Das Reisig hält jahre= lang vor.

Bei der sehr großen Anzahl der Stämme eines bedrohten Be= standes können alle diejenigen von diesem Schutze ausgenommen und dem schälenden Wilde frei gegeben werden, welche als schadhaft oder kümmernd der Durchforstung anheimfallen müssen oder überhaupt nicht die Gewähr, zu werthvollen Nutzhölzern heranzuwachsen, bieten. Eine schädliche Ein= schnürung der Stämme durch die Drähte ist bei der Nachgiebigkeit des Reisigs in den nächsten Jahren nicht zu befürchten. Event. müßte bei stärkerem Dickewachsthum derselben ein neuer Reiserschutz angelegt werden, wenn die Borkebildung sich noch zu schwach als Schutz gegen ferneres Schälen erweisen sollte.

Als zweiter Stammentrinder muß wiederum das Eichhörnchen denuncirt werden. Es bevorzugt für diesen Baumfrevel, nächst der Lärche, die Fichte im Stangenholzalter und pflegt die Rinde in der Wipfelpartie in großen Plätzen bis auf den Splint abzunagen. Betont sei, daß in solchen Fällen die am Boden unter den Stämmen liegenden Fetzen der Rinde leicht und sicher die Unthat verrathen.

---

*) Die Schälbeschädigung durch Hochwild, speziell in Fichtenbeständen. Ihre Ursache, ihre wirthschaftlich=finanzielle Bedeutung und die Mittel zu ihrer Abwendung. Von H. Reuß, jun., Forstmeister. Berlin, Julius Springer 1888.

Steter Abschuß dieses Nagers in Fichtenbeständen sei auch hier nochmals dringlich empfohlen.

Die Fichtenstangenorte bieten ferner dem Nonnenspinner wegen der schuppigen und dem schwärmenden Falter frei sich bietenden Rinde der Stämme die ausgedehntesten passendsten Stellen zum Ablegen seiner Eier (s. „Kiefer" Seite 188). Bis tief herab beastete Stämme dagegen werden wegen des schützenden Mantels von dicht benadelten Zweigen weit weniger mit Eiern belegt. Derartige Fichten in Mitte von sehr stark befallenen Kiefernbeständen blieben fast gänzlich frei, wurden jedoch allmählich von aufgewehten Nonnenraupen und zwar zunächst auf der Oberfläche dieses Mantels befressen. Die in forstlichen Kreisen herrschende Annahme, daß die Nonne die Fichte bevorzuge, beruht wohl auf jener großartigen Plage im Anfange der fünfziger Jahre in mehreren ost= preußischen Revieren; sie verdient jedoch keineswegs eine Verallgemeine= rung. Dabei bleibt freilich bestehen, daß die Fichte durch den Fraß dieser Raupe, welcher hier wegen der kurzen Nadeln nicht oder kaum verschwenderisch ist, stärker leidet, als etwa die widerstandsfähigere Kiefer.

Aus diesem Grunde darf bei erheblichem Fichtennonnenfraße von Anwendung künstlicher Vertilgungsmittel nicht in dem Grade abgesehen werden, als bei „Kiefer" (Seite 191) angegeben wurde. Die allmählich fortgeschrittene Vermehrung der von der Rinde der Stämme, an denen sie am Tage ruhen, sich so auffallend abhebenden und deshalb nicht unbemerkt bleibenden Falter kann zur annähernd sicheren Beurtheilung der ev. drohenden Gefahr dienen, zumal wenn in den betreffenden Beständen bez. an den sonnigen Rändern und auf freieren Plätzen sich keine Parasiten, namentlich die Tachina monachae (Figur 53), zeigen. Obgleich von einem einzelnen der bis jetzt bekannten Gegenmittel ein durchschlagender Erfolg nicht erwartet werden kann, so wird doch die Anwendung mehrerer in denselben Beständen die wirthschaftlich genügende Verminderung des Feindes erzielen lassen. — Ob zunächst das Sammeln der Eier zu dieser Verminderung wesentlich beizutragen im Stande ist, muß bei der verborgenen Lage derselben (s. „Kiefer" Seite 188) und der Ausdehnung des zu ihrem Unterbringen passenden Stammtheiles zweifelhaft erscheinen. Für die Realität der Angabe, daß bei Massen= vermehrung „die Stämme von den sie bedeckenden Eiern wie lackirt aussehen", so daß es möglich ist, auf unterbreitete Pläne eine äußerst große Menge von Eiern von den Stämmen abzukratzen, fehlt nach den

Erscheinungen bei Massenvermehrung in Kiefern jede Thatsache. — Das Betupfen der Spiegel mit irgend einem flüssigen Fette, oder anderen schmierigen Stoffe (Thran, Oel, Petroleum, Theer, dünnem Raupenleim u. ähnl.) erscheint räthlicher. Eine Umwickelung der Spitze einer leichten dünnen Stange, oder ein daselbst seitlich abspringender Pinsel, in einen solchen Stoff getaucht, würde die Spiegel in einer Höhe von 5 bis 6 m noch leicht erreichen lassen. — Sehr zu empfehlen ist das Tödten der an den Stämmen ruhenden Weibchen. Durch engeres Anlegen ihrer Flügel an den Körper sind dieselben von den Männchen sehr leicht und schon aus einiger Entfernung sicher zu unterscheiden. Die Umrisse der Flügel der ruhenden Männchen bilden ungefähr ein gleichseitiges, die der Weibchen ein gleichschenkliges Dreieck. Es hat sich bewährt, zum Zerschlagen der letzteren Knaben mit passenden Reisern oder Klatschen versehen in der schulfreien Zeit reihenweise geordnet durch die Bestände zu führen. Die zu hoch sitzenden Weibchen können durch ein Betupfen, wie vorhin zur Vernichtung der Spiegel empfohlen, unschädlich gemacht werden. — Ein von wirthschaftlichem Erfolge begleitetes Sammeln der Raupen, ohne oder mit Anprällen, desgleichen der Puppen ist unausführbar.

Hylesinus micans, unsere größte Borkenkäferart, findet sich vereinzelt wohl in allen Fichtenrevieren, zeit- und stellenweise aber in wirthschaftlich schädlicher, ja in ruinöser Menge. Er liebt die unteren Theile der Stämme, ja siedelt sich sogar gern am Wurzelanlauf und an flach streichenden Wurzeln an, zieht jedoch zum Ablegen seiner Eier verwundete Stellen, z. B. die durch Wagenräder und Huftritte der Pferde beschädigten Wurzeln, beim Abfahren von Langhölzern, auch durch das schälende Wild stark verletzte Stammstellen u. dergl., vor, steigt sogar nach solchen (Astausbrüchen durch aufgelagerte Schneemassen) empor. Im Uebrigen setzt er für seinen Angriff keinen Kränklichkeitszustand des Baumes voraus und belegt zur Zeit einer stärkeren Vermehrung auch durchaus unverletzte Stellen mit Eiern. Das Weibchen nagt sich zu diesem Zwecke mit einem etwas gebogenen Rindengange bis auf den Splint, frißt daselbst sofort einen gänzlich im Baste liegenden rundlichen Platz von der Größe eines 5 bis 50-Pfennigstückes und legt in demselben seine sämmtlichen Eier in einem Haufen ab. Die bis zu ihrer Verpuppungsreife gemeinsam fressenden Larven erweitern diesen Platz zu einer Größe von etwa einem Handteller. An dem betreffenden Rande dieses mit schmierigem braunem Wurmmehl ausgefüllten Raumes sitzen die Larven fransenförmig neben einander. Die Verpuppung geschieht vereinzelt in diesem Wurmmehl, und über diesem Platze nagt sich später jeder Käfer eben so vereinzelt an die Außenwelt. — Aus dieser Entwickelungsweise des Käfers erklärt sich zunächst der stets sehr starke Harzausfluß an der Stelle einer so erheblichen Verwundung. Dick, klumpweise bedeckt das Harz in unregelmäßigen, rauh zackigen Stücken diese Stelle, fällt auch wohl bei höheren Fraßstellen in Form von verzuckerten Mandeln zu Boden. Häufig zeigt es sich theilweise bräunlich gefärbt. Es erinnert im Aeußeren an den beim Aufführen einer Mauer zu Boden gefallenen und dort eingetrockneten Mörtel. Zweitens aber ist hervorzuheben, daß diese Spezies nicht, wie die übrigen an stärkeren Stämmen sich entwickelnden Bostrichiden, irgend einen passenden Theil des Stammes dicht, mit zahlreichen Brutplätzen bedeckt, sondern daß deren Larven familienweise nur vereinzelt auftreten.

Für die Anwendung von Gegenmitteln ist beides, sowohl der starke Harzaustritt als die Vereinzelung der Brutplätze, günstig. Der erste läßt diese Plätze leicht und sicher erkennen, die zweite die einzelnen Familien daselbst vernichten. Zu diesem Zwecke ist nach Entfernung des Harzes jeder Larvenwohnplatz sehr dick mit Raupenleim zu überstreichen. Sollten auch die Käfer zur völligen Ausbildung gelangen, so vermag doch keiner, zumal sich jeder ein besonderes Flugloch zu nagen und deshalb auch seinen besonderen Weg durch die Leimschicht zu bahnen gezwungen ist, ohne daß sein Kopf, namentlich seine Fühler, mit dem Klebestoff besudelt würden, an die Außenwelt zu gelangen. Die meisten werden in diesem Stoffe kleben bleiben, aber auch die übrigen so empfindlich getroffen sein, daß sie nicht mehr zur Fortpflanzung zu schreiten im Stande sind. Mit diesem Gegenmittel sollte sofort gegen den sehr beachtenswerthen Feind vorgegangen werden, wenn auch seine Brutstellen nur erst sehr spärlich auftreten. Die Annahme, daß Bestände, in denen bis jetzt erfahrungsmäßig noch nie ein wirthschaftlicher Schade durch Hyles. micans entstand, auch in Zukunft davon befreit bleiben, kann, wie Beispiele lehren, verhängnißvoll werden. — Das zweite Gegenmittel besteht im Fällen der besetzten Stämme, Zusammentragen der besetzten Theile, namentlich des Stockholzes, und Anzünden dieser mit Reisig durchsetzten Haufen. Die wegen des reichlichen Harzes stark lodernde Flamme erlischt rasch; durch das Ankohlen des Materials sind die Bruten getödtet. Dieses Mittel wird sich empfehlen bei von mehreren Familien tief bewohnten Stämmen, welche in Folge des Schadens doch muthmaßlich stark kränkeln und dann anderen Feinden als Brutplätze dienen werden. Auch kommt es nicht gerade selten vor, daß sich ein einzelner Brutkäfer unterhalb des Wurzelanlaufs, also vom Erdboden aus, in den Stamm oder den Wurzelbeginn eingenagt und daselbst die Eier abgelegt hat. Solche Larvenstellen sind selbstredend für ein Belegen mit einer Leimschicht unzugänglich. Hier würde Fällen des Stammes und Ansengen der betreffenden Theile das einzige Gegenmittel bilden. In gleicher Weise wird auch bei solchen Stämmen, welche durch Schneeastbruch stark gelitten haben und an den Bruchstellen mit dieser Hylesinenbrut besetzt sind, verfahren werden müssen.

Gegen eine Anzahl anderer Borkenkäferspezies läßt sich wohl kaum anders als durch Fällung und Entrindung der besetzten Stämme, oder durch Vorwurf von Fangbäumen ankämpfen. — Es mag hier hervorgehoben werden, daß in manchen Fichtenrevieren jeder wirthschaftlich eingeschlagene Stamm entrindet wird. Diese Entrindung geschieht zunächst nicht gerade zum Niederhalten einer Käfercalamität, sondern, weil entrindete, also glatte Stämme im Gebirge weit leichter die Abhänge hinab zu rücken sind, sowie durch ihr vermindertes Gewicht den weiteren Transport erleichtern, weil ferner die Rinde mit ihren wichtigen Nährstoffen dem Walde verbleibt und endlich, weil auch daselbst die Käufer nur auf entrindete Stämme ihr Gebot abgeben. Dann aber fällt doch auch die auf diese Weise erzielte Insectenverminderung schwer ins Gewicht. Bei vielen Stämmen kann die Entrindung erst zu oder nach der Flugzeit der Feinde vorgenommen werden, und so dienen denn dieselben zugleich auch als Fangbäume. Die Bestände, ja die ganzen Reviere werden dadurch „käferfrei". In solchen „käferfreien" Fichtenrevieren sucht man tagelang vergebens nach Borkenkäfern. Sogar nach anderweitigen großen Calamitäten, etwa Sturm- oder Schneebruch, wenn z. B. strichweise an ganzen Abhängen die Stangen, wie mit einer Walze, niedergelegt und zusammengedrückt erscheinen, wenn folglich dort den Borkenkäfern Brutmaterial in ungeheurer Menge geboten ist, droht selbst bei der Unmöglichkeit, dasselbe in wenigen Jahren aufzuarbeiten, noch keine ernste Käfergefahr. Bis aus den sehr spärlichen Anfängen eine bedrohliche Massenvermehrung sich entwickeln kann, sind hier die normalen Wirthschaftsverhältnisse wieder hergestellt, zumal da jene Sturm- und Schneebrüche nur so lange Käferbrutmaterial bilden, als sie noch eine gewisse Frische und Feuchtigkeit zeigen. Die am

ſtärkſten beſchädigten Stangen werden in ſonniger Lage dieſe Eigen=
ſchaft ſchon im zweiten Jahre verloren haben. Aufgemeterte berindete
Kloben ließen in einem ſolchen Falle im erſten Herbſt nur den im
Ganzen indifferenten Hyles. palliatus, wenngleich in Menge, auffinden.
— Eine zweite durchſchlagende Maßregel, welche in manchen Fichten=
revieren direct gegen ſolche Inſecten, deren Anweſenheit ſich durch
austretendes Harz auf der Rinde der Stämme verräth, gerichtet iſt,
beſteht in Folgendem. Geeignete, für dieſen Zweck beſonders einge=
übte Arbeiter revidiren im Frühlinge nach der Anflugszeit der betreffen=
den Arten, etwa im April, planmäßig die Beſtände. Das Auge
dieſer Reviſoren übt ſich raſch im Schätzen der Bedeutung der äußerlich
haftenden Harztröpfchen. Auch entgeht ihnen die auf Inſectenfraß deutende
Verkümmerung bez. Vergilbung der Nadeln nicht. Jeder aufgefundene
Inſectenſtamm wird angeſchalmt und von nachrückenden Arbeitern ge=
fällt und ſofort entrindet. Auf dieſe Weiſe werden die größeren Borken=
und andere Käfer, z. B. Bostrichus typographus, amitinus, decumanus,
Pissodes herzyniae Callidium luridum, derartig niedergehalten, daß
ihre Anzahl von Jahr zu Jahr ſich vermindert und eine wirthſchaft=
liche Gefahr auch nach Sturm= und Schneeſchaden ſobald nicht be=
fürchten läßt. — Wirthſchaftlich bedeutende Schäden oder gar Be=
ſtandesverwüſtungen traten nur dort ein, woſelbſt ein planmäßiges fort=
geſetztes Bekämpfen ſolcher Schädlinge außer Acht gelaſſen war. Das
Fällen der ſog. Käferbäume und Trockenhölzer in den Beſtänden zu
einer anderen Jahreszeit, folglich ohne Rückſicht auf die Zeit des An=
fluges, kann, auch wenn ſofort die Entrindung derſelben ſtatt findet,
nur zufällig und ausnahmsweiſe etwas zur Verminderung der Feinde
beitragen. Wenn bereits das Abſterben des Stammes beginnt, alſo ein
Käfer= oder Trockenſtamm entſteht, ſind jene erſten Angreifer nebſt ihrer
Brut in der Regel längſt verſchwunden, das Uebel iſt ſchon auf
andere Stämme übertragen, welche erſt nach Jahr und Tag als beſetzt
erkannt und dann eingeſchlagen werden, wenn auch ſie bereits als
Brutſtätten für die Umgebung gedient haben. Tritt alsdann in ſolchen,
betreffs der Käfergefahr vernachläſſigten Revieren ein erheblicher Sturm=
oder Schneebruchſchaden auf, wiederholt ſich gar innerhalb zweier oder
dreier Jahre ein ſolcher, ſo ſteigt die Vermehrung der betreffenden In=
ſecten ins Ungeheure, und nicht allein die Waldbeſitzer, ſondern auch
die überwiegende Mehrzahl der dortigen Bevölkerung, welche auf die
Gewinnung und Verarbeitung der Waldprodukte, namentlich des Holzes,

angewiesen ist, leiden alsdann schwer unter einer solchen Calamität. Die letzte derartige in den böhmischen Wäldern 1871 bis 1875 wird noch in Aller Erinnerung sein.

Nach dieser kurzen Erwähnung der Hauptmaßregeln gegen alle diese Fichtenfeinde hat die Aufzählung ihrer vorzugsweise in den Stangenorten auftretenden zahlreichen Arten kaum einen Zweck. Nur möge noch Folgendes hervorgehoben werden.

Hylesinus palliatus, oben bereits als „im Allgemeinen indifferent" bezeichnet, siedelte sich in den durch Schneeauflagerung abgebrochenen Spitzen von Randbäumen an. Der Fraß der Larven tödtete die Spitze des Stumpfes, so daß eine sog. Bajonettbildung zum Ersatz des Wipfels nicht möglich war. Im Gegentheil senkte sich der Fraß, so daß auch noch die oberen Astquirle abstarben.

Es wird kaum möglich sein, einen solchen Angriff rechtzeitig zu erkennen. Wo aber nach früheren Erfahrungen derselbe befürchtet werden muß, würde ihm durch glatten schrägen Sägeschnitt unterhalb der Bruch= stelle und Betheeren der Schnittfläche vorgebeugt werden können.

Hylesinus poligraphus (Polygraphus pubescens) siedelt sich gern „horstweise" in Fichtenstangenorten an.

In solchem Falle kann wohl nur durch die Axt Hülfe erwartet werden. Beim Beginne des Kränkelns einzelner Stämme untersuche man die Bastseite der Rinde. Viele zusammenhangslose Fraßgänge und Kritzel daselbst lassen auf diese Art schließen. Ein Entrinden und Ver= brennen der Rinde ist sofort vorzunehmen.

Fraßgänge eines kleinen Bockkäfers, sehr ähnlich denen der Lamia fascicularis (Seite 225 Figur 56) in der äußersten Splintschicht, jedoch stärker und in engeren Windungen geschlängelt, finden sich äußerst zahl= reich, jedoch fast nur an solchen (schwachen) Stangenhölzern, welche daselbst bereits ältere Borkenkäfergänge, z. B. die Sterngänge von Bostrichus pityographus, zeigen, oder, und zwar zumeist, an zu Ein= friedigungen oder anderweitig technisch verwerthetem Material. Sie gehören dem Molorchus (Necydalis) minor an, welcher wohl nur sekundär, folglich wirthschaftlich indifferent, die Bruthölzer mit Eiern belegt.

Wichtiger ist jedoch der vorhin bereits genannte Pissodes herzy= niae. Die Stämme stärkerer Stangen, bez. des Altholzes, befällt er zunächst in der Wipfelpartie und steigt allmählich an denselben abwärts bis etwa 1 oder 2 m vom Boden entfernt. Ein solcher Stamm ist alsdann weithin bedeckt mit deſſen, oben längſt verlaſſenen, nach unten hin zunehmend jüngeren, ſchließlich noch bewohnten Gängen. In die zur Eieraufnahme von außen vom Brutkäfer vereinzelt genagten feinen Rindenlöcher (Seite 172) werden etwa 10, ſelten nur 5 oder ſogar 15, Eier gelegt. Die Gänge der ſich aus dieſen entwickelnden Larven verlaufen von dieſer Entſtehungsſtelle auffallend gleichmäßig vertheilt nach allen Seiten, zeigen ſomit das Bild eines ſchön ausgeprägten Strahlenfraßes (ſ. Figur 49).

Die erwähnte Thatſache, daß der ſtärkere Theil des Stammes erſt durch die Kränklichkeit der primär angegriffenen Spitze Brutmaterial dieſer Art geworden iſt, läßt von vorn herein Auslegen von Fangmaterial als Gegenmittel zweckmäßig erſcheinen, welche Annahme ſich thatſächlich als richtig erwieſen hat. Außerdem ſei zu ſeiner Vernichtung auf die vorhin (Seite 257) berührten allgemeinen Maßregeln in Fichtenbeſtänden gegen alle, ähnlich an den Stämmen ſich entwickelnde Käfer hingewieſen.

Schließlich verdient von dieſen Käferarten noch eine altbekannte Bockkäferſpezies, Callidium (Tetropium) luridum namhaft gemacht zu werden, deren Angriff eine anderweitig eingetretene Kränklichkeit der Stämme nicht zur Vorausſetzung zu haben ſcheint. Ihre Generation iſt nach neueſten Unterſuchungen (Dr. Pauly) eine einjährige, ſie zeigt jedoch bei verſchiedenen Individuen eine erhebliche Unregelmäßigkeit. Der Fraß der Larve bleibt bis faſt zu ihrer Verpuppungsreife im Baſte. Die äußerſte Splintſchicht wird daſelbſt nur wenig benagt, ſo daß ſich nach Entfernung der Rinde oft nur recht undeutlich die breiten, verworren geſchlängelten Gänge der Larve auf dem Splinte erkennen laſſen. Uebrigens ſteht die Stärke des Splintfraßes im umgekehrten Verhältniſſe zu der Dicke der Rinde. Zur Verpuppung nagt ſie ſich einen oder anderen cm tief ins Holz hinein, um daſelbſt in einem Hakengange, der Puppenhöhle, zu endigen. Die Größe der Fraßplätze der einzelnen Larven bedingt den ſtarken Eingriff in die Geſundheit des befallenen Stammes.

Andere, als jene beiden allgemeinen Gegenmittel (Seite 257), werden ſich nicht aufſtellen laſſen.

Eine Geſpinnſtblattweſpe, Lyda hypotrophica, hat ſich vorübergehend in einzelnen Revieren in Maſſenvermehrung gezeigt. Weſpe wie Fraß ähneln in hohem Grade der den Kiefernſtangenorten angehörenden L. pratensis. Es ſei ſomit hier auf das Leben der Lyden im Allgemeinen (Seite 182) und das der pratensis im besonderen (Seite 199) hingewiesen. Da sich in den wenigen bekannt gewordenen Fällen von einer Massenvermehrung dieser Art der Fraß in den nächsten Jahren nicht oder nur in geringer Stärke wiederholte, so ergrünten die befallenen Bestände ohne einen erheblichen wirthschaftlichen Nachtheil wieder. Allein, es ist in einem sich etwa wiederholenden Falle, wenn auch mit Rücksicht auf die bisherigen Erfahrungen von Anwendung von Vertilgungsmitteln Abstand genommen werden kann, auf den etwaigen Anflug von Borkenkäfern und Pissodes herzyniae an die mehr oder weniger entnadelten Stämme zu achten. Schneller Aushieb und Entrindung der an den scharfen Harz=tröpfchen als befallen erkennbaren Stämme dürfte nicht verabsäumt werden.

Sehr bekannt sind die so lange räthselhaft gebliebenen „Fichtenabsprünge", welche sich oft in fabelhafter Menge auf der Schirmfläche einzelner Fichten und Fichtengruppen, jedoch häufiger mehr vereinzelt auf dem Boden der Stangen= und Alt=holzbestände finden. Der Thäter hätte sich unschwer errathen lassen, wenn man die ausgefressenen Knospen dieser „Abbisse", sowie die zahllosen ent=leerten Knospenhüllen (Fig. 71), welche mit jenen Triebspitzen den Boden bedecken, näher ins Auge gefaßt hätte. Es finden sich freilich stets einzelne Spitzen, welche dem Eichhörnchen (dies ist der Thäter) entfallen sind, bevor es zum Ausnagen der Knospen kam, allein nur ausnahmsweise, die meisten

Fig. 71. Fichten = Abbiß ($^1/_2$ nat. Größe).

zeigen wenigstens eine oder andere, namentlich die Terminalknospe entleert. Sind zahlreiche Blütenknospen vorhanden, so erscheinen auch diese Abbisse etwa im Winter und ersten Frühling besonders häufig und so ist die Thatsache sehr erklärlich, daß auf diese Erscheinung ein zapfenreicher Sommer folgt. — Es sei hier noch bemerkt, daß auch der Fichten=kreuzschnabel solche Triebe abbricht. Der Grund wird noch unbe=kannt sein. Auch bei genauer Besichtigung derselben läßt sich keine anderweitige Verletzung auffinden. Uebrigens ist dieser Triebverlust durch den Kreuzschnabel zu gering, um eine irgend forstliche Bedeutung zu erlangen. Das Eichhörnchen dagegen schadet zeit= und stellenweise in hohem Grade.

Daß die Krähen beim Versuche, sich auf die äußersten Spitzen der Fichten zu setzen, diese durch ihr Gewicht abbrechen, ist bekannt, und hier weit häufiger als bei der Kiefer (Seite 188).

Endlich sei noch auf die Holzwespen, Sirex spectrum, auch gigas hingewiesen, welche stark kränkelnde (rothfaule, in den Wurzeln beschädigte, u. dergl.) Stämme, sowie verletzte (angelachte, geschälte) Stellen derselben und die Abhiebsflächen von Wurzeln mit einzelnen Eiern belegen. Die Gänge der Larven dringen tief ins Holz ein und vermindern somit den technischen Gebrauch des Holzes. Leider läßt sich die Anwesenheit dieser Larven im Holze äußerlich nicht erkennen. Nur der Specht verräth durch seine scharfen Einhiebe oftmals dieselben, aber auch meist erst dann, wenn die fast erwachsene Larve sich zur Verpuppung allmählich wiederum der Peripherie des Stammes nähert, der Schade folglich bereits geschehen ist. Im Uebrigen zeigen nur die kreisrunden Fluglöcher die frühere Anwesenheit der Larven an.

Da sich jedoch nicht selten noch jüngere Larven an den gleichen Stellen bez. denselben Stämmen im Holze befinden, so ist Fällen und Abfuhr oder sofortige Aufarbeitung der Stämme, welche solche Anzeichen an sich tragen, jedenfalls anzurathen.

8. Altholz.

Von den unter „Stangenholz" namhaft gemachten Feinden treten Nonne, Hylesinus micans, Pissodes herzyniae, Callidium luridum, Lyda hypotrophica, Sirex spectrum und gigas in gleicher Weise und z. Th. ähnlicher Menge und Bedeutung auch im Altholze auf. Ebenso wenig bleiben von den wenigen, unter „Altholz" noch aufzuführenden Arten die Stangenorte gänzlich verschont. Wenngleich manche Spezies vorzugsweise auf eine gewisse Stammstärke angewiesen ist, so fallen doch bei Massenvermehrungen diese Stärkegrenzen fast vollständig.

Als der am meisten gefürchtete Feind der älteren Fichtenbestände gilt Bostrichus typographus, und zwar mit Recht, obschon zur Zeit seiner Massenvermehrung stets auch andere schädliche Spezies sich an den Orten der Verwüstung in Menge vorfinden. Doch die Gänge keiner anderen Spezies besetzen so zahlreich und so dicht die Stämme, wie die seinigen. Zu solchen übergroßen Massen jedoch steigert sich in kurzer Frist seine Anzahl nur, wenn bereits eine erhebliche Menge, wenn auch dünn vertheilt, zu der Zeit vorhanden war, als aus irgend einem Grunde ihm eine große Fülle passenden Brutmaterials plötzlich geboten wurde. Auch fällt für das raschere oder weniger rasche An=

wachsen seiner Individuenanzahl seine an verschiedenen Orten sehr un=
gleiche Vermehrung gar sehr ins Gewicht. Diese viel umstrittene Gene=
rationsfrage läßt sich im Allgemeinen nicht beantworten. In warmen,
günstig geöffneten Thälern entwickelt er sich jährlich zweimal, kann
sogar noch zum Anfang einer dritten Generation schreiten; in weniger
warmer Lage bringt er es nur zu einer einmaligen Vermehrung; in
den höheren Gebirgslagen, in denen er noch recht zahlreich an abster=
benden oder frisch abgestorbenen Stämmen gefunden wird, pflanzt er
sich überhaupt nicht mehr fort. Er schwärmt nach Exposition und
Höhenlage bald bereits im April, bald erst im Juni oder gar Juli.
Die Frühschwärmer haben unter normalen Witterungsverhältnissen eine
doppelte, die andere eine einfache Generation. Wie die verschiedene
Region, so ist auch die verschiedene geographische Breite, welche bei=
läufig in Europa gegen 20 Grade umfaßt, gewiß nicht ohne Einfluß
auf Zeit und Dauer seiner Entwickelung. Falls es sich also für be=
stimmte Oertlichkeiten um die Generationsfrage handelt, können nur die
dortigen Verhältnisse in Betracht kommen; etwaige Zweifel sind durch
exacte Untersuchungen und Beobachtungen zu beseitigen. Er befällt
zunächst nur die Stämme an ihrem borkigen Theile, seltener die starken
Aeste der Fichten, welche anderweitig bereits erheblich beschädigt sind.
Solches Brutmaterial bildet das eingeschlagene berindete, im Walde
oder auf den nahen Ablagen liegende Holz, durch Sturm, Schneebruch,
Feuer verletzte Stämme, Bestände, welche stark durch die Ungunst des
Standortes, zu große Dürre oder Nässe leiden u. dergl. m. An diesen
Stämmen entwickelt er sich in großer Anzahl. Finden die neuen Gene=
rationen passendes Brutmaterial in ausreichender Menge nicht, so bohren
die Brutkäfer weniger, schließlich nicht mehr passende (gesunde) Stämme
an. An letzteren erreichen sie ihren Zweck allerdings nicht; sie selbst
oder ihre Brut erstickt im Harze. Allein der von zahlreichen Brutkäfern
angebohrte Stamm reagirt auf den Angriff der vielleicht schon nach
8 Wochen folgenden Generation bereits geringer und wird jedenfalls
in Folge dieser zweimaligen Verwundung für eine dritte in passen=
des Brutmaterial verwandelt. So fallen denn unter solchen Verhält=
nissen dem Käfer nicht allein die schwach verletzten Stämme, welche
ohne dessen Angriff sich wieder erholen würden, sondern auch die anfangs
völlig gesunden zum Opfer. — Es ist demnach in allen Fichtenbestän=
den stets für „reine Wirthschaft" zu sorgen; die Seite 257 angegebenen
Mittel dienen am vollkommensten diesem Zwecke. In „käferfreien" Re=

vieren sind unter normalen Verhältnissen keine weiteren Arbeiten zum
Niederhalten des Feindes zu unternehmen. Bei Vernachläſſigung jener
Mittel aber dürfen die Beſtände nie für käferfrei und folglich für un=
gefährdet erachtet werden, wenn auch, wie unmittelbar vor der letzten
Kataſtrophe in Böhmen, die allgemeine Ueberzeugung der Lokalbeamten
damit nicht übereinſtimmt. Der Anflug der ſchwärmenden Brutkäfer
im Frühlinge an die wirthſchaftlich eingeſchlagenen friſchen Stämme
müßte allein ſchon dieſe Ueberzeugung erſchüttern. Dieſe Stämme ſind
auf alle Fälle als Fangmaterial zu behandeln, nämlich, ſoweit ſich der
durch die Bohrmehlhäufchen kenntliche Anflug erſtreckt, zu entrinden,
wenn eine rechtzeitige Abfuhr, bez. Verflößung weithin aus den Beſtän=
den nicht ſtattfindet. Ein Gleiches (Entrinden, event. Verbrennen der
Rinde) muß auf Ablagen, bei Sägemühlen u. dergl. geſchehen, welche
ſich in der Nähe älterer Fichtenbeſtände befinden. Ein Zerſchneiden
der noch berindeten Stämme zu Brettern oder ein Abkanten derſelben
und Verbrennen oder Entfernen der berindeten Späne dient demſelben
Zwecke. Entwickelt ſich der Käfer daſelbſt im Jahre zweimal, ſo iſt es
höchſt rathſam, der zweiten Generation durch Fällen von Stämmen,
etwa von abſichtlich nicht früher eingeſchlagenen Randbäumen, unmittelbar
vor der zweiten, durch Unterſuchung bewohnten Materials genau feſt=
zuſtellenden Schwärmzeit, Anflugmaterial, „Fangbäume“, zu bieten.
Zum Zweck des allſeitigeren Anfliegens und bequemeren Entrindens
werden ſolche Stämme hohl gelegt, was ſchon durch Belaſſen von
ſtärkeren Aeſten geſchehen kann. Dagegen iſt das feinere Reiſig mit den
Nadeln zur Verminderung der Verdunſtung und ſomit für den Anflug
zu ſchnellen Austrocknens ſofort zu entfernen. Die abgelöſte Borke
kann ohne weiteres an der Stelle der Entrindung zurückgelaſſen werden,
wenn die darin befindlichen Larven noch nicht zur Halbwüchſigkeit heran=
gereift ſind. Stehen dieſelben dagegen bereits nahe vor der Verpup=
pung oder ſind gar ſchon Puppen vorhanden, ſo werden ſich daraus
auch in der vom Stamm getrennten Rinde die Käfer völlig geſund
entwickeln. Die Brut in derſelben muß alsdann auf irgend eine Art
(weite Abfuhr oder Verbrennen bei ſchon vorhandenem Puppenzuſtande,
Ausbreiten im grellen, dörrenden Sonnenſchein, ſtarkes Uebererden und
Feſtſtampfen, wenn noch die Larven nicht völlig erwachſen ſind, u. dergl.)
unſchädlich gemacht werden. — Wird den Käfern durch anderweitige
Calamitäten (Feuer, Orkan, Schneedruck u. a.) plötzlich eine ungeheure
Maſſe von Brutmaterial geboten, ſo können ſich dieſelben nur dann

schnell zu gleichfalls ungeheurer Anzahl vermehren, wenn jenes plan= mäßige Niederhalten derselben in ruhigen normalen Verhältnissen, sei es in denselben, sei es in den Nachbarbeständen, verabsäumt wurde, von denen her ein Ueberfliegen, etwa von einer Bergwand zur andern, wiederholt beobachtet oder überhaupt zu befürchten ist. Bei vorherge= gangener „Käferfreiheit" werden die Bruthölzer theils aufgearbeitet sein können, theils bereits für den erfolgreichen Anflug zu trocken geworden sein, bevor sich die ursprünglichen spärlichen Käferindividuen zur Ver= größerung und Fortsetzung der Calamität hinreichend vermehrt haben. Lebten jedoch bereits zahlreiche Käfer in den Beständen, so steigt jetzt deren Anzahl rapide zur neuen Gefahr. Es reichen alsdann wohl nie die unter ruhigen Verhältnissen vorhandenen Arbeitskräfte zur schnellen Beseitigung des plötzlich entstandenen Brutmaterials aus; außerordent= liche Hülfe ist alsdann unentbehrlich. Unter den durch die Calamität beschädigten Stämmen sterben die weniger stark verletzten nicht sofort ab, sie erhalten sich noch, wenngleich kränkelnd mehr oder weniger lange. Beim Aufarbeiten derselben ist nun darauf Bedacht zu nehmen, daß etwa bereits im zweiten Jahre von der Entfernung der sofort tödtlich beschädigten, welche zuerst angeflogen wurden und jetzt die Brut bereits entlassen haben, oder damals unbesetzt blieben, jetzt aber für den An= flug kaum mehr die nothwendige Frische zeigen, zunächst abzusehen, mit allen Kräften dagegen die Aufarbeitung der allmählich hinsiechenden, jetzt das verlockendste Brutmaterial bietenden Stämme vorgenommen wird. Es wird die Bemerkung kaum nothwendig sein, daß sich bei dieser Arbeit stets sehr viele Stämme als „Fangbäume" sehr zweckmäßig verwenden lassen. Ja viele auf den Calamitätsflächen unverletzt ge= bliebene, bei der Neukultur doch zu entfernende Stämme, sowie manche Randbäume der unmittelbar anstoßenden, verschont gebliebenen Nachbar= bestände werden zur richtigen Zeit als Fangbäume gefällt die wichtigsten Dienste zur Einschränkung der Käfermenge leisten.

Man sorge folglich in den Fichtenrevieren stets für „reine Wirth= schaft", bestrebe sich durch die vorhin genannten Mittel, die Bestände fortwährend käferfrei zu halten. Zur Zeit großer Calamitäten suche man sofort die ausreichenden Arbeitskräfte zu gewinnen, entferne, wo möglich, zunächst nicht die bereits brutlos gewordenen oder zur Auf= nahme neuer Brut zu sehr abgestorbenen, zu trockenen, sondern die noch frischen Beschädigungshölzer und benutze letztere, sowie auch un= verletzte Stämme als Fangbäume, welche man anfliegen, mit Brut be=

setzen läßt und alsdann zur Vernichtung derselben entrindet. Die Be=
schleunigung und Auswahl dieser Arbeiten steht selbstredend unter dem
maßgebenden Einflusse mancher örtlichen Verhältnisse, namentlich denen
der Generation (ob einjährig oder doppelt). Ein summarisches Ver=
fahren führt dabei kaum zum Ziele. Es wird sich empfehlen, anfangs
sämmtliche Arbeiter, später den größten Theil derselben mit den fort=
schreitenden Aufarbeitungsarbeiten zu beschäftigen, und alsdann andere,
etwa in kleinere Trupps vertheilt, für die Ausführung der Einzelar=
beiten (Fällen und Behandeln der Fangbäume, Untersuchung der
Stammbeschaffenheit, welche als Brutmaterial nicht mehr zu dienen im
Stande ist, u. dergl.) zu verwenden. Auch wenn durch diese Arbeiten
die Calamität schließlich beseitigt erscheint, wird es sich doch empfehlen,
noch in den nächsten Jahren das Werfen von Fangbäumen an den
Orten der Zerstörung nicht zu verabsäumen und auf Herstellung reiner
Wirthschaft möglichst hinzuarbeiten. Daß die Forstbeamten daselbst jene
Einzeluntersuchungen z. Th. selbst vorzunehmen, darauf den Arbeitern
für die einzelnen Arbeiten genaue Anweisung zu geben und die Aus=
führung zu überwachen haben, braucht wohl kaum besonders hervorge=
hoben zu werden.

Mit dem Bost. typographus vermehren sich, wie bereits angeführt,
auch die übrigen Fichtenborkenkäfer, sowie auch Pissodes herzyniae.
Mehrere derselben bestehen jedoch ihre Entwickelung nicht, wie jener,
unter der stärkeren Borke der Stämme, sondern in den Wipfelpartieen
unter der Spiegelrinde. Eine nur auf Verminderung des typographus
gerichtete Entborkung der Stämme trifft folglich diese nicht. Es sei
nur an den winzigen Bost. chalcographus mit seinen larvenreichen
Sterngängen erinnert. Eine Untersuchung der kränkelnden Stämme in
der Region der Wipfel darf daher nicht unterbleiben, sowie die Ent=
rindung der besetzten Stellen nicht verabsäumt werden. So wenigstens
in normalen ruhigen Zeiten; bei Massenvermehrung nach Calamitäten
wird man freilich zunächst Alles aufbieten müssen, um des typographus
Herr zu werden.

Eine den größeren Arten angehörende Cerambycide, die tiefbraune
Lamia (Monohammus) sartor, entwickelt sich in den Wipfelpartieen der
Stämme älterer Fichten. Die starken, gewundenen Gänge seiner Larve
durchsetzen das Holz daselbst in den verschiedensten Richtungen. Nach
zuverlässigen Beobachtungen soll diese Spezies durchaus noch gesunde,
wenigstens grün und voll benadelte Stämme mit Eiern belegen.

Es wird nicht möglich sein, durch irgend welches Mittel ihre Anzahl zu beschränken.

An einzelnen älteren Fichtenstämmen werden die beiden Riesenameisen, Formica herculeana und ligniperda, besonders die letzte, durch Zernagen der weicheren Herbstholzschichten im Innern schädlich. Die oft sehr individuenreichen Colonien höhlen ringförmig den Schichten folgend den unteren Theil sehr starker Stämme bis zu 5 und mehr m Höhe aus. Obschon ein solcher Stamm durch irgend eine äußere Verletzung den Ameisen das Eindringen in sein Inneres ermöglichte, so zeigt sich doch im Uebrigen das Holz völlig gesund. In kernfaulem oder sonst verpilztem Holze scheinen diese Ameisen ihre geräumigen Wohnungen nicht herzurichten. Da die Bewohner ihr weißes, zaserig flaumiges Nagemehl nach außen schaffen, so ist die innere Beschädigung, sowie ihre Ursache an dieser durchaus eigenthümlichen Beschaffenheit dieses Mehles leicht zu erkennen. In der Regel haben auch noch Spechte, namentlich der Schwarzspecht, tiefe Löcher nach den Ameisen in den Stamm gemeißelt und dadurch das Auffallende eines solchen erheblich gesteigert.

Sobald sich jenes äußerst charakteristische Nagemehl an einer Schadstelle frisch zeigt, ist möglichst schnelle Fällung und Aufarbeitung des befallenen Stammes geboten, da der innere Schade ununterbrochen fortschreitet. Sollten sich an der Austrittsstelle des Mehles keine Ameisen zeigen und das Mehl nicht frisch erscheinen, so daß über die Anwesenheit der Thäter Zweifel entstehen könnten, so wird nach Entfernung des Mehles eine spätere Besichtigung in der warmen Jahreszeit (im Winter sind die Ameisen unthätig) Aufklärung verschaffen.

Bostrichus lineatus befällt die beschädigten, sowie eingeschlagenen berindeten Fichten sehr stark, so daß in manchen Revieren größere Klage über diese Art, wie über typographus geführt wird, zumal da nur sofortige, vor seiner Flugzeit ausgeführte Entrindung der Nutzholzstämme vor seinem Angriffe schützt, diese aber in sehr vielen Fällen in der nothwendigen Ausdehnung zu den Unmöglichkeiten gehört. Uebrigens s. „Kiefer" Seite 201.

7. Tanne.

1. Zapfen.

Als bemerkenswerther Zerstörer der Tannenzapfen ist bis jetzt nur das Eichhörnchen bekannt geworden; jedoch zernagt es dieselben an stehenden Stämmen weit weniger als die Zapfen der Kiefer und Fichte. Man findet in den älteren zapfentragenden Tannenbeständen Schuppen oder gar abgenagte Zapfen mit entschuppter Spindelbasis nur an sehr vereinzelten Stellen. Dagegen werden die Zapfen an im Sommer ge= fällten Stämmen am Boden von diesem Nager in der allerstärksten Weise zerschrotet. Die aufrechte Stellung der Zapfen auf den Zweigen mag dem Nager unbequem sein; jedenfalls wird auch das Abfallen der Schuppen von der Spindel zur Zeit der Reife seinen Angriff vermindern.

2. Keimlinge.

Auf Saatbeten haben die Tannenkeimlinge durch Elateren= larven in ähnlicher Weise gelitten, als die jungen Kiefernpflänzchen (siehe Seite 138).

3. Anwuchs.

Der Tannenanwuchs leidet durch Verbeißen des Wildes, namentlich des Reh, ist jedoch gegen diese Beschädigung weniger empfindlich als etwa die Kiefer. Auch wenn sich, wie oftmals, dasselbe noch im Auf= wuchse wiederholt, siegt in der Regel nach einiger Zeit die große Pro= duktionskraft dieser Holzart.

Wichtiger ist das, ebenfalls noch im Aufwuchs und im Dickungs= alter fortgesetzte, zunächst zur Bildung von Zwieseln veranlassende Ab= schneiden des Höhentriebes durch das Eichhörnchen. Tritt dagegen nur ein Quirltrieb in die Richtung des Höhentriebes, so pflegt der Schade des Stammes allmählich zu verschwinden, so daß im älteren Stangenholze in manchen Fällen kaum noch eine leichte Krümmung an der alten Schadstelle erkennbar ist.

Kleinere Rüsselkäfer, zumal Metallites atomarius, erscheinen, wie an anderen Nadelhölzern, so auch an jungen Tannen in einzelnen Jahren in so bedeutender Massenvermehrung, daß ihr Nadelfraß die Pflanzen zurückgesetzt, ja wohl 10 bis 20 Procent derselben getödtet hat. In der Regel jedoch verschwinden die Käfer eben so plötzlich, als sie erschienen sind, ohne einen dauernden Nachtheil zu hinterlassen. Zu einer ernstlichen Befürchtung für die nächstfolgenden Jahre geben sie somit nach den bisherigen Erfahrungen keine begründete Veranlassung.

Als Gegenmittel sei trotzdem das Abklopfen der Käfer von den besetzten Pflanzen auf unterbreitete Tücher u. dergl. oder in weitmundige Gefäße zu empfehlen, da es jedenfalls erwünscht erscheint, den heftigen Fraß möglichst zu vermindern, auch wenn sich derselbe voraussichtlich im nächsten Jahre nicht wiederholen sollte.

4. Aufwuchs.

Daß das Eichhörnchen auch die Höhentriebe des Tannenaufwuchses abschneidet, wurde vorhin bereits bemerkt.

Junge, etwa 10 jährige Tannen waren am Stamm und vielen Aesten von den weißen Flocken einer Wolllaus, welche auch noch bis ins Stangenholzalter an der Tanne auftritt (siehe Seite 271), dicht überzogen. Bestreichen mit der Seite 35 angegebenen Flüssigkeit zur Zeit der Vegetationsruhe ist das einzige Gegenmittel.

In südlichen Tannenbeständen, in Gegenden (Krain), in denen der Siebenschläfer in großer Menge, „zu Hunderttausenden", lebt, leidet außer anderen Holzarten namentlich die Tanne durch ihn. Jüngere Stämme etwa in 12= bis 15 jährigem Alter werden von ihm fleckenweise, zumal an den Stellen der Quirläste, sowie auch letztere an ihrer Basis entrindet. Figur 72 stellt ein solches Stammstück in halber Größe dar. — Auch schneidet dieser Nager zahlreiche Tannentriebspitzen ab, jedoch nicht, wie bei der Fichte das Eichhörnchen, um den Knospeninhalt,

Fig 72. (¹/₂ nat. Größe.)

sondern um die Nadelspitzen zu verzehren, oder vielmehr dieselben zu zerkauen, auszusaugen und den Rest als erbsengroße Bällchen wieder auszuwerfen. — Ebenfalls werden die neuen kaum schiebenden Triebe im Frühlinge von ihm abgebissen.

Bei der übergroßen Menge der in den dortigen Revieren lebenden Siebenschläfer kann auch der eifrigste Fang derselben (ein Abschuß läßt sich seiner nächtlichen Lebensweise wegen nicht ausführen) keine Abhülfe gewähren. Allein dem verderblichsten Angriffe dieses Nagers, der Entrindung, ließe sich, selbstredend nur für verhältnißmäßig wenige, besonders werthvolle, auserlesene Pflanzen durch tiefes Anlegen von Leimringen (Seite 20) um die Stämme vorzubeugen. Wo folglich eine solche Beschädigung bereits begonnen hat und deshalb die Fortsetzung oder aus irgend einem anderen Grunde das Auftreten derselben befürchtet werden muß, wird es sich sehr empfehlen, schon vor Eintritt der wärmeren Frühlingstemperatur, welche das Thier aus seinem Winterschlaf erweckt, dieses Schutzmittel vorzunehmen und beim Eintrocknen des Leimes den Anstrich zu erneuern. Die große Gewandtheit desselben im Klettern wie im Springen wird jedoch den Zweck dieser Maßregel vereiteln, wenn nicht Isolirung der zu schützenden Stämme, besonders Entfernung der als Brücken dienenden Zweige der Nachbarstämme sofort vorgenommen wird.

In den Knospen 10 bis 30 jähriger Tannen entwickelt sich, stellenweise in wirthschaftlich nicht unerheblicher Menge ein Wickler, Tortrix (Grapholitha) nigricana. Im Juni oder Juli werden die Spitzenknospen mit einem einzelnen Ei belegt. Das Innere derselben wird von dem Räupchen allmählich verzehrt. Schon im Herbst äußert sich der Fraß durch schwachen Harzaustritt; im nächsten Frühling wird derselbe bis zur Aushöhlung der Terminal= wie der Quirlknospen fortgesetzt. Harz= und Koth erscheinen alsdann stärker.

Leider läßt sich gegen diesen Schädling nur das rechtzeitige Ausbrechen der befallenen Knospen empfehlen.

5. Stangenholz.

Tannen im Stangenholz=, doch zumeist höheren Alter, zeigen zuweilen zahlreiche Triebe mit gebräunten Nadeln, ja bereits gänzlich abgestorbene Triebe, sogar größere Zweige. Die Untersuchung ließ Bostrichus bidens daselbst in zahlreichen Exemplaren entdecken. Da diese Auffindung an etwas kümmerhaft entwickelten Tannen stattfand, so hatte der so massenhafte Angriff wohl einen, wenngleich schwachen Kränklichkeitszustand derselben zur Voraussetzung. Ob eine ähnliche Erscheinung an älteren Tannen in größerer Höhe gleichfalls auf diese Ursache zurückzuführen ist, muß bis jetzt noch zweifelhaft bleiben.

Ein wirksames Gegenmittel läßt sich kaum empfehlen, denn der Feind, welcher in den bereits als angegriffen erscheinenden Zweigen haust, schwerlich nach künstlichem Fangmaterial ablenken. Er besitzt in nächster Nähe Brutmaterial im Ueberfluß. Jedoch ist Fällen einzelner stark besetzter Tannen, wie etwa jener wenigen vereinzelten kümmernden, und Verbrennen ihres Reisigs zur Verhütung einer größeren Verbreitung des winzigen, in schwachem Material, wozu ohne Zweifel die schwächeren Zweige gehören, primär auftretenden Feindes geboten.

Wegen der großen Aehnlichkeit ihres Fraßes mögen hier zwei Wicklerspezies, Tortrix murinana und (Grapholitha) rufimitrana, zusammen erwähnt werden. Sie leben monophag auf der Tanne (T. histrionana ist Fichteninsect und forstlich unwichtig). Sie bewohnen älteres Holz, treten jedoch schon im Stangenholzalter auf. T. murinana wurde bisher nur in den betreffenden Beständen von Nieder=Oesterreich in Massenvermehrung angetroffen, rufimitrana dagegen entnadelte auch viele Bestände des mittleren und südlichen Deutschlands. Der Fraß beginnt Ende April, zumeist im Mai und pflegt bis gegen Ende Juni zu dauern. Nicht allein die Nadeln, sondern auch die Rinde der Mai= triebe werden verzehrt, bez. benagt. Ein sehr lockeres Gespinnst, in welchem bei der letzteren Art zahlreiche Stücke abgebissener Nadeln hängen, überzieht die oft sehr ausgedehnten Fraßstellen, wird jedoch durch Regen und Wind häufig bis auf geringe Reste wieder entfernt. Die nackten (benagten) Triebe bräunen und krümmen sich und so wird der Fraß, zumal da stets noch viele braune Nadeln, Nadelstücke und Kothkrümchen daselbst haften, schon aus der Ferne auffällig. Mit Ende Juni lassen sich die Räupchen zur Verpuppung zum Erdboden herab. Die Falter entstehen Ende Juni und im Juli.

Zur Verminderung der Schädlinge werden empfohlen: Schmauch= feuer in der ersten Hälfte des Mai, also während des Jugendstadiums der Räupchen (im Durchforstungswege gewonnenes grünes Reisig bildet das Feuerungsmaterial); Streurechen oder Schweineeintrieb, während des Puppenstadiums im Juni; Leuchtfeuer zur Flugzeit der Falter, Ende Juni bis Ende Juli.

An den Stämmen jüngerer Stangen findet sich auch das auffällige Sekret der unter Aufwuchs bereits erwähnten Wolllaus, Chermes strobi (?) ein.

Sofort beim ersten Entdecken dieses weißflockigen Ueberzuges der Rinde sind die befallenen Stellen, zumal deren höchste Theile, mit der Seite 35 angegebenen Flüssigkeit zu bepinseln, und wiederholte Revisionen dieser Bestandestheile nach etwa neuen Ansiedlungen der Wolllaus dringlichst zu empfehlen.

Monophag ist Pissodes piceae, die größte Art seiner Gattung, auf die Tanne angewiesen. Ob er primär in schwachem Material vor= kommt, scheint noch nicht festgestellt zu sein. Tannen, welche sich in

Stangenholzstärke als von ihm befallen zeigen, sind bereits krank oder gar im Absterben begriffen. Er pflegt sich mit Vorliebe unmittelbar unter den Quirläften an den Stämmen anzusiedeln. Hier finden sich die meisten seiner derben Larvengänge und zwar in strahlenförmiger Anordnung, hier schlägt auch gern der Specht den Stamm plätzeweise an. An frischen Stöcken trifft man ihn in Menge an.

Sollte diese Art in der That nur bereits kranke Stämme mit Eiern belegen, so könnte von jeder Gegenmaßnahme abgesehen werden. Allein es ist die Möglichkeit nicht ausgeschlossen, daß dieselbe, ähnlich wie herzyniae an Fichten, die Spitzenpartie der Tannen primär befällt und darauf, wenn folglich durch einen solchen Angriff der Baum den ersten Stoß empfangen hat, allmählich abwärts steigt. Auslegen und zweck= mäßiges Behandeln von Fangmaterial dort, wo sich der Käfer ziemlich zahlreich zeigt, ist deshalb immerhin zu empfehlen. Genauere Unter= suchungen der Gänge des P. piceae an den einzelnen befallenen Stämmen in verschiedener Höhe würden feststellen lassen, ob ein solches Abwärts= steigen in der That stattgefunden (siehe, Eccoptogaster scolytus, Seite 100), sowie, ob der Beginn ihres Absterbens sich etwa 1 oder 2 Jahre nach dem obersten Anfluge eingestellt habe.

Aehnliches ist über die freilich vereinzelt auch in anderen Nadel= hölzern auftretende Borkenkäferart Bostrichus curvidens zu sagen. Ihre Gänge besetzen in der Regel sehr dicht einzelne Stellen der Tanne. Daß dieselben an stärkerem Material sekundär entstehen, ist nach dem Urtheile aufmerksamer Revierverwalter, welche in Tannenbeständen wirth= schaften, zweifellos. Auch werden frische Stöcke stets stark belegt. Viel= leicht aber setzt der Käfer für seinen Angriff bei schwachem, keinen oder nur einen sehr geringen Kränklichkeitszustand voraus, so daß ein solcher Stamm ohne den Larvenfraß noch Jahre lang ohne abzusterben weiter wachsen würde.

Das Auslegen von Fangmaterial wird sich deshalb auch hier empfehlen.

Das Rothwild schält die Tanne gern im Stangenholzalter. Die Schälstelle wird nicht selten von Sirex gigas mit einzelnen Eiern belegt.

Die Gänge dieser Holzwespenlarve dringen tief ins Holz ein. Um einer solchen Entwerthung zuvorzukommen, ist ein möglichst bald aus= zuführender Anstrich der Wundfläche mit Theer oder auch Lehmbrei anzurathen.

6. Altholz.

In alten Tannenbeständen treten dieselben Feinde, wie in den älteren Stangenorten auf. Doch sind für Althölzer noch einige Einzelheiten zu bemerken.

Im Sommer (August) gefällte Tannen locken die Weibchen der eben genannten Holzwespe, Sirex gigas, zum Ablegen ihrer Eier an die rindenlosen Stellen (Sägeschnittflächen, Aststellen u. dergl.) an. Es finden sich daselbst oft mehrere, ja wohl 5 bis 10 Individuen an einem Stamme. Da die Entwicklung der Larven 2 oder gar 3 Jahre dauert, so wird das Holz zuweilen noch lange nach seiner technischen Verwendung im Innern stark zerfressen. Beim Zersägen, Behauen, selbst beim Hobeln werden diese mit einem dem Holze an Färbung gleichen Wurm= mehl sehr fest ausgefüllten Gänge leicht übersehen. Später nagen sich die neuen Wespen aus den verbauten Balken u. dergl. mit einem großen kreisrunden Flugloche an die Außenwelt, selbst dann, wenn dieses Bau= holz, mit einer mehrere cm dicken Mörtel=, sogar Gypsschicht bedeckt war.

Entrindet auf Bauplätzen, Ablagen u. dergl. lagernde starke Tannen= stämme erhalten nicht selten Trockenrisse. In solche begeben sich gern die Riesenameisen zum Anlegen ihrer Wohnräume (siehe „Fichte", Seite 267), verrathen ihre Anwesenheit jedoch gar bald durch zaseriges, flaumiges Nagemehl, welches sie an die Oberfläche schaffen.

Durch Eingießen von Petroleum wird dem Weitergreifen des Uebels gesteuert.

Bostrichus lineatus belegt nicht allein die beschädigten stehenden und die gefällten berindeten Stämme, sondern auch (auf den Lagerplätzen) die geschälten. Hier sind es die bekannten feinen Löcher, welche die Arbeit des Schädlings bekunden.

Ein Theeranstrich würde den Feind fernhalten. Durch Einträufeln von Petroleum in die Bohrlöcher mit einem feinen Röhrchen, Pipette, würden sich auch die Insassen dieser einzelnen Gänge tödten lassen.

Gefällte Stämme werden von Bostrichus typographus auch beim Mangel von eingeschlagenen berindeten Fichten nicht oder kaum ange= nommen.

In den starken, durch Peridermium elatinum erzeugten Maser= knollen der Tannenstämme (seltener der Aeste; an den benadelten Zweigen bewirkt der Pilz den „Tannenhexenbesen") siedelt sich eine Sesie, Sesia cephiformis, die einzige Nadelholzart, in oft sehr großer Anzahl an. Der braune feinkrumige Koth in den Vertiefungen der Oberfläche bekundet die Thätigkeit der Raupen, deren Fraß sich auf die innersten Bastschichten beschränkt. So trennen denn deren Fraßplätze den Bast vom Splint, später lösen sich und fallen die unterhöhlten Rindenplatten daselbst ab und an den so freigelegten Stellen trocknet der Stamm allmählich ein.

Zur möglichsten Verhütung dieses Schadens kann nur ein Anstrich des maserigen Auswuchses mit Raupenleim oder dergl. dienen, wodurch sowohl das Ausschlüpfen der Falter als ein Belegen mit Eiern verhütet wird. Wo die Sesie zu den gewöhnlichen Erscheinungen gehört, sollten

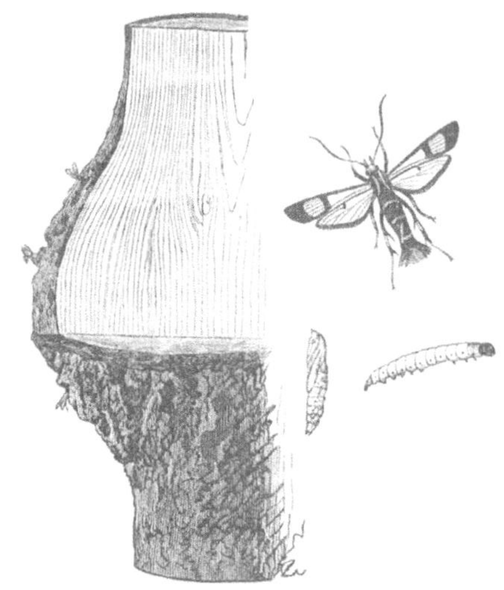

Fig. 73.   Raupe, Puppe und Falter
(natürl. Größe).

alle ohne zu große Schwierigkeit erreichbaren Auswüchse dieser Art den bezeichneten Schutz erhalten. Der Anstrich müßte vor der Flugzeit der Sesie, also im ersten Frühling, etwa bis Mitte Mai, vorgenommen werden. Bereits besetzte und als solche durch den Koth in den Maser=rissen oder gar durch die über die Oberfläche hervorragenden Puppen=hülsen gekennzeichnete Maserballen sind jedenfalls zur Verhütung einer stärkeren Vermehrung und Ausbreitung des Schädlings in der ange=gebenen Weise zu behandeln.

Fremdländische, in den letzten Jahren bei uns eingeführte Tannen=arten, z. B. die aus der Krimm und dem Kaukasus stammende prachtvolle Nordmannstanne, lassen auch schon den ernsten Angriff mehrerer Feinde befürchten. Manche junge Pflanze zeigte sich verdächtig stark mit Wollläusen besetzt; andere wurden von Metallites atomarius stärker befallen, als andere benachbarte Nadelhölzer. Die in größter Menge befressenen Nadeln bräunten sich und starben rasch ab. Durch zeitig im Frühlinge vorgenommenes Anlegen von Leimringen tief um die einzelnen Stämme würde der Rüsselkäfer mit Erfolg vom Ersteigen der Pflanzen abgehalten werden. Derselbe läßt sich jedoch auch auf Tücher abklopfen (Seite 269); u. dergl. m. — Ebenfalls trägt das ver= beißende Wild, namentlich das Reh, durchaus kein Bedenken, diese fremden Arten genau so zu behandeln wie die gemeinen hiesigen Nadel= hölzer.

8. Lärche.

Die waldbaulich für die Lärche in Betracht kommenden, nicht zahl= reichen Schädlinge aus der Thierwelt werden zur leichteren Orientirung vorkommenden Falles wohl zweckmäßiger nach den einzelnen Theilen der Lärche, an denen sie schädlich auftreten, als nach den Altersklassen dieses Baumes gruppirt. Obschon einige ohne Zweifel den jüngeren, andere den älteren Pflanzen angehören, so machen manche in dieser Hinsicht kaum einen Unterschied. Es kommt hinzu, daß der Unterschied der Wipfelhöhe solcher Stämme, welche steile Abhänge bedecken, durch den verschieden hohen Stand der einzelnen ausgeglichen wird.

Fig. 74. Eichhorn=,   Fig. 75. Kreuzschnabel=
Lärchenzapfen.
(Nat. Größe.)

1. Zapfen.

Wie die Zapfen der übrigen Nadelhölzer, so werden auch die der Lärche durch das Eichhörnchen zahlreich zerschrotet. Der Boden unter den einzelnen Samenbäumen ist alsdann bedeckt mit den Schuppen und bis auf die Spitze entschuppten Spindeln.

Weniger auffällig, jedoch stellenweise nicht minder heftig, ist die Zerstörung der Zapfen durch den Fichtenkreuzschnabel. Es bedarf schon einer genaueren Besichtigung der am Boden unter der Schirmfläche der älteren Lärchen zerstreut umherliegenden Zapfen zum Erkennen der so charakteristischen Beschädigung, welche, wie bei den Fichtenzapfen, im Aufspalten der einzelnen Schuppen besteht (Figur 75). Wo frische Zapfen sich in Menge am Boden finden, wird man selten vergebens nach der Arbeit des Kreuzschnabels suchen.

Wenn der Abschuß des Eichhorns verhältnißmäßig leicht ausführbar ist, so läßt sich gegen die flüchtigen vagabundirenden kleinen Kreuzschnäbelflüge im Allgemeinen kaum mit Erfolg vorgehen. Nur, wenn es sich um das Freihalten einzelner, etwa ihres besonders werthvollen Samens wegen zu schützender Lärchen von diesen Vögeln handelt, wird man zur Flinte zu greifen haben.

2. Knospen.

Der Dompfaff ernährt sich, namentlich während seines Umherstreichens in kleinen Flügen, sehr gern von Baumknospen, Laub- wie Blütenknospen. An letzteren können solche kleine Trupps, welche in enger Gemeinschaft ihr Wesen in den Kronen sehr heimlich treiben, in Obstgärten sehr schädlich werden. Für die Lärche hat diese Knospenzerstörung nur dann Bedeutung, wenn es sich um vereinzelte, etwa Garten- und Parkbäume handelt. Allein die ungemein große Menge von Knospenhüllen, welche sich im Winter auf der Schneedecke unter solchen Lärchen nach verhältnißmäßig erst kurzer Anwesenheit der Vögel in den Wipfeln findet, wird die Erwähnung dieser Thatsache hier rechtfertigen.

Ein einziger Schuß, dem ein Stück zum Opfer fiel, reicht hin, die kleine, zu dieser Jahreszeit auf dem Durchzug begriffene Schaar gründlich zu verscheuchen.

3. Nadeln.

Ein kleiner (5 bis 6 mm langer) Rüsselkäfer, Polydrosus cervinus, befiel in den letzten Tagen des Mai die neu gepflanzten 5 bis 6 jährigen Lärchen in großer Masse. Nach 3 wöchentlichem bis zur Vernichtung sämmtlicher Nadeln gesteigertem Fraße ging derselbe auf die vorigjährige Pflanzung über, ohne aber hier völligen Kahlfraß zu bewirken. Die zuerst befallenen Pflanzen starben ab. Der Fraß begann an den obersten Zweigspitzen und gelangte von dort allmählich zum Stamme. Dieser Rüsselkäfer wird sonst als eine Laubholzart aufgeführt und gehört zu jenen (argentatus, vespertinus, atomarius u. a.), welche nur vorübergehend zeit= und stellenweise in Massenvermehrung auftreten.

In dem vorliegenden Falle (Revier Wernigerode 1879) wurden durch Abklopfen der Käfer auf Laken Handkörbe voll gesammelt und vernichtet.

Als ein weit empfindlicherer Nadelzerstörer ist alt= und allbekannt die Lärchenminirmotte, Tinea (Coleophora) laricella. Sie bewohnt die jüngeren Pflanzen wie das Altholz und steigt an letzterem bis zur Wipfelspitze empor. Flugzeit im Juni; die einzelnen Nadeln werden am Spitzendrittel mit einem einzelnen Ei belegt, aus dessen Basis die junge Raupe sich in die Nadel begibt, dieselbe spitzewärts aushöhlt, darauf diese hohle Spitze abschneidet und dieselbe als schützenden „Sack", welchen sie mit sich umherschleppt, benutzt. Ihr weiterer Fraß geschieht nun in der Weise, daß sie von außen her sich in eine neue Nadel hineinnagt und diese so weit aushöhlt, als sie sich, ohne die Spitze des Hinterkörpers aus dem Sacke zu ziehen, zu strecken vermag. Als= dann zieht sie sich wieder in den Sack zurück, kriecht mit demselben auf derselben Nadel weiter bis zur Grenze der Aushöhlung, nagt sich wieder hinein, um die noch volle Partie wiederum in Ausdehnung von der Länge ihres gestreckten Körpers auszufressen und fährt auf diese Weise fort, bis sie ungefähr die Spitze der Nadel erreicht hat. Als= dann begibt sie sich auf eine andere Nadel zu gleichem Fraße. So bleiben denn von den Nadelbüscheln nur die Basen der Nadeln grün, während der größere Spitzentheil (die entleerte Epidermishülle) weiß und gekrümmt erscheint. Vor dem Abfall der Nadeln zur kühleren Herbstzeit spinnt sie ihren Sack auf den Kurztrieben fest (in den Rin= denrissen des Stammes überwintert sie nur ausnahmsweise), und setzt ihren Fraß sofort beim Aufbrechen der neuen Nadeln im nächsten Früh= ling fort. Jetzt aber wird ihr der alte Sack (wohl zumeist nur zum Zweck der Verpuppung) zu enge. Eine zweite Nadelspitze wird aus= gehöhlt, der Länge nach mit dem alten Sack durch feines Gespinnst vereinigt, darauf die Trennungsschicht aufgenagt und so der Wohn= raum erweitert. Beide Säcke, der einfache erste und dieser erweiterte, sind sehr leicht zu unterscheiden. Da die Motte sich oftmals zu so colossaler Menge vermehrt, daß die Zweige der befallenen Lärchen so= wohl im ersten Sommer, als im zweiten Frühling gegen die Flugzeit des Falters, wie mit weißlichem kurzgeschnittenem Werg bedeckt erscheinen und sie ferner ihren Fraß ungeschwächt mehrere Jahre hindurch fort= setzt, so gehört sie unbedingt zu den sehr schädlichen Lärchenfeinden.

An noch jungen Lärchen lassen sich im Winter die einzelnen Säcke mit einer Pinzette bei einiger Aufmerksamkeit erfolgreich absammeln, zumal solche jüngere Pflanzen nur vereinzelt stark besetzt zu sein pflegen. Dieselben sind als befallen nur im Sommer sehr leicht zu erkennen und folglich alsdann zu bezeichnen. Da die Motte sich nicht auf die einheimische Lärche beschränkt, sondern in gleicher Weise auch die fremd= ländischen (Larix microcarpa, leptolepis u. a.) befällt, so ist zum Schutz dieser werthvolleren Pflanzen das Ablesen und Vernichten der Säcke hier besonders wichtig. Dagegen läßt sich zur Säuberung älterer Pflanzen kein Mittel anwenden. Die Meisen, namentlich die Tannen= meise, verzehren im Winter viele Sackraupen; radikal dagegen räumen winzige Schlupfwespchen unter diesen Lärchenfeinden auf, allein oft erst nach einer Reihe von Jahren, nachdem die vorhin kräftigen Lärchen durch den steten sehr starken Nadelverlust bereits zopftrocken zu werden oder überhaupt zu kränkeln begannen.

In der Heimath der Lärche, namentlich an ausgedehnten Abhängen in der Schweiz, trat zu wiederholten Malen der „graue Lärchen= wickler", Tortrix (Grapholitha) pinicolana, in Massenvermehrung auf, so daß, zumal an den unteren Zweigen ein Kahlfraß entstand. Flugzeit des Falters im August; Hauptfraßzeit der Raupe vom Mai bis Juli. Die Bedeutung des Fraßes wird dadurch erheblich abge= schwächt, daß die Falter von den zu licht befressenen Beständen sich in die noch grünen Nachbarbestände zurückziehen und somit, ähnlich wie die Nonne, den heftigen Fraß in verschiedene Bestände verlegen.

Zur Bekämpfung des Feindes durch künstliche Mittel lassen sich kaum andere, als die Seite 271 angeführten namhaft machen.

Daß der Maikäfer, wie die Blätter vieler Laubholzarten, auch die Nadeln der Lärche verzehrt, möge hier nur kurz berührt werden.

Die Lärchenwolllaus, Chermes laricis, erscheint im Frühling bereits auf den kaum halb ausgebildeten Nadeln als junge schwärzliche, punktförmige, doch mit unbewaffnetem Auge deutlich sichtbare nackte Larven, welche sich vereinzelt auf je einer Nadel festsaugen. Letztere nimmt an der Stelle des Stiches eine gelbe Farbe an und knickt daselbst. Allmählich sondert die Larve das weiße flockige Sekret ab, so daß jetzt an der geknickten Stelle der Nadel sich ein kleiner zarter weißer Wollflausch befindet. Bei zahlreicher Anwesenheit der Larven erscheinen die Lärchenzweige wie mit einzelnen Schneekrystallen bespritzt. Gegen Mitte Juni zeigen sich einzelne geflügelte Individuen mit wolligem Hinterleib (Fig. 76 links). Nach kaum zwei Wochen trifft man außer sehr jungen Larven auch eierlegende flügellose Weibchen in dem Winkel der geknickten Nadel an. Die Wollflocke derselben ist merklich vergrößert und gelockert. Außer dem Weibchen befindet sich daselbst alsdann eine kleine Anzahl dicht in Wolle gehüllter Eier. Die aus diesen entstehenden Larven (Fig. 76 rechts) scheinen zu überwintern. In Folge zahlreicher Angriffe verschrumpfen und bräunen sich die Nadeln, die Triebe verkümmern, die Pflanzen gehen merklich zurück. Mehrere Jahre hindurch stark besetzte Lärchen treiben überhaupt keine kräftigen Schüsse mehr, sie kümmern hin, werden leicht von den benachbarten Pflanzen überwachsen und gehen allmählich ein.

Fig. 76. (Links fünffach, rechts stark vergrößert.)

Ein Bepinseln der Zweige mit der Seite 35 angegebenen Flüssigkeit und zwar im Herbst oder während der nadellosen Zeit tödtet das Ungeziefer bez. dessen Eier.

4. Triebe.

Eine zweite Art von Pflanzenläusen, Chermes lariceti*), (Fig. 77) welche jedoch keine Wolle absondert, lebt und saugt als geflügeltes Insect freilich auch an den Nadeln, schadet jedoch weitaus stärker oder vielmehr einzig als Larve durch Tödten der neuen Triebe. Sie tritt weniger allgemein verbreitet, aber, wo sie erscheint, weit gefährlicher auf als Ch. laricis. 12 bis 15 jährige Lärchen waren um die Mitte August zum großen Theil sehr krank, manche bereits abgestorben oder dem Absterben nahe. Die jüngsten Triebe, namentlich die Höhentriebe trugen nur noch sehr vereinzelte verkümmerte Nadeln, aber zahlreiche Harzflecke und Knötchen. Hier ließen sich noch viele der flügellosen Sauger entdecken. Die geflügelten Individuen dagegen fanden sich auf die

---

*) Diese Art scheint nach dem mir zu Gebote stehenden literarischen Material noch unbeschrieben zu sein und so belege ich dieselbe mit obigem Namen.

Der Verf.

erwachsenen und kaum merklich verletzten Nadeln vertheilt. Wie in
anderen Fällen (s. „Weymouthskiefer", Seite 233) werden im Früh=
linge beim Schieben der Spitzenknospen die jungen Larven an den
noch sehr weichen krautartigen neuen Trieben emporsteigen, sich hinter
der Nadelbasis festsaugen und so das Absterben der Nadeln und der
ganzen Triebe bewirken.

Das eben empfohlene Bepinseln muß auch hier die besten Dienste
thun, darf aber ebenfalls nur während der Vegetationsruhe vorgenommen

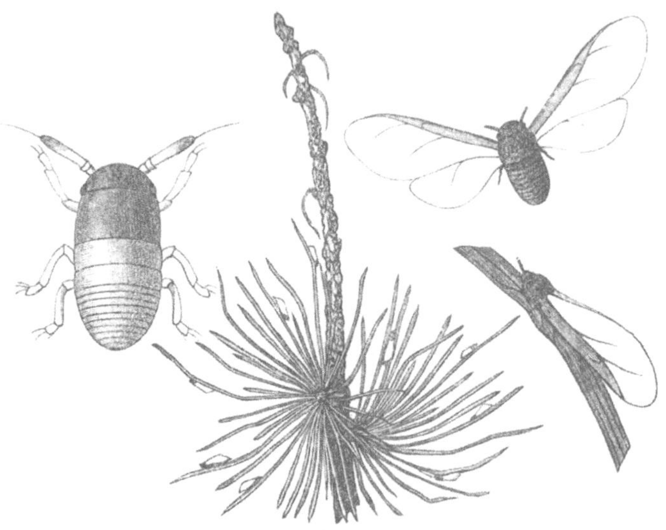

Fig. 77.   Lärchentrieb (nat. Größe), Larve links, geflügelte
Individuen rechts (stark vergrößert).

werden, da die noch zu zarten Neubildungen durch die Flüssigkeit leiden,
ja vielleicht zum Absterben angegriffen werden könnten.

Ein zweiter Triebfeind, die Lärchentriebmotte, Tinea (Argy-
resthia) laevigatella, (Fig. 78) tödtet die jüngsten Triebe an jüngeren
Lärchen etwa bis zu 3 bis 4 m Höhe. Der Falter entwickelt sich zu An=
fang Juni und belegt mit einem einzelnen Ei die Basis der diesjährigen
Triebe, das Räupchen unterhöhlt die Rinde, indem es in einem unregel=
mäßigen Längsgange, welcher nicht selten sich zur Ringelung verbrei=
tert, den Bast, oft auch theilweise den Holzkörper zernagt. Der Trieb
stirbt rasch ab und verliert die Nadeln. Im nächsten Frühling verpuppt
sich dasselbe nach kurzem Fraße unter der Rinde. Stellenweise ist die

Motte so zahlreich aufgetreten, daß sie zu den merklich schädlichen Forst=
insecten zu zählen ist.

Als Vertilgungsmittel ist das Abschneiden und Verbrennen der
durch das Verlieren der Nadeln schon im August als bewohnt leicht
erkennbaren, meist in bequemer Höhe befindlichen Triebe zu empfehlen.

5. Stamm.

Mit besonderer Vorliebe wählt der Rehbock die Stämme junger
Lärchen zum Fegen, zumal dort, wo dieselben einzeln oder auf kleinen
Flächen in andere Bestände oder Anlagen eingebracht werden.

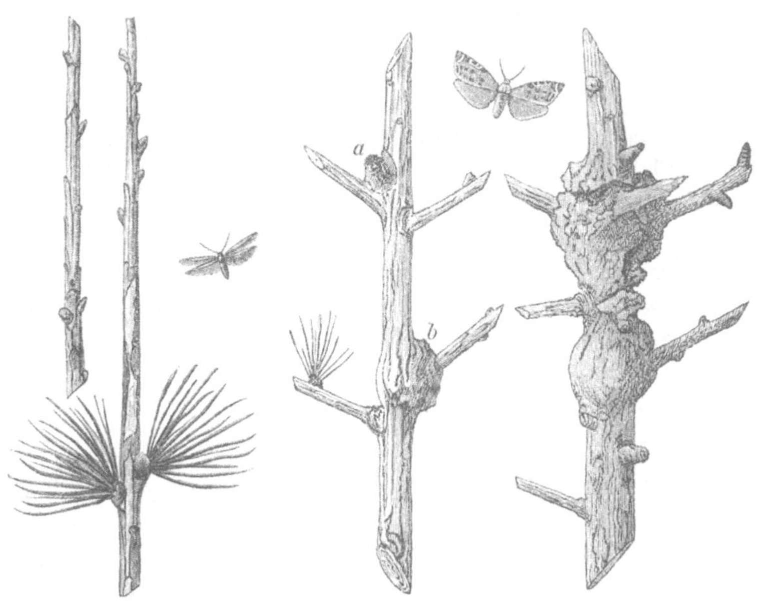

Fig. 78.   (Natürliche Größe.)   Fig. 79.   (Natürliche Größe.)

Umbinden oder festes Umstecken der einzelnen Pflanzen mit passen=
dem Reisig (Dornen, Wachholder u. dergl.), Einschlagen von 3 oder
4 Pfählen, welche dem Bock den Stamm unzugänglich machen, sowie
ein einfaches Papierband bieten den besten Schutz.

Empfindlich hat in einzelnen Revieren der Lärchenrindenwickler,
Tortrix (Grapholitha) zebeana, geschadet. Gegen Ende Mai belegt
das Weibchen den Stamm, weniger die Zweige 4 bis 20 jähriger
Lärchen, zumeist in den Astwinkeln mit je einem Ei. Die junge Raupe
nagt sich daselbst unter die Rinde und höhlt allmählich durch Zerfressen

des Bastes, jedoch auch der äußersten Splintschicht einen geschlängelten Platz aus. An diesen Fraßstellen entsteht eine kleine Harzgalle (Fig. 79 a), unter welcher die Raupe überwintert, um im zweiten Sommer ihren Fraß fortzusetzen. Dadurch vergrößert sich die Galle (b), jedoch nur durch die Ueberwallungsbestrebungen, kaum durch vermehrten Harzaustritt. In dieser überwintert die Raupe zum zweiten Mal, wird im nächsten warmen Frühling Puppe und nach etwa drei Wochen Falter. Die verlassenen Fraßstellen erlangen in den nächsten Jahren die Größe starker Haselnüsse und zeigen später eine grob und unregelmäßig aufgesprungene Oberfläche (Figur, Stämmchen rechts). Einen einzelnen Angriff dieser Wicklerraupe überwindet die Pflanze, dagegen stirbt die Stammbez. Zweigspitze in der Regel oberhalb der Schadstellen ab, wenn, was durchaus nicht selten der Fall ist, mehrere derselben übereinander stehen.

Daß das zeitige Abschneiden der Stämme (und Zweige) unterhalb der noch bewohnten Gallen und Verbrennen derselben die Zahl der Feinde vermindert, ist selbstverständlich. Allein, ein solches Entwipfeln der jungen Lärchen wird sich durch dickes Bestreichen der betreffenden Stellen mit gutem Raupenleim, etwa am Ende des Winters, jedenfalls vor Anfang Mai, vermeiden lassen. Es ist zu diesem Zwecke wichtig, für eine solche Behandlung die erst einjährigen Gallen (a) aufzufinden, da eine weitere Entwicklung, folglich auch die Fortsetzung des Fraßes der jungen Raupe daselbst bei einem solchen Abschluß der äußeren Luft schwerlich statt haben wird. Durch Anstrich bewohnter Gallen (a und b) ist das Ausschlüpfen, wenigstens die fernere Fortpflanzung des Falters unmöglich gemacht. Bei der in der Regel geringen handlichen Höhe der, besonders während der nadellosen Zeit, leicht zu entdeckenden einzelnen Fraßstellen bietet die Ausführung dieses Vertilgungsmittels keine irgend erheblichen Schwierigkeiten. Gallen in bedeutenderer, z. B. 10 m Höhe, würden sich durch eine mit Pinsel versehene leichte Stange erreichen lassen.

Durch Entrinden der Stämme, weniger einzelner Zweige jüngerer, meist kräftiger gutwüchsiger Lärchen ist eine Wühlmaus, die Röthelmaus, Arvicola glareolus, in den verschiedensten Revieren verderblich aufgetreten. Sie plätzt den Stamm (die Zweige) in größeren Stellen, welche oft ineinanderfließen, doch nimmt sie auch die Rinde solide in größerer Ausdehnung fort (Figur 80). Als Eigenthümlichkeit ihres Rindenfraßes, durch welche sich derselbe von dem ihrer Verwandten (A. arvalis, agrestis) stets unterscheidet, ist hervorzuheben, daß hier der Splint durchaus verschont wird. Die Wundstellen haben den Anschein,

Fig. 80.

Fig. 81.

als sei die Rinde mit einem Messer abgeschabt, während die Nagezähne der anderen Arten auch den Splint mehr oder weniger stark angreifen. Die Röthelmaus scheint die Lärche nicht allein zur Zeit der Noth, im Winter, zu benagen, denn man findet auch im Sommer und Herbst frische Schälwunden. Letztere sind stets so stark, daß das baldige Eingehen der betroffenen Pflanzen erfolgt. Als häufig kann dieser Frevel gerade nicht bezeichnet werden; trotz der allgemeinen und weiten Verbreitung des Thäters findet man die Beschädigung doch nur sehr sporadisch.

Die Anwendung von Gegenmitteln stößt deshalb auf besondere Schwierigkeiten. Eine Prognose für Eintreten derselben fehlt. Wo aber das Schälen bereits begonnen hat, läßt sich erfahrungsgemäß eine Fortsetzung desselben befürchten. Aufstellen von Fallen zum Fange der Maus auf solchen Flächen bleibt ohne Erfolg, sowie sich überhaupt die Wühlmäuse in, auch mit allen erdenklichen Ködern versehenen, Fallen nur selten fangen. Das einzige Gegenmittel bietet, wie in so manchen anderen Fällen, ein Bestreichen des unteren Stammtheiles mit gutem Raupenleim (Firma, s. Seite 20), wodurch den kleinen Nagern der Weg zu den höheren Pflanzentheilen verlegt wird. Man schütze auf diese Weise beim ersten Auftauchen des Schadens die noch unverletzten Lärchen, bez. bei zu großer Anzahl derselben die einzelnen besonders werthvollen. Es ist hierbei jedoch ein doppeltes nicht zu unterlassen, nämlich Erneuerung des etwa 8 Wochen vorhaltenden Anstriches, wenn der Leim zu trocknen beginnt, und Entfernung aller überleitenden Zweige benachbarter Pflanzen, welche dem klettergewandten Nager als Brücken dienen könnten. Anstriche mit bald trocknenden Stoffen (Steinkohlentheer u. dergl.) werden unbeanstandet überklettert.

Weit empfindlicher als dieses Mausenagen ist für den Forstmann das Schälen des Eichhörnchens an der Lärche, welche es namentlich im Stangenholzalter in der Region des Wipfels, also dort, wo die Rinde noch zarter ist, angreift. Es plätzt hier in derben unregelmäßigen Stellen, welche nicht selten als Ringelungen den Stamm umfassen. Bald sind es, wie Figur 81 darstellt, zahlreiche Wundstellen, bald nur eine einzige, die ein Stamm trägt. In jedem Falle beginnt der Wipfel zu kränkeln, in den meisten Fällen stirbt er rasch ab. Dieser arge Angriff findet sich sowohl dort, wo die Lärche künstlich hingebracht ist, wie in unseren Anlagen, als in ihrer Heimath. Der Reisende wird in den Alpenländern oft Gelegenheit haben, einzelne wipfelbraune Lärchen unter den übrigen gefunden zu sehen und bei näherer Untersuchung sehr bald einen oder anderen Ringel unmittelbar unterhalb des todtkranken Wipfels zu entdecken. Das ist stets Eichhornfraß. Der sehr gemischte kaum dreißig Jahre alte Bestand in unserem Flachlande, dem das Original für die Zeichnung Fig. 81 entnommen ist, verlor in kurzer Zeit, wenn auch nicht die meisten, so doch die kräftigsten frohwüchsigsten seiner Lärchen.

Als Gegenmittel muß hier am Schlusse die dringliche Aufforderung zum steten Abschuß des Eichhorns zum letzten Male wiederholt werden.

Es entwickelt sich noch eine Menge von Borkenkäferarten in der Lärche, welche sämmtlich auch in anderen Nadelhölzern vorkommen. Der nach dieser Holzart benannte, übrigens waldbaulich indifferente Bostrichus laricis lebt in Kiefer und Fichte mehr als in der Lärche. Auch der kaum zu berücksichtigende Hylesinus palliatus entwickelt sich in anderen Nadelholzspezies häufiger. H. poligraphus, B. pusillus, chalcographus, curvidens treten gleichfalls in der Lärche auf. Am wichtigsten ist vielleicht der dem B. typographus so ähnliche amitinus; übrigens hat auch schon typographus die gefällten Lärchenstämme stark besetzt, allerdings nachdem die Fichtenstämme daselbst sämmtlich entrindet waren. — Allein gegen alle wirklich schädlichen Borkenkäfer ist nichts als das oft genannte rasche Fällen und Entrinden der befallenen Stämme, bez. Verbrennen der besetzten Reiser und Zweige, sowie das rechtzeitige Auslegen von Fangmaterial zu empfehlen. Diese „richtige Zeit" wechselt gar sehr nach dem Vorkommen der Lärche. In den Hochgebirgen fällt die Entwickelung in den Hochlagen später als in den Thälern und in der Ebene. Eine genaue Untersuchung des Stadiums der Brut ist deshalb für jede Lage als Vorbedingung des Erfolges beim Auslegen von Fangmaterial unerläßlich.

Schließlich sei noch erwähnt, daß der kleine, zumeist auf Fichte angewiesene Bockkäfer Callidium (Tetropium) luridum auch die Lärchen im älteren Stangenholzalter primär (Beling) befällt und tödtet.

Ein Fällen und Entrinden der Stämme beim ersten Anzeichen seiner Anwesenheit (s. Fichte Seite 260) ist hier, wie in so vielen anderen Fällen das wichtigste Gegenmittel.

Vielen Calamitäten, welche von den unter der Rinde sich entwickelnden Insecten hervorgerufen werden, kann und muß vorgebeugt werden durch

„reine Wirthschaft im Walde".